珍藏本
纪念版

汉译世界学术名著丛书

德国南部中心地原理

〔德〕沃尔特·克里斯塔勒 著

常正文 王兴中 等译

2017年·北京

Walter Christaller
DIE ZENTRALEN ORTE IN SÜDDEUTSCHLAND

根据德国科学文献出版社 1968 年版本译出

汉译世界学术名著丛书
（120 年纪念版·珍藏本）
出 版 说 明

2017 年 2 月 11 日，商务印书馆迎来 120 岁的生日。120 年前，商务印书馆前贤怀揣文化救国的理想，抱持“昌明教育，开启民智”的使命，立足本土，放眼寰宇，以出版为津梁，沟通中西，为中国、为世界提供最富智慧的思想文化成果。无论世事白云苍狗，潮流左右激荡，甚至战火硝烟弥漫，始终践行学术报国之志，无改初心。

迻译世界各国学术名著，即其一端。早在 20 世纪初年便出版《原富》《天演论》等影响至今的代表性著作，1950 年代后更致力于外国哲学和社会科学经典的译介，及至 1980 年代，辑为“汉译世界学术名著丛书”，汇涓为流，蔚为大观。丛书自 1981 年开始出版，历时三十余年，迄今已推出七百种，是我国现代出版史上规模最大、最为重要的学术翻译工程。

丛书所选之书，立场观点不囿于一派，学科领域不限于一门，皆为文明开启以来，各时代、各国家、各民族的思想与文化精粹，代表着人类已经到达过的精神境界。丛书系统译介世界学术经典，引领时代思想，为本土原创学术的发展提供丰富的文化滋养，为推动中国现代学术和现代化进程做出了突出的贡献。

为纪念商务印书馆成立120周年，我们整体推出“汉译世界学术名著丛书”120年纪念版的珍藏本，寄望既利于文化积累，又便于研读查考，同时向长期支持丛书出版的译者、编者和读者致以敬意。

两甲子后的今天，商务印书馆又站在了一个新的历史时间节点上。我们不仅要铭记先辈的身影和足迹，更须让我们的步伐充满新的时代精神。这是商务人代代相传的事业，更是与国家和民族的命运始终紧密相连的事业。我们责无旁贷，必须做好我们这代人的传承与创造，让我们的努力和成果不仅凝聚成民族文化的记忆，还能成为后来人可以接续的事业。唯此，才能不负前贤，无愧来者。

商务印书馆编辑部

2017年10月

主编译（校、审与统稿）：常正文　王兴中

译者（按文内顺序）：

常正文：德文注释

王兴中：前言、导言

李贵才：第一部分第一章、第二章

吕康寿：第一部分第三章、第四章

楚新正：第二部分第一章、第二章

林成策：第三部分第一章

罗　伟：第三部分第二章、第三章、第四章

贺治波、高懿堂：第四部分

冀一志、晁保通：附录1、2，文献目录

绘图：张　军

译者前言

为了将这部奠基现代城市地理学的经典著作准确地译成中文，我们以“严格忠实原著”为宗旨，选取世界流行的英译版本(1966 by Prettice-Hall, Englewood Clliffs N. J.)和德文版本(1968, Wissenschaftliche Buchgesellschaft, Darmstadt)为蓝本。采取了“用英文版本做翻译本，以德文版本做校对本，互补理解词义内涵，忠于克氏原著”的原则。在翻译过程中，对具体问题采取以下处理方法：

1. 由于英译本与德文本在表达某些词义时有很大的差异，如英译本往往将德文本一些长句变为多个短句，再如英译本的一些表达方法采取意译(不是直译)。定稿时采取“以德文版为准”的方法(至于英译本中一些明显的错误均据德文本进行了更正)，必要时在其词后附上英文或德文。英译本中个别与德文本出入甚大之处，以注的形式予以说明，以利比较和理解。

2. 英译本已将原著中第三部分中的第二章至第五章删去，附录中的第 2～6 也删去，这里我们以德文版为准补译添上。

3. 英译版本在有些词的表达上采用在该词后用括号解释该德文的做法，或者英译者还加了一些句子，以对德文演释。我们采取以德文为准确定文句，必要时予以保留，大部分删去。

4. 英译本对一些词用斜体印刷或用引号。译成中文时,采用该词第一次在文内出现,在词后附上英文或在其下加重点号的方法。

5. 个别词由于与原文构词结构和原词语音有关,确定中文后也在其后附原德文或法文。

6. 英译本不但有原德文的注释,英译者还附了一些"注"。这些注释和注都有益于阅读与理解内容。我们全部收入,采取中文成书格式附在每页下,凡属英译本的注释在其后予以注明。有必要时,我们也加了"译注"。

7. 文内出现的人名,翻译时采用以商务印书馆出版的《英语姓名译名手册》和国内学术界的习惯称呼为准。凡第一次在文内出现在其后附上原文。由于原著者对一些人在文内仅称呼其名不称姓,而书中同名异姓人也时而出现,确定中文时采取严格忠实原文的处理方法,但在该人的有关注释中都附原文姓名的译法。

8. 文内地名采用商务印书馆出版的《世界地名译名手册》和中国地图出版社出版的地图为准。个别地名在上述出版物中未见,则采取据语音自拟,其后附原文。

9. 中文本书名改为《德国南部中心地原理》,以免误解。

由于我们水平有限,翻译时难免存在许多不足之处,恳望读者指正。

译　者

1990 年 12 月 26 日

代序：克里斯塔勒与中心地理论[①]

当代美国地理学家、运输和城市地理专家埃尔曼(E. L. Elman)在1945年4月22日致克里斯塔勒(Walter Christaller)的信中写道："在战前，我曾有幸拜读过您的大作，并把您的学说应用于美国情况。……拙文'城市区位论'(*A Theory of Location for Cities*)应归功于您之处显然颇多。"

正是通过厄尔曼的这篇文章(1941年)，克里斯塔勒的中心地理论首次被介绍到美国地理学界。但是，由于该文发表在一家社会学杂志而不是地理学刊物，且由于作者当时只是一位初出茅庐的青年地理学家，知道这篇文章的美国地理学家为数甚少。直到20世纪50年代末和60年代初，中心地理论才由加里森(W. L. Garrison)及其同事重新引进美国并进一步得到发展。

现在，克里斯塔勒已被公认为城市地理学的奠基人之一，他的理论不仅受到地理学专家的重视和研究，而且进入了地理学词典和大学教程。可是，他一生过着颠沛流离的生活，从未谋求到一个正式的教学或研究职位，他的首次阐明中心地理论的博士论文"德

① 原载《人文地理》第四卷，第四期，1989年12月；中国地理学会人文地理专业委员会、西安外国语学院人文地理研究所合刊。原文索引删去。

国南部的中心地”不仅当时遭到冷遇，甚至迟至 1947 年特罗尔(Carl Troll)在评述两次世界大战期间德国地理学研究状况时也只字未提。究其原因，显然是多方面的。就科学哲学角度分析，克里斯塔勒力图以普遍理论模型解释中心地模式及其等级体系的尝试在当时占统治地位的范式的框架内自然是不可接受的。至于社会和政治方面的原因，拟在后文适当地方予以说明。

沃尔特·克里斯塔勒于 1893 年 4 月 21 日出生于德国贝尔内克一个牧师家庭。他的祖父约翰·戈特利布(Johann Gottlieb)在黄金海岸传教时开创了对西非语言的科学研究。他的父亲埃德曼(Erdman)虽身为牧师，却撰文抨击教权，因此而被迫提前从牧师会退休。他的母亲海伦(Helene)是一位知名的女作家，所著关于妇女题材的小说当时流传甚广。海伦的上几代都对地理学怀有兴趣，例如，克里斯塔勒的外曾祖父亲手绘制过一幅教学地图，而且与大地理学家亚历山大·冯·洪堡有鱼雁之谊。如果说克里斯塔勒从父系继承了一种独立思考精神，那么他后来献身于地理学，其根源或许可追溯到他的母系一方。

克里斯塔勒入大学不久，爆发了第一次世界大战，他先后在海德尔堡和慕尼黑只念了三个学期的哲学和经济学便应征入伍，当过士兵和军官。战后，他返回故里。这时，他在思想上倾向于和平主义和社会主义，却因此无法过安定的生活。已不再是年轻人的克里斯塔勒在以后的十年间把大部分时间用于学习和旅行，其间又上过一学期大学，还当过矿工、建筑工人和新闻记者。1921 年至 1924 年，他在柏林宅地分配局供职，与吕班(J. Lubahn)合写过一本题为《实用宅地工作》的小册子，在书中提出了“土地改革”思想。1928 年参加了德意志帝国数字登记工作。这是他在 35 岁以前所从事的唯一一项与地理学有关的工作。他的沉睡良久、几近泯灭的理论和数学才智在此项工作中终得锋芒初露。他个人的厄运竟成为地理学事业的幸事,足见“人才流动”(即令是“被迫流动”)确乎有益于科学事业的发展。

1928 年至 1938 年是克里斯塔勒潜心学术研究的十年:他第三次跨进大学之门,在埃尔兰根大学进修,先后通过硕士学位考试(1930 年),获得博士学位(1932 年),取得在大学授课资格(1938 年)。他提交给埃尔兰根大学哲学系的博士论文是一项高水平的研究工作,这篇后来闻名于世的论文的标题全称为“德国南部的中心地:关于具有城市职能的聚落的分布和发展规律的经济学——地理学考察”。克里斯塔勒曾师从工业区位论的创立者韦伯(Alfred Weber)学习经济学。他于 1968 年回忆说,他的这篇论文是受经济学理论的启发而完成的。由此可见,克里斯塔勒本人显然把他的博士论文主要视为一篇经济学论文,但是经济学家们对之毫无反应。于是,他转而求助于对德国南部做过出色的区域研究的地理学家格拉德曼(Robert Gradmann)。格拉德曼不仅认为这篇论文极有价值,而且同意担任克里斯塔勒的导师。博士论文终于通过了,但工作和生计仍无着落。克里斯塔勒想在大学教书,这还需要取得大学教师资格。为取得在大学授课资格,他从 1933 年就开始准备,但为了谋生不得不时断时续,直到 1938 年才在地理学家梅茨(Friedrich Metz)的推荐下取得这一资格。

梅茨对克里斯塔勒颇为器重,称他是一位“具有卓越洞察力的思想家和研究家”。他为取得大学教师资格而撰写的论文“德意志

帝国的乡村聚落的模式及其与地方政府组织的关系”在他正式取得大学教师资格前一年就已由一家著名的德国出版公司出版，但几乎没有引起地理学界的注意。

类似这样的挫折，克里斯塔勒在一生中遭受过不止一次。除前文提到的那个原因外，可能还有两个原因：其一是克里斯塔勒年已45岁，而他的研究领域过于“狭窄”，换句话说，他虽通过了在大学授课资格，但实际上是“不称职的”。年龄和专业出身（他原不是地理“科班”出身）显然构成了一大障碍。其二是克里斯塔勒具有明显的社会主义思想倾向，这在希特勒法西斯统治下的德国也使他在学术上处于不利的地位。评判一位学者的科学水平和教学能力以其政治态度为准绳，这样的例子既不是空前也不是绝后的。

必须指出，克里斯塔勒虽具有社会主义思想，但绝非自觉的共产主义战士。更有甚者，他非但没有参加反法西斯革命行列，而是一步步屈从于法西斯强权政治。他仅满足于安定的生活和发表文章的机会。由于迫切希望看到自己的理论在实践中得到应用，竟然无视其学术思想在政治上被滥用。这一点可以从他在1941年发表的关于“东部（占领区）的中心地及其市场和文化领域”的报告和“空间理论和空间组织”一文中特别清楚地看出。一位学者渴望自己创立的理论得到应用的心情是完全可以理解的。但是为此便卖身投靠反动的法西斯政权，甚至加入纳粹党，则是极其错误、极其可悲的。当然，这里我们无意以其政治错误去抹杀他的杰出科学成就。

克里斯塔勒在以后的岁月中，为了糊口写过各种各样的文章。尽管这些文章大都是惨淡经营、细致入微之作，但毕竟不能与他的才思横溢的博士论文同日而语。然而,其中仍不乏使地理学家感兴趣的文章。他发表的不少见解曾引起热烈讨论,尤其是对旅游业所作的文笔简练、说理透彻的分析更为地理学家们所关注。

随着时间的流逝,第二次世界大战引起的动荡渐趋平息,克里斯塔勒的学说开始受到国际地理学界的重视和重新评价,并被授予应得的学术荣誉,在生活上也得到了各方面的照顾。1960 年代,克里斯塔勒得到联邦德国总统紧急拨款等多种形式资助。1964 年,美国地理学家协会授予克里斯塔勒以杰出成就奖。1967 年,克里斯塔勒在斯德哥尔摩获得了安德斯·雷齐于斯(Anders Retzius)金质奖章。1968 年,伦敦英国皇家地理学会向克里斯塔勒颁发了维多利亚奖章。同年,瑞典的隆德大学和联邦德国的鲁尔大学先后授予克里斯塔勒以荣誉博士学位。1969 年 3 月 9 日,沃尔特·克里斯塔勒,经历了漫长的人生坎坷之途,因患癌症而与世长辞,终年 76 岁。

克里斯塔勒提出的关于人类社会聚落结构的综合性理论以及根据这一理论而建立的包括自然地理基础、社会生产与需求,加之现在被称之为"第三产业"的社会服务三者在内的符合逻辑的组织系统,是对于现代地理学的卓越理论贡献。克里斯塔勒的杰出的地理学思想包括如下几个方面。

首先,克里斯塔勒最先把非生产性的服务业纳入人类经济地理活动的统一组织系统之中。正如黑耶尔斯特兰德在 1967 年所评论的,克里斯塔勒在 1933 年发表的写于 1932 年的论文"第一次在一直隔绝的两种概念世界之间开了一个窗口"。换言之,克里斯塔勒的理论向我们指明了在资本主义经济发展过程中,产品的销售、资金的周转除了受到产品质量、成本等物质生产的因素直接影响外,还受到了非生产性的服务业的制约。原先人们以为是神秘莫测、只可意会难以言传的某些“诀窍”,在克里斯塔勒的理论面前清楚地显露出了它们的本质——它们只不过是一个统一组织系统中的一个方面,它与生产一方相互联系、互为补充。也就是说,克里斯塔勒的理论促成了先前只为少数精明的经营者所独占的“经验”转变为管理人类经济活动的共同理论财富。

其次,克里斯塔勒的理论明确地指出,不管人类经济活动的地理单元小到何种程度,它总是处于不均衡状态,在空间分布上永远存在中心地和外围区的差异。虽则人们早已从哲学上认识到事物不均衡是绝对的,但是在经济活动领域内追求均衡的倾向似乎很顽固地盘踞在许多人的头脑中。克里斯塔勒则主张,有效地安排经济活动的途径并不是消灭这种地域差异,而是应当正视差异的存在并造成合理的差异,以促进总体上经济的发展。

再次,在关于人类社会聚落结构的综合性理论中,克里斯塔勒提出了具有六边形结构单元,所谓中心地即位于六边形的中央。从经济效益而言,这是一种最佳结构,计及交通运输业在经济上的作用尤其如此。今天,这些道理似乎已为人们所熟知,但在经济行政管理中仍然得不到普遍应用。原因是,许多历史上延续下来的行政边界在不同程度上妨碍这种经济地理单元——尽管它最合理——的形成。克里斯塔勒的理论在促使人们注意并着手解决这个矛盾方面的确起到不可低估的作用。他在半个多世纪前提出六边形结构的设想时赋予交通因素以重要意义。由于自然地理基础的差异所造成的交通运输效应的差异必然要造成每个六边形的平面形状发生畸变,从而使中心地的实际位置或多或少地偏离其几何中心。由此可见,六边形结构只是一种理想化的教学模式,为求得其真实中心需要全面考虑所有可能引起畸变的因素。而由于这些因素的存在,中心地的外围区所组成的六边形实际上呈现出多种多样的形态。为了确定每个经济地理的最佳形态,必须注意单元内部的需要及其对外联结,以及与更高一级中心地的关系等方面。

最后,克里斯塔勒在其理论构想中将经济地理单元区分为不同层次,这为认识繁复的经济地理结构提供了可能。克里斯塔勒明确指出,每个经济地理单元的中心地均承担着向外围区域提供商品和各种服务的职能。中心地有大小之分。较小的中心地供应的商品和提供的非生产性服务,无论数量还是种类都较少,其外围区的范围也相应地较小;而较大的中心地,提供的商品和服务的数量与种类则较多,其外围区也较大。总之,中心地的等级越高,所提供的商品和服务的数量与种类就越多。

正如克里斯塔勒本人所认为的,他的中心地学说是对杜能(Von Thünen)的农业用地模式和韦伯(Alfred Weber)的工业区位模式的补充。克里斯塔勒的功绩在于:一是提出了“中心货物”这一新概念,二是扩大了商品的旧概念。他指出,“物质向一个核心凝聚是事物的一种基本情状”。中心货物的提出,使经济地理和商业地理研究面临一个全新的重要客体。面对货物概念的推广是指把现在常称之为第三产业的非生产性的服务业的服务纳入到商品的行列。这样,克里斯塔勒便把先前游离于杜能和韦伯的区位论之外的这个非生产性的经济地理要素“捕捉”住,为人类经济活动空间结构理论添加了最后一块砖。

克里斯塔勒的中心地理论早在1940年就已引起德国经济学家勒施(A. Lösch)的关注,后者还在自己的著作中进一步证明了经济地理单元六边形结构。当然,正如布拉什于1953年所指出的,克里斯塔勒的工作只是提供了把观察到的世界各地的差异进行对比的一种规范,而且"实验"也"证明,实际的空间类型同理论上所预期的不符"。前文也曾提到克里斯塔勒的六边形结构是一种理想化数学模式。鉴于理想化是研究自然界规律的重要方法之一,笔者则认为克里斯塔勒理论的局限性不仅并非其致命弱点,而且正是由于他把理想化模式引进地理学领域而开创了数量地理学这一重要学科。即令确实存在这样的局限性,克里斯塔勒的学说依然推动了对人类聚落类型和分级的研究进程,启迪后来的学者去研究许多特定的区域并建立一些新的更完备的理论。仅此而言,克里斯塔勒对现代地理学的贡献是确定无疑的。

在简单评介克里斯塔勒的一生和地理学成就之后,有必要回顾一下他的学说的命运。克里斯塔勒的主要研究工作是在1932年完成的。当时纳粹正在德国兴起,他的理论面临的不仅是一个黑暗的德国,而且是一个动荡的世界。而他却把自己的研究成果应用于为国家社会党的政治区划服务,这势必妨碍了他的理论在富有民主精神的学者中(特别是在欧洲)的传播。战争所造成的国家之间、各阶层之间的对立情绪,使人们不能客观地认识和评价与之政治立场不同、属于不同阶级或哲学派别的学者的科学研究成果,特别是社会科学研究成果。事实的确如此。最先注意和应用克里斯塔勒的中心地学说的国家是瑞典、美国、加拿大等国,而这些国家是两次世界大战所造成的对立情绪相对缓和的那些国家。如前文所述，随着时间的流逝，各国人民取得更多谅解，以政治观点决断一切是非的做法逐渐代之以清醒的科学分析，克里斯塔勒的学说也得到了重新评价的机会。第二次世界大战后，他的著作被译成英文，终于引起各国地理学家的注意。我国在1964年首次译介克里斯塔勒的学说，但是由于众所周知的原因在相当长的时间内未受到重视。直到1980年才重新有这方面的文章出现。

这个过程清楚地表明，政治的藩篱阻碍着科学理论的传播，而人们要跨越这个障碍往往需要相当长的时间。克里斯塔勒在即将离开这个世界的最后时日得到了他应得的荣誉，这既令人庆幸，也使人感到悲凉。这一严峻的事实对于全人类应是一个教训，它要求人们以更大的努力和自觉去正视人类创造与享有的所有知识财富。

张大卫

（中国科学院自然科学史研究所）

目　　录

第二部分　联系篇:区位理论应用于实际聚落地理

第三部分　区域篇:德国南部中心地的数量、规模和分布

第四部分　结论篇

英译本前言

鉴于许多地理学家、社会学家、经济学家以及其他方面的专家，对经济和社会活动空间的分布研究越来越感兴趣，翻译沃尔特·克里斯塔勒的大作《德国南部中心地原理》一书，就成为势在必行的事。一些研究者借助于有关德国的书面知识，就将本书的内容纳入到自己的研究中。然而，这种“翻译”只是出自个别地理学家和其他研究者们某些特殊的需要与兴趣。为使读者对克里斯塔勒的原理和图式有一个更广泛、更全面的了解，我们推出了目前这个译本。我个人确信，这一翻译非常重要，而来自美国、南非、英国、澳大利亚的研究者，和来自社会学、地理学、人口统计学、经济学等学科对本译文的大量需求，则更加坚定了我的这种信念。

《德国南部中心地原理》一书显示了克里斯塔勒对聚落地理学研究的奉献。作者表现出广博深厚的学术知识和功底，而且，在当今专门化的时代，能发现一个在如此众多的社会科学领域里有渊博知识的作家，的确是很令人鼓舞的。作者大量的研究工作，是他师从罗伯特·格拉德曼(Robert Gradmann)在埃朗根大学进行的。作者在著作中表现出的高水平学术成就，体现了他在研究中严谨认真、一丝不苟的治学态度。收在译文注释里大量详尽的文献目录，大概是作者在著述期间能够汇集起来的最好的了。

克里斯塔勒就社会体制的空间结构研究，提出了综合性的观点和具体的方法。由于冯·杜能研究了各种类型的农业的区位对居民中心的关系问题，阿尔弗雷德·韦伯研究了工业区位对于诸如交通、劳力、聚落等因素的制约问题，克里斯塔勒便打算研究一个完整的经济体系，这一体系从空间上讲是明确的、协调的、位置确定的。他把诸如政治、社会、经济、地理等因素都纳入了自己的调查研究中。

本书的主要贡献不在于所得出的具体的空间模式和度量方法，而是在指出广大人口稠密地区空间结构的某些特征方面，做了系统的尝试。书中选择并探讨的那些方法，汇集并采用的度量手段，表明作者对一些基本的经济关系有着深思熟虑的认识和很有见地的见解。尽管条件已经发生变化，克里斯塔勒研究中某些具体结论也已过时，但是，作者就如何从空间的观点出发，来研究某一经济体系的有机联系和功能，提出了方法和程度，在这一方面，作者的贡献功不可没。他的著作已经成为当今社会科学的研究者们参照的模型和出发点，他们的著作则充实了这一学科中某些尚未认清的知识领域。当代的研究者们时常参阅克里斯塔勒的著作，因为他们从作者的成果和表述中，找到了借以完善自己研究结果的方法。人类生活的空间方面以及诸如距离、人口密度、商品价值和市场等问题，正在引起工业及商业界日益浓厚的兴趣。

本书的目录表示出作者进行研究时技术上的某些特点：提出方案，限定并明确术语，发展度量的方法，搜集并分析适当的数据，将结果与理论方案进行比较，对各种不一致的现象做出多种解释。但作者为使南部德国的一些地区与理论方案相吻合，进行了太多的合理化解释工作以及任意的决定，这样，那些解释就多少令人不那么满意了。

一些组织和个人在本书的翻译工作中起了重大作用，对此，表示衷心的感谢。翻译计划首先是由拉特利奇·维宁博士（Rutledge Vining）提出的，并得到了弗吉尼亚大学人口与经济研究所的支持。德国交流学者阿道夫·普雷斯博（Adolph Presber）和奥维·彼德斯（Owe Peters）提供了许多关于南部德国地理经济方面的有用的资料，对翻译工作进行了有益的帮助。我的研究同事卡尔·梅登（Carl H. Madden）和吉尔·克拉克（Jere W. Clark）阅读审评了所有译文，使译文为之增辉。玛丽·伯丝克（Mary Bersch）小姐出于对作者及其家庭深深的崇敬，承担了全部手稿的艰苦的打字任务。如果我不再提一下作者，就实在太粗心了。作者沃尔特·克里斯塔勒对本译著的出版采取了合作态度，表现出浓厚兴趣，倾注了满腔热情。如果要提什么献词的话，应该感谢他创造性的思维和严谨博学的研究。我希望本译著能给他带来他完全应得的重视和声誉。

卡莱尔·巴斯金

导　言

1. 是否有决定城镇数量、规模以及分布的规律？

在近代聚落地理文献中，依照罗伯特·格拉德曼所举的例子①，对乡村和城镇聚落进行了清晰的分类。格拉德曼讲得非常正确，"从其根源上讲，村庄与城镇这两件事物是不同的"。② 村庄的起因是清楚的：它是典型的农业和其他方面对土地使用而形成的。在这种方式制约下，生活在乡村和农庄的人数与土地面积的大小是相关的；生活在给定区域的人们，必然与一定的农业技术和农业组织形式下赖以生存的土地利用面积相一致。不论这些人们生活在大的聚落，如自成一体的行政或自然村，或者生活在没有教堂等设施的数户人家组成的散村，还是独居的个体农户，对它们来说这一点都是完全明确的。的确，格拉德曼的研究和其他研究者

---

① 罗伯特·格拉德曼："符腾堡王国的城镇聚落"(Die Städtischen Siedlungen des Königreichs Württemberg)，第Ⅱ部分。

② 引自罗伯特·格拉德曼：《南部德国》(*Süddeutschland*)，斯图加特，1931年，第1卷，第162页。

已经完全讲清了这种关系。正如他们所说,在某一确定的区域内,通常总有一种聚落类型是占优势的。

城镇的情况就有些不同了。在相同的区域内,我们就可以看到彼此相邻大大小小所有级别的城镇。有时,它们在一种似乎不可信的和似乎无意义的情形下,聚集在确定的地区内。有时在某些大的区域内,又没有任何一处地方可以被确认为城镇,甚或连集市的征象都没有。人们通常总是强调,城镇与其居民所从事的职业性活动之间存在着一种并非偶然的、能从两者本质上阐明的关系。然而城镇为什么会有大小之分?它们的分布又为何如此不均匀呢?

我们将探究性地回答这些问题。

在探讨现存的大小城镇的起因过程中,我们相信,在城镇的分布上确有某种等级原理起着支配作用,但直到现在还没有被认识。

这些问题不仅仅引起地理学家的思考[①],历史学家、社会学家、

---

① 要回答这些问题,对拉采尔(Ratzel)来说,或许可由他提出"距离科学"的论断去解释"地球表面的空间配置"。(F. 拉采尔:《人类地理学或地理学在历史学上面的应用概要》〈*Anthropogeographie oder Grundzüge der Anwendung der Geographie auf die Geschichte*〉,斯图加特,1882 年,第一部分,第 177 页。)而 F. 拉采尔的第一部分是参考 C. 李特尔的"地理相关论"的表述。(C. 李特尔:《普通比较地理学引论以及更科学地对待地理学的理论申述》〈*Einleitung zur allgemeinen vergleichenden Geographie und Abhandlungen zur Begrüdung einer mehr wissenschaftlichen Behandlung der Erdkunde*〉,柏林,1852 年,第 137 页。)W. 戈策(Götz)尝试发展距离科学,无疑全部不成功。(W. 戈策:《世界贸易的交通道路,一次历史地理的调查以及地理距离科学的引论》〈*Die Verkehrswege im Dienste des Welthandels: Eine historisch-geographische Untersuchung, Samt einer Einleitung für eine "Wissenschaft von den geographischen Entfernungen"*〉,斯图加特,1888 年,第 1～28 页。)

经济学家[①]和统计学家也在思考。但是，过去仅有一次有意义的努力，试图找到支配城镇大小和分布的真实规律。它是100年以前由J.G.科尔进行的。[②] 对于这次尝试的一些评判。令人惊讶地相互矛盾。多数人指责科尔脱离自然本质太远，例如，F.拉采尔认为，“为了能取得某种还是科学的成果”，就不能允许偏离“真理”（意指“真实”）太远。[③] K.哈塞尔特（Kurt Hassert）认为，自然本质是那样纷繁复杂，应避免草率地以统计资料为基础试图去作出图解。[④]

---

① K.毕歇（Bücher）认为：一个中世纪的德国城镇规模约4.3平方英里，服务于大约30～40个农场、村庄和无教堂的自然小村。“这种聚落构成的例证说明存在着一种社会体制”，在这个体制里小城镇起着决定性的作用。无论如何，在它们的机制关系中，城镇与农村是相互依存的。（K.毕歇：“大城镇的现实与过去”，载戈厄基金会年鉴《大城市》。〈“Die Großstädte in Gegenwart und Vergangenheit”，in“Die Großstadt”，*Jahrbuch der Gabestiftung*〉。德累斯顿，1927年，第21页。）

经济学家们已全然忽视了城镇分布的地理性问题，尽管在城镇规模之内的依附性是常常被考虑到了，但城镇的区位理论始终没有建立。所以，W.松巴特（Werner Sombart）论述，“一个城镇的规模是由它的供给区域的产量和分配限度诸条件制约的，对此，我们可以称其为剩余生产”。（《现代资本主义》〈*Der moderne Kapitalismus*〉，慕尼黑及莱比锡，1916年，第一卷，第130页。）A.史密斯早已说过（见第Ⅲ部分，第1章）：“农村剩余生产仅是……这种剩余生产存在的组成部分。”这个判断仅在交通运输很不发展的条件下才是正确的；在现代欧美文化领域内的经济体制，它仅用于比喻之意。

H.博贝克（Hans Bobek）用他那独特的评论，措辞尤为明确，“城市地理学的基本问题”已包括对通常说法的调查研究。从一个更广的角度来讲，它是“附加性生产”（剩余生产量和额外需求，产生出一种“交通运输紧张”特征），这种附加生产决定了具体的和实际的城镇规模。（载《地理通讯》〈*Geographischer Anzeiger*〉，第28期，哥达：1927年，第213、221页。）

② J.G.科尔：《人类交通和聚落及其同地球表面形态的依赖关系》（*Der Verkehr und die Ansiedelungen der Menschen in ihrer Abhängigkeit von der Gestaltung der Erdoberfläche*），第二版，莱比锡：1850年。

③ F.拉采尔：《人类的地理播散》（Friedrich Ratzel）（*Die geographische Verbreitung des Menschen*）第二部分，第466页。

④ K.哈塞尔特：《城市的地理学角度的观察》（*Die Städte geographisch betrachtet*），莱比锡，1907，第13页。

与此相反，A. 赫特纳(Hettner)则肯定了科尔所取得的规律的意义。他说，这些规则的“大部分在今天仍然适用”。[①] O. 施吕特尔(Otto Schlüter)说，科尔“彻底”解决了从理论性的根本形式上探索交通网络的任务。[②] E. 萨克斯(Emil Sax)在科尔论述的“交通线路法则”的基础上建立了自己的理论。[③] 然而，科尔的天才的尝试在发现支配城镇大小和分布的规律方面是不成功的。这并不是由于他过分进行抽象化的结果，而是由于他是从一些在根本上讲就是错误的前提出发的。本文将能证明这一点。

我们怎样才能找到对城镇大小、数量和分布的全面解释？怎样发现这些规律呢？

纯地理学科领域内的探索能找出它们吗？这种类型的探索通常是从地貌和地理条件出发，简单地解释某地兴起一个曾是“必然的”城镇[④]，以及如果这个城镇的区位条件是优越的，那么该地这个城镇的“发展必定曾是十分有利的”。但是，与此同时都忽视了在该地其他许多同样优越，甚或更为优越的区位上并没有城镇，实

① A. 赫特纳：“交通地理的现状”(“Der gegenwärtige Stand der Verkehrsgeographie”)载《地理杂志》(*Geographische Zeitschrift*)1895 年 3 月，莱比锡，第 628 页。

② O. 施吕特尔：《论“纯粹”地理学范围内的交通地理的任务》(“Übér die Aufgaben der Verkehrsgeographie im Rahmen der‘Reinen’Geographie”)，源自《赫尔曼·瓦格纳备忘录》补遗第 209 册，彼得曼的通知(*Hermann Wagner*, *Gedächtnisschrift*, Supplement No. 209 of Petermanns Mitteilungen)，哥达 298～309 页，1930 年。同样论述：“在地学中人的地理位置”，地理作为科学和学科(“Die Stellung der Geographie des Menschen in der erdkundlichen Wissenschaft”, Die Geographie als Wissenschaft und Lehrfach)。

③ E. 萨克斯：“国民经济中的交通运输”，载《普通交通运输学》(“Die Verkehrsmittel in Volks-und Staatswirtschaft”, *Allgemeine Verkehrslehre*)，柏林：1918 年，第一卷，第 71 页。

④ 指德国诗人、哲学家歌德(Johann Wolfgang von Goethe)常说的德国雷根斯堡城，并引用其话语。

际上许多城镇分布在极为不利的区位上，这些城镇的规模甚至相当地大。从地理条件的特征方面出发，既不能用区位来解释城镇数量，又不能解释城镇分布，也不能解释其大小。[①] A. 赫特纳在1902年指出，调查聚落的数量与研究具有相同经济性质的聚落之间的平均距离是极为重要的。[②] 从这以后，在专题聚落地理论文中，这些因素是极少被忽略的。然而直到现在，还没有人成功地找到一些概括性的和一些普遍适用的规律。

也许从历史角度探索的结果能够作出全面的回答？如果对所有城镇的发展从它们最早的初始状态到现今的状况，都曾详尽地进行过研究的话，人们或许能从这些资料中寻出某些规则，并在区域和时间的角度上具有一定的特点。人们还可以对这些繁冗复杂的现象加以整理，理出某种序列来。但是这些规则或序列本身所含有的原理从来就不能够仅仅通过历史的研究来发现。这个认识已经被经济学的历史学派所接受，该学科能带来相当丰富、客观的资料。但是仅用历史的方法并没有能获得有效的经济学规律。[③]

---

① 这种地理方法的代表者是 F. 拉采尔，在其《人类地理学或地理学在历史学应用之概要》(*Anthropogeographie oder Grundzüge der Anwendung der Geographie auf die Geschichte*)一书中和 K. 哈塞尔特在他的《城市的地理学角度的观察》(*Die Städte geographisch betrachtet*)一书中的论述。

② A. 赫特纳："聚落的经济类型"(Die Wirtschaftlichen Typen der Ansiedelungen)，源自《地理杂志》(*Geographische Zeitschrift*)，1902年8月，莱比锡，第98页。

③ 进一步参见有关方法论方面的争论文献"国民经济及国民经济学"(Volkswirtschaft und Volkswirtschaftslehre)，载《政治科学手册》(*Die Handwörterbucher der Staatswissenschaften*)，耶拿：1928年，卷Ⅷ；并且参见所有近来 W. 萨姆巴特的批判性的评论《三种国民经济理论，经济学说的历史及体系》(*Die drei Nationalökonomien, Geschichte und System der Lehre von der Wirtschaft*)，慕尼黑和莱比锡，1930年。

最后,用统计学方法是否能帮助我们?统计方法可以对区域的城镇密度和城镇之间的平均距离通过计算得出;统计方法可以对各类大小城镇的分类和每类城镇的有关数量用计录表示出来;以这种方式,人们可以找到出现的频率和平均值,或许可以发现某些规律性,以及某种具体现象的、常出现的现时组合关系。然而,对于探究真正的原理性规律,统计学从来都未能单独地提出逻辑的证明。[①]

或许我们应首先搞清这样一个问题,即是否确有某些"规律"决定了城市的规模和分布,以及是否可能认识这些规律。

如果说聚落地理学[②]是自然科学的一个分支学科,或者至少把它看做是这样一门学科的话,正如一些作者的看法那样,应该是不成问题的,那么,自然科学的规律在其范围内必然是适用的,因为任何自然现象都是由这些规律支配的。但是,我们都确信,聚落地理学是社会科学的一个分支学科。对于城镇的出现、发展以及衰落现象具有决定意义的,是城镇居民能否在这里找到谋生的可能性,以及是否存在着对于一座城市所能提供的事物的需求。因此经济因素是城镇存在的决定性因素。表明农村聚落存在的房屋,总是同时与生产场所相伴,从而说明,经济因素对于农村聚落

---

① 参见H.J.塞拉菲姆所著:"统计学及社会经济学"(Hans Jürgen Seraphim, Statistik und Sozialökonomie),载《国民经济及统计年鉴》(*Jahrbücher für Nationalökonomie und Statistik*)1929年,第76、321页以下。

② 指术语"聚落地理"(siedlungsgeographie),或者聚落地理学,并不是简单地指对特定居民点或社区的研究,甚至也不是指对少数聚落的研究。C. W. 巴斯金(Carlisle W. Baskin)理解,它意味对世界表面上某一大的区域被开拓殖民地的迁居或定居状况、方法和程度的研究。克里斯塔勒在这里欲要揭示的条理或规律是在一些大的已被开拓定居的农耕地区进行研究的。他提出了一个问题:这些原理性的规律支配着聚落的数量、分布和大小吗?他努力去发现并予以解答。他对某一农耕地域地理的和经济的发展状况所进行的调查研究是迄今唯一的。——英译者

的存在，同样是决定性的。所以，聚落地理学是经济地理的一部分。如果要解释城镇的本质特征，必须像经济地理学研究所做的那样吸收经济学的理论。如果在经济学的理论中存在着规律，那么在聚落地理学也必然有其规律，这是一些具有特色的经济规律，我们可以称之为特殊的经济—地理规律。至于是否是真正经济学的规律的问题，在这里自然不能进行深入探讨。我们绝对肯定这些规律的存在，我们同绝大多数经济学家的意见是相一致的。[①]这些规律总之不同于自然规律，但是在解释理由和重要性方面并不缺少“正确性”，是有根据的。它们也许被称之为“规律性”较之“规律”更为有用些。因为它们并不像自然规律那样刻板严格，不容分毫偏差。当然，由于这里不涉及抽象的理论研究，所以来用什么术语的问题并不重要。经济学规律决定经济生活，明确这一事实就足够了。于是也存在着某些专门的经济地理的规律，比如这样的一些规律，它们仍支配着城镇的大小、分布和数量。[②] 所以寻找这些规律并不是毫无意义的。

---

① 参见 F. 尤伦伯格（Franz Eulenbeg）：“‘历史规律’是可能的吗？”（Sind “historische Gesetze” möglich?），载《社会学的主要问题，马克斯·韦伯纪念本》（*Hauptprobleme der Soziologie, Erinnerungsgabe für Max Weber*）第Ⅰ卷，第 23 页，慕尼黑和莱比锡，1923 年。

参见 W. 萨姆巴特：《三种国民经济理论，经济学说的历史及体系》（*Die drei Nationalökonomien, Geschichte und System der Lehre von der Wirtschaft*），第 248 页以下。这里包含有基本的、彻底的有关经济学方法和理论所有范围内的假定的讨论。

② F. 尤伦伯格从创立一个假定是为前提进行的研究，调查经济的方法，推导出“所有社会协作条件需要在空间上扩大的事实”，发现了一组特殊的社会规律。他指出，这是一个“定居的规律……，是一个有根据的交通因素机制规律”。源自“社会和自然”，《社会经济与社会政治文库》（Gesellschaft und Natur, *Archiv für Sozialwissenschaft und Sozialpolitik*）21，蒂宾根，1905，第 537 页。

第二个问题仍然是一个未解决的老问题：对城镇这个术语如何理解？对这个问题回答要放到第Ⅰ部分理论篇中去讲。[①]

2. 关于对城市调查研究的设计和资料来源的一些说明

首先要说明，本文的研究为什么不同于通常的地理研究。这里所采用的方法，在第一部分主要是综合性的，在第三部分是分析性的。[②] 本文的研究是一项十分具体的任务，即实际对德国南部城镇的规模、分布和数量等客观存在的事实予以论证，并加以解释。然而这项工作并没有从对现实描述性的陈述入手，而是用了一种一般的、纯粹演绎的理论方法。遗憾的是，必须要转这么个弯子，因为直到现在还没有关于城镇经济基础的完整的理论。然而，如果我们要寻找规律性的话，这种理论又是不可缺少的。

首先从理论入手的理由在这里是很实际的，那就是要形成一些概念，以后对客观现实进行描述和分析时，这些概念是不可缺少的。同时还要导入经济学的思想方法中去。此外，对于本文研究的程式具有确定意义的一项基本考虑，即按照人文科学的原则，理论的建立（只能是演绎式的，而非归纳式的）。因此，把描述客观实际作为理论的前提是多余的。[③] 理论的有效性完全不在于具体的

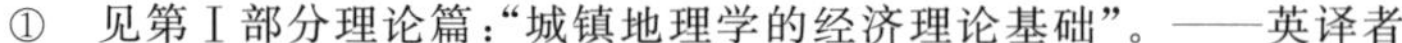

① 见第Ⅰ部分理论篇："城镇地理学的经济理论基础"。——英译者

② 见第Ⅲ部分：A，"慕尼黑的L—体系"。

③ 参见W.萨姆巴特所著《三种国民经济学，经济学说的历史及体系》（*Die drei Nationalökonomien, Geschichte und System der lehre von der Wirtschaft*），第319页，这种规律对于我们来说，不在于调查研究的结尾，而在于调查研究的开端。

事实怎么样，而是依靠它的逻辑的正确，以及"判断恰当"[①]（Sinnadäquanz）[②]。随后再将这个"理所当然"（eo ipso）有效的理论与实际相比较。在这一比较中可以看出，实际情况在多大程度上同理论一致，并能得到理论的解释；在哪些地方实际情况同理论不相一致，从而也不能得到理论的解释。不能被解释的事实，必须由历史的和地理的方法去弄清楚，因为这涉及一些人为的、历史的和自然条件的干扰因素，由于这些原因使这些现实与理论相偏离，这些因素与理论本身无关，不能作为反对该理论有效的证据。[③] A. 韦伯（Alfred Weber）用上述相同方法在区位论研究中取得很大的成功[④]，已把这种方法定名为"验证理论"。

① 通常这个术语和整个解释来自 M. 韦伯（Max Weber）的著作，因为我们发现它在"经济和社会"（Wirtschaft und Gesellschaft）一文（载《社会经济学概论》（*Grundriß der Sozialökonomie*），第Ⅲ卷，第Ⅱ部分，蒂宾根：1925）内作为例证。

② "sinnadäquanz"德文一词是由 sinn（理解、感觉、判断）和 adäquat（充分的、适当的、足够的）两德文词组成。这个词起始是为 M. 韦伯提出的一个专用名词。当它翻译成英文时是有非常大的差异，其意指由 M. 韦伯或 W. 克里斯塔勒所赋予的内容。而 A. M. 亨德森（A. M. Henderson）和 T. 帕森斯（Talcott Parsons）在他们翻译的《社会经济学概论》（*Grundriss der Sozialökonomik*）一文中，比较喜欢用"充分的含义"（adequacy on the level of meaning）作为翻译德文"sinnhaftr adäquat"的英译词。而sinnadäquanz是可推测的（或可假定的）这个词组的短语。它在现在研究中常被翻译成"认识水平上的确切程度"（the satisfying level of know ledge）。而亨德森和帕森斯坚持韦伯的用意，它可能在这里简单地被理解成"经济认识上通用的造诣"（the current attainments of economic knowledge）之意。——英译者

③ 参见前面有关对 O. 施吕特尔所著《人类地理学在地理科学中的地位》（*Die Stellung der Geographie des Menschen in der erdkundlichen Wissenschaft*）一文第 267 页：这个"问题的结构与表述"与 W. 萨姆巴特的"理性的图式"、M. 韦伯的"观念的类型"相当类似。

④ A. 韦伯著《工业区位论》（*Über den Standort der Industrien*）第Ⅰ部分：区位的纯理论，蒂宾根：1922 年第二版。

本书所提出的这个理论，从现在的状况看并不是完善的。我们现在所展示的仅为一系列关系与演变的过程，它们对阐明具体问题具有相当的重要性。因此，这个理论还没有发展到具有严格的系统性，更多的是其实用性。

本书的理论部分和区域部分之间必须加入一个具有连结作用的部分[①]，这个部分用于阐述方法和原则，借助这些方法和原则人们能够确定，哪些具体所指的地方，在当前具有城镇的作用，怎样以数字表述其规模，以及它们的影响范围有多大。

为此，本书的研究分为四个部分：第Ⅰ部分，理论介绍；第Ⅱ部分，阐述一种研究方法，以便更确切地理解实际；第Ⅲ部分，对实际情况的描述和具体解释；最后部分，即第Ⅳ部分，理论的验证以及普通聚落地理理论的结论。

关于本书第一部分论及的理论基础的起源与发展，还有一些需补充说明：这些理论的基础大部分源自国民经济学的较新的理论经济学，它在同经典理论（如A. 史密斯〈Adam Smith〉，理卡多〈Ricardo〉和杜能〈J. H. von Thünen〉）结合上，特别着重于边缘效用学派的著作（门格尔〈C. Menger〉和V. 维塞〈Von Wieser〉）；同新史学派的社会学方向的结合中，特别着重于W. 萨姆巴特和M. 韦伯。

遗憾的是，理论经济学很少涉及空间关系和空间影响[②]，相反

---

① 见本书第Ⅱ部分：联系篇。——英译者

② 参见G. 门兹（Gerhard Menz）：《合理化中的不合理成分，人与机器》（*Irrationales in der Rationalisierung, Mensch und Maschine*），布雷芬斯：1928年。G. 门兹认为，“合理的经济空间”问题同经济生活中时间要素的合理化相比，很少得到解决。在这里，正是缺少对基本事实和基本关系的判定。

时间要素的作用却过大，这一缺陷在毕姆巴威克(Böhm-Bawerk)[①]和新近的G.卡塞尔(Gustav Cassel)[②]以及商品周期学说中均有表现。[③] 哈姆斯学派(Harms School)努力研究空间现象，并且致力于同经济理论相结合。[④] 这是哈姆斯注意到了存在于理论基础中的差异性问题的事[⑤]，他指出这种国民经济和世界经济之间的差异大部分是由于经济在空间扩张时的差异所产生。当然，人们完全可以再派生出一种"近距离经济学说"。[⑥] 它似乎可以在其特有的规则中包容所有的地方市场关系、社会学上的邻里社区关系以及住宅关系。然而，那些从这种角度出发正在形成的一些术语，诸如"空间经济"甚或"空间结构"等[⑦](这些没有被大家所接受)，是含混的，所以没有介绍的必要。这里所指的是对空间关系和空

① 欧根·冯·毕姆巴威克(Eugen von Böhm-Bawerk)：《资本的实证理论》(*Positive Theorie der Kapitals*)，第Ⅰ卷，耶拿：1921年。

② G.卡塞尔著：《理论社会经济学》(*Theoretische Sozialökonomie*)，莱比锡：1927，第568页。

③ 例如R.施图肯所著：《经济生活的形势》(Rudolf Stucken, *Die Konjunkturen der Wirtschaftslebens*)，耶拿：1932。

④ 大部分论著发表在《世界经济文库》(*Weltwirtschaftliches Archiv*)，耶拿：1913年内，以及在《世界经济问题》丛书发表，耶拿。

⑤ B.哈姆斯著：《国民经济和世界经济，建立一种世界经济理论之初探》(Bernhard Harms, *Volkswirtschaf und Weltwirtschaft, Versuch der Begründung einer Weltwirtschaftslehre*)，耶拿：1912。

⑥ H.劳滕萨赫(Hermann Lautensach)在他的《普通地理学，风土地理引论》(*Allgemeine Geographie zur Einführung in die Länderkunde*)(戈塔：1926，第29页)一文，从广义的人类地理学角度，举出下列"贸易性交通可达范围"的四种独立的空间阶梯：①个人经济，②邻里经济，③国家经济，④世界经济。

⑦ B.哈姆斯著：《世界经济中的结构转变》(*Strukturwandlungen in der Weltwirtschaft*)，源自《世界经济文库》(*Weltwirtschaftliches Archiv*)25，耶拿：1927。

间进程在经济及理论上的处理，即是要考虑到所有经济活动是在空间关系中进行的，或者说具体经济现象在理论上的分析，需联系它们所处的具体空间和时间的特征。H. 韦戈曼(Hans Weigmann)继续发展哈姆斯的思想和观点，新近发表了一篇很有前途的"空间经济理论的思想"[①]的文章。在这篇文章中，术语"经济区"的概念在理论经济学的结构中被提到应有的位置。在老一辈人中，E. 迪林(Eugen Dühring)已经对空间问题作了一种理论性观察[②]，与此同时，A. 舍夫勒(Albert Schäffle)可能也提到了这些问题，但是并没有从理论的观点上把握住。[③] 在对一般地理问题的处理方面，是一些有代表性的经济学家论述的，P. H. 施密特(Peter Heinrich Schmidt)对此就作了卓越的概述[④]，在此要着重指出这一点。

每一种经济关系和每一种经济活动都无例外地同空间和空间联系有关，同时这种空间关联性也是由这些关系和活动的一个结构元素，这个事实仅仅有少数经济学家完全意识到了。如果说这

---

① H. 韦戈曼所著，"空间经济理论的思想，建立一种现实的经济理论之探索"(Ideen zu einer Theorie der Raumwirtschaft, Ein Versuch zur Begründung einer realistischen Wirtschaftstheorie)，源自《世界经济文库》(*Weltwirtschaftliches Archiv*) 34，耶拿：1931，1～40。

② E. 迪林著：《国民社会经济学教程》(*Kursus der National-und Sozialökonomie*)，莱比锡：1876，第 81 页。

③ A. 舍夫勒著：《人类经济的社会体系》(*Das gesellschaftliche System der menschlichen Wirtschaft*)第Ⅱ卷，蒂宾根：1876。

④ P. H. 施密特著：《经济研究及地理》(*Wirtschaftsforschung und Geographie*)，耶拿：1925。

些空间关系已经为经济理论所解释，并且他们的特有规律已被揭示，由此而产生的丰硕成果则不仅对经济学，而且尤其是对地理学来讲，都将具有重要意义。所以，经济学家，还有地理学家，如果希望解答经济地理问题的话，必将随时提到杜能的基础的和指导性的著作《孤立国》(*The Isolated State*)。[①] 杜能主要处理各种农业上的关系。他企图回答这样的问题，即不同的农业生产形式的空间分布遵循什么样的经济规律。他的“孤立国”以及对孤立国要素进一步的数学论证，在各种经济理论研究中已成为必不可少的途径。然而，在地理文献中却极少引证这部从经济地理学角度来讲极为重要的著作，值得称颂的几个例外，是 K. 萨坡(Karl Sapper)在他的普通经济地理和运输地理学[②]著作中应用了杜能的学说，H. 劳滕萨赫在他的普通地理学之中，也应用了杜能的学说。[③]在 G. 普菲夫(Gottfried Pfeifer)的一篇短论中[④]，他企图对“空间经济”的概念和构想概括地予以介绍，然而对杜能的引证仅仅是短短地一笔带过。在 H. 瓦格纳(Hermann Wagner)所著的广泛流行的教科书中，对杜能的这些内容没有涉及。与此相反，P. H. 施

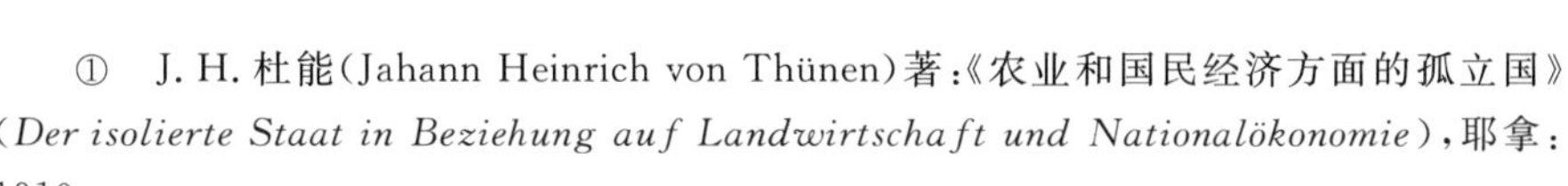

① J. H. 杜能(Jahann Heinrich von Thünen)著:《农业和国民经济方面的孤立国》(*Der isolierte Staat in Beziehung auf Landwirtschaft und Nationalökonomie*)，耶拿：1910。

② K. 萨坡著:《普通经济地理和运输地理学》(*Allgemeine Wirtschafts-und Verkehrsgeographie*)，柏林：1925，第 159 页。

③ L. 劳滕萨赫:《普通地理学》(*Allgemeine Geographie*)，第 317 页。

④ G. 普菲夫所著，“关于空间经济的概念及构想及其在地理学及经济科学领域内”(“Über raumwirtschaftliche Begriffe und Vorstellungen und ihre bisherige Anwendung in der Geographie und Wirtschaftswissenschaft”)，源自《地理杂志》(*Geographische Zeitschrift*)，莱比锡和柏林：1928 年 34 期，321。

密特[①]对于这位经济地理理论方面的经典作家的重要性作了详尽的评价。

A. 韦伯在杜能研究的基础上不断创新，发展了工业区位理论，终于把空间联系理论引入到经济理论领域中来了。[②] 在这个崭新的基础上，经济学家、经济地理学家又继续研究。只有 O. 英格兰德（Oskar Engländer）把空间关系引入到经济理论各部分之中。他特别探讨了价格，这一经济理论的核心与市场的距离和其他空间因素的依存关系。[③]

这三位研究者的论著以外，还没有一本广博的著作论述经济理论中空间的重要性，至多出过一些较短的论文值得一提，如福兰（von Furlan）在海港的腹地方面的研究[④]；A. 施恩利（A. Schilling）、P. 克雷伯斯（P. Krebs）、C. 多伯勒（C. von Dobbeler）以

① P. H 施密特：《经济研究和地理学》（*Wirtschaftsforschung und Geographie*），第 68 页以下。

② 参见 A. 韦伯著："关于工业的区位，区位的纯理论研究"（Über den Standort der Industrien, Reine, *Theorie des Standorts*）第 Ⅰ 部分，蒂宾根：1922。还参见："工业区位学——区位的普通的资本主义理论"，载《社会经济学概论》（"Die Industrielle Standortlehre-Allgemeine und Kapitalistische Theorie des Standortes", *Grundriß der Socialökonomie*）第 Ⅵ 部分，第 54 页，蒂宾根：1914。

③ O. 英格兰德著："价格规定及价格构成"，载《国民经济理论》（Preisbildung und Preisaufbau, *Theorie der Volkswirtschaft*）第一部分，维也纳：1929；载《商品运输及运价理论》（*Theorie des Güterverkehrs und der Frachtsätze*），耶拿：1924；"客运的国民经济理论"（Volkswirtschaftliche Theorie des Personenverkehrs），载《社会学和社会政治文库》（*Archiv für Sozialwissenschaften und Sozialpolitik*），蒂宾根：1923，50，第 653 页以下。

④ 福兰所著，"国家及世界经济中的区位问题"（Die Standortsprobleme in der Volk-und Weltwirtschaftslehre），源自《世界经济文库》（*Weltwirtschaftliches Archiv*），耶拿：1913，2，第 1 页以下。

及E.施内德(Erich Schneder)[①]等人对一些特殊问题研究的重要成果，分别在《技术与经济》杂志上以“交通和经济地理”栏目刊出。此外，从某种意义上说，E.萨克斯(Emil Sax)[②]以“交通在国民及国家经济中的意义”为题的论文也应提及。

最后要提的是F.奥彭海姆(Franz Oppenheimer)[③]的“社会学体系”，它的建立完全依赖上面提到的空间关系理论。(奥彭海姆常用的术语，如“市场”、“合作团体”等，都是作为空间存在的实体去理解的。)尽管这本著作给人以丰富的启发，但是书中建立的众多的“原理”，如像“市场规模的原理”、“流通原理”、“交通障碍原理”以及“基本地心说原理”等等，并没有在我们研究中运用，因为它们大部分都过于一般化，因而很不精确。

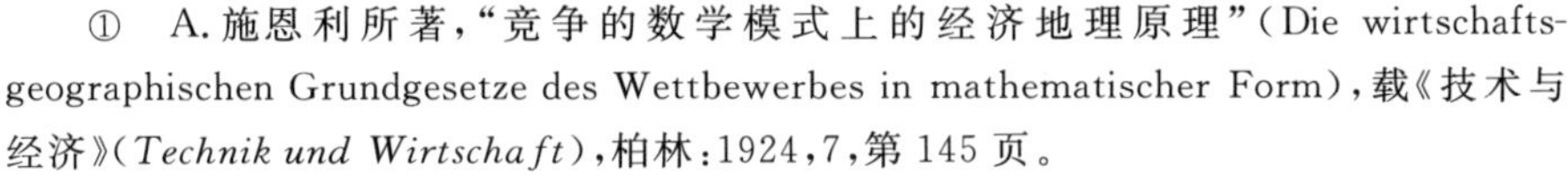

① A.施恩利所著，“竞争的数学模式上的经济地理原理”(Die wirtschaftsgeographischen Grundgesetze des Wettbewerbes in mathematischer Form)，载《技术与经济》(*Technik und Wirtschaft*)，柏林：1924，7，第145页。

P.克雷伯斯所著，“德国褐煤的运输边界”(“Die frachtgrenze der deutschen Braunkohle”)，载《技术与经济》(*Technik und Wirtschaft*)，柏林：1924，9，第213页。

V.多伯勒所著，《对于经济地理的数学研究》(Mathematische Beiträge zur Wirtschaftsgeographie)，载《技术与经济》(*Technik und Wirtschaft*)，柏林：1924，第9、201页。

E.施内德所著，《关于国内商品运输的数学方面的考察》(*Mathematische Betrachtungen Über den nationalen Gütertransport*)，载《技术与经济》(*Technik und Wirtschaft*)，柏林：1924，第9、204页。

② E.萨克斯，“国民经济中的交通运输”(Die Verkehrsmittel in Volks-und Staatswirtschaft)，载《普通交通运输学》(*Allgeneine Verkehrslehre*)，柏林：1918，第Ⅰ卷。

③ F.奥彭海姆所著，“纯粹的政治的经济理论”(Theorie der reinen und politischen Ökonomie)，载《社会学体系》(*System der Soziologie*)，耶拿：1923，第Ⅲ卷，272页。无论如何它是早期的《纯粹的政治的经济理论》(*Theorie der reinen und politischen Ökonomie*)之一，柏林：1910年。

本书的宗旨，在于寻找新路，以便说明经济原理和规律对于聚落地理的空间作用。这条道路已由杜能、韦伯和英格兰德开创了，对于上述作者的论著，在此只作最后一次的提及，以避免在反复引证时的重复。在这本书第Ⅰ部分内容里所揭示的理论[①]，也可称为“城镇企业及公共设施区位论”，它是在杜能的农业生产区位论和A.韦伯的工业区位论基础上的进一步充实，是建立在O.英格兰德制定的一般论证框架之上的。

这个理论分为静态和动态两部分，主要的依据是R.施图肯(Rudolf Stucken)的考察方式。[②]

① 参见本书第Ⅰ部分，“理论篇”。

② R.施图肯所著，“论经济生活的运动过程”(“Zur Lehre von den Bewegungsvorgängen des Wirtschaftslebens”)，载《国家学说大成》(*Zeitschrift für die gesamten Staatswissenschaften*)，蒂宾根：1932年，89期。此外见有关前注，《经济生活形势》(*Die Konjunkturen des Wirtschaftslebens*)，耶拿：1932。

第一部分

理论篇：城镇地理学的经济理论基础

第一章　基本概念

1. 作为等级序列原则的集中

无论是在无机界还是有机界中，质量围绕某一核心——中心区的凝聚，是应归属在一起的事物之等级序列的一种基本形式——集中型等级序列。这种等级序列不仅仅是根据人们建立秩序的需要，作为一种思维方式，存在于人类思维世界中，而且它确实存在于物质内部结构的外面。

在某些人类社区生活中，尤其是在某些社会组织结构中，同样也存在于这种集中型原则，而且以直观的物化表现了这种生活形式。我们因此想到了那些独立的建筑：教堂、市政厅、广场、学校——这些都是集中型等级序列在各类社区中的外在表现。这些建筑以其在分散的个人居住地（表现非集中型家庭组织的一般方式）的中心区位、特有的建筑外形、塔楼和大门，尤其以其大小和高度来显示它们在住宅建筑群中的独特地位。建筑区位、风格和规模对这些社区建筑的集中型特征表现得越强烈突出，我们的审美愉快舒适感越浓。这是因为，我们承认目的和感觉与外在形式的统一协调是符合逻辑的，并因而可以认为这种统一协调是美的。

因此，欣赏一幅中世纪城镇图是非常有意思的：市场地点通常坐落在聚落的中心，在那里耸立着比较重要的有代表性的房屋——药店、客栈、杂货店、诊所、税务所，在市场正面或者在场地的中央是显赫的市政厅；离喧嚣的店铺稍远一点儿，可见教堂的巨大身影，高耸的教堂塔楼威严地俯视四方。向边缘地区过渡房屋越来越小，越来越不瞩目，还有那边缘地带的园圃、简易医院或修道院以及带有宽大庭院的货栈，所有这些都是社区集中型等级序列明显的外部象征。如果向远看，我们见到整个城镇实体由一道围墙包围。围墙再一次表示该实体的独特、重要和不同凡响，本质上表现了它在整个社区的中心地位。在城区外面的乡村原野上分布着各种形状的农庄、小村庄、村镇，它们如同棋盘上的兵卒[①]，这些仍然是居住地（不属于城镇部分的地区——非隔离地区〈Unabgesondert〉[②]），它们仍然在较大程度上依附于土地，还没有明显地上升到人类精神生活的更高的层次上，而是带有更多的植物属性。[③]

然而，如果我们置身于年轻的现代城市，我们会因缺少这种序

---

① 虽然这些乡村居民点看起来很小，也没什么重要意义，但其中每一个都在乡村生活中起着重要作用。——英译者

② 非隔离区在德国有其特定含义。它与在某些限制下进入社区组织的一些人的政治（社会政治）组织有关。即与将其本身与乡村部分及其居民相区别而进入某一实体的组织有关。在围墙（这些围墙使农村和中世纪城镇隔开）的外面是未被隔开的无组织、无防护的农场、小村庄和村镇。——英译者

③ 在这里贵族的农村生活绝不是指耕种庄稼。——英译者

奇怪的是奥托·毛尔（Otto Maull）在他的《政治地理学》（*Politische Geographie*，柏林，1925年）一书中并不考虑这些城镇和乡村在国家机体中的不同位置。作为“文化空间器官”（593页）他指出以下方面：聚落、交通干道以及人们得以从中获得食物的地区。作为国家的“空间器官”（112页）：居住细胞、给养器官、保护器官（边界）以及交通脉络。核心、中心、城镇显然是国家最重要的“空间器官”之一，其职能与农村聚落完全不同。

列而感到遗憾。这种城镇对我们来说似乎是混乱的，因而是没有吸引力的。那么难道社区集中型等级序列就不复存在了吗？纯粹的元素主义和偶然的异质因素的随意构成难道就取代了这种序列了吗？不，等级序列依然占主导地位，只是这种中心指向，有的较强，有的较弱。社区生活形式已经发生变化——某些新的生活形式增加了，还有一些却减少了原有的意义。但是城镇的组织仍然保留了集中型特征。所不同的，是在重要的现代城镇中，这种集中型序列不再是中世纪城镇的那种清晰的、近于简单的宏观表现，它已变得从外部几乎难以察觉。当然现代大城市街道上熙攘的人流、众多商店、繁星般的灯光也向我们表明，这里依然是集中型等级序列。较小的城镇也向我们表明，在居民生活中它具有自己的不同于乡村的职责。但是当今城镇中心以及区域中心的外部象征则正在消失或很难识别。

在本书中我们将不考虑集中型等级序列的外在形式，在我们看来，只要他们是某种集中型等级序列的中心器官，具有中世纪核心的城镇和一座现代城镇或一处表现为乡村的聚落都处于同一水平层次，我们注重的不是城镇外观，而是它在人类社区生活中的作用。①

---

① M. 奥罗西奥(M. Aurouseau)说，“必须将城市看做社会(群体)的有机部分，并将其作为整体事物来描述”。(“城市地理学的最新成就”(Recent Contributions to Urban Geography)，载《地理杂志》(*Geographical Review*)，纽约：1924 年，第 14、444 页)。我们的研究首先基于这些考虑。

而卡尔贝格(Carlberg)狭隘地认为(受施吕特尔影响)，地理学家的基本任务是“研究城镇的自然外貌”这一观点是不可取的。(贝·卡尔贝格：“城市地理学”〈Stadtgeographie〉，载《地理年鉴》〈*Geographischer Anzeiger*〉，哥达：1926 年，总第 27 期，153 页。)

2. 中心地

我们不管城镇的外观，只注意那些对城镇的概念和聚落地理至关重要的具体标志。也就是R.格拉德曼所称的城镇的"主要职能"(chief profession)，即"充当周围农村的中心和地方交通与外部世界的中介者"。①

这里所涉及的，不只是人们首先想到的那些较小的集镇，这些集镇毋庸置疑本来就是周围农村独一无二的中心；这里所涉及的，同时还有那些较大的城镇，而且不仅是就其直接邻近的地区而言，还联系到由许多较小区域组成的一个体系，这些区域虽都有各自相距很近的中心，然而从整体上看其更高一级的中心离它们较远，是那些用来满足农村和较小城镇需求的较大城镇。这些需求不能从较小的城镇得到满足。因此，我们不妨这样扩展和概括格拉德曼的观点：城镇的主要职能(或主要标志)是充当区域的中心。

这种主要标志不单单适于我们一般称为城镇的那些居民点，也适于诸如大多数市场点，此外，有些城镇根本没有或仅在一定程度上具有这种特征，因此我们把那些主要起区域中心作

① 罗伯特·格拉德曼(Robert Gradmann)："施瓦本地区的城市"(Schwäbische Städte)，载《地理学会杂志》(*Zeitschrift der Gesellschaft für Erdkunde*)，柏林，1916年，第427页。

用的聚落称为中心居民点。[①] 中心的意义是相对的，它是相对于区域而言的，更确切地说是相对于散布在整个区域的居民点而言的。[②]

与这些中心地方相对的是分散聚落，也就是那些不是中心的地方。[③] 这些地方包括：(1)面状居民点——居民以农业活动谋生并受周围土地面积制约的居民点。(2)点状居民点——居民靠具体

① 这一表述从普遍的以及空间角度去理解，基本是指保尔·维达尔·德·拉·布拉什所称的指导器官(organe directeur)，它不仅要完成诸如对采矿地区原料的供应，而且还有对矿产品的集中。这一指导器官应尽可能位于诸如工业区的中心(groupement)(布拉什：东方的法国〈洛林—阿尔萨斯〉)(*La France de l'Est*〈*Lorrame-Alsace*〉)，巴黎，1920年。

如马里内利(Marinelli)对大中心的称谓一样，我们所理解的中心居民点同完整的城市(citta completi)这一概念更为相近。马氏同我们的观点完全一致，他认为，如果考虑居民的职业，人们就会怀疑以务农、捕鱼、采矿或工业生产为生的城镇是否可以称为城镇，顶多把专于商业及管理的城镇，称为真正的城镇。他认为，"完整的城镇"并非那些专业化城镇。我们作为地理学者同强调城镇的内容的说法相比，则更强调其空间方面，从而称"中心居民点"。(奥林托·马里内利：意大利地理杂志〈*Rivista Geografica Italiana*〉，佛罗伦萨，1916年，第22、23期，第413、430页。)

② 帕萨尔格(Passarge)根据居民点相对于其他居民点的区位对居民点进行了分类。但他的分类完全根据诸如个别区位、群体区位、行列区位和郊区区位等外部特征而进行的。他根本没有涉及能够认识各种规律性关系的最重要区位，即中心区位。(S.帕萨尔格："描述景观学"。《景观学原理》〈*Die Grundlagen der Landschaftskunde*〉，汉堡，1919年，第1卷，15页。)同样，他的"居民点结构"分类(居民点分布格局)也没什么意义。帕氏建议中心结构(单中心和多中心)和星状结构。前者呈分散的云状等级序列，后者则呈向外扩散的条带状。

③ 中心地方和分散地方的区别是指同一个完整的区域。它不同于向心的居民点(居民的经济利益主要指向这些居民点中心的城镇)和离心居民点(居民的经济活动多在周围地点进行的村庄)的区别。(后者是由哈辛格尔(Hassinger)作的划分(胡戈·哈辛格尔："论城市学的任务"，载《彼德曼的报告》〈Petermans Mitteilungen〉)，哥达，1910年，总第56期，2卷，第295页。)

的区位资源谋生的居民点。后者尤指采矿居民点①,与土地的农业性利用的可能性相比,矿产在空间上很受限制,其区位通常呈点状;其次是那些限定在地球表层某些特定点上的居民点,他们被限定在某些绝对点上(而不是像中心地方那样的相对点上)——例如桥梁和渡口的地方、关隘和港口,等等。所有这种形式的地方,尤其后一种点状居民点往往同时还成为中心地方,采矿居民点和疗养浴场也可以算上是小范围的中心地方。但是尽管如此,点状分散地同中心地是有严格区分的。最后,还有第三类是位置上无关紧要的一些居民点,他们并不靠近中心点、中心地区或绝对点。寺院(修道院)便是这方面的例子(在这里修道院不是圣地,圣地通常与发生过奇迹的地方密切相关)。其他方面的例子是从事家庭手工劳动的个体劳动者的居住地、大工业所在地,即根据诸如交通运输设施或劳动力供应等经济优势决定的区位②,位于大城镇附近风景秀丽地点的纯住宅区除外,因为这些住宅区绝对地取决于自然景色在这一点上优美(因而呈点状),同时相对地取决于其距大

---

① 德文版此处应译为:居民的谋生区域呈点状,这首先是因为同矿产资源有关。——中译者

② 参见如下基本书目:

阿尔弗雷德·韦伯(Alfred Weber):"工业区位论(一般资本主义区位理论)",见《社会经济学概论》(*Grundriß der Sozialökonomie*),第六章,蒂宾根,1914 年。维尔纳·松巴特(Werner Sombart):《现代资本主义》(*Der moderne Kapitalismus*),第二册,第二章,慕尼黑和莱比锡,1917。

安德列亚斯·普雷德尔(Andreas Predöhl):"经济理论中的区位问题",见《世界经济文库》(*Weltwirtschaftliches Archiv*),耶拿,1925 年,21 期,294 页始。

尼古劳斯·克罗伊茨伯克(Nikolaus Creutzburg):"工业分布现象——西北图林根森林区的实例",见《德国地方和民俗学研究》(*Forschungenzur deutschen Landes-und Volkskunde*)第 23 期第四部分,斯图加特,1925 年。

城镇的近距离。

当我们往后论述中心居民点时,我们避免引用一些新的城镇概念[1],以免引起极大混乱。为了更准确地解释居民点(settlement)(在某些地方译为聚落。——译者)我们不妨在更高的层次上用另一术语替代它。settlement 一词有许多含义,但该词尤其使人想象出一幅包括街道、房屋、塔楼等在内的具体的景象,因而也就掩盖了对我们具有重要意义的事实的独立意义。因为这里不涉及 settlement 一词所包含的丰富的现象,只是指作为中心点这种作用的地方化含义,也就是说,居民点的几何区位。因此,我们自此以后都使用中心地(方)(central place)(中国学术界惯称为"中心地"。——译者)一词。[2] "地方"一词从其具体含义上讲也较为准确,因为我们既不研究定居单位,也不研究

① 参见汉斯·德利斯(Hans Dörries)在"城市地理学现状"(《赫尔曼·瓦格纳纪念文集》〈*Hermann Wagner Gedächtnisschrift*〉,哥达,1930 年,314 页)一文中所涉及的关于城镇含义的大量文献。

亦见维尔纳·松巴特在"城市居民点,城市"(阿尔弗雷德·菲尔坎特〈*Alfred Vierkandt*〉主编,《社会学手册》(*Handwöter der Soziologie*),斯图加特,1931 年,527 页始)和"城市概念和城市产生的本质"(《社会科学和社会政治文库》〈*Archiv für Sozialwissenschaften und Sozialpolitik*〉,柏林,1907 年,4、25 页始)两篇文章中所编纂的关于城镇的非地理学含义。拉采尔对城镇的理解丝毫无益于我们的研究,因为他的理解根本不包括城镇的具体特征、城镇的起源或功能。他认为,城镇的地理学含义是"分布在广大地区并占据主要交通线路中心的一种人们的居所和居民的持续性稠密过程"(拉采尔:"大城市的地理环境,大城市",《救济捐款年鉴》〈*Jahrbuch der Gabestiftung*〉,德累斯顿,1903 年,9、37 页)。

② 根据格林词典卷Ⅶ:ort 指"空间上一个固定的点、一个位置、一个场地"。第四节:ort 是指"人们寻求功利的地方、公共往来的地方"。

亦见彼得·海因里希·施密特(Peter Heinrich Schmidt):"作为地理学基本概念的空间和地方",载《地理学杂志》(*Geographische Zeitschrift*),莱比锡和柏林,1930 年,总第 36 期,357 页始。

政治社区，更未涉及经济单元。因此，“地方”这个概念既包括周围居民点，也包括居民点中的从事城市职业，或最好称之为中心职业的居民。[①] 这种中心地可能比定居单位或社区大，也可能比它们小。[②]

那些具有影响较大区域的中心职能，并在其中存有其他次要中心地的地方，我们称之为**较高级中心地**（central place of a higher order）；那些仅对周邻地区具有地方性中心意义的地方，相应称为**较低级中心地**（central place of a lower order）和**最低级中心地**（central place of the lowest order）。不具有中心意义或发挥较少中心作用的较小地方称为**辅助中心地**（auxiliary central place）。

3. 重要性和中心性

每一“地”它通常非确切地被定义为地方的**规模**（size）均具有某种重要性，城镇规模显然是以面积和高度的空间尺度来衡量。人们还更习惯于把统计观念上的居民数作为城镇规模的计量尺

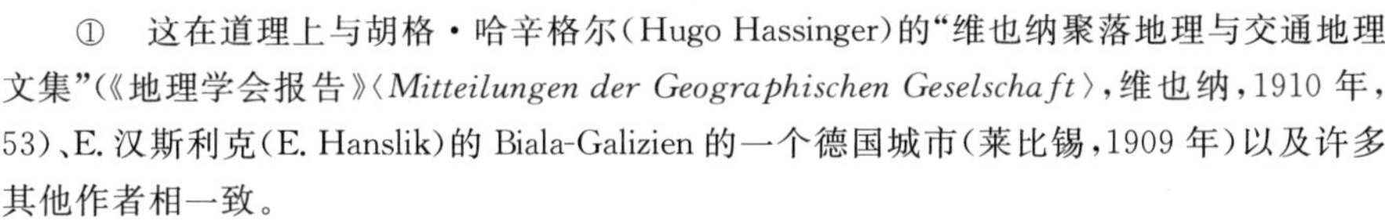

① 这在道理上与胡格·哈辛格尔（Hugo Hassinger）的“维也纳聚落地理与交通地理文集”（《地理学会报告》〈*Mitteilungen der Geographischen Geselschaft*〉，维也纳，1910 年，53）、E. 汉斯利克（E. Hanslik）的 Biala-Galizien 的一个德国城市（莱比锡，1909 年）以及许多其他作者相一致。

② Place 的含义与恩斯特·哈斯（Ernst Hasse）所指的含义差不多，他将政治社区（第一个圆）与“同第一个圆共同构成生活定居单元的郊区人口”（第二个圆）以及与交通区域（这是由“定居人口和劳动人口的交换所造成的”）三项相结合。因此，根据贝尔贾恩（Belgian）的例子，圆圈一和二可共同构成“凝聚”的形式（“大城市人口集聚强度”，见《普通国家档案》〈*Allgemeines staatlisches Archiv*〉，蒂宾根，1892 年，总第二期，615 页）。

西格蒙德·绍特（Sigmund Schott）根据此含义建立了十公里的圆，详细论述了这种方法的错误之所在（1871～1910 年的德意志帝国大城市集聚，见《德国城市统计协会论文集》〈*Die Schriften des Verbands deutscher Städtestatistiker*〉，布雷斯劳，1912 年，第一章）。

度。然而,面积和人口都只能不大精确地表示城镇的重要性。赫尔曼·瓦格纳(Hermann Wagner)就正确地认为,人们通常所持有的"人口相等,其地方便相等"的观点是不对的。[①]"重要性"不是一个数值,不是人口总和,也不是那种经过修正的概念,即加权人口(weighted population)的总和。加权人口意味着,根据每一个人的经济活动的重要性对每一个人以一个给定的值,即对于这个人来说表示权值的确切数字。例如一个人的收入规模可作为这种评估基础。但是,重要性根本不是什么总数,而是居民的综合经济作用的结果,它表示某种强烈的程度,完全不是多个单一经济效果相加的和。我们称这种综合作用为重要性。其含义是指人们通常称谓的某城镇"繁荣"、"昌盛"或"重要"。

城镇所具有的这种"生活",即所谓的重要性没有必要与居民人数等同起来,因为城镇还可能存在重要性的剩余,而且大多数中心地均具有这种剩余。是什么东西造成了这种剩余呢?是地方的分散性,那里相应表现为重要性出现了空白。在一座附近有很大工人居住区的城镇,这一见解表现得更清楚。也许该城的人口很少,而它作为中心地却有较大的重要性。而人口众多的工人住宅区,按照我们的理解,几乎没有任何意义。进行各种合作活动的区位不是农村,而是城镇。我们现在把城镇的重要性作为城镇规模来理解,那么有一部分城镇的重要性作为人口聚集性给予城镇本身,另一部分重要性则表现为中心地作用。用简单的数字语言表达——只是例证而非严格精确——可以说,若城镇有集合重要性

① 赫尔曼·瓦格纳:"普通地理学",载《地理学教科书》(*Lehrbuch der Geographie*),第九版,汉诺威和莱比锡,1912年,第一卷,885页。

B,其中 B_2 表示城镇人口,则 $B-B_2$ =相对于周围区域的城镇重要性的剩余(surplus of importance)[①]。我们称集合重要性为绝对重要性,重要性剩余为相对重要性,它是相对于重要性的亏空地区而言的。重要性剩余向我们表示城镇作为中心的程度。这样,我们可以得出关于从城镇获得供应的区域之规模的结论(中心地的剩余重要性越大,其补充区域也就越大)。我们就是在这一层意义上毫不犹豫地讲到一个地方的中心性(centrality),并将其理解为关系到其周邻区域的一个中心地的相对重要性,或将其看做城镇发挥中心职能的程度。因此,我们还可以说一地方中心性的高、低和增、减。

4. 中心商品和服务

确切地说,地方,甚至居住地并非是中心的。中心性很少指空间上的中心区位,而是指意义更为抽象的中心作用。某一区域内,几何中心可能是简单的散在地方。因为该区域的人口分布不平均,因此,人口重心通常即为中心地。这就是说该地区居民通向这里的路距最少。但是,我们认为,一地方只有实际发挥中心作用时才具有中心的资格。当然这是指,该地居民所发挥的中心作用,因为他们从事的职业是与中心区位密切相关的。这些职业称中心职业。中心地生产的商品、提供的服务,正因为它是中心的,故称之为中心商品和中心服务。同样,我们称那些必须在分散地方生产

① 这些符号来自德文 Bedentung,其含义是意义或重要性。B_2 为中心地的重要性,B 为城镇加上周邻媒介区域的重要性,故重要性剩余($B-B_2$)表示作为一个区域的中心地的城镇的重要性。——英译者

或供应的商品为分散商品和分散服务；称那些不一定集中或分散生产或销售的商品为一般商品和一般服务。英格兰德连同无数经济学家及地理学家依通常语言习惯，均使用城市商品以及相对应的农村商品这样的术语。[①] 我们避免使用这些术语，因为这种对应的术语既不全面也不准确。

中心商品的概念可以作如下定义：中心商品和服务可以在几个必要的中心点生产或供应，从而使其在许多分散点得以消费。分散商品和服务则在许多分散点生产或供应（或在很少的点，总之不在中心点），以便首先在少数点消费。此外，还常常存在这样的情形：并非集中生产的一种商品却可以集中供应（如在大多数工业化点）；或者一种商品虽集中生产，却可以分散供应（如报纸需要集中出版，但通常却在任意一合适地点出售）。第一种情形，供应集中，后一种情形则生产集中。如果我们在这两种情况下都讲中心商品，那么第一种情况下是就供应而言，第二种情况是就生产而言。

此外，我们可以区别高级中心地生产和供应的高级中心商品与低级中心地生产和供应的低级中心商品（也在所有高级中心地生产和供应）。较高级商品这一术语虽然已经在经济学理论中用于标示生产手段和原材料[②]，但是由于我们仅与“中心”商品相关的情况下使用，是不会出现混淆情况的。

就生产而言的中心商品，即那些以最大优惠在中心地生产的

① 奥斯卡·英格兰德（Oskar Engländer）：“价格构成与价格结构”，载《国民经济论》（*Theorie der Volkswirtschaft*），维也纳，1929年，第一章，114页始。

② 这一术语可见于由边际效用派根据卡尔·门格尔（Karl Menger）的例子（《政治经济学原理》〈*Grundsätze der Volkswirtschaftslehrer*〉，第二版，维也纳和莱比锡，1923年）所引进的商品的等级体系。

商品比较少有，因为中心生产的优惠（首先是运输成本，对分散及集中居住的一个个消费者来说，其运输成本最低）基本上被中心地的高工资、高地价等造成的高成本生产的缺点所抵消。总之，根据阿尔弗雷德·韦伯的术语说法，所谓消费者指向的生产（不包括存在于几乎每一乡村的生产）大多属于此类，而且，地点是在某一由分散居民点组成的消费场所内的一个狭小的地方（有时也可能是大区域的地方），即消费场所的中心。中心指向的生产还可以是这样的，即分散生产的半成品或原材料的集中和深加工是在中心进行的。中心指向生产的典型例证，一种类型是众多的手工工业，经常还有食品工业和啤酒酿造业；另一种是制酪业、制糖业和罐头加工业。前一类生产同时是消费指向的，后一类则为原料指向。报纸业的区位则受制于有关组织情况而非消费指向。[①]

但是，主要的问题不是商品的生产，而是与中心地密切相关的商品和服务的供应。服务供应与商品供应经济学上是以同样的方式进行考虑的。这就是为什么在经济理论中人们通常不说商品和服务供应，只是将其简称为商品供应，而将服务包括在商品供应之中。[②] 属于这些中心服务的首先包括交易——几乎完全是中心指向的（不包括小商贩的沿街叫卖）；其次是银行业、许多手工业（如修理部）、国家当局、文化和精神服务事业（教堂、学校、剧院等）、职

① 即由广泛而集中化的组织以及规模庞大、为数众多的设备所决定。——英译者

② 见汉斯·迈耶（Hans Mayer）的“商品”（载《国家科学简明词典》〈*Handwörterbuch der Staatswissenschaften*〉，耶拿，1927年，4、1277页始）。

业和企业组织、运输业和卫生事业,等等。[①]

这些商品和服务通常均在城镇或其他中心地集中提供,在现行经济体制下已经成为规则,因为这样做从经济观点出发是最优惠的。但这种情形并非在任何时期和社会内一成不变,它只是一种历史形式。是的,我们发现,这些服务即或在今天往往仍然得不到集中提供。[②] 将商品分配给消费者的方式主要有两种,一种是将商品在消费者必须光顾的某个中心地供应;另一种是携带商品四处巡游,将商品送到消费者的住地。前一种方式必定导致中心地或市场地的发展,后一种方式却不需要什么中心地。历史上,流动商人远比今日盛行,沿途叫卖的商贩、修补壶的手艺人、中世纪吟游诗人以及巡回传教士等都曾将商品直接提供给消费者;甚至中世纪的国家当局也不是中心指向的,而是依靠信使来行使国家

① 此条表明,对中心商品的理解,不仅应包括经济商品和服务,还应包括非经济的、文化、卫生以及政治方面的。因为获得它们要花费金钱和劳动力,而提供它们也要花费资金和劳动力,故这些方面的供应和消费是遵循经济规律,虽然其目的是满足文化、卫生及政治需求,但为达到这一目的,必要的成本则是至关重要的。降低成本的途径总是优于造成高开销的途径。

② 毛尼尔(Maunier)对工业分布做过令人感兴趣的论述,我们可以从中了解一些对我们的命题有益的具体内容(毛尼尔:"工业的地理分布",载《社会学世界周报》〈*Revue internationale de Sociologie*〉,16 期,巴黎,1908 年,481 页)。他指出工业的集中和分散总是在历史上不同的经济时期中交替变化:农村经济——集中;大庄园经济——分散;中世纪城镇经济——集中;家庭工业时期——分散;国家经济时期——集中。今天我们面临的是分散时期。毛尼尔之所以讨论(p. 433)"集中与分散节奏"(rhythme de concentration et de dispersion)或是为了工业向最有利的生产与市场区位迁移,或是为了工业向最好的劳动市场迁移(因居住地而迁移)。他得出结论(p. 511)说,地理条件应好中求好,那种认为只有经济发展处于较原始阶段的工业才依赖于地球物理因素的看法是不对的。相反,这些因素在现代工业中则起着较大的作用,因为激烈竞争要求即使从地理自然中获取的最小优势也要加以利用。

职能。现在，中心商品的非中心性提供似乎又有所抬头，邮购业务就是这种情形的明显表现。至于哪一种形式更通行些，关键还在于究竟哪种方式在经济上最为有利。一种方式是否比另一方式更高级或更发达，谁也不能未卜先知。

当今中心商品更为经常的是集中提供，即不由小贩而是在市场上提供。这是因为，由于大量的货物销售以及复杂的商业账目和组织机构的缘故，不仅是生产而且还包括供应，都使增加资本投入成为必要，这些投资通常为固定资本，从而要求固定区位。这种资本更高投入只有通过从消费者指向的生产[①]向为未知市场而生产的转化才能实现，即通过经济活动的自由往来才能实现。

5. 补充区域

我们称以中心地为其中心的区域为中心地的补充区域。[②] 我们不使用诸如市场区域、辐射区域和市场销路等习惯用语，因为这

① 指为特殊的已知消费者而进行的生产。——英译者

② “补充区域”的定义与博贝克(Bobek)给出的定义基本一致。他指出，“只要用于运输(与城镇贸易往来)的开销不超过该城市中心所提供的优势，如果不是经过人为(由政治或行政界限)确定的话，则一城镇的区域影响(即典型的城市型劳动)将会逐渐扩大”(汉斯·博贝克：“因斯布鲁克〈Innsbruck——奥地利蒂罗尔州首府。——中译者〉，一座山城，它的生存空间与外部形态”，载《德国土地及人口科学研究》，斯图加特，1928年，25、222页)。

德文为Ergänzungsgebiet，英译者译为complementary region，李旭旦先生将其译为“补充区域”(见《地理学思想史》，商务印书馆)。而张文奎先生主编的《人文地理学概论》(东北师范大学出版社，1989年，p. 124)确定为“服务区域”。——中译者

些术语多数是单纯用来描述贸易的，因而在这里很容易引起混乱。此外，术语补充区域既包含城镇对农村的关系，又包含农村对城镇的关系，从而更明确地表述了二者的相互关系。①

我们称较高级中心地的补充区域为较高级补充区域。较低级中心地的补充区域为较低级补充区域。通常我们将补充区域简称为中心地区域。一个中心地的补充区很难确定，这主要是因为补充区域的规模因商品的类型不同而不同，而且它还具有周期性和季节性变化；此外它还在其边缘地带与其他相邻补充区域重叠。但是，补充区域的规模即使不是一成不变的，却也具有相对稳定性，因为它在很大程度上取决于距一个与之相等或高一级的中心地的距离。② 我们再回顾一下中心性(centrality)的含义，即发现补充区域就是重要性不足的区域。这种重要性不是由中心地的重要性剩余补偿，从而使这个区域和中心地一起共同构成一个统一体。

6. 经济距离和商品范围

在促使特殊空间器官——中心地——形成的经济过程以及经济关系中，距离具有十分重要的意义。一个经济系统越发达，其纯

---

① 德国经济的生产及销售条件调查委员会(Enquet-Ausschuss)公报(见《城市、地区、乡镇经济生活》〈*Das Wirtschaftsleben der Städte, Landkreise und Landgemeinden*〉，柏林，1930年，第一卷，第1页)论及了城镇与周围农村的相互关系。

② 格拉德曼(前面引用文献的456页，见本书25页注①)谈到了“市场区的不变规模”。这对于许多区域，尤其是受自然条件严格限制的边远区域无疑是正确的，但是，对大多数区域来说，这只是“短暂的”相对条件。此外，对经济学家而言，高密度农村市场区是一个毋庸置疑的事实。这一事实显然与以企业自由为依据的经济组织中的经济规律效果并不协调。

交通经济越多，距离因素引起的作用就越大。在这里米或公里等对距离的数学表达是次要的，只有用经济的表述才能反映距离的经济意义。这种经济距离[①]由运输、保险、储存等成本、时间长短以及运输过程中的重量或空间损失等因素所决定；就客运而言，则取决于运输成本、时间长短以及舒适程度等因素。[②] 我们可以借用佐夫尔（Zopfl）的定义："经济距离将地理距离以数字换算成运输以及其他具有经济意义的交通利益或负担。"[③]而我们则认为，用货币价值而不是几何数字表示更好一些。

经济距离是决定商品范围[④]的一个十分重要的主因。我们称分散人口为在一个地方——中心地购买商品而愿意到达的最远距离为商品范围。如果距离太远，人们购买这种商品的开销太大，他们就不会去购买它或到别的可以便宜得到该种商品的中心地去购买。此外，商品的范围深受该种商品在中心地的价格影响。若该种商品以较高或较低的价格在另一中心地出售时尤其如此。再

① 见库尔特·哈塞尔特（Kurt Hassert）的《普通交通地理学》（*Allgemeine Verkehrsgeographie*），第二版，柏林和莱比锡，1931 年，第一卷，63 页。

② 费迪南·冯·李希霍芬（Ferdinand von Richthofen）将这些因素归并为"时间和劳动力"（普通聚落与交通地理学讲义〈Vorlesungen über allgemeine Siedlungs- und Verkehrsgeographie〉，奥托·施吕特尔〈Otto Schlüter〉整理编辑，柏林，1908 年，210 页）；经济学理论只是简单地讨论"成本"而"成本"既不必一定由货币价值组成，也不必非得由货币价值来表示。

佐夫尔的全称在英文版和德文版均无注明。——中译者

③ 库尔特·哈塞尔特在前面的文献中已涉及此，见本页注①。

④ 奥斯卡·英格兰德表述为："销售幅面"，由于在涉及中心服务如国家管理时，不好讲"销售"，因此这里使用了一个普通的表述"（可达）范围"（奥斯卡·英格兰德："货运与运价理论"〈Theorie des Güterverkehrs und der Frachtsätze〉，耶拿，1924 年，3 页）。英格兰德的用于销售幅面的公式，对于我们的目的而言尚欠完善。

者，这种范围还取决于聚集在中心地的居民人数、散布在中心地之外的人口密度和分布状况、人口的收入条件和社会构成①、距其他中心地的远近程度以及许多其他因素。因此，每种商品都有其特有的范围，而且在各种具体情形下，在各个中心地甚或在不同的时间点上这种范围都可能是不一样的。

在这里我们所涉及的显然是难以用简明结论或公式处理的一些十分复杂的过程，因此我们将在下面的研究中进一步论述这一概念。

① 英格兰德将所有这些用术语“购买者的价格意向”来概括。这一简要概念的确有其独到之处。它的大致含义是，某一确定的人口或人口阶层，根据其结构与组成，对某些欲求商品决意支付某确定的最高价格（奥斯卡·英格兰德：《国民经济论》〈*Theorie der Volkswirtschaft*〉，29页始）。

第二章　静态联系

1. 引言：中心商品的消费与中心地的发展

中心商品的消费与中心地的发展之间存在着一种很紧密的联系。中心商品消费越多，依靠销售中心商品而生活的居民所居住的中心地发展得就越好，反之其结果亦相反。在这里，"中心地的发展"只是作为一般的理解。这种表述并未说明这种发展是集中在一个地方，还是分布在若干地方。随之而来的第二个问题是，什么地方存在中心商品的供应，是否在一个抑或是多个地方。

中心商品的消费依赖于人口的分布，尤其依赖于人口在中心地内部的集聚程度；中心商品的消费还主要依靠人们对商品的需求，而这种需求则取决于人们的职业构成和社会结构以及富裕程度或收入结构。此外，中心商品的消费还依赖商品的类型，取决于商品的现有量和供求规律，并首先取决于这种商品在中心地的价格。而这种价格又是由诸如租金、股息、工资、税收等因子所决定。最后，中心商品的消费依赖于补充区域的地理组织形式和规模。上述这些因子共同决定着商品的可达范围。同时，具体交通运输条件也起着重要作用。

如果我们根据上述因子的依赖关系确定了提供中心商品的区位和消费量,那么至少可以得出关于中心地的规模、区位和数量等问题的一般结论。

但是,上面的提法应该做适当修正,因为中心地发展的最主要因素并不是中心商品的消费,而是中心商品销售的收入,即中心地居民得到的纯收入(等于总收入减去生产及其他费用)。如果纯收入总额高,那么,个人经济上就富裕起来,人们便能够在该中心地生活,从而促进中心地繁荣发展;相反,如果纯收入总额低,则只有少数人能够在该中心地找到可能只是很有限的生存条件,该中心地的发展便处于不景气状态或衰败。

2. 中心地人口分布

下面,我们探讨人口分布与中心商品消费量之间的关系。

假设一约 80 平方公里的区域有 4 000 名居民均匀地分布在该区域,没有一个地方是高度聚集的。案例 1:假设有一名医生在该区域居住,为该区域提供中心服务,他当然要在区域的中心开业。区域内所有人口对医疗服务的需求基本相同,即每一居民染病的可能性基本一样;还假设该区域内每个人的收入相同,这些收入在满足其他诸如吃饭、穿衣、住房等生活必需后,每人每年可支付 6 马克用于医疗费用;设一次就诊费用为 3 马克。

但是如果因此认为,每位居民到医生这里来就诊全是每年平均两次,这位医生的年收入应为 4 000×6 马克,即 24 000 马克,那就错了。那些离医生较远的居民,除了付给医生诊费外,还要算上一两个小时的就诊来回路程，以及因此而失去了工作时间并因路远产生的劳累和不舒。而他们每人每年只能为看病支付 6 马克。显然，实际上只有那些居住在医生住地附近（设步行距离为 15 分钟以内）的人每年才可能就诊两次。那些居住在环Ⅰ（距医生住地需行走 15～30 分钟）的人，因路途而平均失去一个工作小时，折金 70 芬尼。这样这些人看一次病的费用是 3.7 马克。此外，除了医生的酬金，还有上述劳累和不舒，可算作“运输障碍”[①]。这样他们每年以 6 马克所能支付的就诊次数只有 1.5 次，即两年三次。那些居住更远（在环Ⅱ）的居民，因看病往返路途要失去两个工作小时，而且，他们因离家较远而必须支付约 60 芬尼在小吃店吃早饭的费用，这样，他们每次就诊费就为 3＋1.40＋0.60 马克，总计 5 马克。再把进一步增加的运输障碍算进去，我们发现他们仅能支付每年一次的就诊费。那些居住更远的居民，相对于所能支付的就诊费而言，其就诊次数每年只有半次（两年一次）。

假如在医生住地的邻里之中（约 5km² 的区域，行走距离不超过 1 刻钟），有 250 人（假如人口密度为每平方公里五十人）。在环Ⅰ范围内，即在需步行 1 刻钟至半小时路程（约 15km²）的范围内有 750 人。在环Ⅱ，即距医生半小时至 1 小时路程的范围内（60km²）有 3 000 人。可是，我们还可以设想，该区域并非呈正圆（实际情况总是如此）；而且距医生一小时路程的区域范围只有 50 平方公里，还有 10 平方公里在此范围之外。这就是说，在环Ⅱ内

① 弗兰茨·奥彭海姆（Franz Oppenheimer）将总“运输成本”看做“运输障碍”并对“运输障碍的一般规律”进行了探讨（见奥彭海姆的“纯政治经济学理论”，载《社会学体系》〈*System der Soziologie*〉，耶拿，1923 年，第三卷，109 页）。

居住着2500人,在环Ⅱ之外、环Ⅲ之内居住着500人。据此,就诊人次出现以下情形:

	人口	人均(6马克)就诊次数	就诊人次
核心	250	2	500
环Ⅰ	750	1½	1125
环Ⅱ	2500	1	2500
环Ⅲ	500	½	2500
总计	4000		4375

用每次3马克的就诊费乘以给出的就诊人次,便得出医生全年的总收入为13125马克。因此,医生的年收入不是表面所想象的24000马克。

因此可以认为,尽管人们的需求、收入相等,产品的消费量还是因区域的不同地方而差异很大。距提供中心商品近的地方,其消费量就大些,随着距离的增加,消费量逐渐减少,到区域的边缘,消费量大概为零。

但是,这只是一种人为构成的情形,对此,没有必要做进一步研究;更值得考虑的是当前的实际情形,应该探讨的是业已存在的某一中心地网络。我们假设在这中心地网络的一区域内人口总数与案例1相同,但其分布并不均匀。在区域中心有一1000居民的城镇;环Ⅰ(距城镇半小时距离的区域范围)有750居民(人口密度:50人/km^2);环Ⅱ(1小时区域范围)有2000居民(密度:40),环Ⅲ有250居民(密度:25)。我们称这一具有一个小的中心地的区域为案例2。此种情形的计算结果如下:

	人口	人均就诊次数	就诊人次
核心	1 000	2	2 000
环Ⅰ	750	1½	1 125
环Ⅱ	2 000	1	2 000
环Ⅲ	250	½	125
总计	4 000		5 250

因此，在案例 2 中，虽然在医生的工作区域内具有与案例 1 相同的居民人数，但医生的年收入却由 13 125 马克增加到 15 750 马克。

现在让我们看案例 3，假设有一具有一个大的中心地的区域。在此区域内，有一个 2 000 居民的城镇，环Ⅰ有 500 居民(密度：33⅓)；环Ⅱ有 1 250 居民(密度：25)；环Ⅲ有 250 居民(密度：25)。计算结果如下：

	人口	人均就诊次数	就诊人次
核心	2 000	2	4 000
环Ⅰ	500	1½	750
环Ⅱ	1 250	1	1 250
环Ⅲ	250	½	125
总计	4 000		6 125

这样，与案例 2 的 5 250 人次、案例 1 的 4 375 人次对比，案例 3 一年内就有 6 125 人次就诊。

如果在一 80 平方公里的区域内有两个中心地，并且这一区域被一分为二，在每一半的中心有一个 1 000 居民的中心地，其居民按案例 3 分布。其计算如下：

	人口	人均就诊次数	就诊人次
两个核心(1 000)	2 000	2	4 000
两个环Ⅰ(500)	1 000	1½	1 500
环Ⅱ	1 000	1	1 000
总计	4 000		6 500

与案例 3 的 6 125 人次比,有 6 500 人次就诊。因此,具有两个中心地的区域,尽管其区域总人口以及在中心生活的人口与只有一个中心地的区域人口相等,但其中心商品的消费量要比后者高。

然而,我们在这里必须注意到一个对以后出现的论述也适用的问题。因为,这里似乎存在这样一种状况,即具有两个中心的区域,因其可以消费更多的中心商品而地位十分有利。由于这种反映在表面上的较有利的状况时时都在经济上影响着个人经济活动的进行,促使人们去实现这种有利的状态,所以可以认为,存在着一种建立尽可能多的中心地的倾向,并且这一倾向的确存在。但是,与此同时,又存在着一个更重要的反倾向,即中心商品的销售者必须依靠其商品销售得来的收入方能生存。现在我们以一特殊例子对其进行解释。"最有利的"情况即具有最大就诊人次的情况,它形成于下述条件下:每一村庄都有一名医生,从而在一个具有 4 000 居民的区域中,因为无人需支付其他临时费用,故每一居民均能得到两次就诊机会。据此,便有 8 000 人次就诊,医生们的收入为 24 000 马克。如果该区域有 10 个居民点,那么便有 10 名医生,他们每人的年平均收入为 2 400 马克。如果是这样,这些医生便不能生存。实际上,在这一区域内最好有两名医生行医,可以以两个不同的中心地为依托。这样他们每个人都会得到 6 500×3 马克(根据案例 4)的一半,即 9 750 马克的年收入,同时我们假定,一名医生每年至少有 8 000 马克的总收入,除去杂费开销后,能满足其生活必需,以及分期或付息偿还他为行医而在训练学习、购买医疗设备、器械及其他辅助器材等方面所花费的资本。因此,最佳情况必然位于所有需求都能满足和没有需求能得到满足这两者之间的某一地方,位于尽可能多地满足需求的地方,位于提供中心商品的人能获得尽可能高的收入的地方。

如果医生行医的中心地不位于区域和散居人口的中心,而是有所偏离,那么,中心商品的消费量以及医生的收入便向不利的方面偏斜。在这种情况下,由于相对多的人居住较远,因此这些相对多的人购买中心商品的程度也就较低。[①]

我们不妨将上述考察结果小结如下:在总人口相同的情况下,中心发展较差的区域内虽然其中心商品的消费总量比中心发展较好的区域内低,但却比那些没有任何中心的区域高。如果在中心生活的人口分布在两个中心地方,那么,中心商品的消费在一定的情况下比这些人口只分布在一个中心地的高。中心地的偏心区位则减少中心商品的消费。

在讨论一区域人口分布时,我们不应只考虑人口是集中的还是分散的。分散的人口既可以生活在较大的居民点——较大的村庄,也可以生活在较小的居民点——小村庄,还可以生活在单一分

---

① 即联系就诊的案例,则更多的人必须从其可能的收入中支付更多的钱用于旅行和临时费用。——英译者

布的农家庄院上。[①] 每一种分布类型都可以造成关于中心商品消费的具体条件。

让我们用两个具有截然相反的情况的区域进行对比：一个区域只有隔离的农家庄院，一个区域具有一些较大的村庄。假设两区域的居民人数和区域规模同中心地的居民人数和区域规模相等。这样我们便可以认为，由于隔离农家区域的人口居住分散，所以很难满足他们对最低等级的中心商品的需求。人们很少见到面包师、屠夫和杂货商在这里开业[②]，这是因为在居民看来，为买 3 个小面包或 1/4 磅的香肠，去克服 2～3 公里的距离是不合算的。所以商贩们在这里找不到其产品的买主。而居民们宁可走 5 公里路，在城镇或集市上大量购买商品。由于这种情况牺牲了本来可以提供最低等级中心商品的中心地（也牺牲了事实上根本不存在的非现存的中心村庄），使较高等级的中心地得到相对较好的发展。在以村庄为主的区域内，那些大的村庄分担了城镇作为区域中心地的部分功能，即这些村庄可以提供最低级的中心商品。这虽是一种的确存在的趋势，更具重要意义的则是，一些本来在集中村庄区集中生产和供应的商品，在隔离的偏僻区域是由消费者自己分散地生产着，从而使较高级的中心地无法发挥作用。面包制作、屠宰、纺织，甚至车辆修理均可以在家里进行。单一分散农家

---

① M. 奥罗西奥（M. Aurousseau）将居民点分为三个基本类型：（1）集聚型（小城镇，村庄）；（2）半集聚型（村庄社区，小村庄）；（3）分散型（M. 奥罗西奥：农村人口分布，载《地理学杂志》〈*Geographical Review*〉，纽约，1920 年，p. 223）。

② 施吕特尔也得出结论说："在乡村居住在一起的起码事实，就有可能提高长期存在的低的非农业人口的百分比。"因之他证实了具有单一农家的区域之间或存在中心职业村庄之间的差异（奥托·施吕特尔："论德国人口与聚落地理"，载《彼德曼的报告》〈*Petermanns Mitteilungen*〉，哥达，1910 年总第 58 期，2、65 页）。

区域内的个体居民总之是要依靠自己，因为他几乎没有依赖及进行社会交流的可能性，因而他对此也就没有什么需求。由于中心商品常常具有这样的社会特性，因此，这些特定商品的消费也就降低了。在村庄占优势的区域内，情况就不是这样，在这样的区域里，单个家庭自己制作面包的时间消耗和不便所需的成本比面包房买面包还要昂贵，在这种区域中，相互依赖显得更为重要；因此在这里，对中心商品的需求要比分散居住的区域大。

此外还有第三点，是纯客观的：从个别分散的农家到中心地的道路，通常先是从农家所在地开始的一段质量差的路通向最近的一条大路，这条路汇集了若干农家的路，随后汇合到修筑的大道上。然而，在村庄占优势的区域，从村庄到城镇通常都有较好的道路。因此，从一个单一分散的农家院到城镇的旅行的不便、时间损失以及直接交通费用要比从村庄到城镇同样距离的旅行费用高。因此，中心商品对单一农家区域的居民来说，平均比较昂贵。这意味着，居民以其收入只能买到相对较少的中心商品。这样，单一农家区域的中心地的发展与村庄区域比，全都要差些。那些低级的中心地尤其如此。由于前述原因，还由于后面要讨论的原因，因单一农家区域较好的收入条件，则较高级的中心地的发展可能更有利些。

3. 人口密度与人口结构

一般而言，人口稠密的区域其中心商品消费也较高。人们紧密地居住在一起的事实可以促成较为频繁的社会接触。主观上，这些接触可造成对中心商品的较高估计、对中心商品的较大消费，这种消费常常带有集体主义性质。客观上，这种较大的消费可以使较稠密的人口建立较高程度的劳动专业化,据此,可以使那些否则要分散生产[①]的许多商品,进行集中生产。最后,稠密人口能使用于生产中心商品的必要资本得到充分利用。这样,产品本身会变得更为便宜,从而增加这些便宜商品的消费量。同时,我们已经论述过,一定密度的人口是均匀地分布在整个区域,还是在某些地方集中分布而其他地方稀疏分布,影响着中心商品的消费总量。

就实际的人口结构而言,很明显,文化水平较高的人,其中心商品的消费也较高,因为许多中心商品具有某种文化特性。同样,独立的工商业者与非独立的工人比,也具有较高的消费水平,这无疑是因为他拥有企业。最后,职业人口,如国有工业的工人,与农民比,其中心商品的消费也较高,比如工人通常在商店购买他所需要的多数食物,因而需要中心服务,而农民自己种植所需食物,故不需要这些中心服务。

收入的规模及空间分配具有特殊的重要性,但并不显著。英格兰德的理论特别强调它,我们这里没有必要对它进行详细探讨。首先,概括地讨论一下收入的规模:如果区域 A 内的收入平均为 2 000马克,区域 B 内为 2 400 马克,那么若据此断定,区域 B 只比区域 A 多消费 20%的商品(假定所有商品价格相等)那就错了。确切地说,用 2 000 马克首先要满足吃饭、住房、穿衣等最急需求,然后才在较低水平上满足一定的社会及文化商品需求。对于这些最急需求,分散商品,即由中心地提供的那些最低等级商品(日常需求品)所起的作用,要比较高等级中心商品更大。在区域 B 中,

① 分散生产的简单含义是,不在一个中心地生产。甚至在某些村庄和小村子的生产也是分散的,因为这些地方不能划为中心地。——英译者

收入的其余 400 马克，便不需用来满足最急需求，而是用来支付非急需求。在这些需求中，较高等级的中心商品则显得特别重要。因此，可以断定，在商品价格相当的情况下，一般具有较高收入的区域中，其中心商品的消费明显要大些，因而其中心地的发展很可能比具有较少收入的区域好些。

如果其中一个区域内的收入程度多寡不同、分布不均，上述对比关系就会是另一种样子了。在区域 A，有 10 个人收入人均 42 000马克，有 990 个人收入人均 2 000 马克。这 1 000 人的总收入为 2 400 000 马克。在这两个区域内，有收入的人口总数及他们的总收入是相同的，其平均收入也相同。然而，区域 B 的中心商品的消费远远高于区域 A，这是因为，区域 B 内 1 000 人中的每个人均有 400 马克主要用于购买中心商品，因而总计约 400 000 马克。在区域 A 内，个人收入为 2 000 马克的那 990 人对中心商品的消费只可能是极少量的。而有更高收入的那 10 个人，其用于中心商品消费的绝没有 400 000，而是大约超过 40 000 马克。[①] 他们其余

① 以系统形式表述如下：

收入：区域 A

990×2 000 马克＝1 980 000 马克

10×42 000 马克＝$\frac{420\ 000\text{ 马克}}{2\ 400\ 000\text{ 马克}}$

区域 B

1 000×2 400 马克＝2 400 000 马克

支出：(假设每人支付其收入的 1/8)

990×250 马克＝247 500 马克

10×5 400 马克＝$\frac{54\ 000\text{ 马克}}{301\ 500\text{ 马克}}$

区域 B　1 000×400 马克＝400 000 马克

——英译者

的收入可用于其他目的,如旅游、住房、形成资本等。大量的中等收入对中心商品的消费从而对中心地的发展,起着决定性的作用。这也就是通常所谓的"普遍的国民福利"。关于空间分布问题,我们应该注意,处于中心地的高收入要比远离中心地的高收入对中心商品的消费更大。因为后者还需扣除交通费,其剩余才在中心地用于消费。

4. 中心商品

我们开始时已探讨了中心商品的消费在中心地发展中起着决定性作用。商品的消费量并非完全取决于对中心商品的需求。通常,需求远远高于实际消费;事实上,需求原是无止境的。对需求的首要限制就是满足需求要花钱;潜在消费者的收入是有限的,而为满足其无止境的需求则要无限的金钱。消费者的收入是中心商品消费的第一个限制因素,我们已论述了这一限制的意义。

第二限制因素是,受制于现存商品量,基本上分为两种情况:(1)某一地方的一种商品的数量可能有限,不能再增加的;(2)供应(或生产)的商品数量不受限制,是可增加的。据此,经济学理论将其划分为确定数量的商品和期望能够增加生产的商品。从价格角度看,这两种商品的运转形式是不同的。那些确定数量商品的价格主要由该商品的稀缺程度决定;而能够随时增加数量的商品,价格则主要由其生产成本决定,因而人们称之为成本商品(costgoods)。

对某种商品消费量的第三个限制因素是商品的价格,而商品价格又与现有商品量(供应情况)、对商品的期望(需求情况)以及其他因子直接相关。因此商品的价格时常表现为相对独立的发展。关于价格,重要的在于区分这一价格是一开始就确定的一个固定价,即如垄断价格以及准成本价格(如铁路价格等);还是可变价,即市场价格。

结合商品量和商品价格的相互依存关系,我们得出四种主要的商品类型:

1. 具有固定价格的确定数量的商品;

2. 具有市场价格的确定数量的商品;

3. 具有固定价格、可随时增加数量的商品;

4. 具有市场价格、可随时增加数量的商品。

形成商品消费的机制对这四种主要商品来说是各不相同,因此必须对其进行分别研究;否则,就不能充分理解中心地的含义。

具有固定价格的确定数量的中心商品可以包括医生的服务,因为服务的量受制于该医生的有限的劳动力(至少在另一名医生增加其提供的服务量之前是这样),一般说来还受医疗收费规章所定的固定价格的影响。此外,还有医院,其供应(接受能力)受可支配的病床数限制(至少在增加了的需求迫使医院扩建之前是这样)。在这里各种因素相对较为简单。如果对这种类型的中心商品的需求大于供应,则部分需求不能得到满足。那些需求得不到考虑的人,要么必须放弃其需求,要么必须到相邻地区的中心地获取商品。也许那里供大于求,从而使这一商品剩余。但是,在这种情况下由于路途较长,他们必须考虑用于旅途或运输的附加费。于是,以其有限的收入则不能那样经常或大量获取中心商品。

因此,在需求大于供应的地区,其中心商品的消费与那些需求能够满足的地区比,相对要少些。因之,其中心地的发展相对就差些。如果中心商品因需求太低而不得全部销售的话,那么情况依然如上。因此,商品现有总量与总需求正好相等的中心地形势最为有利。仍然举医生的例子具体说明一下:如果某一地区医生太少(供应过低)或太多(供应过高,因而收入过少),那么这些中心地的发展就不像医生人数刚好满足需求的情况那么好。也许医院的例子更能说明问题。如果医院太小,那些不能被接收的病人将被送到邻近城镇的医院,或在家里接受分散的护理;如果城镇所拥有的医院太大,则会因利息和管理费用太高以致入不敷出。这就意味着,在这两种情况下,中心地的重要性都要降低:第一种情况下,邻近城镇相应地获得重要性;在第二种情况下,医院的赤字需由提高社区税收来弥补,从而使城镇工商业受到损害。

在这里,由于需求得不到满足而向邻近区域的中心地转移的问题是很重要的。因为假定两个中心地的价格固定且相等,因此转移的可能性基本上是可以计算的,即出现在因旅行而增加的开支并未将其拟用于满足需求的收入全部消耗的情况下,可以认为需求转移会给邻近区域中心地的发展带来更大好处。然而,由于支付更多的旅费,这对更大一级区域的所有中心地的共同发展则是有害的。就某些具有市场价格或日可变价格的确定数量商品而言,虽然其机制不同,其结果也是如此。电影院就是这类商品的一个例子,影院供应受制于现有可用座位数量,票价收入是可增可减的。在集市可以论价的农产品也是一个例子,农产品的商品是取决于进货情况(进货程度可能会因连续霜冻而减少),其价格通常是由卖方凭经验随意定的。下面我们用电影院例子对这些内在联系进行解释。

一座影院有300个座位，如果每晚都有一些观众因影院座位售空而空手而归，那么，影院的老板就要提高其票价，如以1马克提高到1.2马克；如果观众每年能从其可支配收入中拿出12马克用于光顾影院，那么他过去能看12次电影，现在却只能看10次了。票价上升20%造成看电影需求减少20%，影院老板的收入原为每晚300×1马克，即300马克；提价后，其每晚的收入为300×1.2马克，即360马克。这样由于中心商品现在以360马克而不是300马克售出，故中心地的发展随着价格的增加而增长。对影院老板来说，如果影院每晚的经营成本是280马克的话，那么他每晚的纯收入将不是20马克，而是80马克。只是当票价上升的这20芬尼超过去邻近地的一段较长的旅行所花费的额外费用时，人们便开始考虑转移到邻近地区的中心地去看电影。如同提高票价一样，在剧院上座率不高的情况下，降低票价也可以产生同样效果。就12马克可支配收入而言，观众只能支付10次每次1.2马克的演出，因此，在对演出感兴趣的人数一定的条件下，也许只有180个座位售出，老板的收入为216马克。如果票价减少到80芬尼，不仅是这些观众可以看15次而不是10次演出，每晚将有270个座位为观众所占，而且还会有新的观众被吸引，特别是那些来自本地区边缘因而居住很远的人，他们通常因旅行费太高，宁可购买分散商品如一本书。这样，也许300个座位全部售出。如果入场券仍为80芬尼，老板的收入为240马克，这要比票价为1.2马克时的收入要高。对于中心商品的消费及其收益将会因缩减分散商品的消费而增加。结果，尽管单位中心商品的价格可能很低，但中心地却能得

到良好发展。如果确定数量的某种商品的价格,正好能使全部数量商品都能销售、全部需求又都能得到满足,那么,一般来说中心地则可得到最为有利的发展。如果价格太低或太高,以至于要么一部分需求不能解决,要么一部分商品不能销售,其结果都对中心地的发展不利。

与具有固定价格的确定数量的商品的情况相比,在这里转移的问题具有不同的特征。从地区 A 蜂拥到地区 C 来满足需求的愿望,可能导致价格在地区 C 的上涨,从而又会使一部分需求退去。其实这种迁移也没有必要,因为随着价格在地区 A 的上涨,那里所有非急需的要求自然会被筛选抛弃,所以全部需求仍然可能得到满足。

就第三种情况——具有固定价格可随时增加数量的商品而言,问题比较简单。例如,运输设旋所提供的座位数量,可根据需求通过调动备用客车而随时增加,车费是规定的。邮局的情形也雷同,随着需求的增多,邮局可以雇佣附加劳动,这就与医生情况不同。另一个例子是具有由法定价目表固定价格的药店。就这一例子而言,我们不妨将具有垄断价格,即固定的规定销售价格而销售的标价商品看做由药店经销的药物。如果某一区域对这些药物的需求较高,由于供应是可增加数量的商品,其需求则总是能够通过药剂师的富有远见的计划来满足。因此,较高的消费便可为药剂师带来较大的收入。而在另一地区,较低的消费,势必相应地出现较低收入的结局。前一地区其中心地的发展与收入较低的地区比,要好得多。需求向邻近地区的转移的问题不会出现。因此,消费总量明显地决定着中心地的发展。

国家行政管理活动以及例如学校等文化机构，属于具有固定价格可增数量的商品范畴。国家首都及省级或县级政府所在的城镇在很大程度上受上述关系的影响。这类城镇的重要程度由行政区的规模和居民人数所决定，总之由国家行政管理的范围决定，故他们并不惧怕竞争（消费量向邻近中心地的转移）。

最后，让我们看第四种情况：具有可变价格的可增数量的商品（成本商品）。属于这类商品的首先是零售商业的中心服务，因为这些商品不受固定价格影响，并以大货栈为依托，所供商品的数量可随时增加。商人的成本基本上由购买商品的价格所决定；出售价格则可自定。如果营业额大，经销商即使以较低的出售价格，仍可以获得同样甚至更高的收入。在这里其机制相当复杂，我们不妨以下例对其进行解释。

在地区 A 的中心地有一鞋店，该店以 9 马克一双鞋购进，复以 12 马克售出。故它每双鞋赢利 3 马克。如果此地区的总营业额为每年 2 000 双鞋，则鞋店的年总收入是 6 000 马克。在相邻地区 B，在其中心地也有一鞋店，也可能在其地区内出售 2 000 双鞋子。如果他的进货及出售价格与 A 区相同，则该店的年收入也是 6 000 马克。如果假定在一个迄今用于买鞋的年总花费为 24 000 马克的地区内，有一个鞋店 B，它以每双 11.5 马克的价格出售鞋子，则为吸收这 24 000 马克需出售 2 100 双鞋子。那么它就会因出售价格低而吸引地区 A 的某些人，尤其是那些居住在邻区 B 附近的人到地区 B 购买也许 400 双鞋子。如果情况确实如此，地区 A 的总成交量将只有 1 600 双鞋子，鞋店老板的总收入只有 4 800 马克；但在地区 B，其成交量则因每双 2.5 马克的低廉收益达2 500

双,从而使其总收入达 6 250 马克。因此,在一个中心地内,如果它提供的一质量确定的某种成本商品较邻近其他地方同类商品便宜,那么这个中心地就会以邻近中心地的一些地区为代价而扩大自己的销售区域。这个中心地本身是否因此而能使自己发展更为有利,则并不完全取决于这一点。在我们例子中,虽然地区 B 的鞋店因其现在挣得 6 250 马克的总收入,与 6 000 马克比获得了较高的销售价格,因此它提高了自身的地位。但是,如果鞋子降价后来自地区 A 的需求只有 200 双,也就是说,它只有 2 300 双以 2.5 马克的利润在地区 B 出售,这样鞋店 B 的年收入将只有 5 750 马克——比 6 000 马克低。因之,鞋店老板最好还是保持原来的价格,面对本地区的消费者。所以,在可变价格的条件下,具有最有利地位的中心地不是只有最大营业量的中心地,而是在一定的价格水平和相应的营业量的条件下获得最大净收益的中心地。

由于许多货物具有市场价格,且其供应可因人们的愿望而增加数量,因此,典型的市场城镇自然在相当大程度上受上述关系影响。由于商品的大营业量是降低商品价格、薄利销售的重要条件,同时这种薄利销售还决定着一个城镇是否保持着与其他城镇竞争的优势。所以,具有高营业量的城镇(由于在其城镇及其近邻地区内分布着拥有大量可支配收入的稠密人口),往往超过那些没有这种人口分布的邻近城镇。诚然,除此之外还有其他决定因子。就典型的市场城镇而言,竞争原则具有十分重要的作用。

价格对中心商品消费的影响还需进一步探讨。在这里,价格可能是这样或那样决定的,至于究竟是哪些因子并不是本质的东西。对中心商品的销售者来说,高价未必就意味着相应的高利润,这是因为，高价形成少购、过高价则无人购买的缘故。但是，如果急需获得某种商品，即这种商品是必不可少的，那么，即或价格很高，该种商品也会有人买的。这些关系需更仔细地进行考察。

本书前述例子指出，医生的报酬是3马克。在案例2中，医生的年收入为15 750马克。现设有另一地区B，其人口规模、人口数量及人口分布均与前案例2相同。但医生的报酬不是3马克，而是4马克。设地区B的每个居民仍有6马克用于医生服务，故该区域中心的居民能就诊1.5次。第Ⅰ环的居民需准备用5马克看医生(比前述例子中多1马克)，第Ⅱ环的居民用6＋1，即7马克，第Ⅲ环居民用12＋1，即13马克。由此我们得出就诊总数：

	人口	人均就诊次数	就诊人次
中心	1 000	$1\frac{1}{2}$	1 500
环Ⅰ	750	$\frac{6}{5}$	900
环Ⅱ	2 000	$\frac{6}{7}$	1 714
环Ⅲ	250	$\frac{6}{13}$	116
总计	4 000		4 230

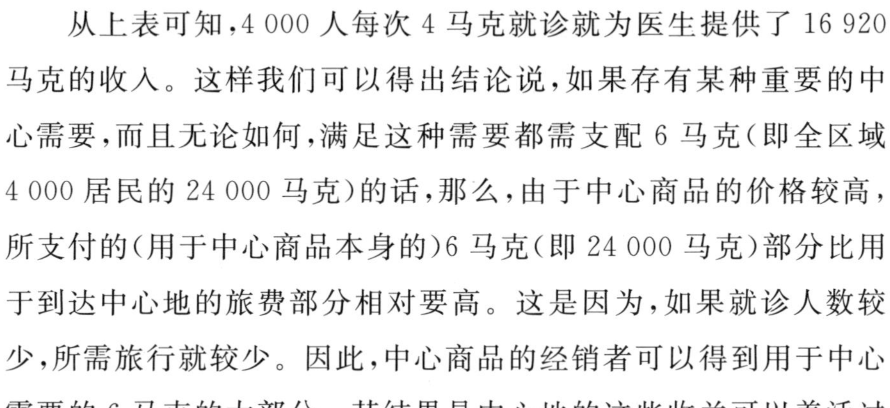

从上表可知，4 000人每次4马克就诊就为医生提供了16 920马克的收入。这样我们可以得出结论说，如果存有某种重要的中心需要，而且无论如何，满足这种需要都需支配6马克(即全区域4 000居民的24 000马克)的话，那么，由于中心商品的价格较高，所支付的(用于中心商品本身的)6马克(即24 000马克)部分比用于到达中心地的旅费部分相对要高。这是因为，如果就诊人数较少，所需旅行就较少。因此，中心商品的经销者可以得到用于中心需要的6马克的大部分。其结果是中心地的这些收益可以养活过

多的人;而这些收益比那些中心商品较便宜的中心地的收益还要大(后面我们将讨论反作用,这里暂时只进行基本应用)。

然而,我们注意到,这一情况只适用于那些在中心生产和供应的重要的中心商品,如果这是非重要商品,那么,一旦该商品变得太昂贵,人们就会放弃它,因为人们可能用6马克来大量地购买另外的类似商品,大致是分散的商品,以实现更大的满足和享受。例如,如果电影太贵,致使人们只能看得起6次票价2马克的电影,而不是1马克看12次,那么,人们也许只看2次票价2马克的电影就够了,而用剩余的8马克去购买书籍(这里书可看成非中心商品)。结果,如果中心商品价格太高,城镇发展就较少;或者,人们将同类商品的生产从中心地转移到分散的地方,如商品奶油太贵,就值得自己制造黄油(例如战争期间就如此)。一旦出现这种情况,有乳酪坊的中心地方就要停业,它的发展变得不景气。

现在让我们对中心商品价格如何影响中心地发展进行描述。如果对中心商品的需求是急需的、不能变通、不可替代的,而且这种需求向具有较低价格的其他地方转移的可能性也不存在。那么,高价就会为该中心地创造有利的结果。但是,如果这种需求不是急需的,又是可变通、很容易替代的——这种情况是常见的——那么,价格太高,将对中心商品的消费产生不利的影响,从而对该中心地居民的收入状况产生不利影响。然而价格太低,却又会赔本。在这里,重要的是中心商品与分散商品之间的竞争。是一种昂贵的中心商品被同类便宜的分散商品所替代;或在当前更多情况则是,一种昂贵的分散商品被同类便宜的中心商品所取代。

到现在为止,我们已孤立地探讨了一种商品供应情况。现在让我们来研究一个中心地的几种中心商品的供应情况。例如，在地区 A 的中心地，有一名医生和一名药剂师，在另一地区 B 的中心地，只有一名医生，假设每个居民从其收入中可支配 3 马克用于买药。每个地区对医生和药房的需求可以看成是相等的。在地区 B，对药房的需求通过信使从位于区外的药店送递药物来满足，信使的报酬为 50 芬尼。地区 A 对医生中心服务的消费总量(与前述例子中的案例 2 对应)为就诊 5 250 次，从而为医生创造了 15 750马克的总收入。所需药品由药店提供现已逐步转为在医生那里即可取得，从而也免掉了特别的路途花费。这样一来，用于买药品的 3 马克可以全数用于购药，整个地区即为 12 000 马克，因此在地区 A，中心商品的销售为 2 750 马克。在地区 B，用于就诊的开销也是 15 750 马克，但每位居民所支付的买药开销只是 3 马克减去 50 芬尼即 2.50 马克，合计达 4 000×2.50＝10 000 马克。因此在地区 B，中心商品的消费只有 25 750 马克。这就意味着，在可提供几种中心商品的中心地的地区内，其中心产品的消费总量比只提供一种或种类很少的中心商品的地区高。由于提供几种中心商品的中心地是一种重要的中心地，因此，可以说具有重要中心地的地区，其中心商品的消费与具有不太重要的中心地的地区比，相对要多些。

如果地区 B 对药品的需求由地区 A 的药店供应，则地区 A 的中心地就会得到 10 000 马克的额外收入，这些收入可以促使中心地提高其重要性。因此，较高级的中心地，或距离其相邻中心地较远的中心地具有较大的意义或重要性。因为在其本地区内，中心商品的消费量较高，并且还能满足相邻地区的需求。还应考虑第三个不断增强着的因素:某些打算从药店买些什么的人,顺路(即用已花费的旅行费用)在药店所在地中心地让医生看病,而不到居住在附近中心地的医生那里看病,因到达这一中心地需另支付旅费。因此,较高一级的中心地可以直接从较低级的中心地将消费者争取过去。所有这一切都证明较高级中心地的优势,并可以将其看做对较大城镇所表现的发展比较小城镇的发展顺利得多的解释,以及对为什么较大城镇范围内极少有较低级中心地的解释。

商品的价格,尤其是成本商品的价格主要依赖于生产成本。它们主要取决于资本的利率的高低;取决于土地租金、工资和税款等之多寡;取决于经济组织;取决于现金供应。这些关系将在动态理论中进行研究。

5. 区域

中心地的重要性与其补充区域的特征之间有怎样的联系?我们将区域特征理解为:区域规模和数学面积、地貌[①]及可通行道路情况;区域自然基础——土壤肥力和矿产资源;此外还包括,究竟是整个区域,还是区域的一部分属于一个中心地。

我们先考虑区域规模。出发点仍然是:中心商品的高消费量,相当于中心地具有较大的重要性。很明显,尽管两个区域具有相同的人口密度和与收入等有关的人口结构,但与较小的区域比,较大区域可出售更多的中心商品。因此,较大的区域必须具有比较

① 指地形与宏观地貌。——英译者

小区域更大的中心地。但是应该记住，一个区域并不会因为具有两倍于较小区域的区域规模和居民数，其中心地的大小就会两倍于较小区域的中心地，而可能具有1.5倍于较小区域的中心地。这是因为，在较大区域中，可用于购买中心商品的比较高的收入份额，必须用来支付旅行等开销。此外，由于旅行距离较长，购买中心商品所产生的不便也较大。因此，边缘地区消费的分散商品比在小区域内相对要多一些。我们不妨将这种情形进行定量描述。

区域A面积为80平方公里，有4 000人口均匀地分布在全区域，人口密度为每平方公里50个居民。即如我们以前所示的案例1，全区域有4 375人次就诊。区域B面积为160平方公里，有8 000人均匀地分布在整个区域人口密度与区域A相等。本区域的核心范围以一刻钟为等时线[①]进行划分。环Ⅰ以半小时为等时线划分，环Ⅱ以一个小时为等时线，环Ⅲ以一个半小时为等时线，计算如下：

	面积(平方公里)	人口	人均就诊次数	就诊人次
核心	5	250	2	500
环Ⅰ	15	750	1½	1 125
环Ⅱ	60	3 000	1	3 000
环Ⅲ	80	4 000	½	2 000
合计	160	8 000		6 625

这样，具有两倍人口的两倍规模的区域中，只有1.5倍之多的

① 等时线：环绕中心地绘制的连续曲线，曲线各点距中心的距离均相等。——英译者

中心商品能够售出。因此，与区域规模只有自己区域一半大的中心地比，该中心地的发展只能是1.5倍，并非两倍。

然而，如果较大区域B的人口总数与较小区域A相同，也就是若两区域的人口密度不同，我们还需考虑前面已经论述的人口密度对中心地发展的影响：在人口分布稀少的区域，其中心商品的消费量比人口分布稠密的区域相对要低。这就意味着，两种情况——低人口密度和区域规模——共同造成中心地的较少发展。若用定量描述，A、B两区域绝对人口数相等的情况下，与区域A的4 375人次就诊比，区域B也许只需3 000人次就诊。

因此，单凭区域规模或区域人口不能决定隶属于该区域的中心地的规模。必须将这两个因子结合在一起。因为在中心地的规模以及补充区域的规模与其人口之间存在着功能联系。我们发现，利用我们原来的解释，如果下列条件存在，就有4 375人次的就诊总数：

面积(平方公里)	人口	密度
80	4 000	50.0
100	4 270	42.7
120	4 668	38.9
160	5 312	33.2

计算中心地重要程度(Z)的公式为：

$$Z=D(2a+1-\frac{1}{2}b+1c+\frac{1}{2}d)$$ ①

式中Z表示中心商品消费之和，即打了折扣的中心地的重要程度；

① 而原德文版公式为：$Z=D(2a+1\frac{1}{2}b+1c+\frac{1}{2}d)$。——中译者

D表示人口密度;a、b、c和d分别表示每一环的平方公里面积;各常数分别表示每一环内人均消费的中心商品量。它说明,无论是具有高人口密度的小区域,还是具有较低人口密度的较大区域,同属于意义相同的中心地;而且较大区域的居民总数一定比较小区域的居民总数大,如果人口分布不均匀,则上述方程必须作相应调整。

现在有必要讨论一下可通行区域及难以通行区域对中心地发展的影响。因此有必要将区域不同地貌归结为术语交通可达性(Wegsamkeit)。[①] 根据前面的讨论,其联系是很清楚的。对具有相同人口密度的中心地而言,交通条件不好的区域与交通条件好的区域比,前者中心地的发展就不如后者。因为交通条件不好的地区必须利用应该购买中心商品的许多收入来支付交通费用。

区域自然基础——土壤的肥力和矿产资源——对中心地的发展并没有直接影响。只有当这些自然条件明显地决定着人口密度、人口分布和人口收入条件时,其影响才值得注意。这些联系已在本章关于人口分布[②]、人口密度和人口结构[③]两节中做了探讨。但是,应该注意,土壤肥力与人口密度(或人口资源)并非并行的概念。在此,土壤耕作类型、作物种植类型、继承习惯、历史发展、人们的文化水平、销售条件等在决定农村人口密度和收入条件方面

① Wegsamkeit:该词由克里斯塔勒首创。表示一区域交通潜在性,即该区域是否可能拥有(或已具有)低的货运或客运费的良好运输系统。良好的通航河道、可通行的平原或山道可看做良好的交通可达性;而沼泽、浅滩河流、不能通行的山脉可认为交通可达性不好。——英译者

② 见第二章的第2节。——英译者

③ 见第二章的第3节。——英译者

却起着十分重要的作用；至于矿产资源，它们的开采通常总是在确定的地点进行，因此，人口的集中也就发生在这确定的点上。这些具有集中人口的地方，单纯从这种集聚作用出发，已对中心商品和中心服务具有较高的需求，因此它们常常可以发展成中心地。这就是矿区中心地的数量多于非矿区的原因。① 这类中心地的一个良好的例子就是山区城镇，更好的例证是经常没有腹地，即没有补充区域而存在的山区矿业城镇。

诸如海关、贸易地、港口等中心地多位于国家的边境地区。鉴于商品运输跨越边境的困难和运输成本的原因，位于边境以外的区域，一般说对于众多中心商品而言，不再看做是中心地的补充区域。这样，补充区域理想地呈半圆形。因此，例如那些需要征税以及在边境以外可购买的多数同价同类商品就不再跨越边境。而对其他中心商品如剧院演出，边境则不起什么作用。在这种情况下，补充区域呈理想的圆形。其实，即使两国之间存在着巨大的文化差异，即如果一个国家与其邻国比，其中心商品的质量和价值地位(Price-dignity)②明显地高，其商品类型也明显地多，其补充区域也会因这种更具文化性的中心商品而扩散到相邻国家。边境中心地与外国的所有这些联系，连同边境地区贸易活动的发展、商品保

① 德利斯主张，要重视山区的那些与德国西北部平原地区差异鲜明的城镇和地方的“非相等的较高出现率”；南德的情形通常与之相反。因之人们可以看到仅仅通过地貌形态来解释这一频率犯有什么样的错误。(汉斯·德利斯〈Hans Dörries〉：“下萨克森城的产生与形成，比较城市地理学”〈Entstehung und Formenbildung der niedersächsischen Stadt, eine vergleichende Städtegeographie〉，载《德国土地与人口学研究》〈*Forschungen zur deutschen Landes- und Volkskunde*〉，斯图加特，1929年，27、18页。)

② 价格地位：不过是与高物价有关的价值威信。——英译者

管、商品关税征收以及由此而创造的收入一起可以加强边境中心地的重要性，即使它只有很少的补充区，甚至根本没有补充区域。其中国际经济秩序与经济活动起着作用。对此本文不予探讨，这里指出边境中心地具有特殊情况就够了。[①]

中心职能常常由两个在一起的中心地所分享。划分这两个中心地的补充区域相当困难。它们往往有共同的补充区域，因而可以称之为姊妹城市。那么，这一事实的作用是什么呢？如果将两个城市统一在一起，其重要性是不是会更大？首先，就我们所知，如果一个区域内的中心地较多，中心商品的消费量就较大，即更有利于每个中心地的发展。但是，这只是相对于较低等级的中心商品而言。关于较高等级的中心商品，情形正好相反，如果较高等级中心商品同时提供给两个中心地，则生产或供应会因买主太少而变得过于昂贵；如果只供应给一个中心地，那么该区位的居民就会买到在该中心地范围内能够买到的商品的最大数量。而相邻中心地的居民因其要支付额外旅行费用，只能买到比最大数量低的商品。如果只有一个相当于前述两个中心地大小的中心地，那么其所有居民便会买到最大数量的中心商品。因此，一个较高等级中心地其中心重要性在两个相邻中心地分解，意味着其整体重要性的降低。

---

① 可用约翰·戈尔哥·科尔（Johan Georg Kohl）和 V. 福兰（V. Furlan）的精心描述与前注（即德利斯主张）比较（见约翰·格奥尔格·科尔：《依赖地表形态的人类交通和人类居民点》〈*Der Verkehr und die Ansiedelungen der Menschen in ihrer Abhängigkeit von der Gestaltung der Erdoberfläche*〉，莱比锡，1850 年，第二版；V. 夫尔兰（V. Furlan）：“政治经济学和世界经济学中的区位问题”，载《世界经济文库》〈*Weltwirtschaftliches Archiv*〉，耶拿，1913 年，2、1 页）。

6. 交通

现在我们探讨运输手段在中心地发展上所起的重要作用。说来的确让人感到奇怪，一方面众多的著作强调运输设施的重要性对于考察城镇规模和分布具有重要意义；而另一方面，直到目前为止，仍然缺乏有说服力的法则解释这种内在关系。对于其重要性，甚至有这样的理解，即交通带来城镇（科尔①、拉采尔②、施拉德〈Schrade〉③和冯·李希霍芬④）。这种理解与格拉德曼⑤和年轻的聚落地理学学派⑥的理解截然不同。

交通只有一少部分是独立的经济因子，它基本上不过是经济关系和经济现象的外部可见表现。这些经济联系和现象才是基本的决定性的因素，主要是它们形成居住地和生产地网络。交通只

① 科尔著作中的许多标题均表明他的基本观点。见上注。

② 事实上，拉采尔已谈到"交通的促生城镇力量"（见《人类地理学或历史上地理学应用的基本特点》〈*Anthropogeographie oder Grundzüge der Anwendung der Geographie auf die Geschichte*〉，斯图加特，1912 年第二版，第二卷，302～323 页）。

③ 艾里希·施拉德："黑森州（Hessen）的城市"，载《法兰克福地理学与统计学协会年刊》（*Jahresbericht des Frankfurter Vereins für Geographie und Statistik*），法兰克福，1922 年。

④ 费迪南·冯·李希霍芬：《普通聚落与交通地理学讲稿》（*Vorlesungen über allgemeine Siedlungs- und Verkehrsgeographie*），奥托·拉采尔的整理和编辑，柏林，1908 年，259 页始。

⑤ 罗伯特·格拉德曼："符腾堡王国的城市居民点"，载《德国土地及人口学研究》（*Forschungen zur deutschen Landes- und Volkskunde*），斯图加特，1926 年，第一章，21。

⑥ 主要是弗里德里希·梅茨（Friedrich Metz）的"巴登（Baden）的农村居民点，一级阶地"（载《巴登地理文集》〈*Badische geographische Abhandlungen*〉，卡尔斯鲁，1926 年，第一章）。

起着纽带作用，在存在交换需求的条件下，交通使交换成为可能。[1] 交通的范围和交通的设置在分布以及线路上，适应于交换在数量上和方向上的需求。同时，在一般情况下，交通设置促使潜在的对交通的需求，变成为实际有效的交通。总之，是按照需求。交通设置引起需求的情况虽则相当少见，然而却经常是很引人瞩目的，特别是当它们与现代蓬勃发展的企业经济结合起来时尤其如此。传统的中世纪经济不可能先设置交通，然后让需求跟上来。相反，现在当某种新的运输线产生时通常就期望加强商品的需求和供应。在我们所讨论的范围内，交通主要是起间接作用，决定旅行费用，亦即"运输障碍"，从而突出地解决中心商品的可达范围问题。交通的纽带作用即使不是十分重要的话，也起码有着相似的重要性，因为它影响着劳动分工的水平。在有限的交通可能性（Verhehrsmöglichkeiten）情况下，劳动分工只能停留在有限的范围内；如果交通条件得到较大发展，则劳动分工便可能有较高水平。总之，劳动分工越先进，中心商品的生产就越多（不仅是数量，还有类别），交流的中心地越是必需，其发展则愈发强劲。

较好的交通条件意味着经济距离的缩短——不仅仅是实际交通成本的降低，还可减少时间的消耗以及心理上的障碍，这种心理上的不适是交通条件恶劣的情况下获取中心商品时，由于道路不

① 亦见埃尔温·帅依（Erwin Scheu）的著作"德国经济地理学的协调"（〈*Deutschlands wirtschaftsgeographische Harmonie*〉，布富斯劳，1924 年，3 页）。他说："运输……只是克服空间障碍的工具。"

适乃至危险或无法通行而产生的。在本书已列举的例子中，我们只是把从分散居民点到中心地的徒步行走作为评价经济距离的基础。作为与步行对应的例子，我们不采用铁路，因为这里所涉及的只是对一些基本关系的认识，主要在中心地邻近的小区域内，而铁路在大距离情况下才显出作用。这里我们举以良好的公路和自行车为交通工具的例子。

案例 A：有很低的交通可能性，行走距离符合前述的案例 2，区域面积 80 平方公里；中心地有 1 000 居民；分散居住人数为 3 000。这样，中心地的重要性如在案例 2 中，相当于 5 250 人次就诊。案例 B：由于使用自行车，因而交通可能性较好；其他与案例 A 相同。原来步行来往于环Ⅰ的路程一小时，现在用自行车只需 20 分钟，误工工资算为 25 芬尼。自行车的磨损折旧费每公里 2 芬尼，即全程折旧为 10 芬尼。这样，上班的时间损失和 5 公里旅行的费用共计 35 芬尼，只相当于步行费用的一半。步行时造成的不适作价 30 芬尼，现在我们则可少算一些，大约 2/3。结果环Ⅰ居民一次就诊费的价值为 3＋0.29＋0.35 马克，即约 3.60 马克。如果其可用于看病的收入为 6 马克，则环Ⅰ居民每人每次支付 3.60 马克，每年有 1.67 次的就诊机会。居住在环Ⅱ的每位居民，每次就诊费估价为 3＋0.70＋0.70 马克（现在可省去早饭），即 4.4 马克，每年可就诊 1.35 次。居住在环Ⅲ的人，每次就诊估价为 8 马克（以前为 12 马克），这样每人每年只能就诊 0.75 次。就诊总人次记录如下：

	人口	人均就诊次数	就诊人次
核心	1 000	2.00	2 000
环Ⅰ	750	1.67	1 250
环Ⅱ	2 000	1.35	2 700
环Ⅲ	250	0.75	188
合计	4 000		6 138

结果：在具有较好交通条件的区域内，意味着经济距离在某种意义上的减少，中心地要比在交通条件差的区域内更大些。这一结论是曾经预料到的，然而当时似有必要说明，为什么良好的交通条件导致中心地重要性增强。这一关系现在已经明确了。

商品运输的进程大致也是这样。这里要注意的是，许多商品由于交通的廉价和迅速，已具备经济学意义的可运性，笨重商品诸如煤炭、矿石以及谷物等的运输，只有当运输成本较便宜时，才可能赢利；易腐商品的运输，如水果、鲜鱼、牛奶等，只有当运输速度很快时，才是可行的。中心商品的运输与之相同，更多的中心商品，如果其运输既便利又迅速，本来只是分散供应或在较大城镇内地方性供应的，现在会变为在整个区域内的集中供应。这意味着中心地重要性的加强。当然，运输价格和运输时间由于交通的缘故同时降低，导致许多原来只是集中生产的商品，现在都在具有优惠生产条件的非中心地生产，而后集中供应；也使原来的一些中心商品分散供应（如邮购业务）。这两种情况中，前一种趋势是占主导地位的趋势。[①]

① 见奥斯卡·英格兰德：《货运与运费率理论》（*Theorie des Güterverkehrs und der Frachtsätze*），耶拿，1924 年。

7. 中心商品的范围

中心商品范围是指到目前为止所考虑到的全部因素的同步空间影响①。其中范围是指散在人口为购买中心商品所能到达的距离。

范围首先受人口分布的影响。根据我们前面的假设,一个医生为了谋生需在一年内行医至少 2 667 次,并且最多也就是 8 000 次,那么很明显,在一个拥有 4 000 人,其中每个居民一年需就诊两次的城镇中,中心服务的范围就仅限于这个城镇。若在一个非常小的中心地,服务范围必定要扩展,从而达到最少行医 2 667 次,最多满足 8 000 人求诊的程度。然而,这种情形仅限于固定数量的商品。对于可增加数量的商品,人口分布起相反的作用。由于较大地方和较小地方具有不同的价格形态,所以,在较大中心地提供的商品其范围要比在较小中心地提供的同样商品的范围大。

这一点我们将在后面连同价格对范围的影响问题一起讨论。人口密度的影响作用是相类似的问题,也将在以后讨论。

与较高级中心地提供的中心商品类型比较低级中心地提供的中心商品多这一因素相比,中心地的大小对中心商品的范围具有直接的影响。从单方面讲,人们可以通过一次旅行(往返路费)同时购买几种中心商品。这种效果类似于在较大城镇提供的中心商

---

① 同步空间影响包括诸如(由人口规模决定的)需求、收入分配、交通设施以及通过相互作用来确定中心商品和中心服务范围的其他众所周知的市场条件。——英译者

品的平均价格下跌的情形。下面探讨价格时将证明,一种商品在较大的中心地出售与在较小的中心地出售相比,其销售范围就大。

人口结构决定着他们在愿意购买某种中心商品时支付多少工资收入,即消费者的价格意愿。人口结构可以理解为收入条件、社会结构、职业构成和文化结构以及人们的习俗和爱好。如果在一个多数是工业工人的区域,人们愿意一年花 10 马克看电影,而在另一个收入相同、多数是农业人口的区域,人们一年仅花费 2 马克光顾影院。那么在一个门票是 1 马克、有 4 000 人口的工业区域,门票的需求量是 40 000 张;而在票价相同、人口相同的农业人口区域仅 8 000 张。如果设定往返路程是 3 公里,路程花费为 1 马克(金钱和时间),那么,作为中心商品的影院范围在农业区域为 3 公里(1 马克用于门票,1 马克用于旅行费);而在工业区域则可能是 20 公里(1 马克用于门票,9 马克用于旅行费)。在这种情况下,即使工业工人也更愿意购买那些旅行费用较低的中心商品或分散商品。他们为看演出最多花费 5 马克(包括路费)。所以实际范围只不过 10 公里。假如电影院的门票是每张 2 马克,那么也许在工业区域仅需要 16 000 张门票;在农业区域仅需 2 000 张,这是因为一个人花在昂贵的中心商品钱的总数要比用于一种便宜的中心商品的总费用少。[①]

关于这一点,还要考虑以下问题。工业工人看电影的 3 公里

① 事实上,一个由 2 000 工人居民居住的地区,多数有一个电影院,而一个有 2 000纯农业人口居住的村庄则没有影院。见“电影院统计”,载《黑森州州立统计局公告》(*Mitteilungen des hessischen Landesstatistischen Amtes*),达姆施塔特,1928 年。

路程只需 50 芬尼花费就可以,而农民则可能支付 1 马克。如果是这样的话,那么工业区域的范围与农业区域 3 公里的范围相比要大得多,约 20 或 30 公里。我们要解释,为什么目标(花钱)相同、时间损失相同、对工人及农民负担相同的同样旅行,其价值变化幅度十分大。工人将在固定工作时间以外的时间价值估计为零,对于他们来说,这是真正的"自由"时间。然而,对于没有固定工作时间的农民来说,他们在旅行中消耗的总是有选择的工作时间。他们必须决定是利用这些时间去工作还是娱乐。这种时间的价值是由农民在这一段时间内完成工作量的价值所决定的。当然,工人和农民之间的价格意愿的不同不仅受中心商品本身的制约,同时也受路费的影响。为旅行而支付的意愿,根据购买中心商品的路途是去电影院的旅行还是去看牙科医生的旅行而变化,这是因为"愉快"的旅行比"不愉快"的旅行价值小。所以,当我们考虑距离对一种中心商品的影响时,我们必须考虑人们的主观因素。

决定中心商品范围的一个最重要因素是那些分散[①]居住的居民距提供中心商品的地方的距离。以公里为单位的距离在经济上并不重要,只有时间成本距离即所谓的经济距离(the economic

---

① "分散的(dispersedly)"一词是克里斯塔勒用来表示与"中心的(central)"相反的商品生产或居民定居术语。他用"中心的"一词来表示那些具有中心职能的地方和那些为满足这种中心职能而生产的商品。换言之,如果该种商品因在补充区域内得到需求而生产的话,则该商品就是中心商品。如果它是为生产者或城镇自己消费而生产,那么它就是分散商品。实际上,这种情形在个别农场和很小的人口社群中十分明显。一种商品或一个城镇的中心表现完成在于整个区域与中心地之间的联系。如果没有这种区域的中心性,那么,地方或商品是另一种分散的现象。还可参见 p. 33(中译本第 48 页)的脚注。——英译者

distance)才是权衡利与弊的决定因素。换言之,经济距离是指用金钱方式即价值表示的运输上的有利方面。这种价值可以认为是由运输成本、时间损失、安全、便利条件等决定的。因为这些"有利方面"不仅包括客观因素,还包括主观因素(某种实际情况对一个人在主观上比另一个人显得更有利)。这样,确切些说,我们必须给予我们对范围的考察以一个主观经济距离作为基础,即一种根据一定的经济的或它种利益,主观评价的距离。于是,对于产业工人来说,到中心地距离显得较少,因为他们主观上就认为其价值不大。然而,农民将距离的价值却估计得较高。分散居住的人为了得到如电影这一中心商品,往往愿意为旅途支付的费用,要比为购买某种中心商品如去牙医看病支付的费用要高。

当然,经济距离的首要因素是客观因素:首先是客、货运费,还有保险费、储存费、重量损失费以及因运输时间较长所造成的腐烂损失费用等。英格兰德已对这些因素进行了详细的调查研究。①其结论对我们是十分重要的:通常运费高,中心商品的范围就缩小;运费低,其范围就增加。这种现象对于贵重商品(与重量相比)并不明显,而对于便宜商品则明显得多。由于不同的地方有不同的运输方式,因而运费高低不同对范围的影响,在以下地方显得非常重要:除了昂贵的铁路运输外,具有有效而廉价的水运的地方;用汽车运输为铁路集散货物的地方;或者是与铁路并驾齐驱的卡

① 参见奥斯卡·英格兰德:《货运与运费率理论》(*Theorie des Güterverkehrs und der Frachtsäze*)和"客运的国民经济理论"(见《社会科学和社会政治文库》〈*Archiv für Sozialwissenschaften und Sozialpolitik*〉),蒂宾根,1923年,50页。

车或有轨电车存在的地方。因为水运比陆运便宜，所以杜能(Thünen)环(表征某些农产品的分布范围)就沿着河道扩大。[1] 因此等运费线(isodapanes)[2]可沿着河道进一步扩展(从中心地向外)。

至于客运，除了低的运输费用外，交通联系的速度和频率也是很重要的。短途快速的郊区火车不仅在客观上通过节省运行和等候时间来缩短时间距离、降低经济距离，而且在主观上，因为交通联系方便的旅行距离，比交通联系令人厌烦的不便利的旅行距离更容易让人接受。

另一个经常被人忽视或根本无人问津的影响中心商品范围的非常重要的因素是中心商品的类型。一种中心商品，如果不是急需的商品(即有弹性需求)，它很容易被另一种类似的中心商品或分散商品所取代。这种中心商品的范围，自然比那种必不可少的几乎不能取代的，用以满足急需的商品(即非弹性需求)要小。我们在前面已经确证，在离中心地很近的距离内，对影院或剧院的需求就会消失，而对医疗就诊的需求其范围却可以扩展很远，即使这两种中心服务的路费实际相同，其价格也没有多大差别。此外，我们业已阐明，固定数量的商品与可扩大数量的商品比，表现不同；在任何地区都是同一的价格，其效应不同于可变市场价格。这种可变市场价格可因时间和地点而不同。具有固定数量和固定价格的商品，其范围几乎只由中心商品的可供量所决定(正如我们在本

① 见约翰·海因里希·冯·杜能《孤立国》(*Der isolierte Staat in Beziehung auf Landwirtschaft und Nationlökonomie*)(耶拿，1910 年，第二版)一书中的简图。

② 见 S. 达格特(S. Daggett)《国内运输原则》(*Principles of Inland Transportation*)一书中的“区位理论”部分，纽约 Harper 和 Row 出版社，1914 年，第三版，471～473 页。

章开头所陈述的)。然而,具有固定供应量和可变价格的商品,它的范围却主要受中心地的价格制约。有固定价格而供应量可扩大的商品其范围仅由距离成本决定。具有可变价格而供给量也是可扩大的商品,中心地的价格对其范围有首要影响。

价格的这种意义有必要考察得仔细些。在区域 A 的中心地,某一中心商品以 2 马克的价格出售,在区域 B 的中心地以 2.5 马克的价格出售。现在假设,只有旅途费和商品自身的成本总共不超过 4 马克时,分散的人口才会购买这种商品。此时,如果一公里约需 30 芬尼的往返旅行费,则商品范围在区域 A 为 7 公里。而如果单位公里的费用相等,则商品在 B 区域的范围只有 5 公里。

通常,由于大批量生产较为经济,大量销售可以降低单位成本,所以相同的中心商品在较大的城镇比在较小城镇的生产和销售都要经济合算。因此,可以说在较大的中心地生产和销售的商品与在较小的中心地生产和销售的商品比,其范围要大些。具有较高的人口密度的中心地,亦具有与之相似的效果,即与具有低人口密度的中心地比,它可以使生产成本低廉,中心商品的范围更大。

综上所述,每一种商品,哪怕只有微小的质量差别,都有其自己的空间范围。相同的商品在不同的中心地具有不同的空间范围,而且其范围在同一中心地内的不同方向上也不同。因此,中心商品的空间范围并不呈圆状,而是随客观经济距离和主观经济距离而变化,即呈不规则的星状。最后其范围会因价格变化或人口迁移等的影响而发生时间持续的波动。这里,某种中心商品的范围主要取决于:(1)中心地的规模和重要程度以及人口的分布状况;(2)购买者的价格意愿;(3)主观经济距离;以及(4)中心地商品的类型、数量和价格。

我们详细地探讨这种范围时,发现在空间上它并不呈线状,而是呈环绕中心地的环状。[①] 这种环有其外限(上限)和内限(下限)。某种商品的上限由距该中心地的最远距离决定。这一距离是指可以从该中心地获得该种商品的最远距离。的确,超出这一界限,不是得不到该种商品,就是从其他中心地购取该种商品。前一种情形被称为达到了绝对界限(理想范围),后一种情形为达到了相对界限(实际范围)。然而到目前为止,我们一直是笼统地将范围的上限简称为范围。

范围的下限具有本质不同的特征,它基本上由一种不同的方式决定。设中心商品是一场戏剧演出。剧院的所有建筑及维护、人员和经营等就要求每年必须出售 100 000 张入场券才可以(一年演出 200 场,每场必须至少售出 500 张票)。假设这种中心商品即戏剧演出的范围上限为 40 公里,即 40 公里的环以外的人口不光顾那个剧场,那么,剧场演出所影响的区域大约为 5 000 平方公里。这一区域的人口密度为每平方公里 80 人,共有 400 000 居民。如果这些居民有 20 000 人生活在区域的首府,其余 380 000 人生活在一些小的城镇和农村。显然要求至少售出 100 000 张票是不可能的,这是因为,这座有 20 000 人居住的城镇本身太小,而该地区的其余居民,只有很小一部分(人口向区域边缘变得越来越少)来光顾剧院。因之,中心商品范围的下限取决于中心商品的最小

① 参见《孤立国》中的杜能环。——英译者

消费量，这种消费量被用来平衡中心商品的生产和供应。然而，就我们所知，消费取决于区域的人口数量和分布、收入水平对中心商品的需求，以及中心商品的数量和价格等。

如果将上例中的居民分布改为在区域首府居住着80 000人，而且因这一地方是国家首都或是大学城，对戏剧都有很高的需求，又有足够的收入满足这种需求，那么情况会有很大不同。也许首府的现有人口就足以维持剧场的营业，售出预先期望的最低100 000张入场券。然而，如果我们假定住在首府这80 000人口仍然不足以使那100 000张票完全售出，而需由围绕城市10公里范围以内的居民参与购买才行，那么10公里就是这一范围的下限。

除了这个具有80 000居民的首府外，假设有可能在这一区域内还存在一个具有60 000居民的工业城市。我们假设，为这第二个城镇服务的中心商品——剧场演出的范围下限为30公里。结果由于工业城镇自身人口的收入较低，它必须依靠农村人口的光顾才能支撑剧院的正常营业。有两种可能性：其一，两个城镇距离很近，第二个城市的30公里的环有一部分覆盖着第一个城镇10公里的环，为此第二个城市必须从30公里距离以外的地方吸引居民以平衡剧院观众的缺乏（如果这一距离扩展到上限为40公里，则剧院便不能在第二个城镇存在）。其二，两个城镇相距甚远，以至于每个城镇能够在40公里的环以内为其各自的剧场提供足够的观众。那么，两个剧场都可以存在。而且这种中心商品即剧场演出可以在40公里的直径内在两个中心地供应，前提是两个剧场都提供价格和质量完全相同的演出。否则，票价便宜、演出质量较好的剧场生意兴隆，在竞争中失败的剧场则不复存在。

由于上述这一点对于理解城镇规模具有不言而喻的重要性，因此我们在这一问题上还要再停留一下。假如一区域只不过有一个拥有 80 000 居民的城镇，围绕这一城镇的 10～40 公里的环则有其非常特殊的重要性。严格地讲，正是这个环主要决定着，镇或其居民剧场的业主是否能从剧场的营业中得到收益，以及收益有多少。如果只是城镇以及 10 公里范围以内的人口被吸引到剧场看演出，那么收入刚够支付其开销，不会赢利；利润只有依靠 10～40 公里环内的居民才能创造。从某种意义上说，这一环是企业主赢利多寡的空间投影。正如我们所知，这种净赢利是销售额与成本的差值。

很明显，在中心商品范围的上、下限之间，这一重要的环中的人口的、社会的、职业的及收入的条件高度地影响着在该中心地销售某种中心商品的利润水平。恰恰是这种盈余，决定着中心地的发达与繁荣。由此显示出补充区域对中心地发展的重大作用。

在一个区域里，范围的下限还部分地决定着某一等级的一个或几个中心地存在的可能性。这点将同动态理论一起讨论。这里只以举例的形式进行简要概括。若范围的上限均为 40 公里，有：

情形 1：一个下限很低的重要中心，中心商品还可以在附近的一些重要中心地出售。

情形 2：一个下限为 10 公里的重要中心，中心商品是否能在其他中心地出售很难确定（它取决于其他中心地的人口分布，以及区位和大小）。

情形 3：一个下限为 30 公里的重要中心，中心商品只在这个中心地出售。

情形 4：下限为 50 公里的重要中心，中心商品甚至不能在本中心地销售。

如果区域的首府是重要性较小的中心地，那么那些可以提供某种中心商品的其他中心地存在的可能性相应地较大，如情形1和2。但如果范围的下限只有20公里，便不存在该种中心商品也能在区域的其他中心地出售的可能性。

我们已经明确了每一类中心商品都有其自己的特定范围。如果它的上限以及下限都很高，商品将提供给较高级的中心地，因而将在较大区域内出售。这样的商品我们将称之为**较高级中心商品**。然而，如果范围的上下限很低，那么中心商品必须在许许多多甚至很小的地方出售，从而平均地供应给整个国家。所以这种商品可称之为**较低级中心商品**。如果其上限高、下限低，则中心商品会在许多这样的中心地供应，这些中心地往往会就这种商品销售区域竞争，当然不一定在很多中心地售出去。所以我们仍把这类商品算作较低等级的商品。如果下限高、上限低，那么中心商品只能在较高级的中心地出售，而且是具有高度发达的补充区域的高级中心地，这是因为，决定从中心商品的销售中获利的临界环很小。

至此，我们讨论了在一个孤立的中心地所提供的中心商品的范围。然而，如果这个中心地与一些较大的和较小的中心地相邻，只有很少的情况下，中心地的区域才能达到范围的最大限度，实际上，其范围往往比商品本身的范围要小。因而，我们能够区分**理想范围**和**实际范围**：理想范围可以达到孤立中心地提供的中心商品范围的最大限度，而实际范围则达到相邻中心地不能以更大优势获得中心商品的地带。孤立中心地的理想的圆形（等值线）的补充区域在任何部位都可以被切除一部分弓形区域，这些部分属于相

领中心地的补充区域。可以这样表述：当两个中心地相互竞争时，在范围上得以提供较大优势的那个中心地，往往以另一个中心地为代价来扩大自己的补充区域。

下面我们来讨论两种较为重要的情形。在一个较大的区域内，有一个中心地位于通航河流上，另一个中心地则离河流有一段距离。结果与远离河道的那个中心地比，靠近河道的这个中心地由于廉价的水运而得以提供众多的商品，至少对于那些在本中心地不能生产的成品及作为原料的商品是这样。在靠近河流的那个中心地出售的商品的范围因此比另一个中心地的要大些。相应地，靠近河流的中心地的补充区要大些，该中心地可以得到更有利的发展。但是其较大的补充区并非均匀地向四周扩展。最大的扩展方向是与河道垂直的方向，这是因为位于河流沿岸的相邻中心地也可以获得与之同等的廉价水运优势。于是，不会发生补充区域沿相邻沿河城镇方向扩展的现象。上述补充区域沿着河流扩展是由杜能就一个沿河城镇的情形阐述的。[①] 其结果只是在具有孤立中心地的情况下才有效。而在实际存在着中心地网络的情形下，并非如此。因之，补充区呈椭圆形，其短轴由河道构成，而不是其长轴。事实上，甚至多数城镇通常均沿河而立，即它们呈串珠状密集排列。之所以出现这种排列，是因为补充区具有刚才论及的椭圆形状。正因如此，那些沿河城镇才得以彼此密集地发展，而且每一个区域还要达到一定的人口规模和空间规模，使中心商品的

① 如果将杜能的自由经济、森林经济、轮作经济环，基本上看做靠近中心城镇的经济类型，并简单称为城镇的补充区域的话。见杜能《孤立国》表 2，387 页。

生产和供应都是值得的。

两个中心地相竞争的另一个重要因素是价格决定。如果一种中心商品的理想范围为8公里，在区域A和距A 10公里的区域B该商品均以2马克的价格出售，那么对两个中心地而言，其实际范围均为5公里(根据A、B两区域间的直线距离而定的)。两个中心地的补充区的界限位于两中心地间的中点上。然而，如果该商品在区域B以2.5马克的价格出售，假设路费每公里30芬尼，区域A和B的线性实际范围可用下式计算：

$$(X)0.30+2.00=(10-X)0.30+2.50$$

式中X是区域A的范围，其单位为公里。计算结果如下：

$$X=5.8\text{ 公里}$$

因此在这个例子中，区域A的实际范围约6公里，区域B的范围则为4公里。区域A以区域B的补充区为代价，使自己具有较大的补充区。这种情形多见于疗养地。一般说来，那里的物价过高，部分是由于那里因税收及地租昂贵而使生产成本较高，部分是由于那些富有的疗养者具有较高的价格意愿。在那里出售的商品，其范围必然小。在其相邻的普通中心地可能具有正常价格，故所出售的商品范围大。其范围常常大到疗养地没有自己的补充区。

8. 中心地体系

现在，我们开始讨论本书所研究的主要问题。虽然我们能够解释在个别具体情形下中心地的规模、数量和分布，但是，仅仅揭示它们之间的相互关系是不够的。中心地表面看来杂乱无章、分布混乱、数量不定、各有各的限制规模，但实际上却具有一定等级。我们所寻求的就是形成这种等级序列的规律。

第一，我们经常看见大量较低级的中心地，即大量不太重要、规模较小的中心地。我们还可以看见，为数相对较少、具有一定重要性的中心地，为数更少的较高等级的中心地，以及数量极少的最高级的中心地。也就是说，除较小及最小城镇和市场地的数量很大外，只有很少的较大城镇；城镇越大，属于其各自范畴的城镇数量越少。根据这一事实已经有人阐述了一种几乎令人难以置信的规律。[①]那么究竟有没有真正解释这一事实的可能性呢？怎样解释呢？有没有这样的法则，可以用来概括某种城市规模等级频率与其他规模等级频率的关系呢？

第二，我们发现有些区域存在着许多具有大量人口的城镇；而有些区域这类城镇则很少。那么一定规模级别的中心地其分布难道是毫无规律的吗？或是这种分布只能作为特例来解释呢？还是有什么规律支配着这种分布？

第三，中心地的规模幅度变化很大，小到市场点或车站居民点，大到大都市或世界都会。这不仅是为了统计，而且是由于多种类型的调查，比如比较某种现象在大小不同的城市的频率。如统计学家所说，存在着对城市按规模综合分组的需要。例如德国统计年鉴所做的分类就是如此：

① “奥尔巴赫法则”$\left(\text{地方规模}=\frac{\text{最大城市规模}}{\text{地方等级}}\right)$不过是一种数学游戏（弗利克斯·奥尔巴赫〈Felix Auerbach〉：人口集中规律，载《彼得曼报告》，哥达，1913 年，总第 58 期，74 页始）。亦见汉斯·毛勒尔和路德维希·魏泽（Ludwig Weise）的结论。

规　　模	人　　口
集镇	2 000～5 000
小城镇	5 000～20 000
中等城镇	20 000～100 000
大城市	100 000～1 000 000
特大城市	1 000 000 以上

格拉德曼的分类更具地理意义。[①] 其分类为：

规　　模	人　　口
村镇	2 000 以下
小城镇	2 000～20 000

（格拉特曼对其他城镇的分类与该统计年鉴所做的分类相同。）[②]

几乎谁也不能否认，存在着按照特性而相异的某种真正的城镇规模类型，这不是为了系统化而建立的组合[③]，大城市特征与小城镇特征的确有所不同。在这方面，德语能像汉语一样进行有意义的区分。优雅的、多少有些呆板的中国官方语言，将其划分为京城、府城、州城和县城。[④] 但是这并不是说规模类型特征只能由人

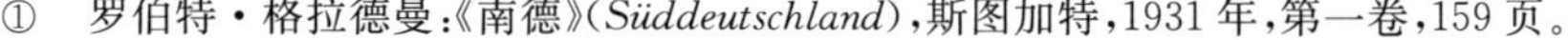

① 罗伯特·格拉德曼：《南德》（*Süddeutschland*），斯图加特，1931 年，第一卷，159 页。

② 括号内文字为英译本所加。——译者

③ 亦见马克斯·韦伯（Max Weber）的《社会经济学概论》（*Grundriß der Sozialökonomie*）（蒂宾根，1925 年，第二版，第三卷，第二章）以及《普通经济史》（*Allgemeine Wirtschaft—geschichte*）（慕尼黑和莱比锡，1923 年）中关于"经济与社会"章节中的"城市"部分。

④ 原文采用 king—（京）、fou—（府）、tschaou—（州）、hien—（县）为中国以前城市划分等级的音译。——中译者

口数量决定。此外,我们不应只根据诸如 20 000 或 10 000 等这样的一个数量范围来划分两个类型的界限。首先,我们必须根据其规模大小建立包含所有城镇无空缺的连续性序列,然后,在这个统计系列范围内大量城镇聚集的地方——如果这些城镇可以用图表示的话——便可得到标准规模值;在几乎没有城镇出现的地方,我们可以找到规模组之间的标准边界①。这类规模类型是可以认识的吗?怎样解释这些类型的格局?

让我们回顾一下第 7 节关于中心商品范围的论述。每一种中心商品都有一个具有自己特征的范围,在每种具体情况下(由于人口分布和人口结构以及交通条件决定),这种范围都或多或少与中心商品的一种典型的特殊范围有出入,因为这种特殊的范围主要由国家经济即有关需求、价格、货币和税收等的普遍条件所决定。商品范围的上限——在空间上为外限,由距中心地的距离所决定。超出这一距离,便不能在该中心地买到某种商品,这里有两种可能:或是因为位于这种中心商品的任一中心地的有效范围之外而不再能出售;或是由于这种中心商品可能从另一较近的、更为经济的中心地以更大优惠获得。后一种情形,我们称之为范围的真实(相对)界限,而第一种情况,我们称为理想(绝对)界限。范围的下限——从中心地的空间上看为内限——由得以维持本金的中心商品最低销售量决定,这一最低商品量恰好在此界限内完全售出。

① 这种用来确定单一类型及其特征的方法,在本书第二章可得到应用。它仅只是一种纯统计学方法,因而其应用不是没有不足之处的。

下限决定着中心商品是否可以在某一区域的一个或多个中心地内出售，而这一区域又往往取决于上限。上、下限一起决定着一种中心商品是否能在区域的任一中心地成功地出售。下限划定的区域是最少必须存在的区域，以使中心商品可以在这一区域的中心地提供，而上限划定的区域，是中心商品的销售存在可能性的区域。这两种界限就一确定的中心商品而言，共同决定了一个中心地的补充区域的最小面积和最大面积。这些范围界限的走向是封闭的曲线，或多或少呈圆形，表现为等值线。

以下论述以图1为例：

现在我们假设，在一定具体条件下，第21号中心商品范围的上限距中心地方B 21公里，该地方有10 000居民（见图1）。这就

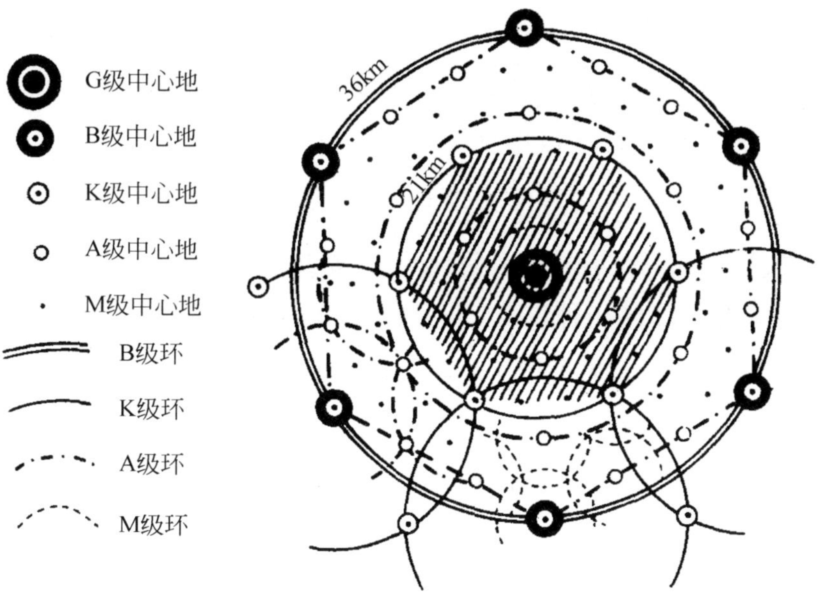

图1　以市场为原则的中心地体系

是说,一个以 21 公里为半径,即具有 1 400 平方公里面积的区域(图 1 中的阴影部分),完全由中心地 B 供应第 21 号商品。同样在某种具体条件下,范围的下限是这种情形,即中心商品只在该区域的一个中心地内即 B 提供。现在在相同条件下,如果有另一种中心商品,即第 20 号,其范围只有 20 公里。很明显,在该区域的边缘出现一个 1 公里宽的环带,在这个环带内,这种中心商品的供应不能只由 B 完成。为了对环带内各地方进行供应,至少需要 3 个其他中心地。[①] 这 3 个中心地的相互距离必须相等。此外,除了环绕 B 的1 公里半径的核心以外,它们可以坐落在区域内任何我们可以选择的点上。同时,我们还要假设,范围下限允许以上 3 个中心地存在。

如果不是孤立的区域,我们假设,在区域之外,存在着与 B 规模相似的更多的中心地,称作 B_1、B_2、B_3 等等,即总共有 6 个这样的中心地等距分布在以 B 为圆心、36 公里为半径的环上(这里所假设的数量和距离在后面便能理解)。那么,比较合理的情况是,那些应该将第 20 号中心商品经常供应给不能得到供应的环的中心地,应处于这样一种位置:即它们能够同时供应第 20 号中心商品给 B_1、B_2 和 B_3 周围的各个环。这样,范围下限可以设想具有较大的弹性,比如限制放宽松些,从而使更多的商品类型在补充区域内能够供应。其他中心地(我们称之为 K)必须位于离那些相邻的

① 也能使用更多的中心地,但 3 个是满足需要的最少数量。——英译者

B 级中心地[①]最远的那些点上。[②] 也就是说，它们必须位在那些三角形中心点上。三角形由 3 个一组的相邻的 B 级中心地构成。这些 K 级中心地供应第 20 号中心商品给 B_1、B_2、B_3 等周围区域不能得到供应的部分。如果现有另一中心商品第 19 号，其范围为 19 公里，那么这种中心商品也同样会从 K 级和 B 级中心地供应给整个区域。这一情况同样适于第 18、17、16、15、14、13 和 12 号中心商品，及其相应的 18、17、16、15、14、13 和 12 公里的范围。但是，具有 11 公里范围的第 11 号中心商品，就未必还可能从中心地 K 级和 B 级供应给整个区域。在得不到完全供应的中心地 K 和 B 周围的边界又出现 1 公里宽的环。现在，如果其他中心地（我们称之为 A 级中心地）距 3 个相邻的 K 级或 B 级中心地相等，那么仍有可能将第 11 号中心商品供应给整个区域。分别以 10、9、8 和 7 公里范围的第 10、9、8 和 7 号中心商品同样适于此种情况。

关于第 6 号中心商品，它有 6 公里的范围，现有的中心地便不足以供应整个区域。因而，或是区域的某些部分，因为离城镇太远，根本不能得到这些商品的供应，遥远的农村地区，或分散居住的林区；或是增加一些能向这些空白地区供应第 6 号中心商品的

① 作者认为，中心地具有不同的规模，这些不同规模的中心地按大小的排列叫等级序列；由于不同规模类型具有不同特征，故每一规模的中心地称为一个“特征”类型，如 B 类中心地、A 类中心地等。但在我国地理学界习惯上称规模类型为“级”，如 B 级中心地。这里采用我国的习惯称呼。——中译者

② A. F. 韦伯从另一角度以历史为依据表述了在这里非常合适的下述命题：“边界界碑是市场交接的先河”（阿德纳·费林·韦伯：《十九世纪的城市增长》〈*The Grouth of Cities in the Nineteenth Century*〉，纽约和伦敦，1899 年，171 页）。

其他中心地。这些额外中心地的区位——称为M级中心地——同样与3个相邻的A级、K级或B级中心地距离相等。这样，整个区域的第6号中心商品就可以由M级、A级、K级和B级中心地供应。第5、4号中心商品，若分别以5、4公里为范围，情形与之相同。具有较小范围的中心商品——例如第3号中心商品具有3公里的范围——则具有地方性。不可能从M级、A级、K级和B级中心地将这种商品供应给整个区域。

这样，必须再加上另一组地方作为供应者。我们称之为H级中心地，它们同样位于由相邻中心地构成的三角形中心。根据第一章第2节给出的定义，这些H级中心地不具有中心地的特征，但我们还是称其为辅助中心地。虽然，确实存在着小于3公里、大于1公里范围的商品，但它们却具有这样一种不能叫做中心商品的地方性：它们是为了在每个村庄销售而提供的商品，如家庭所日常需要的食物和日用品，或小学校所提供的服务。然而，最小范围的商品在独立农家区域却具有意义，因为在那里，范围下限常为2公里至多3公里，所以，这样的商品根本不能在那里得到供应。

上面建立起一个中心地体系，根据位于其中心的首要地方，我们称体系为B级体系，这一体系可以进一步发展。因此，具有22、23或24公里范围的中心商品将在B级中心地销售，并从B地方出发，满足整个区域的需求，这里，我们还是要把范围下限设定在这样的前提之下：各种中心商品只在区域的一个中心地提供，即在此为B级中心地提供，这里是最为有利的区位，它们生产的大多数商品均可消费。最终还将有更高范围的中心商品，其范围很大，因而不需要所有B级中心地为全国提供这种中心商品，只需一个中心地——位于图中最为有利的中心上的B级中心地——就足够了（见图1）。这一范围的值在本例中定为36公里。由图可知，中心地B_1、B_2、B_3等均能从中心地B得到这一范围的中心商品的供应。如果范围下限太大，以致只能在一个地方即B提出供应的问题，那么，B_1、B_2、B_3等这些地方只能从那里得到供应。这里，B作为一个中心地，其重要性比诸如B_1、B_2等普通B级中心地大得多，因此应将B称为G。现在，从G为中心出发，包括本图以外的整个区域，均可以得到具有更大范围即37、38直至62公里范围所有中心商品的供应（每一级的范围总是$\sqrt{3}$或1.732 05乘以较低一级的范围限度，从而由一种中心地向较高一级中心地转换，如从B级中心地向36公里范围的G级中心地的转化）。对于具有62公里范围的中心商品，相应地就有一种新型的中心地，即P级中心地。对具有108公里范围的中心商品而言，相应地也有一种类型，即C级中心地，等等。[①]

这时，我们就能很好地解释为什么假设有6个B级中心地处在以B为圆心、以36公里为半径的圆上。如果一个地区由一个完全均匀的中心地网络提供服务，从而使这类中心地的存在既不太多也不太少，也不存在未供应到的部分，那么，相邻的中心地必定相互等距分布，并且只有当这些中心地位于由6个等边三角形构成的六边形顶点时，才会出现这种情形。即下图中的后一种分布才是均匀的分布。例如，如果距某一中心地36公里的与之完全相同

① 中心地分级所用字母的含义，具体见第二部分“联系篇”第二章的第1节。

的某些地方都想得到发展的话,那么,很明显这些中心地的间距也

不是这种分布	而是这种分布
* * * *	* * * *
* * * *	* * * *
* * * *	* * * *
* * * *	* * * *

将是 36 公里。这意味着,6 个中心地必须全部以圆的形式分布在最初的那个中心地的周围。自然,实际情况常常与标准形式存在一定偏离,但这些偏离总是因为那些可以解释的确定原因所致。

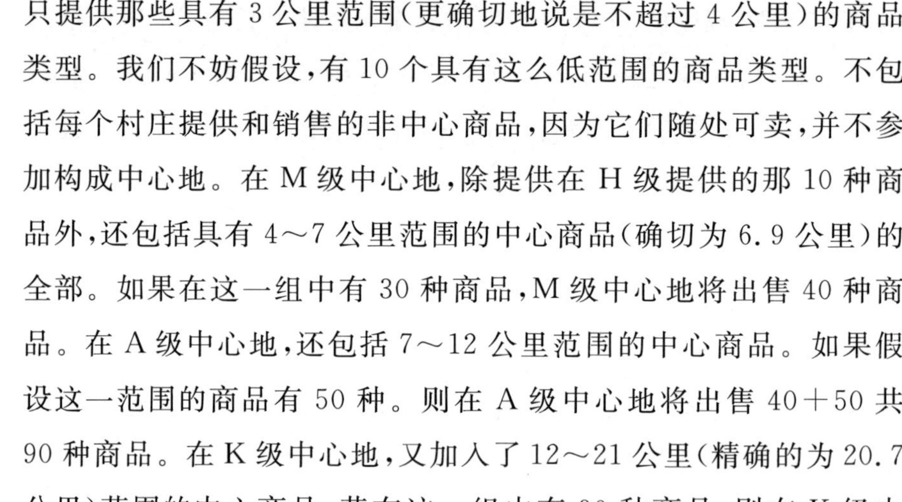

在最低类型即 H 级中心地(并不是真正作为中心地而计算),只提供那些具有 3 公里范围(更确切地说是不超过 4 公里)的商品类型。我们不妨假设,有 10 个具有这么低范围的商品类型。不包括每个村庄提供和销售的非中心商品,因为它们随处可卖,并不参加构成中心地。在 M 级中心地,除提供在 H 级提供的那 10 种商品外,还包括具有 4～7 公里范围的中心商品(确切为 6.9 公里)的全部。如果在这一组中有 30 种商品,M 级中心地将出售 40 种商品。在 A 级中心地,还包括 7～12 公里范围的中心商品。如果假设这一范围的商品有 50 种。则在 A 级中心地将出售 40+50 共 90 种商品。在 K 级中心地,又加入了 12～21 公里(精确的为 20.7 公里)范围的中心商品,若在这一组中有 90 种商品,则在 K 级中心地将出售 90+90 即 180 种商品。在 B 级中心地,也许还可加入 150 种商品,所以这里能提供 330 种商品。在 G 级中心地,也许能够提供总计 600 种商品。在经验上可以找出有多少种商品可以在

每一个单一的具体中心地出售，并能够决定在每一不同等级中心地（例如在K级中心）内中心商品得以出售的类型数目。然而这是一项不值得花费精力去做的繁重的工作，我们只希望论证高一级的中心地所提供的中心商品种类比次一级中心地提供得多，而且这种类型增加不是逐渐的。下面的增长例子相当符合实际情况（德国南部）：

H∶M∶A∶K∶B∶G=10∶40∶90∶180∶330∶600

在中心地提供的中心商品类型数，与其他诸如销售量、确定的价格以及替代物一样，对各个中心地的规模和重要性具有十分重要的影响。这样，我们几乎可以将销售的中心商品类型数与各中心地的重要性同样看待。也许如果我们直接地——虽然不很精确——将每种商品类型看做一个职业人员，如杂货商、鞋商、药材商、客店老板、医生、警察，那么我们就能得到一个较好的直观概念。但是很明显，中心地内40个从事中心职业的人员，不能如同90或180个从事这些职业的人那样，使中心地显得重要。问题是在于表明，存在着确定的表明中心地的重要性的类型。如果有40种范围达7公里的商品，这40种商品则在M级中心地提供。但是，具有8公里范围的商品类型只能在更高级中心地提供。较高一级中心地是A级中心地，在这里具有典型A级范围（7～12公里）的50种商品，有希望成功地同时予以提供。中间值，即只有60种中心商品可以出售的那些中心地很少见——它们存在的地方，或者是在由于人口稀少缺少正常供应的地方，或者在由于人口稠密、几个中心地共同分担一种中心商品对区域供应的地方。即

这样的中心地由范围下限决定,因此我们可以找到中心地的真正由规律所确定的各种标准规模类型。

根据图 1 我们能够计算属于每一种重要类型的中心地的数目。我们在 B 级区域的阴影部分发现:有一个 B 级中心地;在 B 周围 21 公里半径的环上有 6 个 K 级中心地;12 公里半径的环上有 6 个 A 级中心地;在 B 的周围还有 24 个 M 级中心地,其中 6 个在 7 公里半径的环上,6 个在 14 公里半径的环上,有 12 个在 18 公里半径的环上。但是,如果我们考虑,每一个 K 级中心地还同时属于各相邻的中心地 B_1 和 B_2 的两个体系,那么我们只能计算出每个 B 级中心地只有两个 K 级中心地。同样,在 18 公里半径环上,12 个 M 级中心地也同时属于各相邻的体系 B_1、B_2 等等。这样,我们在数学上计算,只能把一半 M 级中心地划归这个 B 体系。我们发现,属于一个 B 级中心地的,有两个 K 级中心地、6 个 A 级中心地和 8 个 M 级中心地。数字等级可以以相同的形式上升,因此我们得出中心地系统的等级序列:

1L,2P,6G,18B,54K,162A,486M

此序列表明,按 L 级中心地体系排列,中心地总数在理论上应有 729 个。

此外,每一个中心地都有自己的补充区域。M 级中心地只有以 4 公里为半径的区域。A 级中心地有两个区域:一个是以 4 公里为半径的 M 范围(4～7 公里)的中心商品区域,另一个是以 7 公里(确切为 6.9 公里)为半径的 A 范围(7～12 公里)的中心商品区域。K 级中心地的区域是:(1)以 4 公里为半径的 M 级区域;

(2)以7 公里为半径的 A 级区域；和(3)属于本身的，以 12 公里为半径、涉及 12～21 公里范围的中心商品的标准 K 级区域。B 级中心地的补充区域为：(1)以 4 公里为半径的 M 级区域；(2)以 7 公里为半径的 A 级区域；(3)以 12 公里为半径的 K 级区域；以及(4)以21 公里为半径的 B 级区域，即涉及 21～36 公里范围的中心商品的区域。G 级中心地区域如下：(1)M 级区域；(2)A 级区域；(3)K 级区域；(4)B 级区域和(5)以 36 公里为半径的 G 级区域，即涉及 36～62 公里范围的中心商品的区域，等等。这些补充区域或称市场区域可用图 2 进行概括描述。这些区域总是呈六边形。故它们的面积等于圆面积减去 6 个弓形面积。因此，以 4 公里为半径的 M 级区域面积约等于 45 平方公里；以 6.9 公里为半径的 A 级区域面积约等于 133 平方公里；以 12 公里为半径的 K 级区域面积约为 400 平方公里；等等。

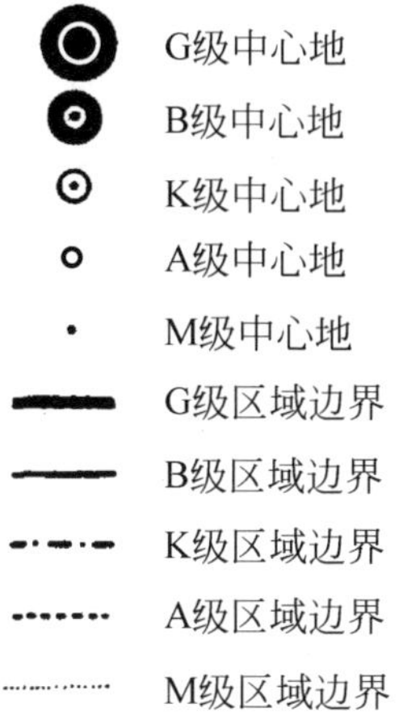

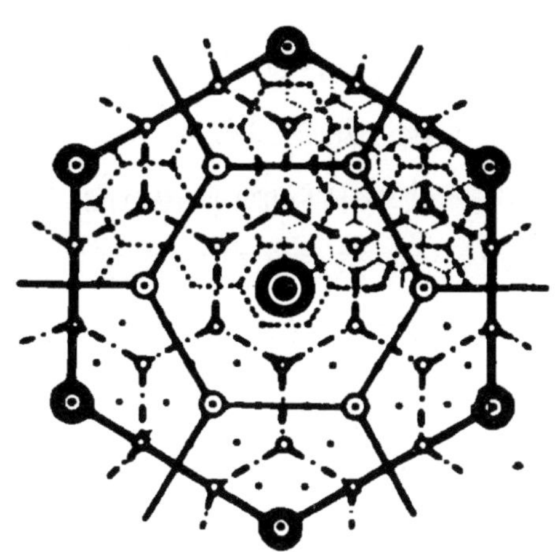

图 2 中心地体系的市场区域

类型	中心地数	补充区域数	区域范围（公里）	区域面积（平方公里）	提供的中心商品类型数①	中心地标准人口	区域标准人口
M	486	729	4.0	44	40	1 000	3 500
A	162	243	6.9	133	90	2 000	11 000
K	54	81	12.0	400	180	4 000	35 000
B	18	27	20.7	1 200	330	10 000	100 000
G	6	9	36.0	3 600	600	30 000	350 000
P	2	3	62.1	10 800	1 000	100 000	1 000 000
L	1	1	108.0	32 400	2 000	500 000	3 500 000
总计	729						

通过上表使这些比例关系系统化，并将其数值扩展到整个 L 级类型，这样便得到一个完整的标准 L 级体系。

为了赋予中心地类型规模以具体的、容易理解的含义，我们在表的最后两项中以德国南部为例列出了平均人口数。当然，这不过是对以农业为主的区域人口的大致估计。

这些理论上考虑的结果是令人吃惊的，然而却是十分清楚的。第一，中心地按一定规律分布在区域上。在一个较大的中心地（如 B 级）周围是最小中心地（M 级）圈，接着是小中心地（A 级）圈；向边缘过渡依次有第二和第三个最小中心地（M 级）圈。在边缘地带上，我们可以发现规模中等的 K 级中心地。更大的中心地体系的发展，同样符合此法则。第二，一定存在相当确定的、受经济学原理制约的中心地及其补充区域的规模类型，而且是特征类型，而

① 张文奎先生将“标准人口”一词（在《人文地理学概论》，东北师范大学出版社，p.124）确定为“典型人口”。——中译者

不是序列等级[①]。第三,中心地数以及其分属于各级类型的补充区域数以几何级数的形式从最高级类型向最低类型变化。

至此我们已经通过建立图表,简单讨论了范围,并同时确定了范围上限的定值。但这样做并不十分正确。因为我们不知道范围下限在体系中起着什么作用。我们一直假设的前提是,所讨论的区域中的商品只取决于其范围的上限,只能在一个单一中心地得到提供。然而,这种结论只能在特定情况下适用,只适用于某些确定的中心商品。如果范围下限很低,就会出现我们前面所讨论的可能性,即中心商品也会在本区域的其他中心地被提供。问题在于,这些中心地本身是否存在着足够的、用于平衡中心商品供应的消费量;或者就某一中心商品来说,生产和供应是否只需很小的努力,即资本投资少、生产者的基本教育少,从而在消费很少的情况下,进行生产或供应依然是合算的。这些额外的中心地,不是别的,正是我们已知的那些中心地,即较低一级类型的中心地。然而,如果范围下限很高,即比上限还高,那么正如我们前面所述,这一中心商品根本不会在这一区域内提供。

考虑中心商品范围下限时,中心地网络也根本没有出现新的分布结构,只在类型规模上发生变化。如果在一个区域内,某些中心商品的范围下限超过正常值,那么中心地的发展会因这些商品的供应经常不足而不断地减弱。如果其范围下限较低,那么正常情况下在区域的某一中心地,如在 B 级中地提供的一种中心商品,

① 序列等级(order-classes)指中心地按 M、A、K 等的排列。——英译者
我国学术界常称为等级序列。——中译者

也会在 K 级中地提供。因此,具有低范围下限区域内的中心地,在这些情况下会逐渐得到壮大发展,以致 B 级中心地会变成 G 级中心地、K 级中心地会变成 B 级中心地,等等。然而,因为范围下限规模通常取决于人口数量和分布,人口的社会、文化和职业结构,以及人口的收入条件(其意义在于,集中的、高文化水平的和富裕的人口可以降低范围下限,反之亦然),因此,我们可以认为,在人口分布稠密、经济富裕、文化水平较高的工业区域与具有相反特征的区域比,存在更多的较高级的中心地。但是,这种情况只有在与中心地系统相一致的相互区位关系保持相同时才会发生。

前面建立的严格的数学图式在某些方面并不完善,严格地讲,甚至存在错误。图式应与实际情况相近,因此我们必须研究造成巨大变化的因子。这些因子不外是那些已经详细讨论过的东西:人口在实际中有规律的不同分布状况,以及因土地利用条件和工业区位造成的不同的人口密度。所有这些因子都可引起补充区域在这里或那里的扩大或缩小。也就是说,这些因子也可以引起中心地体系类型的变化。较大的中心地比较小的中心地有更大的 M 级类型和 A 级类型的区域;中心地体系的富裕部分具有较高的中心地支配网(与较贫穷、边缘部分比);运输条件和区域建立的早、晚的事实都发挥着应有的作用;[①]中心商品的价格差异(如商品在 B 级中心地比在 K 级中心地便宜)可以引起生产中心商品较便宜的那些区域的扩大;等等。也许一个 B 级中心地的重要性可为两

① 见第一部分第三章第 8 节。——英译者

个更小的中心地 B_a 和 B_b 所分享，或者缺少一个 A 级中心地（因具有稀少人口的非生产土地面积广大），从而使相邻的 A 级和 M 级中心地可得到较大发展。但这一切也不过是局部性干扰。较少有的特殊情况是 H 级中心地（辅助中心地），那里为最小的区域提供具有最小范围的中心商品。这类中心地经常是见不到的，基本是几乎没有人烟的森林覆盖的边远地区，是在土地分配时由于边远的区位而不吸引人的地方，或是出于御敌的考虑，有意留下的空旷地带。这种具体情况下的实例随处可见。

我们所举的 B 级体系例子，是以距在 M 级中心地提供的那些中心商品范围的确定的标准距离为基础的。并且，的确不完全是人为的 4 公里距离。它也许是 M 级区域半径的中间值。确定标准距离相当困难，在逻辑上即使非常认真地收集了大量事实，并对关于价格、人口及财富等全部要素进行了认真考虑，依然如此，虽然这种研究在理论上是可行的。在经验上，这种半径能够确定为“标准”半径，但更为详细的论述将在第二部分进行。如果 4 公里半径对德国南部“标准”区域适用，那么，更小的半径就会更适合于人口稠密、富裕开放、由较小城镇组成的区域（如内卡兰和普法尔茨[①]）。具有相反特征的区域（如阿尔卑斯地区和上普法尔茨），其半径相对而言就要更大一些。根据这一半径，整个 B 级体系，包括那些高级体系，就会在第一种情形下紧缩，而在第二种情形下分散展布。

① 内卡兰在德国巴登—符滕堡州；普法尔茨在德国莱茵兰—普法尔茨州。——中译者

这里所涉及的只有一个图式，一个综合经济学理论的合理图式。[①] 或者用形象但不精确的日常用语表达：一种有利的状态。这里的有利与否，不是评定价值，而是指具有最小价值消耗的最大合理性状态。为了不致对此产生误解，我们应该对此予于注视，并且反复强调。然而，作为人口、生活习惯及技术等方面的变化结果，非常合理的实际值会不断地发生变化。先前，只有在隔绝的情况下，一个城镇才有自己的报纸；到近代，几乎每个具有一定重要性的中心地都有一份报纸了；在现代，我们可以见到主要由合理化或无线电导致的发展衰退。有关这种情形在动态理论一编中将作进一步讨论。

用数学公式表达上段讨论的结果似无多大必要。数学表达是完全可能的，而且并不难。但在经济学中，在人类地理学以及在所有相关学科中，只有少数因素能给出准确的数值。并且由于多数因素都具有愿望、作用、评价和比较的不可量测性，只能用数学术语进行粗略的估计和比较，而要用数学语言表达一种关系，本来就缺乏精确的基础。公式顶多只是符号象征——但另一方面读者却往往习惯上将其绝对化，并认为没有例外。最终作者也会犯这样的错误，即将本来应该用以表达定律的数值符号看做真正的数学

① 根据松巴特的分类，这是一条“假设定律”(Fiktiongesetz)，即一个涉及“目的—手段联系”(要达到的目标与方法的联系和为实现这些目标而采取的手段)的图式(维尔纳·松巴特：《经济学说的三种政治经济学、历史与体系》〈*Die drei Nationalökonomien, Geschichte und System der Lehre von der Wirtschaft*〉，慕尼黑和莱比锡，1930 年，258 页始)。这些“假设定律”可根据“合理图式”来说明——这类图式在本书已得到进一步完善。同时该分类还涉及了(部分与整体之间的)“部分—总和联系”(见松氏上文 253 页)。

公式。[①] 我们同意松巴特(Sombart)的思想,他以友善的讽刺手法评论了 A. 韦伯的《工业区位论》(*Theory of the location of industries*)一书,尤其评论了其数学附录部分。他认为,没有数学结构就能进行这样的研究;虽然这些数学结构常常只是问题的没有必要的复杂化,但如果它们能使作者感到开心,那就不妨让它们留在那里好了。[②] 事实上在相同情况下,博尔特基维奇(Bortkiewicz)精确地证明,韦伯的多数公式和几何结构是多余的。[③]

通常人们考虑的是中心地的分布和规模与交通因子的关系。人们注意到,交通强度与中心地的规模和频数之间存在着明显的平行关系,从而认为,可以用彼一方面解释此一方面。特别在地理学方面,人们偏重于用交通来解释中心地的规模,而不是用中心地规模解释交通。然而,我们前面早已指出,这两种现象都应通过纯经济的第三个因子来解释,即集中生产和供应的商品与非集中生产和供应的那些商品的划分,并由此而产生了在中心地和分散地的居住的划分,以及使服务于有效交换的交通成为必需。与其他地理学家一样,J. G. 科尔的错误在于他从交通的现象而不是从交通的经济原因出发。

① 可将杜能公式比作合理劳动工资:$\sqrt{a \times p}$,式中 a 为需求,p 为一个四口的工人家庭的劳动产品(见前文注释中提到的杜能《孤立国》第二章,549 页)。

② 维尔纳·松巴特:“工业区位论的几点解释”。见《社会科学与社会政治文库》(*Archiv für Sozialwissenschaften und Sozialpolitik*),蒂宾根,1910 年,30、752 页。

③ 路德维希·冯·博尔特基维奇(Ludwig von Bortkiewicz):“工业区位论的几何基础”,见《社会科学与社会政治文库》,同上,775 页。

A. 韦伯虽然也正确地承认，工业发展是城镇规模的主要影响因子，但他却简单地将“规模”看成居民人数。按照韦氏的观点，一个较大城镇之所以比较小城镇发展快，主要是因为前者能提供更好的劳动力市场。他认为，“大城市‘市场’是以其在社会生活中的中心位置以及由此而决定的原始规模，获得吸引力的，并且通过这一吸引力吸引劳动力，使自身进一步壮大”。[①] 韦伯根据这种观点，对 19 个世纪人口大量集中的原因进行了解释。但解释那种“原始规模”的存在才是我们的目的，因为原始规模是城镇规模的起点[②]。吸引那些求职流的正是这一点。正如我们前面所论证的那样，工业和运输发展对中心地体系具有很大影响，因为它们都需要起点先为它们提供现成的中心地网络。

在我们的图式中关于中心地规模、数量和分布的基本要素是中心商品的范围。这里显然会有异议：范围本身不是一个独立因子，它依赖于许多其他因子，其中包括中心地的确定的分布及规模。我们怎么能说范围在解释中心地分布和规模方面占有关键位置呢？这难道不是始终未明其理的因果循环性的推论吗？对此，我们的答案是否定的。在整个经济学理论中也有相同情况，例如一种商品的价格取决于需求和供应、生产成本、商品的稀缺程度、购买者的收入及其他条件。但另一方面，供应和需求本身又取决于生产成本、（相对）稀缺程度，最终在很大程度上取决于购

① 阿尔弗雷德·韦伯：“工业区位论（普通资本主义区位理论）”，见《社会经济学概论》（*Grundiß der Sozialökonomie*），蒂宾根，1914 年，78 页。

② 起点：即初始规模，通常是一个较大城镇比较小城镇变得更为重要的原因。——英译者

买者的价格意识。哪里是开始，哪里是终点？其奥妙在于这种机制将会在具体的时机展开，而且还不是同时动作的，在某一时刻表现为某种经济状况的结果的东西，同时已经是下一经济状况的原因了。如果这一过程用图式说明的话，那么，用无始无终的封闭的圆是不能说明问题的。但另一方面，如果将时间的推移当作第三个参数考虑的话，这一过程就可以用或多或少稳定扩展的螺旋线来表示，这种螺旋线我们已经开始将其看做经济曲线。

到现在为止，正是理论中的这一点，从三个方面看都不完善，可以说基本上是错误的，因而还需进一步更正。第一，必须考虑每个因子的可变性及已变性这一明确的事实，即必须以抽象的形式将时间要素结合进来，这会促使我们进行动态考虑；第二，应该考虑实际具体时间，即历史进程以及其不能以理论探讨和预计的决定意义和现实意义；第三，实际上，通常用以说明具体空间的地球表面部分是特定地理条件的结果。只能在考虑了这三个方面以后，我们才能得到一个完整的实际关系图。区域的所有部分，都可以从具有中心地功能的最小可能数量的中心地，得到一切可能得到的中心商品的供应。根据这一观点，以中心商品的范围为根据，我们建立了中心地体系。据此，我们称我们建立这种系统的原则为供应原则或市场原则。

除了供应中心商品的原则外，还有其他因素也影响着中心地的分布、数量和规模。这些大多是由交通和人类社会生活所造成的原则。

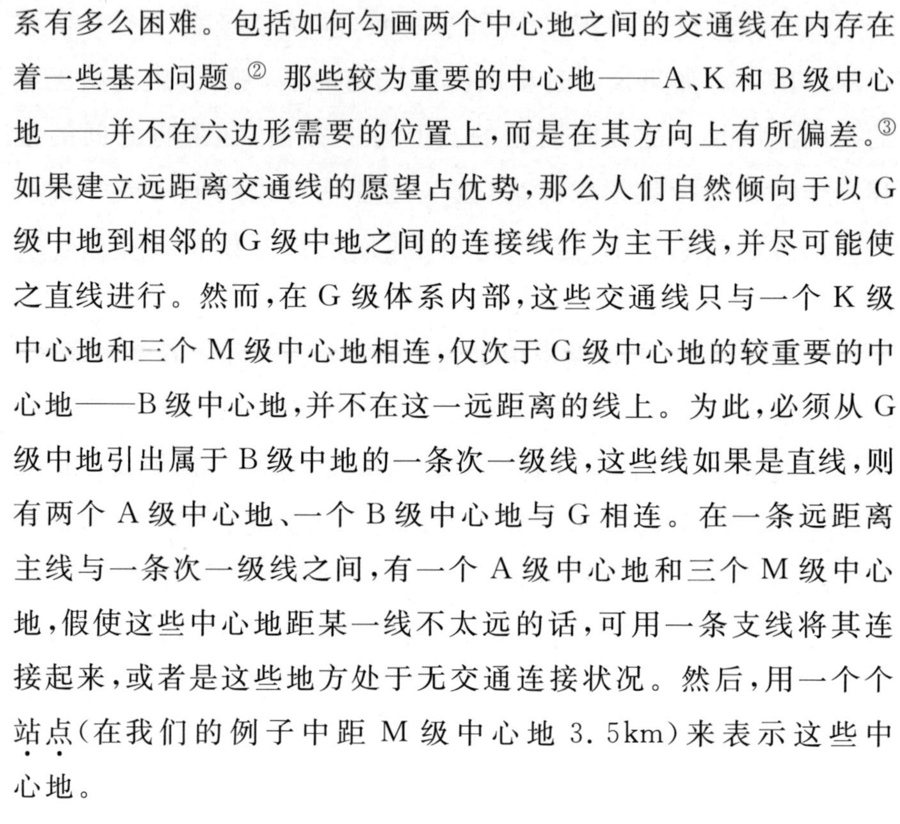

首先让我们考虑交通原则。[①] 如果考虑根据市场原则来建立我们的图式，不难想象，在这种中心地体系中，满意地建立交通体系有多么困难。包括如何勾画两个中心地之间的交通线在内存在着一些基本问题。[②] 那些较为重要的中心地——A、K和B级中心地——并不在六边形需要的位置上，而是在其方向上有所偏差。[③] 如果建立远距离交通线的愿望占优势，那么人们自然倾向于以G级中地到相邻的G级中地之间的连接线作为主干线，并尽可能使之直线进行。然而，在G级体系内部，这些交通线只与一个K级中心地和三个M级中心地相连，仅次于G级中心地的较重要的中心地——B级中心地，并不在这一远距离的线上。为此，必须从G级中地引出属于B级中地的一条次一级线，这些线如果是直线，则有两个A级中心地、一个B级中心地与G相连。在一条远距离主线与一条次一级线之间，有一个A级中心地和三个M级中心地，假使这些中心地距某一线不太远的话，可用一条支线将其连接起来，或者是这些地方处于无交通连接状况。然后，用一个个**站点**（在我们的例子中距M级中心地3.5km）来表示这些中心地。

然而，占优势的愿望是尽可能将邻近的中心地即市场区与G连接起来，从而把能够连接区域内尽可能多的主要的地方的线路

① 与本章图3比较。

② 这类问题虽然威廉·劳纳尔特（Wilhelm Launhardt）在《交通选线理论》（*Theorie des Trassierens*）（汉诺威，1887年）第一卷中进行讨论，但该作者既缺少理论基础又缺少从经济学观点精确建模的看透问题的思想。

③ 见图3：注意交通线路在区域中心G级中心地与B级中心地之间如何呈“之”字形。

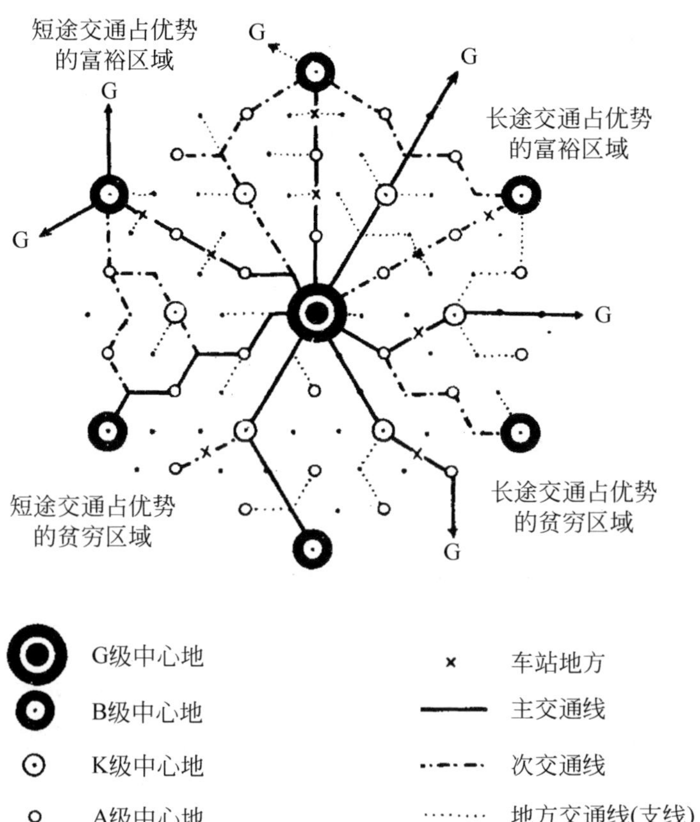

图 3　中心地体系中的交通线网

扩建为主干线。在这种情况下，B 级中心地将通过主线 G—B 与 G 相连，该线呈“之”字形方向，连接两个 A 级中心地和 3 个 M 级中心地。而不太重要的 K 级中心地只是通过一条次要的线与 G 联系，该线交叉着并与外部的 A 级中心地相连。其他未被本交通体系所连接的 M 级中心地则通过小支线连接。

但是，由于我们所研究的不是交通地理学，而是聚落地理学，因此,没有必要过多地考虑这些非常有趣的问题。这足已证明,在一个根据市场原则而建立的中心地体系中,得出交通问题的简单而令人满意的结论是困难的。下面便是我们的结论:在一个根据市场原则而建立的中心地体系中,全部长距离的交通线必然经过那些非常重要的中心地,为短距离交通而建立的次要的交通线,只有拐弯抹角——甚至常常以明显的"之"字形路线,才能到达远距离交通的中心地。[①]

然而,还有一个独立的交通原则。科尔的代表作就是对此原则的研究。[②] 科尔开始作了许多正确的考虑,但却没能将他的思考纳入在他那时已得到发展的经济学理论的轨迹,或者说以此来解释为什么有些结论不大对头。科尔认为,交通只能是经济的,不可能是发生的。[③] 经济的交通原则是以最小的消耗(建设交通线路以及运输系统本身运转方面的消耗)满足尽可能多的运输需求;此外,人口需求、运输成本、投资成本等对交通系统的形成也具有明显的影响。但是,我们不能因此就认为这种经济的理念总是起支配作用,例如中世纪道路的区位和构成。在这种特定情形下,作为交通原则,经济上的最高合理性不是先验的,并非简单地照着办就是了;而是表现为选择的原则。例如,那些运输昂贵的道路被抛

---

① 格拉德曼称它们为"若干段组成的长途路线"(罗伯特·格拉德曼:《南德》〈*Süddeutschland*〉第一卷,185 页)。

② 约翰·戈尔哥·科尔(Johan Georg Kohl)所著《依赖地表形态的人类交通和人类居民点》(*Der Verkehr und die Ansiedelungen der Menschen in ihrer Abhängigkeit von der Gestaltung der Erdoberfläche*),第 12 页。

③ 科尔使用发生这一术语时,可能已经考虑到与任何经济联系无关的交通原则。——英译者

弃，而去寻求并开辟一些比较有优势的道路。放弃一条常用的道路，启用一条新路的现象经常发生，从经济上看，这里起作用的是适者生存的原则，最有利的能够存在发展，不太有利的就会衰亡。为了能借助一个合理图式分析现有交通系统，并对这交通系统进行说明，必须按照经济的原则以演绎的方式建立最为有利的交通系统，正如我们对供应网络做的调查一样。然而，这似乎应是理论交通地理学的任务了。[①]

现在，我们所做的只是下述不太精确的假设，即交通原则可以表明，中心地分布的最为有利的状况是：尽可能多的重要的中心地位于两个重要城镇之间的交通线路上，而交通线路建设又尽可能平直、其造价尽可能低，而不太重要的中心地则可能被置于一旁。按照交通原则，中心地将顺序排列在从中心点辐射出的直线交通线路上。在这种线路上的各中心地间距相等，即施拉德的中途栖留地方（Etappenorte）体系。[②] 至于科尔所认为的4条（或8条）放射线[③]，在理论上正确与否，令人怀疑。豪夫（Haufe）认为，6条主

① 对这一主题最有价值的研究是赫尔穆特·豪夫（Helmut Haufe）在《莱比锡大学地理系论文集》（*Veröffentlichungen des geographischen Seminars der Universität Leipzig*）（1931年，12）上发表的“德国铁路交通的地理结构”。作者以这一主题以及由他本人提出的基本理论思想作为其研究依据的事实，虽然是不容置疑的，但是我们遗憾地认为，他的这一研究并未达到“理论”的高度。

② 中途栖留地：指士兵或邮件在交通线上暂时停留的地方，其停留间距约一天的行程。根据这一定义，我们可将克氏的“中途栖留地”看做沿着交通线以大约一天旅途为间距而分布的中心地，它们通常总是呈直线路线。——英译者

艾里希·施拉德（见上述《黑赫州的城市》一文）发现的固定间距是两点间直线距离21公里。

③ 科尔错误地从地区的限制出发，而不是从地区的分布出发，因此他认为四边形区域应该有四条主线，六边形区域应该有六条主线，等等（前注引文第104页始）。

要放射线在理论上最为合理。[①] 我们同意这一看法。

图 4 表示的是受交通原则支配的中心地的分布形式（假设为铁路交通）。在从 G 到 G_1、G_2 等的主交通线上，每一中心地体系中都存在一个 B 级中心地、一个 K 级、两个 A 级和四个 M 级中心地作为驿停地方而彼此相间排列；同时，从市场原则上看，这些地方又都作为中心地而相间排列。该地区的一个区域内的其他中心地，即一个 K 级、一个 A 级和两个 M 级中心地通过次一级的铁路与另一条交通线相连；4 个 M 级中心地由支线与另一条交通线连接。中心地的补充区域——图 4 中只表示了 M 区域——并不再是最理想的蜂巢状六边形，而是呈非常不规则的形式。在主交通线上，其长度较小，但向两侧的展宽却较大。随着距主交通线距离的加大，这些补充区的长宽变得较为一致，其范围变得更大。人们马上就会看见，如果中心地按照交通原则分布，那么为了将某一范围的中心商品供应给该区域，就需要相当多的各种等级类型的中心地。这与市场原则是相矛盾的，市场原则力求在供应全区的条件下节省对中心地的需要。由于这两种原则在一定意义上都具有最大合理性，因而两者在理论上都是正确的。但是，实际上在整个经济领域内只能有一个最合理的可能性。究竟哪种经济合理性更具有可能性，更依具体情况而定。就两种原则所具有的优点而言，要么交通原则的重要性大于市场原则，要么市场原则较交通原则更为优越，或者通过这两种原则的结合，即二者的协调最终获得最为切实可行的体系。

① 赫尔穆特·豪夫：上注引文，第 15 页。

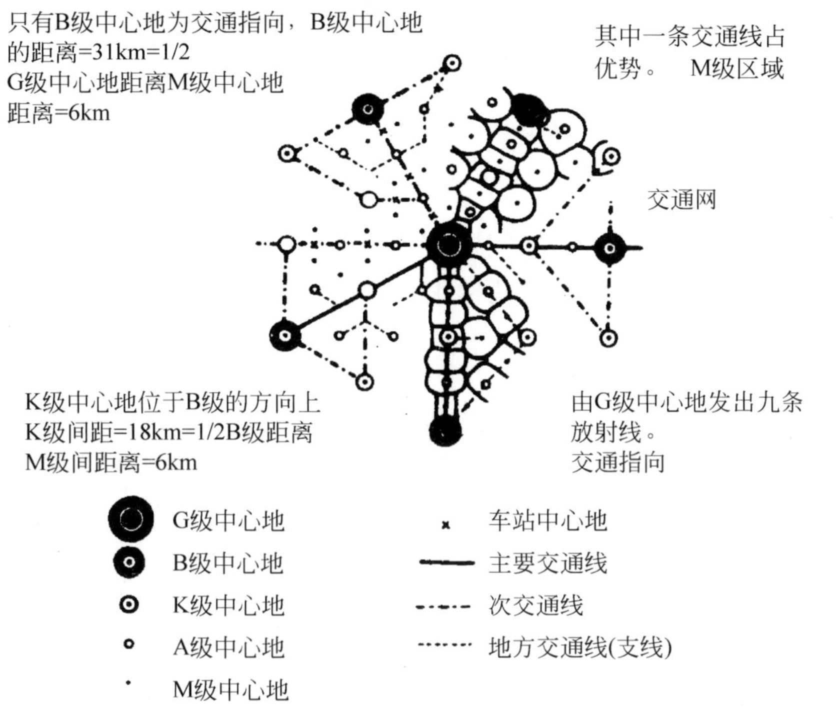

图 4　按照交通原则建立的中心地体系

在第三部分中，我们对德国南部的区域进行了讨论。[①] 从第三部分中我们能观察到，一个原则在何处占有优势，另一原则又在哪里占有优势，以及在什么地方出现二者的协调。无论如何，此时我们可以在理论上讨论这个问题，即这个或那个原则在什么时候才可能占优势？首先，长途交通与短途交通比，例如每周一次的集

① 见第三部分“区域篇”(实际上，本译文只包括了“慕尼黑的 L 级体系”)。——英译者

中译本将英译本没有收入的原德文版中的“纽伦堡的 L 级体系”、“斯图加特的 L 级体系”、“斯特拉斯堡的 L 级体系”和“法兰克福的 L 级体系”全收入了。——中译者

市贸易交通,哪一种交通的需求更强?在典型的区间交通或直达交通地区[①],前一种情形更为常见;在边远的或在经济上自给自足的封闭地区,后一种情形更为常见。进一步说,只有居住稠密、人口享有高文化水平并以工业人口为主的国家,才可能维持许多中心地,因此,交通原则可能在这里占上风。另一方面,居住不够稠密、贫穷的农业地区通常消费很少的中心商品,因而只能维持少数中心地。具有最小数量的中心地很可能获得较高的合理性。因此,在这里市场原则就会占优势。最后,一国的地貌条件也可能产生一种体系,这是因为根据交通原则,这种体系是能够存在的:如果谷地地区,以其受人们欢迎的区位吸引城镇,而在高山地区,却根本没有建立城镇的区位,因此,城镇在谷地受地形影响而呈条带状绵延分布。从供应的立场出发,在人口稠密、生活富裕的地区,这种分布是可以接受的,但在人口稀少、生活贫困的地区,城镇的这种分布形式明显地表现出其劣势。因为山谷两侧的大部分山地地区现在均位于中心地的供应范围之外。这意味着,山区居民要么放弃相当多的甚至是生活必需的中心商品的需求,要么以比较高的成本来满足这些需求。这样,如果中心地在谷地地区以条带状绵延分布,不会得到有利的发展。

交通原则与市场原则的根本区别在于,前者是线性的,后者是平面的。因此,单纯从形式上看,两种原则是根本不一致的。

还有一种性质完全不同的原则,即社会政治原则。这产生于

① 区间交通或直达交通地区:指这样的一些交通地区:在这里交通线环绕某些重要的中心地,从而使交通线能够直达,即遵守交通原则。——英译者

划分人类社区的观点，通过社区的划分，可以使社区在某种强有力的方式下维系在一起，并免受敌对方面的影响。[①] 这种典型的空间社区的中心是其首府（高级的中心地）。在核心周围，是一圈辅助护卫地方及官府，再往外是低人口密度的区域边缘，甚至是无人居住的地区。这里，不仅社区思想，即个体的向心集中等级序列思想具有一定作用，而且防御与保护的思想也起着一定作用。因此，我们发现，这种社会政治划分原则不仅出现在那些不安全国家，而且，在那些高度重视社区思想的国家也表现了出来。例如，旧的日耳曼边疆地区，就是一个有组织的社区，它对区位的影响在今天看来是相当明显的。一种表现为中心地的区域性中心区位，以及更多的具有防护意义的地形特征；另一方面的表现是其边缘地带的森林密布的地区，它对这类社区起着保护作用，因而故意不让人口居住、不进行分区。

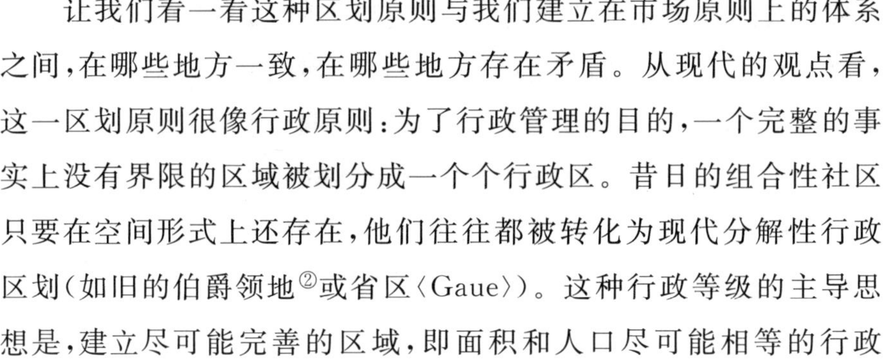

让我们看一看这种区划原则与我们建立在市场原则上的体系之间，在哪些地方一致，在哪些地方存在矛盾。从现代的观点看，这一区划原则很像行政原则：为了行政管理的目的，一个完整的事实上没有界限的区域被划分成一个个行政区。昔日的组合性社区只要在空间形式上还存在，他们往往都被转化为现代分解性行政区划（如旧的伯爵领地[②]或省区〈Gaue〉）。这种行政等级的主导思想是，建立尽可能完善的区域，即面积和人口尽可能相等的行政

① 主要参见鲁道夫·克耶利恩（Rudolf Kjellén）的《作为生活方式的国家》（*Der Staat als Lebensform*），莱比锡，1917 年，70 页。

② 英译本中此处为“县”。——中译者

区,其中心是最为重要的中心地,其边界位于人口稀少的区域,并紧紧沿着自然界限和自然屏障。[①] 这种理想已在根据市场原则而建立的中心地体系中得到部分实现。但是,对于 3 个中心地区域分界点上存在一个较低等级中心地的这一概念来说,这种思想却又从未在市场原则中实现。因为,将这一交界点上的中心地分配给哪个行政区呢? 如果把这一中心地划给某一行政区,那么这个区就要从理想的圆周形挤出去,否则又怎么办呢? 边界中心地又不能分成三份。无论如何,这一边界中心地的狭小的补充区域将分配给等级较高的中心地的 3 个区域。然而,这又是一大缺点。图 5 可以说明这里所出现的问题。有机的补充区域总是被那些边界所分割,重要的中心地跑到了行政区的边缘上。但是,另一方面,行政划分却轻而易举地解决了中心地等级渐进问题:两个 A 级中心地连同一个高一级中心地和它们的补充区域一起,形成一个较低级的行政管理区;两个高一级中心地即 K 级中心地连同一个 B 级中心地,形成高一级的行政管理区;两个 B 级中心地连同一个 G 级中心地,形成中等规模的行政管理区,等等。事实上,我们

---

① 见海尔曼·格鲁伯(Herman Gruber)的《普鲁士,尤其是东普鲁士政区及政区界限的地理学研究》(*Kreise und Kreisgrenzen Preußens, vornehmlich die Ostpreußens, geographische betrachtet*)博士论文(柯尼西堡,1912 年)。文中有政府各项有关规定的表达。

亦见弗里德里希·努斯勒(Friedrich Nüssle)的《中下符腾堡内卡河地区的行政区划,符腾堡州政治经济地理概括简论》(*Die administrative Einteilung des unteren und mittleren wirttembergischen Neckargebiest. Ein Beitrag Zur wirts schafts-und politisch-geographischen Landeskunde von Württemberg*)(博士论文,斯图加特,1930 年)。努氏把下列内容看做是一个良好的高级行政机关的标志:突出的中心地理位置、作为首府的核心地位以及边界发展有利(229 页)。

发现，每组较低级的3个中心地单位常常在行政管理分类中形成一个较高级的中心地单位。这一点在法国非常明显。在那里，一个县(Départment)常常由3个区(arrondissement)组成，一个区又由3个镇(村)(carton)组成。在普鲁士也是这样，3个行政专区(der Regierungsbezirk)组成一个省(Provinz)，3个地方法院辖区(Amtsgerichtsbezirk)组成一个县(Kreis)。

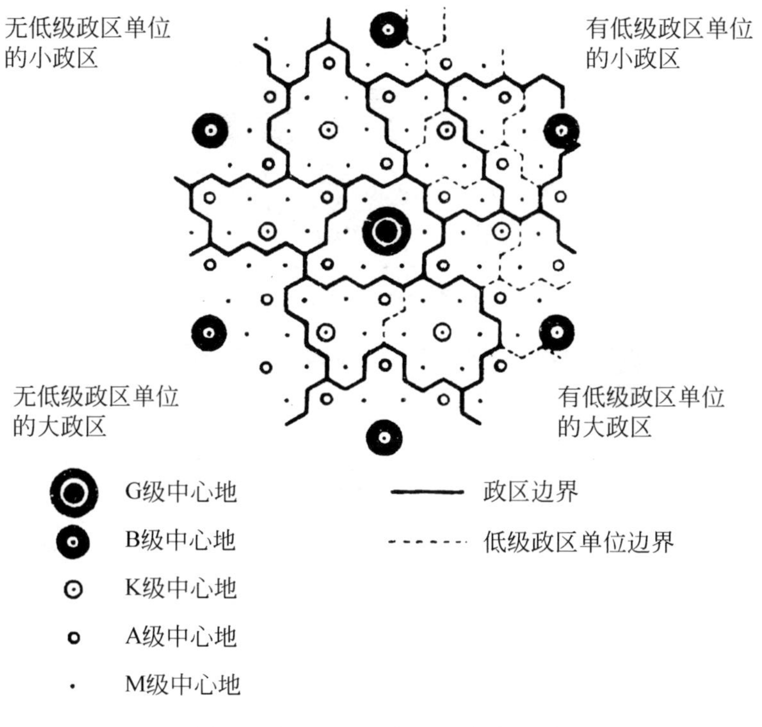

图5　中心地体系中行政分布①

根据这种区划原则，建立准确的中心地体系结构法则，是理论

① 图5中“低级政区”，据德文和英文之意也可译为“初级法庭辖区”。——中译者

政治地理学的任务。[①] 我们在这里只希望给出区域如何根据划分原则而构成(见图 6)的这一思想。很清楚,根据区划原则,供应中心商品给区域所必需的中心地的数目,如同交通原则的情况一样,

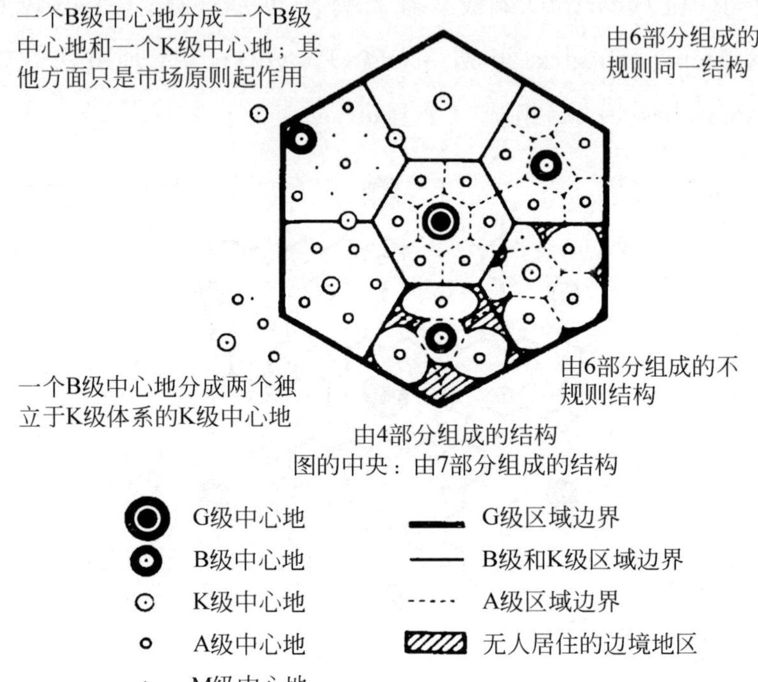

图 6 根据区划原则建立的中心地体系

是大幅度增加的,从而形成完全不同的类型。每一个 G 级中心地可计入 6 个次一级的中心地,而不是两个 B 级中心地。但是它们当中只需有 3 个具有完全的 B 级中心地作用。构成一个高级一级

① 理论政治地理学和理论经济地理学一样,同样是可能的,也许同样是"精确的",虽然在这里,精确的研究常见的行动的合理性不如行动的实力决定性那么突出,然而借助于"理解的方法",也能够得出规律、合理图式和趋势。

单位不再是 3(3×3)个低级单位，确切地说，需要 6 个或 7 个。此外，我们在行政机构的分布上往往也可以发现这样的数字(例如，黑森诸省如施塔肯贝格〈Starkenburg〉和上黑森地区的县数，卡尔斯鲁厄〈Karlsruhe〉、巴登〈Baden〉国家行署专区(Landeskommissariatsbezirk)的地方专区(Amtsbezirk)数，4 个萨克森〈Saxong〉县级官员中的地方官员数)；然而更为常见的是由 12～14 个(或 18～21 个)较低级行政单元构成一个中等规模的行政区，因此单纯在 31 个普鲁士行政区域(不包括柏林或霍亨佐伦〈Hohenzollern〉地区)中，就有 12 个行政区拥有 12 到 14 个县；而在巴伐利亚多数是由大约 20 个区组成一个县一级的行政机构。这样，根据行政原则，就有 2～3 个体系，每一体系由 6 个或 7 个成员组成。

在交通原则和市场供应原则的基础上，现在又增添了行政区划原则。这三项原则依据各自的法则决定中心地体系，其中两个原则是经济的，一个是政治的。这种社区加政府的原则，没有经济性原则的理性权威，而是具有国家的、至高无上的权力的权威性。虽然我们已经在前面论述了在什么时候、什么情况下这三种原则的这一种或那一种怎样才能对中心地的分布产生决定性影响。然而在多数情况下，这三种原则为求得各自的优势地位彼此进行着竞争。对此，我们将在动态理论中进一步论述这些基本法则，而在第三部分“区域篇”中将提出现实生活中的实例。

第三章 动态过程

1. 引言:动态观点

迄今,我们已经不尽详细地阐述了那些可被认为是静态的关系。然而,这样一种静态观点——如这里为一稠密居住区或那里为一稀疏居住区——只是考虑一种瞬时现象,只是现存世界不断变化过程中的一种快照。静止状态只是假设,而运动才是现实。影响中心地重要性的每一因素:地域、人口、中心商品的供求、商品价格、运输条件、中心地大小及某种商品的中心生产与分散生产之间的竞争,总在经历着不断的变化。各个因素或是按照本身特性而由内部引起变化(该变化则谓之内生变化),或是受其他要素作用而发生变化(该变化则称为外生变化)。一般说来,这些要素连续变化时的相互影响与其处在静止状态时的相互影响大有区别。例如,物理学家熟知流动的水与静止状态的水对土壤、动物等具有十分不同的影响,加压与常压亦有不同的作用。在经济关系方面,尤其是在文化领域,情况也是如此。众所周知,坚挺货币或疲软货币与稳定货币所带来的经济效果不同;迅速下跌的货币与缓慢疲软货币的影响亦异。然而,我们将要讨论的是各种变化因素之间的相互关系，更确切地说是各种过程。这种过程不是历史的具体的过程，而是从个体的具体进程中抽象出来的一般典型过程，其中时间是一种抽象概念。这些变化过程要比纯粹的静态关系更接近现实。它们是理论研究的核心内容，似应总称为动态理论。

2. 人口

让我们先从人口谈起。假设人口在增长，一个 80 平方公里的地区迄今已有 4 000 名居民，其中 2 000 人居住在中心地。这是案例 3，我们曾经假设这个医生有 6 125 人次就诊，收入 18 375 马克。现在，我们假定人口相当均衡地在整个区域与城镇都增加 20%，这将导致 6 125＋20%×6 125＝7 350 人次就诊，中心地的重要性按人口增加的同样比例而相应地加强。如果人口再增加 20%，就诊次数将达 8 575 次。这时，就会发生某些根本性变化。假设这个医生要维持生存，每年最低收入需要 8 000 马克。然而，他因体力所限每年不能接受 8 000 人次以上的就诊。这样，要么必有 575 次就诊需求未予考虑；要么必须在邻近中心地寻求满足；要么第二个医生必然开业应诊。这时就会出现一个对我们的讨论十分重要的问题：第二个医生将在哪里开业？在中心地还是在该区某个分散地开始应诊？是老中心地位得到加强？还是一个新的中心将要形成？如果新医生定居这个城镇，他保证会有 575 次未被满足的就诊需求。他是否能再从第一个医生那里吸引来其他病人则取决于多重因素，主要是个人因素，对此这里不再予以考虑。我们假设一种极端情况，第二个医生没有得到其他病人，而第二个医生依靠从 575 次会诊中得到的 1 725 马克则不能维持生活。

如果邻区人口已增长到相同的规模且也只有一个医生，则第三位医生（一位新医生）就有可能在这两个中心地之间，更确切地说，在两个中心地的中界线上某一地定居。那么，计算方法如下：

	面积（平方公里）	人口	人均就诊次数	就诊人次
城镇内	5	2 800	2	5 600
环Ⅰ	15	700	1½	1 035
环Ⅱ	39	1 365	1	1 365
总计		4 865		8 000

对于第三位医生（新医生）：

	面积（平方公里）	人口	人均就诊次数	就诊人次
居住地	5	175	2	350
环Ⅰ	15	525	1½	787½
环Ⅱ	22	770	1	770
总计		1 470		1 907½

第三位医生应诊 1 900 次，大约得到 5 700 马克的收入，靠此还不能维持生计。然而，如果还有规模相同的第三个地区，而且新医生居住在这三个地区的交界处，那么，他将接收大约 2 850 次求诊，年收入为 8 550 马克。这样，他将居住在那个交叉点上，于是一个辅助中心地便在那里发展起来。

因此，三个地区三个医生时，每年应诊 3×8 575＝25 725 次；四个医生时，原来三位医生应诊 3×8 000＝24 000 次，而第四位医生应诊 2 850 次。这样，在整个地区共有 26 850 次就诊，亦即多于只有三位医生时的就诊次数。这种情况的发生是由于原来因远离医生而只能就诊一次半或半次的人现在可以去找邻近他们的新医生就诊一次半或两次的缘故——中心地数目越多,中心商品的消费也就越大。

如果整个地区人口增长并不均衡,上例中仅仅中心地的人口增加 40%,则结果类似。该地区原有居民 4 000 人,中心地有2 000人。人口仅在中心地增加 40%,亦即增加 1 600 人,那么,中心地现有 3 600 人。计算结果如下:

	人口	人均就诊次数	就诊人次
核心	3 600	2	7 200
环Ⅰ	500	1½	750
环Ⅱ	1 250	1	1 250
环Ⅲ	250	½	125
总计	5 600		9 325

第一位医生接待 8 000 次求诊;还有 1 325 次求诊未能接待。而第二位医生仅靠这少数就诊难以谋生。如果他像前述那样位居二区边界,他会在新核心拥有 2 562½次就诊。

	面积(平方公里)	人口	人均就诊次数	就诊人次
新核心	5	125	2	250
环Ⅰ	15	375	1½	562½
环Ⅱ	40	1 000	1	1 000
环Ⅲ	60	1 500	½	750
总计		3 000		2 562½

但 7 687.50 马克的收入还不足以使他靠此为生。如果他暂时满足这种状况而期望人口进一步增加,那么他将在两区之间的交通线上设点应诊,亦即新的中心地将遵循交通原则得以形成发

展;如果人口增长缓慢,那么,这位新医生必然在三区交界处开业应诊,也就是说,新中心地的区位是由市场原则来确定的。

如果该中心地起初已拥有 3 000 居民而该地区散居 2 000 人口,我们就得到根本不同的结果。在那种情况下,中心地人口提出 6 000 人次就诊的需求,而散居人口有 2 125 人次就诊需求,总共为 8 125 人次求诊,那么必有 125 人次需求未予满足,求诊可能转到邻近的一位医生。如果整个人口增加 40%,而且新增的 2 000 人全部位于中心地,那么,单是中心地就有 10 000 人次求诊而且散居人口还有 2 125 人次求诊,共计 12 125 次就诊。其中 8 000 次由第一位医生应诊,4 125 次由新医生接待。这样,第二位医生也在该中心地开业行医,而没有形成新的中心地,但是原已起着巨大作用的老中心地的重要性得到进一步加强。这里,人口增长速度的快慢则无关紧要。

上述分析的结果有普遍意义:如果一个地区城乡人口均衡增长,或原有的小城镇获得全部新增人口,那么,在第一种案例情况下,肯定有一辅助中心地将在尽可能远离老中心地的某点上形成发展(对于第二种案例,存在着这种可能性)。虽然人口增长了,但是老中心地的中心地位并未加强,或很少加强。然而,如果起初有一大城镇,现在又接纳了全部新增人口,则无新的中心地形成,同时这个唯一的中心地的重要性也相应地更为增强。

现在,假如人口并非很快就增长了 40%,而是需要 50 年的过程才达到这个水平。然而从根本上看,这既不能改变规模已较大且在日趋增长的地方的未来发展,也不能改变边远分散地的发展趋势,也就是说,这并不限制其未来作用的选择。另一方面,存在这种可能性:在人口,特别是中心地人口迅速增加时,新中心地的区位将根据交通原则确定；而当人口缓慢增加时，新中心地的区位仅按照市场原则确定。

这种机制在人口结构变化时具有十分类似的作用过程，比如当人口从农业活动转向工业活动时，伴之而来的往往是工业化地区人口聚集，而农业人口变化却甚小。或当人口，特别是中心居住人口的收入状况改善时，而散居人口的收入甚至下降。所有这些都是常见现象。当需求规模——消费者按照需求紧迫性安排需求的等级——发生变化，使中心商品的需求比对分散商品的需求更为紧迫，这意味着以分散商品的消费为代价使中心商品消费增加。我们把这些称之为“城市化”(urbanizing)，亦即散居人口转向适应城镇需求，结果出现了与我们在人口增加时所看到的类似情况。然而，随着收入增加，人们要购买的中心商品相对多于要购买的分散商品；相反，随着收入的减少，人们购买的商品也相对较少。这个问题应予以注意。

那么，人口负增长与人口增长减速又有什么影响呢？我们假设城乡人口同时减少，而且中心商品的消费也同样减少。诚然，事实上不一定会出现这种情况，因为减少的人口中收入增加或者因为后面所论现象导致中心商品消费增加。这种反向趋势，可以平衡抵消减少的趋势。而且可以认为这是惯常的现象。但是，我们假设中心商品消费的减少与人口的减少同时存在。随着这种状况的发展，本区中心地(或若干中心地)的重要性必然同时减弱。最使我们感兴趣的是以下这些问题：首先是辅助中心地(就已形成的这种中心地而言)的重要性减弱，还是中心地的重要性减弱？在另一部分中心地维持其原有的中心重要性的情况下，中心地的总数会减少吗?还是所有中心地的重要性都将同时减弱?作为进而发展的一种可能,中心需求也许发生转移,转向位于区域人口没有发生这种负增长与减缓的近邻中心地。

我们借助医生事例来说明这个问题。这里有3个地区,一个辅助中心地位其交界之处。每个中心地8 000次就诊而辅助中心地2 850次。如果城乡人口都减少约20%,则每个中心地仅保留6 400次就诊而辅助中心地保留2 280次。但是,辅助中心地的医生不能依靠6 840马克(2 280×3马克)的收入为生。因此,他不得不停业,结果是辅助中心地消亡。辅助中心地的2 280次求诊现在则在3个中心地之间分配。然而,每个中心地接待的求诊不到2 280次会诊的1/3,因为原来辅助中心地所在的区域远离中心地而导致中心商品消费减少,也许每个中心地除已有的6 400次就诊以外,只能多得380次就诊,共计6 780次。换句话说,随着某一地区人口的普遍减少,弱小的辅助中心地就衰落消亡,但是其他中心地重要性的减弱程度并非与其减少的人口成正比,更确切地讲,是成弱正比关系;在某些情况下,因接收辅助中心地消亡后被释放的那部分对中心商品的需求,中心地的重要性甚至可能加强。如果边缘分散地区的人口明显减少,而中心地人口减少不多或不减少,那么前述过程的发展程度更甚。最后这种情况(中心地人口减少相对较小)被称为正常情况。这是因为中心地常常可以通过获得其他被释放的自由有效需求而维持其重要地位。

如果涉及的是具有可变价格的可增数量的中心商品——前述鞋店一例,由于人口减少导致需求减少,而销售者则希望通过降低价格的途径来防止消费减少,因此(鞋的)价格随之下降。现在这

种低廉价格，可能吸引邻区的购买者涌来购货，衰落区的中心地的重要性可能得到加强。但这只是暂时现象——类似清仓削价。更常见的是相反的倾向，邻区因人口增长，生产扩大且价格相应地降低，中心商品的需求就有转向邻区中心地的趋势。对人口减少的第一个反应就是价格降低；而对人口增加的第一个反应则是价格提高。但是，人口减少的持久反应是生产成本的增加；而人口增加的持久仅则是生产成本的降低——与这种不同的价格发展趋势相应，结果使已发展的中心地的补充区域扩大，并以牺牲衰落中心地的补充区域为代价。在这里，变化的快慢也起着重要的作用，对此我们以后将论及。

3. 中心商品

上述过程表现为中心商品需求的变化，没有必要进一步讨论这些过程的影响。另一方面，需求的变化也可以是价格变化所引起的，对此以后还要论述。

我们面临的新问题是中心商品供应变化对中心地发展的影响。假设有这种情况，由于上大学的人数的增加——一种社会经济现象，提供服务的医生人数已增加到大于对其服务（看成是中心商品）需求的程度。此外，大部分大学毕业生都是从事中心职业的。于是大学毕业生的增加往往扩大了像律师、高级公职人员、教师、行政人员、神甫及其他职业人员等的服务型中心商品的供应。中心商品供应的增加无疑带来需求提高的后果。这种中心商品需求的增加，也许因为那些原来商品供应不足、需求相对较小的地方或区域也开始供给这种中心商品，或者由于人们普遍偏好中心商品的缘故。这不仅表现在中心就业具有强大引力，也表现在中心商品需求巨大的这一事实上。总之，中心商品需求的增长，是由于供应的增加使中心商品变得低廉的缘故，而造成低价的原因有多种，如因卖者压价；或因竞争加剧，或因普遍削价以赢得那些无力高价购买的买主的惠顾等。需求增长的另一种可能是，大众受广告激励而倾向购买中心商品。

无论如何，中心商品的大量供应带来的都是消费增加的结果。这里，可分不同可能情况予以讨论：

第一种情况：尽管中心商品销售量较大，但因单位商品卖钱较少，收款总额保持不变；在生产成本保持不变的情况下，中心商品销售者的纯利润下降。

第二种情况：收款总额不变，而生产成本下降，则纯利润如前保持不变。

第三种情况：收款增加（以牺牲分散商品的消费为代价），利润通常增加。

第一种情况，中心地的地位随着供应扩大而相应地降低；第二种情况，中心地的地位保持不变；第三种情况，中心地的地位可能加强。如果供应扩大时从事供应的人数多于原来供应较小时从事供应的人数（如大学教育扩大而导致供应增加那种情况），收入总额可能增加，但提供中心商品的每一个人将少获利。这样中心地的中、高等收入者数量减少而低等收入者则数量增加，结果中心地的地位下降。这种地位下降现象其所以发生，是因为中等收入对中心商品的消费影响较大。

然而，供应扩大在什么时候导致中心地地位削弱，又在什么时候加强其地位呢？对此还不能泛泛地讨论，这更多地取决于供应商品的种类。如果某种商品（如一部电影）的需求弹性很大，则供应的扩大就意味着消费的大量增加。也许一直增加到这种程度，使得人们放弃对类似的分散商品（如书籍）的需求，结果导致中心地重要性加强。如果某种商品需求不具有弹性（如医疗），供应扩大不会引起消费同比例增长，因而中心地重要性将会削弱，至少在中心地地位依赖于这种中心商品供应的情况下是这样的。

中心商品供应的扩大及需求的增加都能够有利于中心地的发展。然而，供求制约力不同，关系到中心地的发展类型。在大多数情况下，如果需求增加导致现存中心地的地位加强，则供应扩大主要导致新中心地的形成或过去“消失”的中心地的复兴，从而使中心地的数量增加。这是因为中心商品的扩大供应最易在还不是中心地的情况下进行。与需求扩大的影响正好相反，这时出现这样一些情况，即供应增加，中心地的地位则随之下降。

中心商品需求减少的影响与人口、收入等减少的影响情形相似，这对我们来说并不是新问题。

中心商品供应减少的影响则又是多方面的。对于非弹性的急需商品，在需求稳定的情况下，需求将超过供应。对于固定数量的商品，则出现前述结果：价格固定的情况下，消费向邻近中心地转移；价格可变的情况下，价格上涨，直至需求回降到通过减少供给也能得到完全满足的程度。[①] 这时，中心商品的利润增加，有时利

---

① 此句的英译本与德文原版有所不同，其英译本译文如下：不管原销售地价格稳定、价格较高或是价格不变，需求都要下降，直到通过增加供给后而使其完全得到补偿为止。——中译者

润大幅度增加，致使总利润甚至高于以前的水平，故有利于中心地的发展。一种中心商品的供应减少，正像战时[①]常常看到的那样，也可能发生中心生产向分散生产转变的现象。这样，中心地的重要性将被削弱。

对于非急需的弹性需求商品，影响过程则不同。对于具有固定价格的固定数量的商品，其供给的减少[②]无疑要导致消费的减少。然而，对于具有可变价格固定数量的商品，供给减少[③]将引起价格按弱比例相应地提高，直到供应重新足以补偿需求为止。这样发展的结果，致使许多非急需稀缺商品的可能购买者，转向购买其他类似的中心商品或分散商品，因而中心地的地位可能下降。

我们已经讨论了价格的重要意义，这里，有几点需要重复。在有关静态关系一章中我们说过：物价低廉的中心地要比物价昂贵的中心地拥有更大的中心商品销售范围，亦即拥有更广阔的补充区域，前者较之后者发展也更为有利。动态学的问题是：中心商品价格的升降对中心地的一般发展会有什么影响？首先，我们必须考察物价变化这个因素。但我们感兴趣的并非是物价变动的原因（可能多种多样），而是物价变动的持续时间，这对我们极为重要。

首先存在着短期物价变动，即季节性变动。它们对中心地的发展几乎没有重大影响。至多表现在中心地针对物价变动及相应

① 指第一次世界大战。

② 英译本在这里应作“扩大”。——中译者

③ 同上。

的中心商品消费来进行一般性自我调整，它的中心机构必须相对地灵活易变，能在需求扩大时满足需求，并能承受营业淡季的压力。然而这种观点适用于所有中心地，因此，在这里没有多大意义。

那些与邻近中心地相比更易受季节性价格变动的中心地，属于一种特殊情况。这种情况包括所有附近拥有季节性生产活动（收获季节）[①]的中心地，例如农业（如甜菜）区、区域性集散经济[②]区（如渔业、住宿等）或主要旅游区（阿尔卑斯山、黑林山、海滨）内的中心地。由于季节性人口增加或者收入增加，中心商品需求也随之扩大，从而致使价格提高。价格提高的结果，特别是引起价格提高的那些因素作用的结果，使这类中心地比没有这种季节变化的中心地会得到更大的发展。此外，以前有关辅助中心地发展的论述，在某种情况下甚至在这里更为适用。由于这类地区的中心地普遍比较小，消费的增长多产生在区域的分散地，所以附加的辅助中心地往往转瞬即逝，也就是说，仅在这种季节存在。那些位于对季节有依赖关系的地区的边缘或以外的中心地，其发展也与这种有利条件有某种关系，这是因为该季期间，消费向价格低廉之地转移，可使这些中心地销售额外的中心商品。这种季节性经济高涨的趋势，在空间上看影响两类区域：受直接影响的内部区域与受间接影响的外部区域。同样，也存在受制于季节的经济循环低潮，

① 英文版括号内文字为："一种运动"（a"campaign"）。——中译者。指一种临时性商品销售。——英译者

② 亦即在广大地区采购货物并将其带到一点或数点进行销售的经济。——英译者

并产生相应的结果,如地方性价格下跌,消费从那些在经济循环中未曾经历波动的邻区向外转移等,从而由此又建立某种平衡。

第二种与历时有关的价格变动是本意上所指的周期性变动①,对此,我们有一节专论经济周期所带来的有关问题。②

第三种价格变动——长期价格变化——在历史上对中心地的发展一直拥有重要的影响。近代工业发展时期,主要是在19世纪,农产品与原料价格的普遍提高,以及劳动价格的增加,就属于这种类型;但同时工业品价格却大为降低。而自19世纪末以来,价格已普遍下跌,至少对于农产品和原料来说情况如此。在工业发展初始时期,伴随着农产品价格的提高,中心地得到显著发展,以及更具地方性意义的中心地在农业区域重新复兴。但工业品价格的降低、工业工人数量的增加及其工资的提高,影响则更为强大。这是高等级中心地重要性急骤加强的主要原因。对于目前这一时期,因其历时较短,很难作出判断。要在此时说明价格变化与那种长期原因及周期性原因究竟有多大关系还很不现实。此外,价格变化历时短,对中心地的发展影响可能还比较小。总之,19世纪末20世纪初③农产品价格的下跌导致低等级中心地地位的衰落,这是因为当时非农业人口花费更少的收入购买农产品,亦即分散商品,而用更多的收入购买中心商品的缘故。

① 经济循环本身一般需要数年才能完成。——英译者

② 参阅第三章第9节。——英译者

③ 西格弗里德·斯特拉克什(Siegfried Strakosch)认为转折点是19世纪80年代。他说:"农民刚刚学会享用市场经济的奢果",刚刚发现了总想狠买狠花的购买者集团。这时发生了这种转变,只因战争才暂时中断。(《近代欧洲的农业问题》〈*Das Agrarproblem im neuen Europa*〉,柏林,1930年,第30页。)

就中心地提供或生产的中心商品而言，其种类的增减有什么影响呢？我们假设一个中心地迄今只有两种中心商品 A 和 B，该区居民每年花费 20 000 马克购买 A，花费 20 000 马克购买 B，共计花费 40 000 马克。在这 40 000 马克中，5 000 马克为交通费用（工作时间损失、交通成本、其他负担费用等），其余的 35 000 马克用于购买中心商品本身，使该中心地得利。对于 A 和 B 两种商品，每一种则用去 17 500 马克。如果因某种原因该中心地不能再供应商品 B（如因邮局撤销或某一牛奶场停业等），则该地居民还有 20 000－5 000（交通费）＝15 000 马克用于中心商品 A 本身，而对于中心商品 B 仅有 20 000－10 000（交通费）＝10 000 马克，这是因为现在必须到更远的中心地才能买到 B，交通费用达 10 000 马克。结果，该中心地不仅损失了用于购买商品 B 的 17 500 马克，也损失了用于购买商品 A 的 2 500 马克。而较远的那个中心地获得的不是用于购买商品 B 的 17 500 马克，而只是 10 000 马克。如果较远的中心地也供应商品 A，那些希望购买商品 B 的人，现在到这个遥远中心地旅行一次顺路就可购买两种商品。这样，收入转向近邻中心地所带来的损失甚至更大。

同样的道理，供应某种中心商品新类型的中心地，其整个中心商品的销售将比平常有更大的增加，这种增加高于单纯从新型中心商品中获利。这首先是由于节省了散居人口的旅行成本的缘故，其次是因为邻区对旧型中心商品的需求转移过来了。

根据这里所述过程，我们可以得出结论：首先，从过去数世纪，特别是过去百年以来的实际观察来看，随着中心商品种类的普遍增加，城镇地位加强而周围农村依旧停滞或衰落。其次，中心商品供应的减少，对于相关的中心地来说要比假设的一般情况更为不利。由此也可以理解，为什么小城镇尤为强烈地阻止行政机构的迁出或撤销。

4. 生产成本与技术进步

现在我们应该考虑生产成本与技术进步的影响及其过程。它们对工业区位的影响已是众所周知，但我们最为关心的是这些因素相互联系对中心地大小及其分布的特殊影响。

我们知道，中心商品的价格在很大程度上是一个中心地大小与面积的决定因素。价格的构成是多种多样的，区别在于是稀缺商品（固定数量商品），还是可增数量的商品（成本商品）。[①] 在后一种情况下，成本决定价格；而在前一种情况下，成本的作用仅只表现在规定了最低价格。因此，详细考察生产成本对中心商品价格及中心地重要性的影响就至关重要。

习惯上将生产成本划分为资本成本（利息）、劳动成本（工资）、税收成本（利润）[②]及土地成本（地租）等。在此我们保留这种分类。

首先，资本开支。资本不仅包括借贷资本及其他现金，也包括楼房、机器、储藏场及存货等，其成本开支包括利息与保险金支付

① 在英文版中此段译文应为："价格的构成是多种构形，它依赖于商品供应是'弹性'还是'非弹性'。"这里的弹性商品指非必需商品，非弹性商品是指必需商品。——中译者

② 德文版在此没有"税收成本（利润）"，此文字据英文版译出。——中译者

及债务押金，它们除在各地各区之间略有差异外，在一个国民经济范围内的标准是统一的。只有包含在利息中的风险保证金变化强烈。对于局部地方的投资，如在边境区域，尤其是在有争议的、危险的边境区域（如东普鲁士），与内地相比，这一不稳定因素使成本更高。资本利率越高，意味着生产成本越高，因而可变成本商品①的价格越高，或固定供应商品②的利润越少。因此，在这种区域内的中心地不得不高价出售其商品，结果通常导致消费转向价格较低的近邻中心地（一般是比较靠近内地的地方③）。所以，在不稳定的边境附近，中心地只有较小的补充区域，发展受到限制。与此相反，稳定边境附近的中心地，因受边境交通的刺激作用，一般将有较大的发展。同样是这些因素（稳定的或不稳定的边境）甚至在更大的程度上影响着保险与折旧的程度。对此，人们注意得不够。利率的变化，一般均等地影响整个经济，所以对中心地的相对发展几乎没有影响。诚然，包含在利率变化之中的风险保险金以及保险费开支和折旧费等的变化具有差异性、地区性与地方性，因而影响着中心地的相对发展。

资本成本对中心地的发展具有重大意义，这是因为它们主要决定着中心商品，特别是资本成本在总成本中所占比例较大的中心商品的需求范围下限。资本成本相对较高的中心商品必须是销售范围广阔、消费区域较大且等级较高的中心商品。因此，高度资

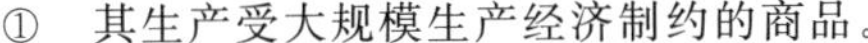

① 其生产受大规模生产经济制约的商品。

② 像土地一样，该因素的数量是固定的，因此，其租金（利润）是由最终产品的价值决定的。——英译者

③ 英文版本为："有一较高的中心性。"——中译者

本投资迫使生产(亦即供给)更加高度集中。这样,动态作用过程自然显著得多。资本成本比重高且等级较高的中心商品与资本较少且等级较低的中心商品相比,其资本成本变化较大。结果,等级较高的中心地地位常有较大变化,而等级较低的中心地的重要性较为稳定。

A. 韦伯[①]已精辟地论述了生产成本中劳动因子对工业区位的影响。这对我们之所以重要,有两个原因:第一,因为劳动市场在发展变化着;第二,因为工资水平取决于劳动补充状况。由于条件的不断发展变化,劳动者就成为最重要的消费者群体之一(在人口一章已经论述)。[②] 这里我们不考虑工业区位问题,而只讨论中心地的发展问题。

对劳动市场一语应怎样理解呢?我们以这个术语标志那种劳动需求或供应数量大,足以引起劳动供求之间发生交换的地方。从需求上讲,是有许多工作机会的地方,尤其是工业地。从供应角度看,是人口较多的区位。由此可见,供给与需求却与中心地无关,虽然工业区位与人口密集地可能都是中心地,只有交换是中心功能,所以人们称其为市场,一种劳动市场。

这一市场位于需求地、供应地,还是第三地,则取决于多种因素。当失业普遍存在,或地区性存在时,亦即,如果供给超过需求,则市场将在需求地——工业地——形成和演化。另一方面,如果

① 阿尔弗雷德·韦伯:"劳动指向",《工业区位论》(*Theory of the Location of Industries*),C. J. 弗雷德里克(C. J. Friedrich)译,芝加哥大学出版社,1957 年,第四章。

② 参阅第一部分第三章第 2 节。

劳动力短缺,劳动市场则可在供应地形成和发展。由于存在劳动组织机构,除在上述地方外,还可能发生在其他中心地。因此,如果失业存在,工业区位的中心功能便得到加强;如果劳动力短缺,则人口密集地的中心功能就得到加强;如果劳动力处于有组织状况,其组织机构所在地(一般为中心地)的中心功能也会得到加强。

劳动力短缺的地方要比劳动力剩余的地方工资水平高,特别是当这种状况长期慢性存在,而不是季节性或周期性出现时更是如此。如果某地需求较小或生活标准较低,工资水平可能较那些相反的地方低。我们这里对其原因不感兴趣,只要知道有些地方工资普遍较高,而有些地方工资普遍较低这种现象存在就足够了。通常,一般说来,小地方工资低而大地方工资高。但是,劳动市场狭小、人口过多的地方工资也较低。在工资较低的地方,工业生产成本较低,按照韦伯的理论[①],在考虑劳动指向工业时,要选择这种区位作为工业厂地。对专门的中心行业而言,低工资意味着低生产成本与低中心商品价格,因此,这种地方便能够以牺牲高工资地区为代价扩大补充区域。这在各旅游区域尤为明显。

位于旅游区域以外的中心地因其工资低于旅游区而显示出更有利的发展;因此,其产品拥有较为广阔的销售范围,并拥有较大的补充区域。在疗养浴场尤为明显,繁荣兴盛的中心地紧靠着这样的疗养地。事实上,在较小的或优势较小的中心地内的低工资现象,抵消了那些单方面促使较大中心地得到优先发展的因素的作用。

---

① 阿尔弗雷德·韦伯:"劳动指向",《工业区位论》(*Theory of the Location of Industries*),C. J. 弗雷德里克(C. J. Friedrich)译,芝加哥大学出版社,1957 年,第四章。

工资和资本成本的变化有同样的结果；但是，地方消费也随工资变化而变化。这在有关人口的章节已有讨论。①

从空间和地理的角度来看，最明显的生产成本就是与土地有关的因素。土地这一因素，在私有企业中就是资本：如机器、资金和信贷。但是，由于这一因素既不能增殖，又不能转运，故而有一种特殊地位。一般性地租产生于土地的非再生性，而特殊的地位租金则产生于非可运性。两种地租都表现在土地的价格上：土地愈有利，地租愈高，价格也愈高。地价较高的地方，用来进行生产及建设住宅的土地也较为昂贵，故生产成本较高。因此，必然导致较高的房租需求，工资也必然较高。

总之，高等级中心地的地价高于低等级中心地的地价。这是由于生产高等级中心商品时对房地产的额外需求高度集中导致土地价格较高的缘故。高等级中心商品的生产和供给，从一开始就必须考虑较高的地租及由此而产生的较高的生产成本。这种现象以相反的方式影响着生产的较高的资本比例（如前所述）以及生产区位。与较高的工资成本一样，较高的地租费用阻滞着高等级中心商品的生产在大城市的过分集中。同时，它因相应地引起更大规模的土地开发而导致更多的资本投资，从而尽可能地扩大中心设备的规模，以便扩大供给化减地租，将昂贵的不动产费用分摊到大批量生产的商品之上。哪种趋势将成为决定性因素则不能一概而论；然而，人们一般可以认为：地租对强有力的中心化过程起着一种刹车闸的作用，因此它是分散因素。

① 参阅第一部分第三章第2节。

一种特例也许有趣：有一小中心地 A，面积 8 平方英里，因为特殊的地形条件限制了它的扩大，这里的地租可能会比较高。而大约 10 公里开外的近邻中心地 B 处地租低廉。如果有一种中心商品，其销售范围约为 15 公里，只需在一个中心地即同时可供应两个区域。这样，是在地租较高的区位 A，还是在地租较低的区位 B 生产和供应这种商品？就存在着选择。如果没有其他不利因素作用，区位 B 将因其生产成本较低而被选中。因此，地租较低的区位将比地租较高的区位发展更为有利，而且可以超越后者。但是，由此而提高了较小中心地的中心性，以及随同时带来地租的提高，最终，两个中心地会有相同的地租。尽管如此，区位 B 将优于 A 而作为高一级的中心地而且有发展的前景。因此，如果高地租成本不是作为高度集中的结果，而是由于特殊的自然或其他环境所致，那么一个中心地在其作为中心地的发展过程中可能会落伍。甚至可以这样说：一个新的中心地可以在土地成本较高的中心地附近，尤其是在有交通线促其发展的地方形成发展起来（如邻近铁路枢纽站，巴登——巴登附近的欧斯城就是一例）。

对于中心地的发展来说，不仅是常常提到三个主要成本因子——利息、工资和地租，其他成本因素如赋税（国家的或地方的）和协调合作的优势等也至关重要，其影响也是很明显的。比如表现为一个靠近边境的地方，如果比其近邻的原有中心地税收低，就可能将中心功能接过来。法兰克福和欧芬巴赫、曼海姆和路德维希港及巴塞尔和勒腊赫等地的关系就是例证。在这种情况下，通常附属于一个中心地的中心功能则由两个以上的中心地分担。作为一种孤立情况，这种功能分离可能带来好处，但就宏观而言，这往往是不经济的。在大城市,杂货商、牛奶合作社及其他经营者通过联合起来批发购买,合作的优越性就特别明显地表现出来。[①]

对于动态经济联系的研究,总是涉及某些拥有多重意义而无法准确定义的因素。如果不考虑这种因素,所有推论都不成立。这种因素一直用"技术进步"这个普通而含糊的术语表示着。详细而言,它包括技术上与组织形式上每一微小的更新与改善;总体来看,它是贯穿于人类历史,促使人类生活更为安乐,自然得到更好开发与控制的那些手段不断完善的进步过程。由于技术进步带来人类技能的不断扩大,用图表示,它将可是一条连续上升的曲线。这条曲线极少有下降的趋势,通常也只在极短的时段内下降,也就是说技术能力这时被遗忘丢失了,正如中世纪欧洲所发生的那样,当时高度发达的罗马技术在人口大迁徙之后几乎完全丧失殆尽。曲线的上升有时十分平缓,有时陡峭。技术进步对经济活动过程的影响,是最重要的动态研究课题之一,这也十分深刻地说明了,那种对于技术变化与经济发展关系的简单统计研究(静态研究)是不怎么令人满意的。

技术进步主要表现为不断加强的劳动分工与劳动专门化,表现在利用更有效的、机器的机械"劳动"代替数量不足的人畜劳动,以及与之相关联的劳动与资本比例关系偏移的趋势(就生产过程中资本比重增加而劳动比重下降而言),从而导致生产巨大增长,

① 弗兰茨·奥彭海姆(Franz Oppenheimer)认为这更为重要,并直截了当地说:当一地缺乏协作效益且较高的可能利润成本成为生产的过度补偿时,协作就会发展起来(作为一个"次级城镇")。见《地租理论与政治经济学》(*Theorie der reinen und politischen Ökonomie*),柏林,1910 年,第 513 页。

商品价格同时迅速上升;还表现在实用知识与实用技能的增加,以及在合理控制经济起源及其完善发展方面的加强。简而言之,表现为经济与生活圈的技术化和合理化。伴随这一进程不一定必然出现精神与文化生活贫乏的现象。

伴随着技术进步,并且出于同样的思想态度和精神上的追求与评价,造成生活要求增加、商品占有欲增强、需求扩大并更加分异、生活与文化标准不断上升。

从生产的供应方面来看,这一发展标志着一种从更为分散的、个体型的手工生产向更为集中的、机械化型的中心商品生产的转变。也就是说,就供应本身而言,宁愿选择中心供应(对商业更为方便)而不是分散供应(对消费者更为方便)。从需求方面来看,这一发展标志着需求与爱好的变化:优先选择中心商品而不是分散商品。因此,供应与需求二者都选取中心区位,从而出现普遍的城市化现象,并从统计上表现出城市人口大量增加而农村人口增加较少(甚至减少)。然而,有些明显趋势(由汽车、无线电、电话及其他原因所致)表明:以后 10 年或 21 世纪的技术进步,也许会带来完全不同的影响。

就所讨论的中心地而言,技术进步究竟有何重要意义?它对所有中心地都同样有利吗?还是对于较大的城镇、等级较高的中心地更有利些?或许,它能促使新中心地紧邻老中心地发展起来,从而满足持续增长的中心商品需求?就技术进步导致供应增加而言,前述结论在此成立:技术进步一般是均等地有利于所有中心地,但首先促使新中心地形成发展,以安置日益扩大的供应。尽管中心商品需求的增长有利于现存不发达区域内的现存较大的中心

地,但是也同样可使新中心地发展起来。

我们也要说明下述观点:技术进步通过加强各种商品的专门化生产与大批量生产而降低运输成本和生产成本等方式,有助于中心商品范围的扩大,其结果是较高级中心地供应的较高级中心商品的类别持续增加,以及增进低等级的中心商品向高等级中心地过渡的趋势。对于前者来说,其例证是出现新商品,高等级中心地供应的高等级中心商品有特别明显的增加。低等级中心商品向高等级中心地过渡,可以用大百货商店作为例证,它的货物是从各地广泛购来的,并作为高等级商品出售。而同样的货物作为低等级中心商品,在普通商店出售的现象则被前者逐步地取而代之。这也可用日趋加强的医学专业化来说明。原来是由普通医生作为低级服务而提供的服务,变成了由专家提供的高级服务。这些事实显然表明高等级中心地比低等级中心地优先发展。大城市人口的大量增长和小城镇人口的相对停滞与减少,正反映了这一众所周知的现象。

5. 区域

一个中心地的理想补充区域基本是由该地中心商品的供求范围决定的。然而,在具体情况下,这个理想补充区域首先因中心地彼此相邻的区位,而被大量切割。即使在最有利的条件下——各中心地之间的相互距离不大于其向整个区域供应中心商品的必要距离,仍然有一部分从圆形的理想补充区域中被分割出去,这样,一个中心地体系内的所有补充区域都被切割成六边形;在个别情况下，这一切割掉的部分面积常常较大。另一方面，这种理想结构的补充区域要受到地形与交通可达性的基本修正；然而这种修正已在商品范围的含义中得到体现，因为该范围不是数学距离，而是经济距离。

显然，各种中心商品的范围变化时，补充区域的大小也随之变化。但是这属于有关商品范围变化章节[①]所讨论的内容，补充区域的变化只是商品范围变化的结果。事实上，只有当中心地数目增多或中心地的等级类型发生变化时，补充区域的大小才发生变化。我们要研究补充区域大小的各种变化及其变化的结果，例如，我们要考虑边界的调整、区域割让给邻国等情况。

众所周知，城镇销售因边界变化而减少，必然导致城镇经济极萧条。在这种中心地内，充当生产和储备中心商品功能的整个机构（与生产和供应中心商品有关的公司、劳动力及雇员、房地产与住宅——固定资本、机器、建筑设施及仓库）仍然存在，但是需求却大为减少。中心地的资本价值与收入降低，中心商品价格下跌，中心地处于困境。在某些情况下，边境城镇的中心地位可能完全消失。

那么在边界的另一边，现在必须向区域新增加的部分提供中心商品的原有中心地情况怎样呢？分割区域部分上的居民现在旅途花费必然更大，因此能够购买的中心商品也就更少，边界一侧中心地的削弱并未因边界另一侧中心地的加强而得到平衡补偿。总之，中心商品的消费在减少。在分割的区域上，很可能形成一个辅助中心地，其结果导致中心商品消费的重新扩大。但是，因为该区

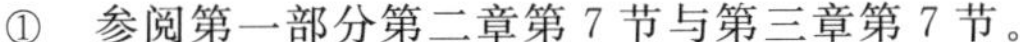

① 参阅第一部分第二章第7节与第三章第7节。

域几乎不能维持这个辅助中心地的生存,所以它将面临困境。

当我们现在考察一个地区交通可达性的变化对中心地发展的影响时,可以先不去考察新建交通设施或技术上更为完善的交通设施产生良性影响的种种情况。因为这些情况与运费率等可相互作用,我们将联系交通的重要意义时来讨论。我们这里假设的是相同的运输条件,亦即步行。该地从前通行困难,而今通过排干沼泽与修筑桥梁道路,已变得可以通行。依照前例,在该地几乎不可通行的时候,其中心商品的消费为每年 3 875 次就诊;该地变得更易通行后,消费增加到 5 250 次就诊。这种增加是对老的中心地有利,还是对新的辅助中心地有利?

在交通困难的地区(没有道路的地区),有形成辅助中心地的趋势。每个辅助中心地十分孤立,因此,在我们举例中,每个散居居民平均每年只能就诊 0.625 次(1 825 次就诊除以 3 000 人);相反,中心地居民则可就诊 2 次。二者差异如此之大,从而使在分散地供应中心商品成为可能。由于中心商品的消费激增 3 倍以上,它可能足以促使生产或供应这种商品的辅助中心地得以生存。然而,如果该地变得易于通行,散居者每年就可就诊 1.1 次(3 250 次就诊除以 3 000 人)。因为辅助中心地的消费只从 1.1 次就诊增加到 2 次就诊,它的形成就不再会同样地成功。这通常意味着在可通行的地区,辅助中心地的发展趋势要比在不可通行的地区小得多——假设两地居民的富裕程度相同。当该区变得可通行后,其中心地无疑会优先发展,因为它有一种"优势"(priori)——本身就有 2 000 次就诊的消费。如果因销售额较高,它还可以低价供应中心商品(就具有可变市场价格的商品而言),那么其他中心地就不可能繁荣起来。这将导致原来形成的辅助中心地的消亡，因为能够廉价供货而且交通设施较好的中心地使物价昂贵的辅助中心地相形见绌。

一个地区的自然环境可以经历多种变化。粗放农业可以引起土壤肥力的衰退，而不良的经济开发可使矿产枯竭。这些都导致贫困或人口外流，其结果与在前面有关人口对中心地发展的影响一节[①]中所提到的结果相同。对于一个地区自然环境的评价的变化具有同样的影响。事实上，不是自然环境本身，而是对该区土壤与矿产的评价，决定着能否吸引到人口，以及如何利用这些自然资源并获得经济效益。如果人们不知道如何能利用煤炭，它就一文不值，因而也不会吸引任何人。对自然环境的评价可能因技术进步、发现新的利用方法而提高。比如一块先前分文不值的土地，如有铁矿可开采来炼铁，它就会突然变得身价倍增。此外，人们的兴趣也可能发生变化，例如转向山地风光，于是就去那里旅游，观赏美景佳境。另一方面，当我们选用煤炭代替木薪作为燃料、选用钢铁与水泥代替木材作为建筑材料时，评价也会贬值。这些事实给一些地区带来发展与富裕，而使另一些地区衰退与贫穷，结果是众所周知的。但并不是在所有的情况下都必然产生这种结果，因为贫穷可以因工资水平低而促进劳动市场的顺利发展，从而吸引其他工业。对于一个地区的自然环境评价过高，可能导致地租投机性的大幅度增加，这样，要使整个人口富裕起来就成为一件不可能的事。或者，移民移入可能使人口显著增加而不能致富，甚至会造

① 参阅第三章第 2 节。

成工资压力。在评价过低的情况下,人口移出可能十分显著,尽管土壤贫瘠或土地贬值,少数留下来的居民仍将富裕地生活下去。

6. 交通

现在我们考虑动态条件下交通运输对于中心地发展的重要意义。首先,运输成本的降低,一般意味着可用来购买某种商品的那部分收入用于购买商品本身的成分增加,用于运输的成分相应地减少。交通运输手段安全性与舒适度不断提高的结果,减少了那些阻止人们经常获取这些商品的障碍(如旅途的距离以及由此引起的不适)。商品生产成本越低,人们获得的中心商品越多,这种双重趋势因技术进步而进一步加强。但是,就中心商品而言,这不仅引起已经生产的中心商品消费扩大、供应的商品种类数目增加,而且使原来分散生产的商品生产与供应更加集中、更为有利;不仅增加同类中心商品的数量,而且增加中心商品的种类,即更加趋向城市,意味着中心地的发展壮大。同时,这也引起人口分布的变化,中心地人口密度增大而分散地人口增长停滞或下降(生产从分散向集中的过渡,使农业劳动力获得自由),在中心地发展过程中引起额外的增长。

关于交通运输发展的影响我们就讲这些。现在我们转向较为特殊的问题,假设在一个 80 平方公里的区域内有一中心地,其位置是因原来的道路交通以及区域安全要求而选定的,如位于地势较高的隆起高地或山区,或位于大河谷地附近的高地,公路因避开弯曲(Spörn)河谷而通过这里。我们进一步假设修筑的一条铁路穿越平原或河谷，这样为前述中心地而建的车站也许离它有45分钟的距离。这对中心地有何影响呢？

车站本身就是一个中心机构。紧邻着车站也许开设一个饭店，也许再设置一个邮局，而最大的可能是有一个农业合作社的仓库。这样，我们已有三四种中心商品是由车站地供应而不是在那个中心地供应，应将车站地也看成是一个辅助中心地。也许，有一名兽医因城市人口中缺乏他的顾客，不必住在中心地而迁居这里。还可能迁来一个建筑材料商店、一个煤场和一个运输公司，也许还要为铁路职员增建住宅与商店。这样，车站地就可能发展成为一个中心地。但是，原有中心地会发生什么变化呢？它将继续保留它的中心机构——商店、医院、税务所、警察局等，因为在很大程度上它们的顾客就住在中心地内，而且这些机构对铁路特别是货物运输的依赖并不太大。然而，只有当这些新设机构的顾客主要由城市人口构成时，这些中心机构才有增加；否则，车站地通常优先发展。

然而，另一因素最可能起决定性作用：由于铁路的建设，车站附近的所有分散地一般都能够更为容易地去距离铁路不太远的高等级中心地购货。这个中心地也许有数公里之遥，但因有便宜而舒适的铁路交通，它在经济角度上讲就变得更近了，特别是考虑到下述事实，更是如此，即高等级中心地的中心商品价格可能较低，供应的中心商品的种类数目也肯定较多，从而只需一趟旅费就可以同时购买数种商品。因此，一条铁路交通线，正是通过一个辅助中心地在车站形成发展以及中心商品消费转向附近的高等级中心地这两种方式，削弱了一个与它没有直接相连的低等级中心地。

这意味着车站地将发展成为一个辅助中心地或成为一个与原有中心地共同拥有一个补充区域的中心地,而附近大城镇的地位最终将大为加强。正如讨论另一交通联系时所得到的结论,我们在此又一次发现:从经济学上严格来讲,大城镇的优先发展是以小城镇为代价的。

另一有趣的情况涉及汽车交通的兴起。其重要意义在于汽车交通不受稀疏分布的永久性铁路网的限制,也不受因货物转运之故的一空间隔的火车站的限制,因而更为灵活、更为通用,也常常较为便宜。也就是说,汽车运输导致分散。与铁路影响的最大差别就在于此。铁路必须趋向中心,从而也使它们的重要性得到加强。

有待于研究的问题是:公路交通如何导致分散的趋势?它会产生什么结果?大体应该分成两组进程:汽车用来服务于顾客与汽车用作抵达中心机构所在地的交通工具。每组进程影响各异。汽车作为一种送货车,有益于较有利的市场,亦即通常有益于较大的中心地,而不利于较小的市场;因为迅速而简便的汽车送货扩大了较大中心地商品供应的经济半径。在消费较低的小中心地利于送货车几乎无利可图。发货场不必位于较大的消费地,它可以设在生产条件之利大于运输成本增加之弊的分散生产地(直接从工厂而不是从城市的发货商店送货)。因此,原来中心地供应的某些商品在很大程度上通过送货汽车而分散供应。但对于中心地来说这意味着缩减,特别是低等级或最低等级的中心地,已经变得没有存在的必要(例如,一个大面包厂不必设在中心区位就可将面包运送到各地),故普遍衰落。

另一组进程是汽车服务：它将工人或公众舒适地带到大城市的中心工作地、行政管理地与娱乐地，在中心地居住相对于在分散地居住的优势消失。这在某种程度上可能逐渐导致城镇的解体，至少会导致疏散。满足日常生活需求的大多数低级中心商品都可在居住地获得，且为非工作地获得，亦即就它们没有通过送货车运输。另一方面，更多的人需要高等级中心商品，其供应地的重要性而会加强。从高等级商品方面考虑，这一趋势主要起着促使高等级中心地优先发展的作用，但从低等级商品方面考虑，这一趋势却有不利影响。

7. 中心商品的范围

在静态理论中我们已经发现，就一个中心地而言，某一中心商品的范围是可变的。对其有决定性影响的每一因素的变化，都会引起商品范围的变化。主要有四大因素：中心地的规模大小与地位，购货者的价格意愿，主观经济距离，商品的种类、数量与价格。理想的商品范围（围绕一个假设为孤立的中心地）至少是不断变化的，而实际范围（数个中心地竞争形成的）并非经历着持续的或迅速的变化。

至此，我们应该对于中心地重要性的变化有了足够的认识，这可能是一种被夸张了的概念。常常有很大的障碍阻止着中心地重要性发生迅速变化或决定性变化，有时障碍非常之大，致使这种变化未能发生，尤其当决定变化的那些过程只是暂时性的时候更加如此。这时只能发生暂时的、地方性的萧条或有利的趋势。一种暂时的萧条不会引起中心行业的外迁,它们将留守原地,自我节制,熬过萧条的这一段时间。同样,有利的上升趋势也不会立刻发生新行业大量迁入的现象。其他过程进行得更为缓慢,甚至难以觉察,只有用历史的观点才能表明其影响。限制上述任一基本因素作用的障碍因素,有时带有消极性质,有时带有积极性质;例如,有些限制性因素在一些情况下妨碍着高度合理化的实现,而在另一些情况下却抑制着因一次暂时波动造成突然的或灾难性的结果。第一类消极的限制性因素包括:对合理的组织机构与生产形式的无知,生产与需求趣味方面的传统力量,以及像广告、托拉斯组织、垄断协议等。这些都是资本主义经济制度借以通过价格机制合理指导经济的手段;或在价格机制失灵的时候,促进其他替代机制的形成。另一种限制性因素为:维持某些贸易及其他经济联系的习惯力量,个人的适应性、企业家的发明创造与组织精神、适应经济变化的人口调整,并在某种程度上也包括前述其他现象(如合理的交通系统、行政管理与正常的经济变化)。

一个中心地重要性的变化直接引起中心商品范围的变化,如前所见,只是发生在往返一次亦即花费往返一次费用,就可买取数种中心商品的情况下。在其他情况下,中心地重要性的变化总是表现为购货者价格意愿的变化、距离估价(主观经济距离)的变化或中心商品价格的变化。中心地所供商品种类数目的增加或减少也会引起该中心地重要性的加强或减弱。与之相应的是在该中心地供应的各种商品的销售范围的变化,即随着扩大或缩小,这就是为什么中心地的重要性不单纯与消费商品种类的增减而成比例增强或减弱的原因。

影响中心商品范围的第二个因素是购买的价格意愿。价格意愿，亦即顾客倾向购买某些中心商品的偏好态度，在不断变化着。价格意愿总是首先取决于购买中心商品本身的开支总数；其次取决于那部分必须花费在旅途上的收入的多少。由于有关中心商品本身的评价与有关旅行的评价动机不同，故这两种评价因人、也许因地而异。尤其是旅行评价常不能用货币术语明确表示，如不便与疲劳在此起着巨大作用。关于一个购买者价格意愿的影响，将在考察经济距离的影响时具体地加以讨论。一般来讲，价格意愿的加强使商品范围扩大，而价格意愿的削弱使商品范围缩小。

影响中心商品范围的第三个因素是主观经济距离。对于这个因素的变化，应该有所区分：(1)客观事实的变化，即客、货运费(普遍的或地区性的变化，后者尤其是新交通设施设立的结果)、交通安全与相应的保险费率(一般的国家安全与特殊的交通运输设施安全)、转运货物的方法与手段(货物转运的加速可以降低仓储成本)、速度(节省时间)及其他所有技术发明(冷藏车的应用)；(2)主观因素的变化，即爱好的变化(新近引进的各种中心商品比其他各类商品受到优先选择——新型商品离消费者“更近”)、收入条件的变化(收入多少或收入分配的一般变化——就平均分配或差异分配而言)、产业活动的变化(农业人口减少而商业与工业人口增加，或相对于总人口而债券利息经营者人数增加)、世界观的变化(唯物主义或唯心主义)、时间价值的变化(随着俄国与东方不断地欧洲化，时间在那里变得越来越有价值)。

客观因素明显地容易认识。如运输成本，即以货币表示的运输优势，其减少将扩大中心商品的销售范围；而其增加将缩小中心

商品范围。主观因素并不容易认识，但同样会导致某一中心商品范围的扩大或缩小。如果商品范围扩大，这就是说，原来在所有低等级中心地并从而在整个地区供应的有关商品，现在只需在更为重要的中心地供应，而且由于其销售范围囊括了一个更大的区域，因此供应的数量就可能更大。价格的降低常与生产供应的高度集中密切相关。就这一商品而言，这种发展进程有利于高等级中心地而不利于低等级中心地，因此，小市场消亡。另一方面，商品范围的缩小也许意味着老供应地将不再向整个地区提供中心商品，也意味着另有一些低等级供应地必将兴起，即低等级中心地地位加强或新中心地或辅助中心地形成发展。

刚才所说的是指理想的商品范围的变化。仅在某些情况下，例如，当中心地被迫停止供应某些中心商品或新中心地兴起时，这种变化才同时影响实际商品范围。但是，由于两个现有中心地争夺区域的供应地位，在中心地数目不变的情况下，实际供求范围也可能发生变化。因此，引起经济距离变化的客观因素作用不大，这是由于竞争的两个中心地通常均受这些因素影响的缘故。而新建运输道路与设施的开放、地方性特价运费的确立（如港口运费）、地方性货物搬运与储藏条件的改善，以及可能引起绕道或捷径现象的政治边界变化等，都属于例外情况。另一方面，主观因素常常具有地方性影响。即它们有利于或不利于某些中心地的发展，例如收入状况的变化（有利于拥有纺织工业的区域的发展）或人口结构的变化（原有农业区的工业化）。距离的评价因为这些因素而各地有别。在对一段距离的花费和疲劳评价较低的地方，首先是在大城镇附近，中心商品就拥有较大的商品范围，从而有利于高等级中心地的发展。这种现象常常集中发生位于高等级中心地附近的不太重要的中心地，这些中心地越来越失去其中心地位，直到最后被更为重要的中心地挤垮或合并吸收。

决定中心商品范围的第四个因素是该商品在生产地或中心地提供的价格。应当区分两种情况：第一种情况是全国各地价格变化相同。例如，由于机械生产致使原来由手工业者生产的商品的生产成本降低，由于税收的缘故引起生产成本增加，或由于大批失业引起需求减少等，都属于这种情况。价格变化所影响的商品，其范围将发生相应的变化。弹性需求商品（非必需商品）的范围比非弹性需求商品（必需商品）的范围变化大。在某些情况下，商品范围变化甚至表现为从集中生产向分散生产的转变；或者相反，出现从分散生产向集中生产的转变。高等级中心商品可以变成低等级中心商品，或者相反。对于未受价格影响的其他商品来说，其范围无论如何因受供应商品种类数目变化的影响，依然要受到牵连。当价格未发生全国性变化而只有地方性或区域性变化时，就出现第二种情况。这几乎总是导致商品范围发生变化，因而形成物价较低中心地的优势，以及牺牲物价较高中心地的利益造成它们的劣势。

一个中心地供应的中心商品也会发生数量上的变化，因而影响这一中心商品范围亦随之变化。就固定数量的稀缺商品而言，数量变化对其销售范围有决定性影响。对于价格可变的稀缺商品，数量变化马上会引起其价格的变化，其结果对我们来说并不新奇。至于价格固定的稀缺商品，供应增加，其范围扩大；供应减少则商品范围缩小，这归因于区域边界地区的购买者的来往动向。

当商品范围的上限——我们在简述商品范围时已经建立的概念——发生稳定变化时,范围的下限也发生变化。然而,这个下限取决于为使在中心地生产或供应某一中心商品有利可图所必需的最小中心商品消费。消费则取决于人口的分布与人口的需求、中心商品的价格等。如果其中某一因素发生变化,整个消费将发生变化,范围的下限也相应地发生变化。然而,如果范围的下限在该中心地降低,有关中心商品就可能在其他近邻中心地也得到供应,或有新中心地形成,或现有中心地重要性加强。如果范围下限提高,邻近的弱小中心地就会消亡或重要性削弱。在若干中心地相互竞争的情况下,商品范围下限最低的中心地将在竞争中取胜。这一发展首先涉及一种中心商品,进一步也使其他类型商品的销售范围下限普遍降低,这是因为该中心地的重要性加强,而中心地的发展也使供求范围下限降低。

8. 中心地体系的动态方面

我们在论述静态关系时所建立的中心地体系图式[①]非常严密,甚至过于死板,中心地的区位与数量都是一成不变的,并且只有某种典型规模的中心地而没有中间的可能性。一旦中心地体系中某一固定的或基本的距离标准确定之后,中心地之间的距离也就确定下来了。这种体系图式会有什么变化吗?如果经济现实持

① 图式:指人在环境中对环境信息条理与数理处理后所得的模型,或称环境信息条理化结构,它往往比模式更具规范性。——中译者

续地变化，那么，这一体系图式如何适应这种变化？发展空间何在？

中心地体系是建立在以下事实的基础上的，即存在多种中心商品（从最低级到最高级），而且每一中心商品都有特定的范围。特定的供求范围因时因地而异；正像我们在讨论中心商品范围时发现的那样，决定商品范围的任一因素发生变化，特定商品范围就马上发生不断的变化。出生与死亡、某人职业的变更、任一流行式样的变化、某些商品个别需求的每一变化、每一发明创造、每一价格变动、每一新税收，等等，哪怕只在很小的程度上，都影响中心商品范围大小的变化。任一地方、任一中心商品范围的每一变化，都会同时引起中心地体系内部的某些偏离。诚然，中心地体系的合理图式本身并没有改变，变化的只是体系内的一些标准的规模。中心地之间的距离、中心地标准的规模大小或中心地的区位与数目可能发生变化。

下面我们将采用与以往不同的方法进行讨论。至此，我们只是依据简单的、比较孤立的实际情况以及人口与中心商品种类数目等，建立起我们的理论。在静态理论中，我们已经阐述了相互关系；在动态理论中，我们已经综合地说明了简单事实的变化对中心地的影响。现在我们要考虑在具体现实中所发现的复杂现象，探讨有助于解释这些现象的各种因素及其作用过程。于此，我们似应更多地采用分解的方法，这中间理论当然要不断地被演示，也就是说首先假说这样一种理想的现象（事实上常常是较为复杂的现象），然后再把造成这种现象的各种因素逐一分析出来。

我们的出发点是把中心地体系作为标准规范。那么，中心地区位在什么时候、由于什么原因将有异于理想图式呢？哪些情况阻碍实现符合图式规定的区位？纯粹的地理因素，如地形、耕作土壤、植物区系与气候等，会引起理想图式的偏差，但这些因素与纯粹的历史、政治、民族与个人因素一样，都不在我们的考察范围内。本文只对那些借助经济理论可以解释的变化，即只对那些完全或主要受经济学原理制约的变化才予以关注和研究。另一方面，在第三部分——“区域篇”，我们在说明为什么理论图式不适于某种具体情况的原因时将涉及一两种非经济因素。

人口分布不均衡可以引起中心地的区位偏离于按照理论图式它应处的区位。这种不均衡的人口分布可使那些偏心中心地的区位成为有利的区位，如当山谷下游地区人口稠密而上游地区人口稀疏或荒无人烟时所发生的现象。我们不应一味寻求几何中心，而应注重寻找人口中心，或更确切地、寻找从经济观点看来是属于真正中心的人口财富中心。我们还应考虑到，理论图式所依据的距离实际上不是由公里表示的数学距离，而是经济距离；不是简单的时间—成本距离，而是主观评价的时间—成本距离。这一事实导致经济理论图式与纯几何理论图式大有偏差，尽管这些偏差难以用演绎的方式确定。这种偏差可以从古代或中世纪地图上发现，当时的地图是建立在由步行或海上航行所确定的距离网络之上的。在某些条件下，在景色令人厌烦(单调、雪地或沙漠)地区的白天之行与在景色多变地区跨越同样里数的旅程相比，主观上好像远得多。然而，我们的图式，无论是线性标准还是区域标准(后者在某种程度上也取决于居民的数量)是根据客观的经济标准建立起来的。为了简化起见，我们才采用了数学标准(12、21、36 公

里的环带与400、1 200、1 600平方公里的地区等)。由此而产生的偏差将相应地逐例讨论。

中心地区位的偏差意义重大,它取决于决定中心地分布的三条原则作用的大小。众所周知,按照市场原则选取的中心地区位与根据交通原则选取的区位根本不同。假设有这样一个国家,其本身十分孤立,并由完全按照市场原则,亦即按照图1[①]图式发展起来的中心地网络体系组成。我们假设该国已进入区际商业与贸易时代,因而也进入长途运输时代。这样,通过长途铁路线便把国内各大城镇相互联系起来,也与国外其他大城镇联系起来。正像静态理论所表明的那样,这些铁路有必要但不连结中等城镇而是从它旁边经过。这些迄今处于第二等级的中等城镇现因运输条件的变化便处于不利位置,而其他次要城镇则因位于长途铁路线上而处于有利位置。结果如何?对此我们将把这一进程分成时间阶段来讨论。

第一阶段,建设较大规模的长途交通线(连接G级中心地体系)。这仅仅是一假设事例,因此,这是否是历史上的第一步就无关紧要。铁路沿线上的K级中心地成为重要的车站地。原来由中等城镇——B级中心地供应的某些商品,而今在较小的K级中心地销售更为有利。这意味着K级中心地重要性加强而B级中心地的发展停滞或衰落。

第二阶段,铁路网加密;B级中心地通过次级支线与G级中心地相连,虽然还不如K级中心地那样位置优越,但也因此处于较

① 参阅第85页。

为有利的位置。如果第一阶段与第二阶段之间的间隔时期较长，致使K级中心地凭借其在有关交通体系中所处的独特区位而成功地取得向该区供应中心商品(首先是那些由铁路运来，然后再分散到该区的中心商品)的主导地位，那么，B级中心地的命运就被决定了。它们将继续生产那些原来由本地生产的不需外地原料的中心商品。如果第一阶段与第二阶段之间的间隔时期很长，K级中心地的人口与财富都有增加，并由于这些新的人口中心在商品供应的方面拥有较大的优势，K级中心地将吸引一部分原来由B级中心地生产的商品的生产。另一方面，如果一、二阶段间隔时间很短，交通网建设很快，则中心商品的供应缺乏足够时间从B级中心地转到K级中心地。这样，B级中心地将维持或加强其地位(根据较大中心地通常取胜的原则)，K级中心地将进一步发展，但绝不会发展到与B级中心地相同的水平。

因此，我们可以得出结论:如果火车服务发展缓慢，而且长途线路优先建设，则中心地体系本身可能按照交通原则的假设发生变化。但是，如果交通发展迅速，或地方性线路优先建设，则市场格局仍将保持不变。

同样，我们可以说明相反的情况，虽然这种情况很少发生，但在当前并非没有意义:如果中心地是按照交通原则发展起来的，且其交通线路体系失去重要意义(由于贸易减少或汽车运输取代铁路)，这在某种程度上将导致贫困，结果，可以销售的中心商品更少，原先从事商品供应的若干中心地消失。这种阻滞作用对那些按交通原则来说区位正确而按市场原则来说区位不当的中心地有较大影响吗? 或者，它对各个中心地影响相同? 在静态理论中我们已经知道，如果中心地是按照交通原则发展起来的，与市场原则相比，就需要有更多的中心地来向区域均匀地供应商品。在中心商品需求普遍较少的情况下，中心地体系内那些按照交通原则发展起来的所有中心地（其区位完全违背了市场原则，或至少按这一原则来看是不妥当的）的发展将首先遭受挫折，而区位按市场原则看是正确的中心地，遭受挫折则很小。如果阻滞作用持续时间很长，中心地体系本身最后可能按照市场原则重新进行不同的布局。也就是说，那些偏离交通线但占有较好地方性市场区位的中心地可能持续发展，而那些位于交通线上的中心地却在衰落。如果阻滞作用历时很短，则维持原状或恢复原状。

罗马人在德国建立的中心地网络体系在很大程度上是以交通原则为依据的。民族大迁徙过程中，野蛮人的侵入使交通中断，罗马城镇几乎丧失殆尽，国家陷入贫困。当时，对那些为巩固和加强政治经济功能而兴起的中心地来说，存在着按照市场原则重新发展的可能性。在那些冲突剧烈、后果深刻、历时长久的地方，这种转变得以完成。在冲突不太激烈的地方，按照交通原则建成的罗马人的网络得以幸存；即使罗马城镇大都破坏，至少还保留着区位的标计和名称，此后又决定了未来城镇的区位。

除市场和交通原则外，还有第三位竞争者——分散原则。显然，这一原则在联邦制的德国要比在中央集权制的法国与俄国重要得多，况且德国境内的中山区域面积较小，也有利于分散原则的作用。中心地体系按照分散原则发生变化的过程如下[①]：在一个

① 参见图 1 及其后的论述。

按照市场原则形成的中心地体系内,如果一个地区围绕一个G级中心地形成,其边界大致为36公里的圆环,那么,位于圆环之上的两个B级中心地将位于该区之内。而位于该中心地体系其他4个角上的B级中心地仍然位于该区之外。由于关税障碍、封锁等,这一地区再也得不到区外中心地的中心商品供应,因此,最近的A级中心地将作为B级中心地的替代中心地而得以发展。有时由于竞争的缘故,甚至有新中心地建立起来。旧的B级中心地自然失去其重要地位,也许降到K级中心地的地位,而替代中心地也许上升到K级水平,因此,我们将有两个K级中心地取代原来的一个B级中心地,B级功能就由位于两个地区交界处的两个K级中心地或(3个地区相交)3个K级中心地来分担。如果新的K级中心地没有得到强有力的发展,而旧的B级中心地仍保持着其B级重要性,那么,我们就可以讲,新的K级中心地取代了其他地区B级中心地。这种情况极为常见,将在第三部分——“区域篇”予以讨论。

相反的情况也常发生,根据分散原则,3个中心地体系不可能有一个共同的边界地,而是在每一体系中都可能有一个起这种作用的替代地方。倘若分散原则带来的优势如因几个地区合并成一个较大的国家而消失,那么按照市场原则来说,区位最佳的地方就有可能利用其位置优势而在该中心地体系内获得与其位置相应的重要地位,而其他两个中心地将可能停滞,也许衰落。

在这三条原则竞争过程中,不一定明显地表现出这一原则或那一原则的决胜。交通原则与市场原则的共同作用可能导致某一中心地功能被分散承担的现象。这样,在中心地体系内,比如一个

B级中心地所占的地位就由位于交通线上的一个K级中心地和正好位于市场区位的另一个K级中心地来共同分担。具有B级范围的商品，一部分由K_1供应，其余部分由K_2供应，因此，有两个K级中心地供应B级中心商品，这种情况也较为常见。但是，中心地本身的区位也可能是一种折中区位，大约处于理论市场区位与理论交通区位之间的中途，交通线系统有助于决定这种折中区位。这样，我们就见到了所有可能的区位变迁，以至于有时对于具体现实的分析可能得不到明显的结果。这些问题将在第三部分有关南德的章节加以讨论。[①]

何时中心地的数量可能有异于我们根据理想体系图式[②]预计的中心地的数量？一方面，当交通原则或分散原则与市场原则相比而占优势的时候，中心地的数量可能就有差异。自然，这使贫穷地区的中心地，尤其是低等级中心地通常只有较小的发展（因为该地区的部分区域仍然位于中心商品供求范围之外）。另一方面，在富裕地区，中心地发展、中心地数目增加。

在后一种情况下，大批中心地也可能在一个由市场原则控制的体系内发展起来。如果收入状况良好（亦即中等收入尤为普遍）、独立行业数量巨大、工业生产兴盛、中心商品生产成本及价格低（利润必然高）或运输条件有利且交通运输税低，就会出现这种情况。我们可将这些概念合而为一：当中心商品范围下限较低时，即当中心地的中心商品消费足以使中心地的生产与供应有利可图

① 参阅“慕尼黑的L级体系”。

② 克利斯塔勒意指中心地图式是按照一个市场体系建立起来的。——英译者

时，就会有更多的中心地存在。在这些地区，特别是在交通或分散原则同时对中心地体系的形成作用较大的地区，我们还会发现更多的中心地。关于这些中心地是均等地包括各级规模类型，还是以低级（或高级）规模类型为主的问题，将在以后讨论。

如果前述条件这样变化：中心商品范围的下限收缩，那么中心地的数目就可能增加到中心地体系按照交通或分散原则（取决于在考虑利益时谁先谁后）进行自身调节的程度。在中世纪，由于财富的积累、手工业活动的加强及教育水平的提高，分散原则为一强大的刺激因素，因为那时一些国家开始形成而许多国家开始分裂。在中心地体系内部，除原有中心地外，还有一些必要的中心地也可能按照分散原则进行布局。在 19 世纪工业革命时期，中心地的发展又有所不同，由于政治统治区域的形成，分散原则大失其力，而铁路的发展却将交通原则推到突出地位。这一时期，由于新兴中心地是按照交通原则形成的，故交通原则得利。

但是也有反向发展时期。反向发展即中心商品范围下限拓宽——也许由于集约利用生产资本的加强，也许因为人口变穷。这样，就必须有一个较大的地区，才能保证整个用于生产与供应中心商品的机制有利可图。某些中心地将不能跟上这一发展，由于邻近中心地的地域已经形成，它们已无法扩大自己的供求范围。这些中心地将会衰落消失，中心地数量就随之减少。就是在这种情况下，一些中心地的区位正好符合这一反向发展时期的主导原则（供应的、交通的或分散的原则），它们将持续发展，而其他中心地就会消亡。因此，这一选择性发展过程可能将现有体系转变成一个建立在另一原则上的体系。

因此，我们可以说，中心地数量的增减通常伴随着中心地体系的某种转变，最有利的中心地将被选取，或长期持续发展，而最不利的中心地将被遗弃并变成分散地。由于财富的积累与工业化的发展等通常有区域性局限，我们可以了解到中心地的区域性出现频率。中心地的数量无论在哪个历史时期发生增减变化，其分布都将遵循交通原则、分散原则或市场原则。

中心地之间的距离是构成中心地的基础，它在何时会发生变化呢？当新中心地获得中心重要性或旧中心地失去重要性的时候，中心地之间的距离总要发生变化。这些新中心地大多数是在距离旧中心地最远的区位上发展起来。例如，假若中心地迄今相距曾经是 12 公里，相邻的 3 个中心地构成了一个边长为 12 公里的等边三角形。那么，到这 3 个中心地的最远间距，即三角形的中心到顶点的距离则为 $12/\sqrt{3}$，亦即 6.94 或 7 公里左右。反过来看，如果中心地间距曾是 7 公里，现在其中有些将失去中心地的作用，那么，其他中心地仍将相距 12 公里。但这一切都是建立在唯有市场原则为决定性原则的假设基础上。在交通原则或分散原则占主导地位的情况下，会产生相应的结果。

显然，一定存在着某种基本的时间—距离度量标准，而且这个标准必然是由一个人通过一定距离所花时间决定的标准。[①] 设想有一将被人们完全开发的拓殖地，在此景观环境中的某些特征

① 赫尔穆特·豪夫(Helmut Haufe)得出同样的结论，他将一种时间单位作为交通距离的初始度量标准，如一日之行。见《德国铁路交通的地理结构》，载《莱比锡大学地理研究会会刊》(*Veröffentlichungen des geographischen Seminars der Universität Leipzig*)，2，兰根萨尔乍，1931 年，第 7 页。

点——有散步的海湾、河流沿岸的突出点、土壤肥沃的森林等——可能就是聚落开始形成的始点。凡在距离这些始点一日旅程之内的地方，便都属于这个地区。这种地方，相距不远于35～40公里。其他人们一日可以往返到达的地方，将具有一个特殊的级别，位于距离这些始点大约20公里处。[①] 在这两个环上将首先形成辅助中心地，并能向该区分散点供货。如果该区人口越来越多，中心商品的需求因而扩大，那么，这些辅助中心地就将首先发展成完善的中心地[②]，而新兴的辅助中心地将遵循我们体系图式上的有利区位形成发展，即距离原有中心地12公里远。如果现在两个聚落的最初起始点相距90公里，将要形成的新中心地就会面临进退两难的困境。按照市场原则，它们到始点的最佳距离应是$90/\sqrt{3}=52$公早（沿着最短交通线）；可是，依据交通原则，最佳距离应为45公里（最短交通线的一半）。然而，作为一种实用标准的基本标准（一日之行）是35～40公里。这样，一个辅助中心地就可能在距离两个始点都这样远的地方形成发展。其中一个始点可能属于第一个体系，而另一个始点也许属于第二个体系。两个体系的进一步发展就属于一般情况。可能有这种情形，与第一个始点相距90公里的始点，在发展过程中，将归属于第一个中心地体系内的L级体系。

① 库尔特·哈塞尔特（Kurt Hassert）(《普通交通地理学》〈*Allgemeine Verkehrsgeographie*〉第二版，柏林和莱比锡，1931年，第一卷，第85页）同样承认，通过日可达线分割的区域对于城镇具有特殊重要的意义。对于“日可达性”这一术语，可从两个方面来加以理解，哈塞尔特将日程理解成一日之内可以往返的行程，其中包括在城内停留数小时。

② full central places：也有人译为完全中心地。——中译者

不过，这可能导致它本身作为中心地的地位的衰落，因为它在第一个中心地的体系内地处不利的区位，所以可能会被区位有利的新兴中心地取代，如被距离第一个中心地 108 公里远的 P 级中心地取代。因此，在拓殖区域，按照前述选择过程，最古老的聚落因为在最终已被巩固下来的中心地体系中地处不当的区位，故常常依旧很小。

如果时间标准——如一日行程——在确定中心地之间的距离方面具有决定性作用，那么，穿越该地的难易程度就绝不是无足称道的了。在第一种情况（平原、大草原）下的数学距离较大，而在后一种情况（森林、山地）下的数学距离则较小。① 而且人们如何有效评价一日之行也具有重要意义。生性懒惰之人可能将其视为 25 公里，而精力旺盛之士可能把它看成 45 公里。但是，第三个因素仍很重要：借以克服距离障碍的辅助手段。如果运载工具从一开始就比较迅速（如平原之马），则中心地体系内的中心地间距就可能很大。对于汽车运输来说，情况类似，而且间距更大。因此，中心地体系最初在哪个时间阶段开始形成发展就极为重要。中心地之间的初始距离在一个体系内可能较大，而在另一个体系内则可能较小。因此，我们可以反过来从中心地体系的基本标准推断中心地体系开始形成的历史时期。例如，我们可以断定是骑马的民族还是步行的民族决定了中心地体系的初始点。

① 李希霍芬（Von Richthofen）(《普通移民地理与交通地理教程》〈*Vorlesungen über allgemeine siedlungs-und Verkehrsgeographie*〉，奥托・斯鲁特版本，柏林，1908 年，第 210 页）提到：在中国，100 里等于 10 小时，例如等于在平原上日行 55 公里。相应地，上山则行程短，下山则行程长。瑞士的乌尔作为距离单位也有同样的意思。

我们假设一个体系最初是按照日行 20 公里的标准形成的。然后,最重要的交通运输方式也许发生了根本变化,如汽车的使用(也许在非洲)。倘若 20 公里这个旧基本标准在人们头脑中根深蒂固,亦即这个老体系存在已久,则 20 公里的标准将在未来继续有效,只是用半小时的汽车之行代替四小时的步行。如果该体系较为年轻尚不稳定,20 公里的距离标准在人们头脑中并非根深蒂固,那么,该体系就会按照汽车创造的新的时间标准发生转变,汽车每小时行走 40 公里便成为新的基本度量标准。新的交通方式可以引起新近聚落地区的中心地体系发生变化,但不能引起古老聚落地区发生变化;例如,可将美洲,特别是美国西部和阿根廷西北部与欧洲进行比较。

这中间,交通原则与分散原则的影响都存在,但是事情是极为复杂的,于是我们宁愿考虑一些鲜明具体的例子,以便找出哪种力量在起作用、哪种过程导致一定的结果。

对中心地的大小类型来说,中心地的大小(亦即重要性)主要取决于所供应的中心商品的种类数目。我们已经多次谈到这些方面重要性。那种范围上限较小的中心商品可能占有支配地位(它们大部分是各地都生产的、既笨重又便宜的商品,如啤酒、鲜肉等)。如果下限也低,低等级的中心地就可能得到更好的、有规律的发展。但是,高等级的中心地同时却发展较慢。这种情况发生在与现代文明联系极小的富裕农业国。但是,如果下限较高,因为贫穷、缺乏有效需求等,人们仅仅消费几种中心商品,同时,范围上限亦低(几乎没有发展的而且昂贵的交通运输),那么,高等级中心地与低等级中心地都将发展缓慢,这种情况发生在贫穷农业国。

如果供求范围上限较高的商品普遍存在(如重量较轻的较贵重的商品与一个便宜的交通网)我们还需区分以下情况:倘若下限也高,同时,各地供应商品的必要资本需求高(富裕程度有限的情况就排除在外了,因为昂贵商品的消费在这里是占有优势的),那么,高等级中心地的发展将强劲有力,而低等级中心地的发展却极为微弱。其次,如果下限低——如在富裕的人口稠密区,不论是较大的中心地还是较小的中心地都能很好地发展。我们可以说,整个中心地体系将会提高等级:M 级中心地具有 A 级重要性、A 级中心地具有 K 级重要性,以此类推。因此可以说,整个中心地体系将发展到更高的水平。

让我们扼要地比较一下这些情况:

(1)上限与下限都低的各类商品,有利于小中心地的发展而不利于大中心地的发展。

(2)上限高而下限低的各类商品,有利于所有中心地的发展。

(3)上限低而下限高的各类商品,不利于所有中心地的发展。

(4)上限与下限都高的各类商品,有利于大中心地的发展而不利于小中心地的发展。

如果一种变化导致另一类的各种商品占据优势——例如,价值高、重量轻的中心商品取代价值低、重量大的中心商品而占主导地位,如从第一类向第四类转变,那么,各类中心地的命运就发生相应的变化。在上例中,小中心地的重要性减弱而大中心地的重要性增强。此外,当同一类的各种商品占据优势而其范围变化时,比如在转向机械化大批量生产之后,供求范围的下限将会扩大;或在产品价格同时降低之后,供求范围的上限将会扩大，其结果都是高等级中心地的重要性加强，低等级中心地的重要性减弱。

交通或分散原则仍将影响这些过程。当原先处于相对不利区位的高等级中心地进入一个有利的经济周期时，一些中心地按照交通原则，拥有区位恰当的优势，就会因之而受益。这些中心地将获得更高等级的重要性，而原有高等级中心地则无利可图。这一发展的结果，中心地体系可能按照交通原则发生转变。当然，几种过程必然同时发生、共同作用：中心商品供求范围的上、下限都有扩大（通过生产机械化与生产成本降低）、运输业改变（从邮政马车到铁路）、同时收入增加。于是，在一个原来由市场原则制约的体系内，那些处于有利交通区位上的中心地将变成等级较高的中心地，原来的高等级中心地将失去其作为高等级中心地的资格。该体系将按照交通原则的要求进行调整。

讨论具体中心地（如在南部德国）的历史发展可能是很有趣的。不过，这样做会超越本文考察的范围，我们仅仅阐述几个基本要点。

在地球表面任何一点（确切地讲：两点）将确定为中心首府或其他重要地的同时，就确定了一个完整的中心地体系。因为这个体系是从下、从最小的单元向上发展的，直到其规模金字塔的顶端；而且这一体系的所有固定点都取决于这一中心首府。南德古罗马城镇的区位就是这样充当着中心地的功能，即使原来的聚落现已变成废墟或完全消失，它们仍起着固定点一样的作用。其中一些古罗马城镇的重要性在中世纪已被其他城市超越了（如法兰克福超过了美因茨），而其他罗马城镇的重要性则在近代才被超越

（如曼海姆超过了沃尔姆斯与海德堡）。可是，这些新城镇的发展并非在任意地方，而是在由古罗马城镇或其他城镇的区位所决定的重要地上，可以说，这些新城镇的区位是由古罗马城镇的固定点决定的。所以，原先形成的旧体系总是决定着在其他经济规律与条件作用下形成的中心商品类型及其供求范围不同于以前的新体系。①

我们发现，被称作城镇与集市的地方，在一些地区出现频率很大，这些地方可以看做是（古代的、中世纪的及近代的）各个时期的经济状况、价值观念与生产发展作用的结果。在某些地区，如符腾堡的内卡兰、下弗兰肯、上莱茵河平原的边缘及黑森地区，这类中心地出现频率很大；而在其他地区，如洪斯吕克、哈尔特、巴伐利亚地区，它们出现的频率却很小。我们发现，古老居住区域的城镇密度通常比以后新殖民的山地区的城镇密度大。② 这种差别是由于城市发展时期的需求情况所致，因为当时的中心商品销售范围较小，发达地区的中心地必然是紧紧相靠；而在较后才得到开发的、不发达的贫穷区，中心商品需求较小，因此对中心地的需求亦小。

在相互紧邻且拥有新、老居民点的地区，由于受强烈拓居、交通改善、技术进步及频繁战争的结束等因素的影响，其区域发展方

① 阿尔弗雷德·赫特纳（Alfred Hettner）的观点十分正确。他说，聚落的区位状况，一部分应看成是目前的结果，一部分应视作为过去的结果（“人类聚落的区位”〈Die Lage der menschlichen Ansiedelungen〉，载《地理杂志》〈*Geographische Zeitschrift*〉，Ⅰ，莱比锡，1895 年）。

② 参阅罗伯特·格拉德曼（Robert Gradmann）的《南德意志》（*Süddeutschland*），第一卷，第 166 页，斯图加特，1931 年。

面的巨大差异几乎已经完全消失。在城镇密度高的地区,许多城镇和市场已经失去了其作为中心地的功能;而在城镇密度低的地区,大批村落却获得了中心功能。就此意义而言,的确已经发生过一种广泛的均衡发展现象。传统地理学对此事实考虑极少,由于它难以理解现代中心地并对其缺乏准确的认识,因而,几乎完全局限于研究中心地的历史形式。因此,聚落地理学者被锁在了一片广阔的认识领域之处,虽然他可以考虑一个城镇的表面形式,但不能探讨一个地区与其中心地之间的功能关联即功能形式。可是,对经济地理来说,我们曾称之为中心地的这种功能形式则是至关重要的。

在一个国家统一的民族经济内部,也就是说,在一个国民经济或一个国土的内部,决定一个商品的范围的具体因素所处的条件,是十分相似的,而且具有许多一致性,例如人口结构方面(类似的收入状况、生活水平、风俗习惯与需求安排)、距离成本方面(一样的交通费用规定,统一的交通系统)以及由生产成本(受同一税收、财政税与关税及相似的工资制度等影响)决定的价格等方面的条件。因此,由中心商品范围的某些变化决定的有关中心地体系及中心地规模类型的变化,也是十分相似、一致的。但是,一旦跨越国界,从这一国民经济(国家)进入另一国民经济,就会发现有重大差异。如果同一民族分居国界两边,由于人口构成较为相似,其有效需求因之相同,这种差异就不太显著。倘若政治边界同时又是民族边界,那么人口结构、需求安排及其他要素都发生变化。我们明确到在边界以外,确定中心商品范围的诸因素所处的条件,在相当程度上有别于边界内的条件。相应地,构成中心地重要基础的规模尺度，在边界两边也各不相同。也就是说，中心地之间的距离、中心地的规模类型及其等级，各有不同的基本衡量标准。

可是，对于南德中心地体系的研究来说，这种差异性发展却意义不大。然而值得考虑的是，南部德国是由一些小公国组成的，而它们在过去的各个时期，如在重商主义时代、统一德意志帝国衰落时期以及专制统治国家极盛时期，各自所处的经济环境差别极大。（关税、直接与间接税、对某些行业的补贴等都大有差异）；而且各公国致力于发展它自己的中心地体系的固定点——首府。这些因素对西南德国与中部德国整个中心地体系当前的具体格局确曾有极大的影响，仅将莱茵—美因地区与上巴伐利亚进行比较就行了。自从 1805 年大多数独立地区被消灭以来，尤其是通过关税同盟以及 1871 年德意志帝国诞生，建立了统一的国家，形成了比较统一的经济环境，因此，我们现在就可以看到旧中心地体系如何向完全合理的形式逐渐发展的情形。

但是，每一次新的边界变动（如阿尔萨斯—洛林地区的丢失、北德及东德地区的丢失，尤其对匈牙利来说，最明显的是奥匈帝国[①]被分割）几乎导致中心地体系的全部调整，造成巨大的物质损失。低等级的、较高等级的，甚至最高等级的中心地大批地重新建立起来。中心地的原有等级重新排列，同时许多中心地失去了中

① 维也纳作为一个国家中心的重要性依旧很大，但在分裂之后，它作为中心的全部功能就与布达佩斯共同承担，而布达佩斯作为一国中心的重要性却有加强。——英译者

心地的功能。中欧与东南欧,特别是奥地利与匈牙利目前所遭受的危机,在很大程度上是由于新国界的划分致使旧中心地体系受到强烈而突然破坏的结果。这种新的边界划分,常以奇特的方式引起旧的中心设置与机构贬值,迫使建立新的机构与设置——不仅是国家机构,而且还指私人的、文化的、商业的或工业性的机构。也包括价格、关税、需求等方面普遍的重新评价,也许,这种转变要比看着明显的中心设施的改组更为重要。

我们仍需回答这个问题(至少就基本命题而言):旨在促进现实合理化和推动国民经济发展的国家计划性经济政策措施对中心地体系究竟有多大的影响?人们一旦明白中心地的发展实际上合乎情理,认识到这种发展不是任意的,而是受经济规律与法则的制约,那么,就有可能通过计划来积极地促进和影响中心地的发展。

我们关于中心地分布及其规模—类型的理论图式,是一个合理的图式,也就是说,它是一个寻求最大经济合理性、最佳利用中心机构以及最低价值损耗的图式,总之,它是一个最佳经济合理性占优势、促使整个经济朝着实现目标方向发展的最高原则。中心商品的每一生产者或销售者,都在选择最有利的生产条件或市场条件,以便能使自己的经营获得最大利润;相应地,他也要选择最佳的商品生产地或供应地。而消费者也在寻求对其最为有利的那些条件。愚昧、懒惰、权势(垄断等)及政治影响等,都极大地妨碍了供应者与需求者获取对其最为有利的条件。

现代社会化国家把消除这些障碍、通过经济—政治措施改善生产者与消费者的经济状况作为国家的一项任务。[①] 这种经济—政治措施的目标，就是对中心地的现有规模与分布施加影响，从而促使它们尽可能地接近我们已在理论上提出的最佳合理性图式。借此，就可保障个体经济活动与国民经济都能获得最佳效益。从这方面来看，应该对区位的市场指向带来的利益与交通指向利益及分散指向利益进行比较。那种保障最大总体利益——按照赫兰德的观点，同时也是保障国家特殊利益的原则，应该优先选择。

为了实现这一目标，应该考虑以下经济—政治措施。

1. 行政体制的建立，应使高、中、低各级政府机构与部门的所在地与我们图式中的中心地相对应，并使行政区适应分布图式，这样就可避免力量分散，并促进那些据图式要求地位较高的中心地的发展。

2. 财政与关税体制的制定，不应妨碍那些与图式中理想中心相一致的地方发展成一定级别的中心地；必要时，还应积极促进它们的发展(如通过减轻行业税与土地税等)，从而向最佳状态转化。

3. 对交通机构新规划以及运费措施同样都应在这一意义上予

① 斯文·赫兰德(Sven Helander)在一次有关"经济政策的合理基础"的学术讲演中谈到：经济政策是自由市场经济的一种补充，在自由市场经济由于各种原因而不能获得最佳经济效益的地方，经济政策就发挥作用。国家给予经济政策一种"独立原则"，因为一个国家要成为一个国家，就需要有一个国家的地区与国家的人民，借此，国家赋予"土地与人类劳动一种独立的价值，而与市场条件无关"，应该肯定，土地与人类劳动的这种非经济价值是附加在经济价值之上的。应该防止只根据经济过程中的纯粹经济价值来评价国家的这两个基础，也可以说，因为这是公共经济政策的独立原则(摘自《纽伦堡经济社会学院〈商学院〉学生会学报》〈*Akademische Nachrichten der Studentenschaft der Hochschule für Wirtschaft-und Sozialwissenschaften-Han delshochschule-Nürnberg*〉，第二年，第10期，第5页，纽伦堡，1932年)。

以指导,尤其是应该相应地进行街道建设。

这些都是最重要的经济—政治措施,当然,对此还应补充上土地与定居点政策措施。这些措施包括国土规划[①]与聚落的总体规划、合并政策[②]以及特别重要的德国新区划问题。关于在德国进行新区划或将一国划分成若干经济区(法国和英国的区划、俄国的区划问题)等方面,现在几乎还是没有一个严谨的理论基础。这些规划与设想在一定程度上只是针对这种情况提出的,这中间,感情或地理角度的变通的做法取代了理论基础。首先,所追求的这些措施的日标究竟应是什么常不清楚,那些主导原则[③]之间的极端对立的现象清楚地说明了这一点。一方面,经济活动类型的一致性,即从某些行业为主,应作为区划的组织原则的指导[④];另一方

① 像普凡施密特想象的那样,仅对某些经济区依据其现状进行就事论事的划分,亦即同一性区划,对于国土规划来说是很不够的,更重要的国土规划任务是对市场区及补充区位进行合理区划,并将其归入相应的现存中心或待建中心。参见马丁·普凡施密特(Martin Pfannschmidt)的“国情报告与国土规划的地理与国民经济基础”,《萨克森—图林根地理学会通讯》(*Mitteilungen des sächsisch-Thüringer Vereins für Erdkunde*),第52期,第104页,哈勒,1929年。

也可参阅沃尔夫冈·施迈勒(Wolfgang Schmerler)的调查报告:“德国的国土规划”,该报告十分重要,资料丰富。载《城市经济杂志》(*Zeitschrift für Kommunalwirtschaft*)第22期,第885～984页,柏林,1932年。

② 见劳伊舍(Reuscher)的“关于大城市郊区乡镇地方法律的制定问题”,行政管理档案,载《行政管理法与行政司法权杂志》(*Verwaltungsarchiv Zeitschrift füt Verwaltungsrecht und Verwaltungsgerichtsbarkeit*)第35期,第138页,柏林,1930年。

③ 奥图·豪斯莱特(Otto Haussleiter)在“管理组织与德国改革”一文中对此做过论述。见《普通政治学杂志》(*Zeitschrift für die gesamten Staatswissenschaften*),92期,212页,蒂宾根,1932年。

④ 埃尔温·帅依(Erwin Scheu)在他关于一个新的行政省的区划中将德国划分成21个行政区。见“经济省与经济区”,载《世界政治图书馆》(*Weltpolische Bücherei*),第2期,柏林,1928年。

面，经济活动的互补性，即某一区域内部经济的协调性、区域相对自给自足性[①]，也要成为指导性原则。西蒙诺夫准确地将第一种情况概括为“专业化区”(special districts)，而将第二种情况说成是“综合区”(integrated districts)。[②] 国家进行国土区划应该同时具有两个目标：第一，通过经济政策这一手段与方法，获取最大的经济合理性。这只是一个计算任务，可借助经济理论求得解决。第二，巩固加强国家——由于国家科学很少应用精确的理论方法，所以数量比较计算在此就较为困难。专业化区或综合区是否与这些目标相适应，则是完全可以证明的。本书提出的理论特别实用。苏联似乎认识到这两个目标，而且已有相应的行动。

当然，在拓殖区或不发达地区，规划可以多采取几种措施，因为中心地体系在这些地区还不稳定、不健全。因此，在这种情况下，了解中心地的理论最佳分布知识就具有极大的实践意义。

9. 经济循环[③]

有关中心地发展的经济原因的动态理论，应该研究那些在经

① 这后一种原则是苏联 21 个行政区新区划的基础。参见汉斯·冯·艾卡德(Hans vou Eckardt)的《俄国》(*Rußland*)，第 391 页，莱比锡，1930 年。

瓦尔特·弗格尔(Walter Vogel)把按照这个原则形成的区域叫做“经济协作区”，见《政治地理学——自然界与精神世界》(*Politische Geographie*, *Aus Natur und Geisteswelt*)，第 28 页，柏林和莱比锡，1922 年。

② J. 西蒙诺夫(J. Semenow)：“俄国革命与内部界线”，载《政治地理学杂志》(*Zeitschrift für Geopolitik*)，970 页，柏林，1927 年。

③ business cycle，直译为商务周期。结合书中内容与我国常用语，我们译为经济循环。——中译者

济学中由经济循环标题探讨的事实。[①] 由于各种经济因素与过程的一切相互关系都在最终表现在经济循环中,因此,经济循环问题对于理论经济学极为重要。所以,经济循环是经济理论研究的终节。[②] 经济循环并非本书要阐述经济理论的原因,因为我们的目的不是描述和解释经济生活过程。鉴于应用,只有在研究了静态与动态事例之后,我们才能讨论这些过程。

纯粹从静态理论角度来观察,整个经济应该处于平衡状态,因为各个因素——需求、供应、生产、价格、投资、工资等——都遵循着经济理论的原则,已协调了彼此的关系。任何促进或阻滞这一过程的变化一旦发生,各个因素将按照动态理论规律而发生作用。作用的结果又引起反作用,导致各种经济因素之间的相互作用,形成影响复杂的统一体,直到各个因素在新的平衡中占取新的位置为止。这些动态过程与经济循环过程不尽完全相同。仅当这种运动或作用比通常的反作用更大、更为复杂的时候,我们才可以说是经济循环过程。这种过度的反作用,部分地归咎于那些不合理的瞬间变化。例如,原来促进了经济发展的变化可能使生产者与消费者过于乐观,从而从事规模更大的经济活动,致使生产与消费的增加超过原有刺激性变化所应达到的水平。换句话说,他们盲目地认为这种变化是持久的、累进的,而实际上它只是一次性的意外

---

① 参见鲁道夫·施图肯(Rudolf Stucken)的《经济发展趋势》(*Die Konjunkturen des Wirtschaftslebens*)(耶拿,1932 年)和古斯塔夫·卡塞尔(Gustave Cassel)的《理论政治经济学》(Theoretische Sozialökonomie)(莱比锡,1927 年)。

② 奥根·冯·毕姆巴威克(Eugene von Böhm-Bawerk):"评 E.冯·伯格曼的《国民经济危机理论史》",《国民经济、社会政治与行政管理杂志》(*Zeitschrift für Volkswirtschaft, Sozialpolitik und Verwaltung*),第 7 期,1898 年。

现象。反作用过大的现象还有一部分是因经济的其他因素对作用的反应而引起的。这些因素以回声反射的方式把它们的反作用传给所有因素,最终使每一因素处于引起反应的其他因素影响之下。因此,反作用是具有累积效应,它不只是各种作用的相"加"而是集合——这里根本不涉及物理属性的规模,而是人类意志与行动的刺激程度。①

例如,一地比他地若有更为有利的劳动条件,如工资较高(缘何如此,无关紧要),则求职工人的顺向移动就会增加,从而使该地消费品(如住宅)需求扩大,价格因供给不足而会提高。同时,劳动力供应的增加导致工资降低。最后,地方工资如此降低,价格如此提高,以至于劳动条件不再比别处有利,吸引工人的条件不再存在。不过,尽管如此,工人还是继续移向工资曾经较高的区域。这是因为在该地就业前景还是较佳的时候,也许在数周之前,他们已经决定迁移了。但是,在他们执行迁移决定的时候,或更确切地说,在他们到达新地的时候,却忽视了对其愿望是否仍能实现这一情况的研究。让我们看看一种典型的连续发展过程:起初为平衡状态;接着一种新的要素出现(工作条件优于其他地方);然后发生作用(移民流入);进而出现反作用(工资下降、价格上涨);现在,还存在作用过剩(excess of action)(虽然劳动条件事实上不再比别处更为有利,但还要继续移民,导致工资进一步下降,物价进一步提高);最后,造成工作机会不足并由于工人移出条件已经变得不利的那个中心地,最终结束了移入趋势。工资锐减的结果,生产成

① 英文版这里译文为:这里仅考虑社会因素而非自然因素。——中译者

本进一步下降，生产又可以重新扩大，于是又要招收新工，等等。我们可以看到，实际上所谓“平衡状态”只不过是瞬间过渡，逻辑上说是没有持续时间的，这种状态只在假设中存在，只是理论上的平衡。在此例中，导致特殊周期性运动的过程，发生在从工人决定迁移起（因为他们将其目前工作地与其他地方做过比较）至到达新工作地这段时间内（从计算角度看，这里的算式不平衡，出现了过剩）。

从这个例子中，我们看到一个小而简化了的经济循环周期。整个经济发展正是许多这种周期性变化的综合体。在此例中，如果在周期上升过程中迁入的劳动力，当周期下降时并未全部迁出，其最终结果是该地人口增加，而从总体上看，发展上升；如果在周期下降时迁出的劳动力多于前此迁入的数量（如果下降阶段历时长久，或受邻区繁荣期的竞争，就可能出现这种情况），最终的结果就会是人口减少，发展普遍走下坡路。这种变化事实上有两个因素同时在起作用：周期性变化与明显的持续渐进或渐退变化（二者的变化同时可表示在一条曲线上）。[①] 这种情况好像简单明了。如果同时有更多的这种周期性变化发生，它就变得极为充分与复杂了。这里所论的短周期循环只具有地方性特点，但可能出现一些更长或更短的周期循环，或代表一个更大的、国家级或国际性经济区域；还可能存在不同行业的季节性特有的周期循环，如农业、纺织与采煤，而这些周期性循环不一定同时升至顶点，如果

① 在经济循环理论中，这种总体发展路线被称作“趋势”，它在最小二乘法等高等数学方法中是众所周知的，而且得到应用。

一条周期性曲线下降而另一条曲线相应地上升，那么，这两条曲线将对经济生活的影响彼此抵消。然而这两个周期性循环可能会在另一地同时达到其顶点，那么影响则是加倍的，总之由此而产生各种不同的状况，尽管可能是局部的，这些状况又影响着进一步的发展。

上述经济循环问题对于我们的研究具有多重意义。这些问题首先向我们表明，不可以把某一地方瞬间的经济繁荣或衰退看做是同等意义上的持久发展，然而在聚落地理的一些专著中很容易出现谬论，特别是涉及小区域时，由于过分精细于琐碎资料更其如此。毫无疑问，从经济地理的角度看，只有长期的发展而非经济循环的瞬时阶段才对我们具有重要意义。

周期循环从积极的方面使我们感兴趣的是，它们对中心地的重要性及其腹地规模的大小的影响。在经济高涨的时候，即使是在区域性范围，生产都得到扩大，人们收入改善，尤其是生产和供应中心商品的行业形势良好。于是酝酿新建和扩建计划，并促进了建设信贷的扩大。然而使这些计划完全付诸实施总是要过一段时间，因此建设工程往往是在周期高峰过去以后才开始。新建设给劳动市场带来的活力通常还可以推迟经济衰退的出现。但是，由于突然间集中出现的对信贷和建材的大量需求，使信贷利率和建材价格迅速上涨，致使建筑工程大部分造价高于最初的计划。这时出现了一个重要的时刻，由于经济理论很少涉及空间性，因而很容易忽视这一关键时刻，即中心商品范围在这种情况下的变化。随着经济上升，有关的中心地物价上涨，该地的中心商品的范围受影响而缩小。位于这个地区边缘地带的分散地现在得在其他中心地满足自己的需求,即令这些中心地更远一些。于是,处于经济上升周期的繁荣地方的消费却减弱了,从而预兆着衰退将要出现。由于销售的减少,中心商品的积压增加。在减少生产的同时,为偿还利息及其他信贷成本又不得不以降低价格库存商品换成现金。降低又使生产同时紧缩,失业增加,劳动力流动。最后,在这一循环周期结束时,我们会发现以下现象:该中心地生产设备得到扩大,为供应中心商品服务的设施(如商店、咖啡馆等)也得到扩充,以及低物价和高失业。这种低廉价格引起该中心地补充区域的扩大,并因生产设备更加完善,而往往能使生产成本降低,以至于即使在新的平衡状态下,中心商品的价格仍低于上次平衡状态下的物价。并且,从长远的角度来看,在这种情况下,其补充区域得到扩展,最后中心地本身也得到有利的发展。但是,也可能出现另一种情况,比如危机期间几家公司停止支付并使它们的企业停业,结果信贷债权人与建筑工匠首先蒙受损失,此外供应商品的种类数目减少,从长远的角度看,中心地重要性削弱,其补充区随之缩小。

然而,还有某些因素对我们至关重要。在经济上升时期,一个中心地的重要性可能会迅速提高。比方说,由于一时的有利形势A级商品的供应变得更加有利可图,一个M级中心地就可能晋升为一个A级中心地。在经济周期转变的情况下,这个M级中心地所获得的A级重要性可能维持下去(等级较高的中心地比等级较低的中心地更有利些)。同样,经济衰退时期的调整对一个中心地也会有特别重要的破坏性影响,可能造成该中心的衰败,以及一个相邻的中心地鉴于其有利的区位,比如符合当时占优势的交通原则，将这一中心地取代。我们可以根据观察得出结论：中心地重要性从一个级别向另一个级别的转变是迅速完成的，而典型的规模本身却是比较稳定的，并表现出一种僵持状况，即一种平衡状态。如果我们对中心地进行瞬间比较，将会发现，在相对较长的僵持状态下，中心地数量较大；在相对较短的过渡或竞争状态下，中心地数量较少。

第四章 结 果

普通经济理论与专门经济理论

在结束理论部分时,有必要对以下内容予以强调。

经济理论应该分为普通经济理论与专门经济理论。普通经济理论研究那些在所有民族、所有国家,在过去、现在和将来每一时期都存在并发生作用的经济关系与经济过程。因此,普通经济理论所提出的法则与规律必须适用于各个时期和所有地区,而与具体时间和各地的经济体制特点无关。这样的法则与规律为数甚少,由于只是一般而论,其价值通常并非很大。专门经济理论(A. 韦伯称之为"现实的"理论以别于纯粹的,亦即普通的理论[①])则不同,它探讨只适用于特殊经济体制并受时间与文化[②]制约的法则与规律。一个人所获理论的特殊性的大小,取决于其解释"经

---

① 阿尔弗雷德·韦伯:"工业区位论(普通区位论与资本主义区位论)"(Die industrielle Standortlehre〈allgemeine und kapitalistische〉Theoriedes Standortes),载《社会经济学概论》(*Grundirß der Sozialökonomie*),蒂宾根,1914 年,第 10 页。

② 首先参见魏尔纳·萨姆巴特的《三种国民经济理论,经济发展只与理论方法》(*Die drei Nationalökonomien, Geschichte und System der Lehre von der Wirtschaft*),慕尼黑和莱比锡,1939 年,第 320 页。

济体制”一词意义的广狭。如果一个人认为经济体制是指“西方的”或特指“西方资本主义的”经济体制，他也许就将中世纪的封建经济形式排除在外。[①]

本书既没有划分出普通理论，又未划分出专门的资本主义理论，这种分类在本书的结构中是不实用的。这里提出的理论无须系统性，而应是引导性（propädentisch）的，它要服务于特定的目的，揭示目前的地理现实，即解释南德中心地的数量、大小及分布。因此，并未区分普通理论要素——如最大合理性原理、中心供给与分散供给的对立、商品短缺与需求无限的因素等——与资本主义理论要素——像自由供给、自由消费与自由流动等。

如果其他经济体制，也许是社会主义经济体制取代资本主义体制而处于支配地位[②]，那么这种特殊理论将会成为什么样子？对此进行一般研究，可能颇有意思。

如果没有一个调节的机制，使几乎是无限的人类需求与商品短缺的事实相协调，同生产商品需要成本（可能由劳动成本、制造可用商品成本及工具、建筑、土地、原料等生产资料的消耗构成）的事实协调起来，任何经济体制都不能存在。这种调节机制也许是本能、传统、教义、国家权威或统治者的意志。在资本主义经济中，

---

① 马克思对科学的贡献，是他特别在《资本论》（〈*Das Kapital*〉，1867 年）与《政治经济学批判》（〈*Zur Kritik der politischen Ökonomie*〉，1859 年）中强调的观点：经济理论的大量的分类如工资、价格与利息等，一直被认为是普通经济理论的分类，其实只是历史的分类，即只是一种暂存经济体制的一些要素，而且像其他所有要素一样，依赖于时间且历时短暂。其后主要是萨姆巴特和卡塞尔又进一步发展了这一基本观点。

② 古斯塔夫·卡塞尔（Gustav Cassel）一直检验着他的理论是否以及在什么程度上也适用于一种社会主义经济。

则是与自由竞争、自由生产和自由消费并存的商品价格、劳动价格等。在社会主义经济中，凌驾于个人之上的一种机构（在当今的意义上，这一机构与其说是国家不如说是经济协会〈wirtschaftsgremium〉或经济委员会）的理性则被看成是这种调节者。这一最高经济委员会承担着促使那些实际上是无限的人类需求与可以生产的有限量商品协调一致的任务，这只有在某些需求仍未满足的情况下，才可能成为现实。在资本主义经济体制内，谁不能支付或不愿支付本可以满足其需求的商品的价格，谁的需求就不能满足。因此，价格决定着谁能获得某一有限商品而谁又得不到它。在设想的社会主义经济体系中，调节者不应是商品价格，而是经济委员会的决断。经济委员会根据个人对社会的贡献，按照某些具有科学基础且为立法确定的公平、效率、需要、社会等设想的标准，分配给他一定比例的有限量商品。

如果作为经济（生产与消费）调节者的价格被消除，而为另一调节者，比方说，一个经济实体的法规或组织决策所取代，显而易见，中心地的大小与分布类型将不会发生根本变化，因为所谓的经济原则——用最小的可能费用（最小成本）获取最大可能的需求满足——在资本主义与社会主义经济体制中都行之有效，而且起着决定性作用。唯一不同的是，一种有缺陷的调节者——价格——由另一个必定也有缺陷的调节者——如科学和政治经济领导方面的推断——取而代之。两种体制的目标是一致的，都是要使无限需求与商品短缺的关系协调。是这一调节者，还是那一调节者更好，谁的作用与其目标更趋一致，则是一个尚待在实际上与科学上进行探讨的问题。而选择这个或那个调节者，正像哪一个能实现短缺商品的公平分配一样，却是一个世界哲学观(weltanschauung)问题，因而超出了科学探讨的范畴。

在个别情况下，一种经济体制(例如资本主义)向另一种经济体制(例如社会主义)的转变，将会影响有关中心地的大小与分布发生偏离转变。但是，这并不是指中心地体系本身发生变化，而是指中心地体系所依据的具体数值参数：中心地的数目、中心地之间的距离、中心地的标准规模的变化。然而，探讨这一问题不是本书的任务，这只是让我们注意到，本文所陈述的理论在应用中有局限性。

第二部分

联系篇：区位理论应用于实际聚落地理

引言:问题

在第一篇理论部分中,我们避免采用实际地理的例证,尽管这些例证可能会更为明确地阐明我们的思想。理论是经过演绎推理而得出的,是纯粹思考的结果,不停地援引具体例证可能会掩盖这一事实,甚至造成某种印象,好像理论至少在一定程度是经过归纳得出的。展示事实并根据理论加以说明[①],则是实践部分的任务(国民经济学中常称之为论文的特殊、具体部分)。

当然,简单地把理论同实际相比照,也是可理解的。首先有必要把二者归入同一的图式概念中,这个图式概念部分地在理论阐述过程中已经展示,正所谓理论先行;现在首先要实际进行检选,使它们与理论的图式概念相符合。这就是本书第二部分的任务。

我们必须回答导言部分所提出的问题:现在德国南部的中心地究竟是哪些地方?要回答的问题很具体,也就是说,这个城镇是否是中心地或者那个乡村是否是分散地,或是不明确定性的地方。为了使概念统一,尽管不太准确,我们也可能把那些非中心地的地方仍然都称之为分散地。再进一步,我们还必须回答这样一个具

① 有关工业选址问题,请比较阿尔弗雷德·韦伯提出的步骤(见他的《工业区位论》〈*Theory of the Location of Industry*〉)。但是,很遗憾,现在看来,一些论文只是很不完整地阐述了韦伯主张中那些实用的部分。

体的问题，即德国南部的某一被认为是中心地的地方，根据中心地的级别序列，应置高等级的，还是低等级的？它又属于哪一种规模类型？回答这两个问题是我们现在的任务，要完成这一任务则首先要寻求一种能够借以确定某地是否为中心地，以及它属于什么规模类型的方法。简言之，找到一个可以帮助我们确定这个地方的重要性的方法。

第一章　中心地的确定方法

1. 一个地方的重要性

从本书的第一部分所解释的“中心地”的含义里，有一点可以看出，“中心地”和“城镇”两词是不能等同的，因为它揭示了聚落的仅有一个重要的特点，即它所起的中心作用。本研究在于无一遗漏地在德国南部的各地区找出所有符合中心地定义的地方。因为只有这样我们才能确定，理论上的中心地分布图式在多大程度上切合实际，应以何种具体规模为基础，以及在何处出现图式的偏差，或许应另作解释。我们不能像统计学家们那样机械地把所有人口超过 2 000 人的居民点叫做城市聚落，也不能像历史地理学那样去记录一个地区的地理发展史，虽然那种研究方法对其他目的是很有益的。根据历史地理的方法，所有从行政管理角度被称作城镇的地方(加上市场地)笼统地都作为“城市”地方与“乡村”地方相对照。

首先，应该确定究竟什么因素是决定一个地方的重要程度的？是哪些因素使某个地方成为中心地？这些因素也就是中心商品和服务进行交换的全部事实情况。如果我们将一个地方出现的所有这些事实情况予以总结，我们就同时找出了这个地方的重要性。

中心商品和服务是否在某个中心地进行交换，该地是否具有中心功能，最好的确定方法就是考虑该地方所有的商品交换的设施，其中之一就是市场地，它几乎成了一个中心地的标志，尤其在中世纪。现代的中心地，即是新近才成为的中心地，则不需要具备这种明显的标志。从语意的角度看，市场(market)的最一般的解释就是商品和服务交换的区位，于是人们就说金融市场、劳务市场等等。如果我们暂时以商品与服务交换的设施为衡量中心地的重要性的标准，那么必须注意到，这些设施本来是不能规定一个地方的重要性的，真正的尺度只是交换本身。

让我们列出进行中心商品与服务交换的各种设置机构的目录，各种单一的类型被分成组，以便对构成一个地方重要性的具体内容的诸因素，有概括的印象。这些组织设施是：

1. 行政管理组织：

a. 低级类型：户籍所(莱茵河地区负责婚姻、出生、死亡办公机构)、警察站、镇长办公处、税务所。

b. 中等类型：县(区)政府、初级法庭、财政局。

c. 较高类型：省政府、中级法院、劳务局。

d. 最高类型：国家政府、中央办公机构和最高法院。

2. 文化和宗教方面的设施：

a. 小学、中学、公共图书馆、最低宗教管理中心。

b. 高级中学、地方教育部门和大教区所在地。

c. 和 d. 大学、科学院、国家图书馆、博物馆、剧院、主教所在地。

3. 医药卫生方面的设施：

a. 内科医生诊所、兽医诊所和牙医诊所。

b. 药店、县(区)诊所和医院。

c. 专家诊所、科学研究机构、大医院、疗养院。

4. 社会公益方面的设施:

a. 大饭店、影院、地方报纸。

b. 同上,但地位更重要。

c. 娱乐场、大报馆、大体育场、电台。

5. 经济和社会生活组织设施:

a. 同业工会、合作社、地方协会。

b. 以上这些协会的县一级组织及律师、公证人。

c. 以上这些协会的省和国家级组织以及经济、贸易、农业和技术等委员会。

6. 经济和贸易设施:

a. 各种类型的商店、贷款机构、大货栈(农业品货栈)、集市。

b. 专业商店、标价商店、消费者协会、借贷、储蓄协会、银行以及营业所。

c. 百货商店、批发商店、经纪处、股票交易所、国家银行的支行。

7. 行业设施:

a. 普通工匠铺、修理所、啤酒坊和磨坊。

b. 特殊工匠铺、大型面包厂、屠宰场、煤气厂和电厂。

c. 同上,但规模更大。

8. 劳务市场方面:

劳动市场根据经济活动规模与数量以及劳动力的强度(如劳动的要求和劳动的提供)各有不同。

9.交通设施：

a.火车站、邮车起止点、公路中转站、邮局(或重要的邮政代理处)。

b.快车站、铁路枢纽站、中等邮电局、长途电话局。

c.快车终点站、国家铁路管理局和邮政总局。

准确地说，中心设施存在的地方，即是一个中心地。但这里就出现了第一个困难，例如：一家肉店是不是我们所理解的中心设施？一所学校、一座教堂等又怎样理解呢？如果说只考虑那些对于较大的地区具有更为广泛意义的中心设施，那么什么是最低标准呢？一家较大的肉店、一所中学或高级中学、一座涉及较广区域的教堂——这些当然都应该被列为受重视的中心设施，小商店、小学或只是一个小的乡村教堂则不应予以考虑，因为它们只有局部重要性。我们必须要找出一个衡量标准，以确定某一设施什么时候是中心性的、什么时候是局部性的。

更进一步，我们希望能够比较两个地方的中心级别，并根据其中心性把它们分成较高或较低级别的地方。为此，我们必须从量的角度(或者说从中心集中的强度上)来解释中心程度。为了这一目的，我们是不是可以简单的把所有中心设施加在一起，并将其和作为等级值，用以比较和定级呢？那当然是不行的。作为中心设施，一所大学就和一所中学有很大的不同，一所有 1 000 名学生的中学和一所只有 100 名学生的中学也有很大的区别，因此对每一个中心设施都要根据其重要性进行衡量。具体来说，学校可以根据两者的级别(大学、高级中学、普通中学)和学生的人数；医院可根据它从事医护供膳的次数(病人的人数或者床位的数量是不足以说明问题的);商店根据它的营业额;车站根据火车停靠的次数和售出的车票数;等等。

但是尽管这样还是不够的,为了能表述一个地方的重要性的总和,还应设法把通过上述方式得到的数值综合起来。问题也恰恰在这里,这些数值应该被加在一起呢还是乘在一起,抑或是用什么方法结合起来。由于一个地方的重要性是一种强度值,因此把造成重要性的各个因素的规模大小相加,得出一个简单的和,这就是一个极不准确的值,而且往往过低,特别对一个拥有大量中心因素(设施)的大城市更是如此。我们在本文的理论部分已经看到,当中心商品增加一种新类型时,中心商品的消费(即中心地的重要性)程度不只是增加了这一新商品的消费,而是高得多。现在首先还需使那些表示中心设施的数值有可比性,因为它们要被归纳为一个地方的总和重要性,这些数值必须按照同一个标准取得,就好像货币一样,它可以衡量不同的经济、文化、医疗等商品和服务的不同价值。因此不能在一种情况下把商店的销售额用钱表示,而对医院又以医护供膳次数表示,如此等等,最后合为一个地方的总和重要性。正确的方法应该是把中心商品实际销售所得的经济效益(即中心商品供应者的纯收入)作为衡量的基础。但这也产生一个难题,因为我们必须考虑的不仅是经济上和表现在金钱上的纯收入,而且还要考虑精神上的纯收入,如教育设施、管理设施和娱乐设施的纯收入等等。

因此我们可以看出,如果我们希望把一个地方的中心重要性确定到我们能够说,这是一个中心地,并且属于规模类型 M 级这样的准确程度,我们所面临的困难有多么大。整个问题在于一个

地方中心重要性的量化上。[①]

鉴于一个地方的重要性所包含的内容不易具体识别，且涉及的方面很多，又因为以一个统一的尺度来量化这一重要性又是如此困难，似乎要找出鉴别中心地的方法，并借以比较其规模大小是不可能的。好像还是应回到通常的划界和量化方法上来，也就是回到以居民数表示某一地方规模大小的方法上来，达到 2 000 居民界限的冠之以城镇称号，至于由此而出现的偏差和错误，尽量以其他途径予以消除。

但是完全没有必要丧失信心，因为有一种通过数据来确定一个中心地的重要性的极其简单而又相当精确的方法：只需数一下电话线路的数量[②]，就能相当准确地显示出一地方的重要性。

首先，我们将用演绎法来证明一下电话转接台方法是否有用。

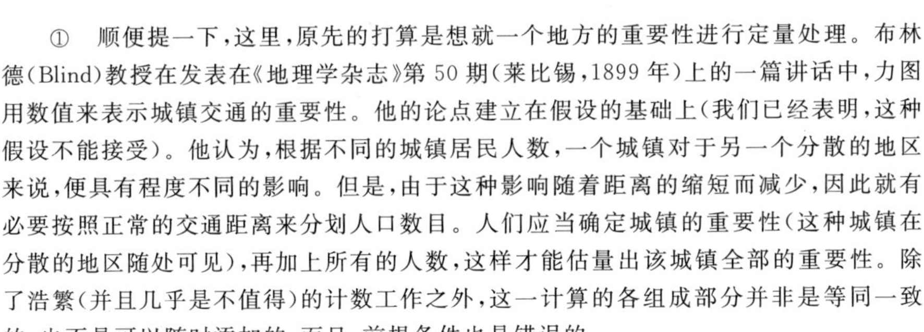

① 顺便提一下，这里，原先的打算是想就一个地方的重要性进行定量处理。布林德(Blind)教授在发表在《地理学杂志》第 50 期(莱比锡，1899 年)上的一篇讲话中，力图用数值来表示城镇交通的重要性。他的论点建立在假设的基础上(我们已经表明，这种假设不能接受)。他认为，根据不同的城镇居民人数，一个城镇对于另一个分散的地区来说，便具有程度不同的影响。但是，由于这种影响随着距离的缩短而减少，因此就有必要按照正常的交通距离来分划人口数目。人们应当确定城镇的重要性(这种城镇在分散的地区随处可见)，再加上所有的人数，这样才能估量出该城镇全部的重要性。除了浩繁(并且几乎是不值得)的计数工作之外，这一计算的各组成部分并非是等同一致的，也不是可以随时添加的；而且，前提条件也是错误的。

汉斯·鲍贝克(Hans Bobek)的方法倒是更为简便，而且从逻辑上讲，亦并非不可接受。他给“典型的城市劳工部门”的成员编上号，这些部门的“总数与该地区在交通紧张的情况下，经济发展潜力的规模相符合一致”(这种说法与我们称之为中心地重要性的说法相似)；但是，使用这种方法时，出错的概率却是值得重视的。(汉斯·鲍贝克：《城市地理学的基本问题》〈*Grundfragen der Stadtgeographie*〉，第 220 页。)

② 一部电话接线台仅为简单的装置，排除其他方面所表示同一数量的不真实。——英译者

所有用以进行中心商品和中心服务交换的设施，都需要同一个较大的、分散居住的人群取得联系。正是这个共有的必要条件使它们成为了中心设施。在当今再也没有比电话更必要、更有代表性的了，可以说它就是一个设施，是具有中心意义还具有的地方意义的标志。在某种程度是一个公分母，造成一个地方重要性的各种因子都可与之相比，从而，中心性的定量问题也就解决了。总之，一个较大的城市里市区电话使用量是比较突出的，然而尽管如此，每一线路上的长途电话平均值绝不少于小城镇，而是肯定比那里要高。

这种方法的有用性也可通过归纳法加以证明。本文研究的结果也将同时提出证据。这里只需将图 1 的人口分布与图 2 中心设施分布进行比较[①]。图 1 描述了一个地方的人口分布，图中每一个点代表 400 个居民；图 2 描述了中心设施的分布，与电话线路数相应，每一点代表 10 条线路。用电话分布方式（图 2）鉴别中心地得出的结果，明显不同于用人口分布方式（图 1），两图在中心地重要性方面的差异，对比十分显著。

对于这两幅图的成图技术[②]，有几点说明：地图比例尺与点值之间的关系是经过精心选设的，只有代表较大区域图上的点所示的面积是非比例尺的。因此，在地图上较大的居民点往往盖住较小的邻近居民点。要避免这种情况出现，可以通过加大地图比例

① 这里指的所有图均在本书“附录”之中。——英译者

② 在本书克氏所绘的地图中，一些特征不易分析，其原因是地图的范围有所简化。——英译者

尺或提高点值。[①] 然而，这样正可以表示出这些在大城镇周围的邻近居民点是如何联系在一起的。城镇性地区的范围总是超出其住宅所具有的范围，属于这一范围的还包括那些邻近地方，因为那些地方相当数量的居民每天都在这个城镇购物、上班。此外，被城市居民当作园艺地（他们从事园艺活动时可以住在当地以及郊游地的那些城市附近的区域）也属于这个城镇的范围。将人口密度图的比例尺定为 1∶1 000 000 时，一个占 0.25 平方毫米空间的点代表 400 人。这样，对于人口密度为 1 600 人/km² 的地方，按照比例尺，在图中每点所占空间就与居民点住户所实际占有的面积相当。如果人口密度再大些，则会有超界现象，一些点将超过居民点的实际界限。400 人这一数据还有另一含义：400 人的村庄是非常普遍的，这一数值代表典型的小型独立农村社区。少于 200 或 300 人的是小村落。对于几个分散的总共有 400 人的居民点，在图上就设点于人口重心外。两点的注记表示小镇（Gewanndorf）

① 我避免拘泥于某个范围（根据斯特恩德·格尔〈Sten de Geer〉的例子，见他的《瑞典的人口分布》〈*Befolkningens Fördelning i Suerige*〉〈斯德哥尔摩，1919 年〉），罗列一些更好的解决方法，因为，根据一个原理（两维空间）提出一些小规模的解决方法，再根据另一些原理（三维空间）提出一些大规模的解决方法，这样做不合逻辑。不但地面位置和空间范围排列之间的界线定位是任意选择的，而且地图上的视觉图像也被这个区位扭曲了，并在一定程度上是错误的。由于同样的原因，罗伯特·格拉德曼的方法就没有采纳应用（如，应用于专门化企业的扩展图，见《南部德国》〈*Süddeutschland*〉〈斯图加特，1931 年〉，第一卷，图 25，第 179 页），因为这种方法只在较小的地方标上小点，在较大的地方画上圆圈，里面分别注上各自的数字。至于其他方面的内容，请看马克斯·厄克尔特（Max Eckert）的《地图学》（*Die Kartenwissenschaft*）一书（柏林、莱比锡，1931 年）中，关于地图及人口密度图的有关段落，和赫尔曼·劳滕萨希（Hemann Lautensach）的《地理学入门》（*Allgemeine Geographie zur Einführung die Landerkunde*）（哥达，1926 年），第 262 页脚注。

(600至1 000人),三点以上的注记表示工业村或市场地、镇或其他中心地(1 000人以上)。就大城镇而言,点数所占的面积相应地比聚落的实际面积大,过剩的点就设在该聚落对周围农村政治或经济影响最强的地方,比如在作为农业和园艺社区的地方。

电话线路分布图与人口密度图都具有相同比例尺。两张图上的点的总数应尽量相等,以便分布上的特征一目了然。所以在第二张图上,点值为10条电话线路,因为在整个经考察的地区①,平均每40人拥有一条电话线路,即400人拥有10条线路。这一数值(10条线路)也就是标志一个最低中心地的特征数值。拥有这一最低值(在交通偏僻的区域,6条线路作为最低值)的地方通常具有真正的中心性。点在图上的分布有小误差,就每个行政区而言,点的数量与电话线路总数相应,而在分布时,先在一个区(通常是低级法院区②)的每一地方按每10条线1个点设置,其余剩下的点就分布在那些电话线路数量渐次减少的地点。

借助电话簿来计算电话线路数,存在一些技术问题。为了解决这些问题,我们计算每条具有经济独立特点的线路,也包括符合这一条件的辅助线路,以及属于同一企事业单位的多余线路中的每一单独线路。公用电话不计算在内,因为它们通常表示的只是农村人口的分散程度。

然而,电话线路数并不能简单地等同于地方的重要性。在取

① 这里克氏标绘出整个南部德国区域,在这个区域平均每40人拥有一条电话线路。——英译者

② 意为最低行政区域。——中译者

得对于进行综合比较有用的数值（可称为特殊重要性）之前，必须消除一些造成误差的根源。它们包括下列各种：

（1）由于聚集而带来较高的电话拥有量（因为私人电话线路的数量相当多）。

（2）就地区而言，那些对获得和传递信息有较高要求的地区（如莱茵区）；那些较富有的地区（有丰富农产品，尤其是葡萄种植区）；存在着特别依赖电话的行业的地区（黑森区、费希特区以及图林根森林区的小企业）拥有较高的电话拥有量。

（3）存在地方性的例外（如疗养地、巴伐利亚州阿尔卑斯山及巴登湖等地的主要旅游区、上层居住区和边界地方）。

产生这些误差的因素需予以排除。第一种情况不容易排除，但从另一方面看，排除它也非十分必要，因为在大城镇私人拥有电话的数量虽很高，单个的电话中心机构常常却也相应地较大，而这种中心只算作拥有一条电话线路，因此增减趋于平衡。

第二种地区性误差因素可通过如下方式排除：地区性的计算每 100 人的平均电话线路数，如果发现在某一地区 100 人拥有 2 条，而另一地区 100 人拥有 4 条，就可知后者对电话需求为前者的 1 倍，我们就把前者电话线路值定为一半，就可比较两个地区各处的值。

至于第三种情况，误差的地方性因素不能用同样的方式消除，因为不可能像第二种情况那样计算一个区域的简化系数但是却可以引入一个相仿的专门简化系数。关系如下：

$$B_z = T_z$$

式中 B_z 是中心地的重要程度，T_z 是电话线路数。这属于普通的或粗略的重要性[①]公式。消除了误差资料后，就可以得到提供可比值的专门重要性[②]公式：

$$SB_z = T_z\left(\frac{E_g}{40T_g}\right)$$

式中 SB_z 是中心地的专门重要性，T_z 表示该地的电话线路数，$E_g/40T_g$ 是简化系数（E_g 等于地区人口数，T_g 等于地区电话线路数）。将 E_g/T_g 的比值与南德地区人口与电话线路数的标准比值 40∶1 联系起来，就可得到简化系数。这样，在 40 人拥有 1 条电话线路的标准地区，一号地方的专门重要性与电话线路数相等，例如 $SB_{z(1)}=80$。在每 20 人拥有一条电话线路，并且所涉及的二号地方也有 80 条电话线路，其专门重要性为：

$$SB_{z(2)} = 80\times\frac{20}{40\times 1} = 40$$

本文避免用这种方式计算一个地方的专门重要性，因为这对于我们毫无意义；我们希望表现出一个地点的中心性——即重要性剩余[③]，而不是绝对的重要性。

2. 一个地方的中心性

一个地方的**中心性**等于它的**重要性剩余**，即等于该地点对于隶属于它的一个区域的相对重要性。如果说重要性等于电话线路

---

① 原文为 rough importance，也可简称粗重要性。——中译者

② 原文为 specific importance，也可简称别重要性。——中译者

③ 英文本在此后补加一句为：即一个地点对周围补充地区的作用比常规数量的影响多到什么程度。

数，则可以认为：在一个有 4 000 人的区域，拥有 100 条电话线路(即每 40 人 1 条)；如此类推，在一个拥有 2 000 人的区域的中心地，就应当有 50 条电话线路以满足中心人口的本地需要。但如果中心地有 80 条线路，则中心地重要性的剩余则为：80－50＝30 条线路。区域内分散地的重要性(2 000 人分散居住)的应当值假若为 50 条电话线路。而如果在分散地只有 20 条线路，则重要性亏空值为 30 条。因此，分散地的重要性亏空与中心地的重要性剩余相平衡。

一个地点的中心性公式就为：

$$E_z = T_z - E_z\left(\frac{T_g}{E_g}\right)$$

式中 T_z 是中心地的电话线路；E_z 是中心地人口数；T_g 是区域的电话线路数；E_g 是区域的人口数。将式子 $E_z(T_g/E_g)$ 定义为期望重要性，T_z 为实际重要性。二者之间的差就是重要性剩余，或是中心性。分数 T_g/E_g 表示了以人口数为基础的整个地区的电话密度，可称之为电话密度。

在本书末尾的表格中，[①]居民人口数和电话线路数未列出，只列出了地图中的点数。公式中无甚变动，只是 T 表示 10 条电话线，E 表示 400 人。

当获得一个地点的中心性值的同时，必须记住这些值仅仅是表示一个地点中心重要性的象征；通过电话线路表明一地的重要性或对中心性进行计算的方式都不具有精确的数学意义，但通过

① 英文版只选录了表 1。——英译者

这种方法获得的值在更高的程度上与一地的中心重要性相符合，而用人口数或用商业、交通运输业或自由职业的雇佣人数就没有这么高的程度。

应当提到的是，计算中心性的公式对于电话密度较高的地区给出了不合比例的高值，而对于电话密度较低的地区给出了不合比例的低值。对中心性的粗略计算掩盖了在上文提到的电话线路法的误差。但是这样就放弃了去排除这些误差，而好处是同样表示了电话线路丰富地区与线路贫乏地区（如富有和贫困地区）的差异。一个专门中心性能给出用于所有地方的可比较值，这种中心性值获得的方式与前面专门重要性的计算方法大体相同，即将粗略中心性与一个平均值，即 40∶1 的电话密度比相联系，也就是粗略中心性值与简化系数 $E_g/40T_g$ 相乘，由此而获得的对于专门中心性的值，将准确地说明一个中心地与所在地区的关系。

至此，我们已经谈到中心地及其区域；自然，这样一个属于中心地的区域是存在的。然而，正如在理论部分所见到的，这个区域很难确定，首先，因为对于每种中心商品而言，其补充区域准确地说是各不相同的，这取决于各中心商品的范围。其次，因为相邻中心地的补充区域之间在边缘地带相互接触，界限不是固定的，随着决定中心商品范围的因素的各种变化而改变，此外还经常有犬牙交错的现象，边界地带往往同时属于两个中心地。为了确定一个地方的粗略重要性（等于电话线路数），不必对这个地方的区域了解得很清楚。然而，如果粗略重要性要变为特殊重要性时，我们就必须了解这个区域的情况，因为递减化系数包含了区域的电话密度；或者如果要计算一个地点的中心性，就必须知道区域的电话密度。

由于有上述的困难，我们将放弃准确地划定中心地区域的企图[①]；现在只是要找出电话密度的数据（一个区域内只有一条线路的居民数），这一密度在短距离内变化很小。通过这种方法，估计出一个中心地的区域，这样，最低一级中心地的区域才可能只包括其邻近地区，而绝不会包括其他中心地，因为每个中心地拥有自己的区域。中级的中心地的区域一般与低级行政区域（县、区）相一致；然而，如果在这些行政区中，有的地方具有行政中心赋予的相同的或更高的中心性（如工业地或疗养地）时，在计算平均电话密度前，这些地方的电话数和人口数要排除。计算高级中心地的中心性，所要考虑的就是一个在经济与管理角度隶属于高级中心地的更大的区域，它包含较低一级的中心地。一般说来，这里的原则即利用区域的原则，这种区域作为一个补充区域在经济上隶属于中心地，特别是由于该中心地对其提供最高范围的中心商品。

如果说本文的研究任务首要的是证明中心地有一定的标准规模，于是我们就必须在计算中心地规模时特别小心。因为尚未与补充区域成比例关系的中心地的重要性（不论粗略的或专门的重要性）如本章第 1 节所确定的，还不是一个使人们能认识到标准规

---

① 在某些个别情况下，一个中心地区域在政府的过问下，可能会很好地确定下来。东德就出现过这种状况，以论证所谓“自然和经济界线的变形”。结论是由威廉·沃尔茨（Wilhelm Volz）和汉斯·施维尔姆（Hans Schwelm）两人在其《德国东部边界，研究德国边界破坏的材料》（*Die deutsche Ostgrenze, Unterlagen zur Erfassung der Grenzzerreßungsschäden*）（莱比锡，1929）一书中，从制图法的角度提出的。这一过程是很有条理的，内容上也是颇有趣味的，但由于需要做大量的野外实地勘测工作，因而只对最狭小的地区才实用。

模群的合适的表达方式。这一“重要性”包含两个因素：(1)某一地方的“个体重要性”，它可能在疗养地、矿业城镇、边界城镇等处相当突出；(2)“重要性剩余”，即向分散地提供中心商品的重要性。只要通过重要性剩余的程度，才能看出一个地方的标准规模，也就是它作为一个区域中心点的这一特征所产生的结果。

对于一个中心地在某一规模等级中的地位排列问题，起决定作用的究竟是粗略的还是专门的中心性呢？为了证实我们从理论上提出的关于中心地规模与分布的图式方案的合理性，只能是专门中心性。在理论研究的基础上，以下事实业经确定：存在着中心地的某种标准规模，其他的表示规模的值一概不予考虑；属于这种类型之一种的中心地数目是确定的，不是随意性的；中心地的分布是有意义的、合理的，不是偶然的或仅仅是由历史、空间或自然条件所制约的。这些结论具有广泛的适用性，无论地区贫富程度、人口疏密情况、交通是否便利、开发历史长短，也不管提供给补充区域的中心商品价格是高是低、是否稳定，或运输费用是统一的还是不统一的、是高是低。所有这些外界因素都对粗略中心性的高低有影响，例如，粗略中心性在富裕地区比在较贫穷地区要高些。但为了确证我们的图式这一法则是否合理有效，必须把所有的不同地带和及其人口上的差异予以忽略，而只注意由专门中心性表示的中心地与其补充区域间相互关系的数值。

在我们从事“区域部分”的工作过程中①，已知道按公式得出的粗略中心性的值，就像在书的后面附表和图 3、图 4 中提出的那

① 参阅第三部分慕尼黑 L 级体系。——英译者

样，足以正确地阐明各个规模类型分布的重要规律，对于农业占主导地位的区域来说尤其正确。在更多工业化的区域，所有类型都多，所以各种规模类型的重要性指标与我们的图式方案完全相符。顺便指出，当这些类型要在专门中心性的基础上产生时，我们很容易以推断的方式确定它们，只需将电话密度低的地区的粗略中心性的类别提高，或将密度高的区域的类型降低就可以了，在表格第6栏中给出了有关的电话密度。计算专门中心性要付出较多的工作量，使用粗略中心性的数值，从而节省了大量劳动。而且地图也更具体些、更切合实际情况。

第二章　初步结果

1. 中心地

至此，我们创立了一个关于确定中心地的分布、规模与数目的理论，从而有了分析现实世界的有用方法。第三部分将对特定区域进行具体分析，在此之前，将一些分析的初步结果作一归纳，以便对区域的概念更加清晰，并避免重复。

一切地方都有一个中心性（粗略计算方法为 $T_z = T_z - E_z(T_g/E_g)$，式中 T_z、T_g 分别表示中心地和区域的电话线路数；单位为 10 条；E_z、E_g 表示中心地和区域的人口数，单位为 400 人），中心性在 −0.5～+0.5 之间（这个中心性值既不表示该地重要性剩余，也不表明重要性亏空）的中心地称作辅助中心地，一般地，它们有 5～10 条电话线路。在电话密度高的地区或人口很多的地方，拥有 20 条或更多些电话线路，仍然可能只是辅助性中心地，而在电话密度低的地区或人口少的地点，拥有电话线路数不足 5 条，亦可能是辅助性中心地。

辅助中心地既不是重要性亏空的分散地，也不是重要性剩余的中心地。从其起源上观察可分为三类：

（1）过去历史时期被降级的中心地：集市和小镇，从现代经济和交通角度看，其位置不太便利。这类地点包括属于显著的防卫型区位的城镇，如山顶、陡峭平坦或突出的区位[①]，它们在发挥中心职能方面很容易受到那些具有地利的车站地方的排挤。但是很多集市和小镇，特别是位于聚落发展历史悠久的区域，以及中世纪城镇发展主要阶段中出现的，而又不属于统一的大领主统治的集镇[②]，它们在自由交往和行政管理统一化的现代经济条件下变得多余，经过缓慢的变化将退化为分散地，这种变化仍在进行中。另外，这种类型的中心地还包括那些位于大城镇附近，正逐渐失去其经济独立性和集市区域的地方。这些地方变成大城镇的郊区甚至变成城市的一个部分，它们的中心重要性也被邻近大城镇的更高级的，从而更具扩张性的中心性所吸收。最后，属于这一类的还有由于农村贫困、边界变化及其他原因失去市场的地方，以及那些由于交通条件改善而变得多余的地方。

(2)上升的中心地：是指以现代经济观点看具有良好的区位条件的分散地（在动态观论中，可以发现，若向某地提供中心商品，这些地方是必要的）。此外还包括位于由农业转向工业地区附近的地方和位于人口与资产数量迅速增长地方，特别是旅游区，并在其附近又无其他大城镇的地方。另外，交通网和交通工具的发展意义重大，在火车站所在地，可以看到中心性上升的情况，而在偏离铁路的地方，则可见中心性相应有时下降。此外，诸如教区的建

① 在一些含有次一级山区的省里，坐落在山嘴位置的城镇特别常见。参见罗伯特·格拉德曼（Robert Gradmann）的文章“符滕堡王国城市居住区”，载《德国地理及民俗学研究》（*Forschangen zur deutschen Landes-und Volkskunde*）第 21 期，第二部分（斯图加特：1926 年），第 147 页。

② 参见罗伯特·格拉德曼的《南部德国》（*Süddeutschland*）（斯图加特：1931 年）第一卷，第 166 页。

立、新矿产的开采、大工厂的兴起和边界的变迁等特殊原因,也可能导致至今无关紧要的聚落上升为中心地。在其发展初期,这样的聚落应视之为辅助中心地,其发展趋势是正向的,即趋向于具有完全中心性,而衰落的中心地则趋向于分散。总之,对于这两种情况来说,辅助中心地状态都是一个必经的过渡性环节。

(3)第三类地方有所不同,这类地方是长久性辅助中心地,即在将来的一个相当长的时间内仍处于辅助中心地的地位。位于边远山区孤立地段的地方属于此类,由于自然障碍,其范围无法扩展,其人口及富裕程度也不可能得到增长。属于此类的还有格拉德曼称之为"侏儒小镇"[①](dwarf-towns)的不走运的投机地,由于缺少腹地,它们从未具有过较高的重要性,也没有发展的契机,并且由于扩大其疆界的可能性极小,因而也不可能转化到分散的农业生产的轨道上去。此外,兜售商贩集聚地,尤其是农村的犹太人聚落等都属于此类。

这些辅助中心地在图 3 中以十字符号表示,可以看出它们大多数分布在环绕完全中心地的区域边界上,分布在理论上看是正确的区位上,即某些低等级中心商品范围界限上;它们或者也分布在偏僻的农村地带,抑或是大城镇的邻近地域。

上述辅助中心地,是介于分散地与中心地之间的过渡级别,称为 H 级中心地。根据第一部分(理论篇)的图式,每 6 个 H 级中心地环绕一完全中心地(即使该完全中心地属最低级亦然),每一 H 级中心地同时属于 3 个完全中心地服务区。因此,每一完全中心地拥有两个辅助中心地。当然在实际中不是总能找到这样的 6 个

① 罗伯特·格拉德曼:"城市居住区……"(Die Städtischen Siedlungen…),第 168 页。

辅助中心地的，只是在这6个区位上有可能发展成辅助中心地。至于在具体情况中是否存在某个辅助中心地，其制约因素很多，对此我们在动态理论中已经有所了解。

完全中心地中最低级者一般称之为集市，但为了区别于历史上或行政上使用的集市一词，我们把它们称为M级中心地。该级中心地的重要特点，是具有周期性集市贸易，此外还有一些最低级中心设施，如必要的户籍所、警察站、医生诊所，有时还有兽医诊所、牙医诊所、小客店（无饭馆），也许还有合作社、信贷所、各种工匠铺、修理铺、啤酒坊或磨坊。M级中心地一般都有一个火车站、邮局、长途电话中继站，多半位于邮车的起止点或重要的公路交叉点。拥有电话线路一般在10～20条之间，在优越地区（电话线路密度高）或人口多的情况下，则更多些；人口密度小，电话线路密度也小的地区，即使电话密度小于10，也属M级中心地。依据我们的公式，中心性为0.5～2.0。M级中心地也是6个呈环状分布于一个更高级中心地周围。

下一类中心地的特点，是具有初级法庭、小学、公共图书馆、地方性博物馆、药店、兽医站、电影院、地方报纸、俱乐部、合作社、专业商店、储蓄信贷事务所，往往也是铁路交叉点。由于此处是公务机关所在地，故通常称之为“公务镇”[①]（Amtsstädtchen），为了保持这种表述的独立含义，我们在这里把它叫做A级中心地。这类中

① 考茨克（Kötzschhe）并非夸张地把这种中世纪的A级中心地，并包括部分K级中心地叫做“非城镇般的城镇”，那时候的居民不到二千人。（鲁道夫·考茨克：“中世纪普通经济史”，载《经济史手册》（*Handbuch der Wirtschaftsgeschichte*），乔治·布罗德尼茨〈Georg Brodnitz〉编辑〈耶拿：1924〉，第574页。）

心地拥有电话线路平均为20～50条,中心性为2～4。其分布规律同上,依然是每6个环绕一个更高级的中心地。

下一类为主要中心地,相当于普鲁士和黑森的主要县内镇,以及巴登地区、符腾堡地区和巴伐利亚的县城。亦即为低级行政机构所在地——县城(Kreisstädtchen),谓之K级中心地。其中心设施包括低级行政机关、区(县)级诊所、县级医站、县级储蓄所、县级报纸、县级行会及其他县级机构,此外财政局、高级中学、消费者合作社、银行支行和屠宰场。这类中心地多数是快车停靠站,其电话拥有量为50～150,中心性为4～12。与中心地理论相反。K级中心地显然分为两个亚类——这可在示意图[①]上看出;一类中心性为5或6;另一类为8～10。特别是那些低级行政机构所在地的K级中心地的中心性为8～10;而具有同样经济中心意义和同样人口,但不是行政机构驻地的地方,中心性为5或6。后一种亚类与A级中心地的职能全然不同,更接近具有行政机构驻地的K级中心地,因而归入此类。这种分类法在理论的图式上也是正确的。

下一类为较高级类型的中心地,其经济上是重要的,但在行政管理角度并没有得到多少承认。行政界总是希望把低级行政区合并成大区(Großkreise)[②]以便节约行政经费。这种对低级行政区的简单区别是错误的。比较有意义的做法,是把一些服务范围较小的事务机构(如警察、区内行政管理、县级学校、县级宗教事务)放在原址,当然也可以另寻新址,而服务范围较大的事务机构(如

① 见附录1中慕尼黑L级体系中心类型的频率分布。

② 参阅本章第2节。

县级医院、县级建筑机构、县级文化建设机构等)则可由 K 级地移到更重要的区位。今天,通过将两个低级行政区归属于位于大县城的上级机构,使这一目标已部分达到。应当看到,无论如何,由于合并低级政区等变化,低级行政机构的服务不是所有的都具有前文所述的相同的 K 级范围了,我们称那些较大的中心地为 B 级中心地,即主中地区(main distric place)(Bezirkshauptorte)。除了前文提及的机构外,在行政管理上,这类中心地还有劳务局;此外有高级完全中学、医疗专家诊所、全日影院、专业商店、专业工匠所,还有小百货店、日报、银行、国家银行分行、煤气站、大邮局等。这种 B 级中心地才称得上具有完全规模的**城市**(Stadt),而 K 级中心地只能恭维地称之为**小城**(Städtchen)。[①] B 级中心地拥有电话线路 150～500 条,中心性为 12～30。但 B 级中心地与下一种中心地的明确区分是较困难的。

下一类是较高类型的 G 级中心地,得名于“Gau[②] 区”。(Gaubezirk)该 G 区的规模下文将证及。这里要确定的是这种 G 区域单位的主要地方的标准规模。G 级中心地是《德国统计年鉴》[③]中的中等城市,起码是其中最低一组,人口达 7 万,其特点在

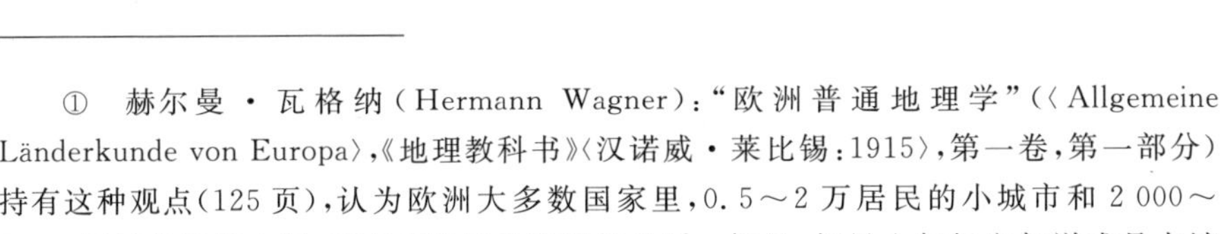

① 赫尔曼·瓦格纳(Hermann Wagner):“欧洲普通地理学”(〈Allgemeine Länderkunde von Europa〉,《地理教科书》〈汉诺威·莱比锡:1915〉,第一卷,第一部分)持有这种观点(125 页),认为欧洲大多数国家里,0.5～2 万居民的小城市和 2 000～5 000 居民的城镇之间,不存在明显的典型的差别。但是,如果人们把它们说成是大城市(只需从大约 1 万人开始算起)和小城市,差别就明显而典型了。

② “Gau”为一个德国的古老部落的名字,现意为一个区、省或县。——英译者据德文可意译为:州郡、郡县。这里简称为“G—区”。——中译者

③ 此句为英文本所加,原德文版无此句。——中译者。这是一种按城镇人口规模分级的城市人口统计资料(美国人口统计局也用此方法)。

于它是中级政府机构所在地，相当于巴登的区或黑森的省。一般地，G级中心地有地方法院、工商联合会、大部分还有剧院、各种经济社会组织、加工工业区域销售代理处、批发商店、大百货公司，重要的铁路在此交汇，它们常常是大学城、军事要塞或者是工业区中心。拥有电话线路500～2 500条，中心性30～150。

下一类是省府(Provinzialhauptorte)，取德文字头称之为P级中心地。它具有高级的独立重要性，对于一个广阔的区域来说，它是大都市。在其中，全是都市型设施，如有轨电车、屠宰场、煤气厂、体育场、剧院、省政府驻所(在普鲁士，是行政区的首府，而不是省府驻所；在巴伐利亚，则是新近合并的县府驻所)、商学院、高级专营商店、银行、小型股票交易所、邮政总局和铁路管理机构驻所。人口大约7～40万，电话2 500～25 000条，中心性为150～1 200。这一级中心地与其上、下两级中心地间区别明显。

最高类级中心地是国土中心(Landesznetrale)，即L级中心地[①]。这种国家中心在德国特别明显，在意大利、西班牙亦如此。平均人口大约为50万，电话超过2 500条线路，中心性大于1 200。

比L级中心地更高级者则是世界都市或国家首都，我们称之为R级(Reichshauptslädte)中心地。人口超过200万，但在地球上不发达的地区，人口可能小于此值。从理论上说，介于L级和R级中心地之间，还有另一类中心地因为对应于每两个一定等级的

① 它们大约相当于中世纪5万居民的大城市，如考茨克(Kötzschke)所列：佛罗伦萨、米兰、热亚那、巴塞罗那、科隆、伦敦。10万居民以上的中世纪的世界城市，如君士坦丁堡、威尼斯、巴勒莫、巴黎，均可称为R级中心地。(鲁道夫·考茨克："中世纪普通经济史"，载《经济史手册》〈*Handbuch der Wirtschaftsgeschichte*〉，耶拿，1924。)

中心地,必然有一个高一级中心地[①]。假使在德国有 12 个 L 级中心地(或许更多),其中之一柏林是 R 级中心地,另有 3 个应属于这种介于 L 级与 R 级之间的类型(如汉堡,其职能为杜塞尔高夫及埃森分担的科隆和慕尼黑 3 个地方),这种地方应称为 RT 级中心地,以德文缩写标志它是国家某一部分的首府[②]。在其他国家,比如在法国,这种 RT 级中心地具更大的独立性。另一个方面,L 级中心地则地位下降。为了使中心地体系或分布趋向完善,除巴黎作为 R 级中心地外,将波尔多和里昂(或马赛)称为 RT 级中心地。在意大利,为了补充 R 级中心地罗马,可以将米兰和那不勒斯定为 RT 级中心地,此法同样可用于英国、前奥匈帝国和日本等国。

下表给出南部德国实际存在的各级中心地:

类型	人口(约数)	电话线路数	中心度
H	800	5～10	－0.5～＋0.5
M	1 200	10～20	0.5～2
A	2 000	20～50	2～4
K	4 000	50～150	4～12
B	10 000	150～500	12～30
G	30 000	500～2 500	30～150
P	100 000	2 500～25 000	150～1 200
L	500 000	25 000～60 000	1 200～3 000
RT	1 000 000	60 000 以上	3 000 以上
R	4 000 000	?	?

关于南部德国 L 级中心地,有些问题需要先行研究,因为第三

① 静态联系部分内的图 2 及附表中,一个 R 级区域可能是:一个 R 级中心地,两个 RT 级中心地,6 个 L 级中心地,等等。

② 其德文为 Reichsteilstädte。——中译者

部分“区域篇”各章节是以L级中心地体系为基础的。那么,哪些城镇可定为L级中心地呢?

毫无疑问,慕尼黑、斯图加特和法兰克福属于此类。下表是上述三城,包括分担其中心职能的邻近地方在内的有关数据:

城市	人口	电话	中心度
慕尼黑	747 200	50 290	2 825
法兰克福	688 000	42 100	2 060
斯图加特	415 800	28 530	1 606

此外,合理的做法是把纽伦堡与富尔特加在一起,作为一个具有L级意义的中心地:

纽伦堡—富尔特人口:486 400,电话:26 230,中心度:1 346。

除此之外,在德国南部好像再没有一个城镇或城镇联合体的中心性高于1 200的了。再下一级的间距很大,这些中心地是曼海姆—路德维希港(中心性649)和卡尔斯鲁厄(中心性为357)。但是这一结果,并不令人完全满意。因为下一章将指出南德L级中心地的补充区辐射范围为108公里。其结果是萨尔地区、西莱茵和南巴登地区,都在其邻近的L级中心地法兰克福和斯图加特的影响范围之外。但是如果把德国以外的L级中心地,如南锡和苏黎世也考虑进来,可以发现萨尔地区部分地位于南锡影响范围之内,而南巴登在苏黎世影响区范围之内。但实际上,L级的斯图加特很少能影响到朗道、哈尔特山区的诺伊施塔特和斯特拉斯堡,同是L级的苏黎世其影响范围也没有达到弗顿堡和奥芬堡,南锡的影响范围在普法尔策地区没有达到霍姆堡、斯特拉斯堡和米尔毫斯。被梅茨称为上莱茵兰的上莱茵地区[①]，应该说是一个完整的自然地理单元，即是一个独立的L级区域，它基本上存在浮日山脉、瑞士侏罗山和黑林山之外的L级中心地的有效影响范围内，不过该L级区域显然缺少一个L级中心城镇。正如梅茨所说，斯特拉斯堡作为该区的自然中心[②]，显然应赋予其相应的作用，诚然这样做与现今情况不完全相符，然而这是符合理论逻辑的一项工作，而且一旦政治干扰因素被消除，它将自动地根据聚落地理的法则得以实现。由于施特拉斯堡的潜在的L级的机能很明显，在第三部分我们把它确定为南德的第五L级中心地[③]。

2. 体系的其他要素

根据规模和重要性划分出中心地的等级之后，应该确定补充区域的规模，这一规模与同级中心地的标准规模是彼此相应的。我们将同确定不同等级中心地的标准规模一样，以归纳的方法进行这方面的研究，同时，我们还要从通过电话的方法已经有所认识的南德中心地入手。如果将中心地标注在地图上，可以令人吃惊地发现，这些中心地构成规律的网络。前面提到的那些城镇稀疏的地区（上巴伐利亚、南上普法尔茨和上施瓦本），现在看来其城镇

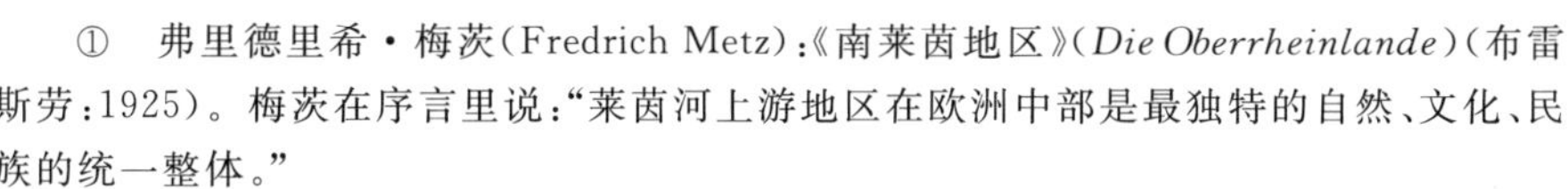

① 弗里德里希·梅茨(Fredrich Metz)：《南莱茵地区》(*Die Oberrheinlande*)(布雷斯劳：1925)。梅茨在序言里说："莱茵河上游地区在欧洲中部是最独特的自然、文化、民族的统一整体。"

② 梅茨(Metz)，同上，第269～272页。

③ 参见"区域篇"。

并不比其他地区少；而那些城镇密集的地区（内卡河地区、上莱茵平原、萨尔河地区和中美茵地区），也并不突出[①]。我们还会惊奇地注意到，两个中心地之间的平均距离一般为 7～9 公里，因而最低级补充区域的半径为 4～5 公里。这样的距离说明，1 小时的行程是基本测度单位，是近距离区域大小的依据，换句话说，如果去城镇作一次旅行要花一个多小时，那么这段距离就显得较长，妨碍人们经常到城镇去。很明显存在很多范围为一小时的中心商品，这就是标准的 M 级中心地形成的原因——它的中心商品主要是范围在一小时以下的商品。显然，纯时间标准有重要的地理效用，因为它基本上决定着中心地的数量和分布[②]。

这一事实在所涉及的区域中是普遍现象，于是我们可以非常简单地在图 3 上制出中心地的近距离区域图，即围绕中心地画一个 5 公里半径的圆，准确些说，这是一个围绕中心地的、以一小时路程为半径的圆，并从而形成一个以一小时路程等时线围绕的地域。当相邻的中心地很近时，仅需要作微小的修正。另一方面，在图上没有把一小时等时线以外的地区包括在补充区域内，于是，区

---

① 请比较本书附录中的图 4 和罗伯特·格拉德曼（Rober Gradmann）的《南部德国》（*Süddeufschland*）一书中地图及表格 8。

② 哈辛格尔（Hassinger）论证道，即使在大不相同的交通条件下，并随着时间的推移，如在一个正常的乡村 R 级区域，这种一小时限度也有其头等重要性。他凭经验发现，维也纳城里的居民都最大限度地利用一小时左右的时间，到达工作地点或游乐地点。超过这一小时，维也纳整个城市及其狭窄地区就一片宁静了。这一小时的时效性也适宜于伦敦，虽然伦敦相应的活动半径是 24 公里，但它的交通运输速度要更快些。（雨果·哈辛格尔，“维也纳居住和交通地理资料”〈Beiträge zur Siedlungs und Verkehrs-geographie von Wien〉，见《地理学界报告》〈*Mitteilungen der geographisehen Gesellschaft*〉第 53 期〈维也纳，1910〉，第 34～51 页，注释 1。）

域中那些不能由 M 级中心地充分供应或完全不能供应的部分就会明显地表现了出来。这些地区大多属于人口稀少和发展较慢的地区，由于 M 级中心地的作用荫及不到这里，作为替代往往发展起 H 级中心地：此外就是一些荒无人烟的林区、山地或沼泽地。由此可见，标准的 M 级地域面积一般是 $40\sim60\text{km}^2$，在没有相邻的 M 级区域的地方，它的面积可达 80km^2；而在紧邻其他的 M 级区域的地方，它们的面积通常少于 40km^2。有时，会发现两个或 3 个中心地如此靠近，甚至可以把它们看成一个共有的 M 级区域，如果中心区密度适中，它们的区域则可以是连成片的。这些地域的标准人口数（如果它们的中心是普通的 M 级中心地）是3 000～4 000，包括农业人口和 M 级中心地的非农业人口。

中心地的 M 级区域尽管在管理上几乎没有什么意义（如莱茵区的市镇管理当局以及阿尔卑斯乡村的政治共同体），但却有着特殊高度的经济作用。当然，这种高度经济意义不仅仅形成了图 3 所示的 M 级区域，而且它还是衡量所有较大区域的标尺。根据理论图式，对每两个 M 级中心地，会出现一个更高级的地方，首先是 A 级中心地。这样，3 个 M 级区域就共同组成一个 A 级区域，平均面积 133km^2；3 个 A 区域组成一个 K 区域，面积 400km^2，3 个 K 地域组成一个 B 地域，面积 $1\ 200\text{km}^2$，等等。随着面积也就决定了它们的半径。这些先验性的数值我们在演绎的理想图式中应用过，当时只是为了说明问题而举的例证。现在我们则可以简单地说明第一部分第二章第 7 节的图 2 后表格[①]是怎样形成的了。

① 即完整的 L 级体系。——中译者

这种中心地区域有其典型的特征,并且在世界各地都可见到。[①] 前面已经谈到了M级区域和莱茵市镇管理当局[②]的关系,因此,A级地域就相当于一个具有初级法院级别的区(在符腾堡的这样一个行政区称为上级区是官府,相当于县)[③]。

这也许就是中世纪早期起法庭作用的伯爵领地的继续,后来根据需要进行合并或分散。总之,贝娄(Below)对它们的评语是正确的:"旧初级法庭区界通常被保留下来了。"[④]K级区域相当于现今的低级行政区域,这种类型是依靠着原有的单元,大部分在19

① 赫特纳(Hettner)说,使用不同的表达法来阐述各地理区域的不同规模,如能在这方面取得一致意见,是很诱惑人的。(阿尔弗雷德·赫特纳:《地理学:其历史、实质及研究方法》〈*Die Geographie, ihre Geschichte, ihr Wesen und ihre methoden*〉〈布雷斯劳:1927〉,第281页。)对于纯粹受地理条件限制的地区来说,这样做就很困难了,因为这种方法的任意性十分强。但从人文地理学的其他方面来说,一个地区的规模仍是由该地区的特征决定的。因此,每一个规模类型都必须有一个专门术语来表达,而本地语对此的说法却有四种之多。为表述科学起见,我们在这里只选用了那些简明扼要、演变合理的表达法。

② 赫尔曼·瓦格纳(Hermann Wagner)(见其前引著作第833页)根据各政治社群靠近M级区域的情况,列举出了它们的规模值:意大利34平方公里,明斯特和荷兰大部分超过30平方公里,美国乡镇平均90平方公里。M级区域时代十分重要。正如奥托·毛尔(Otto Maull)提到的那样(《政治地理》〈*Politische Geographie*〉,柏林,1925,第579页),在德国的"百人队"(一家职工可携带家属的公司。——编注)和后来的"教区"的边沿地区之间,通常具有某种联系,而"教区"就差不多符合当今M级区域的状况。

③ 有趣的是,在符腾堡,每132平方公里就有一个一般水平的小城镇(历史意义上的)(罗伯特·格拉德曼(Robert Gradmann):"城市居民区……"〈Die städtischen Sied-lungen…〉,第13页)与我们所说的133平方公里的A级区域完全吻合一致。

④ 乔治·冯·贝娄(Georg von Below):"从中世纪到现代"(Vom Mittelalter zur Neuzeit),《科学与体育》(*Wissenschaft und Bildung*),第198期(莱比锡:1924),第35页。

世纪初才发展起来[①]。B级区域显然仍比较年轻，它不仅在经济结构和市场条件方面具有良好的建设，似乎在行政管理方面也将建立和健全自己的组织。[②] 这种类型的代表是法国的县区（arrondissement）[③]。相反，G级区域是非常古老的类型，即令是它们已不能很好地适应现代管理体系。根据弗格尔观点（Vogel），德国古老的州郡[④]，面积约5 000～10 000km²，高卢罗马的城镇社区相

① 参见海尔曼·格鲁伯（Heman Gruber）的《普鲁士，特别是东普鲁士的范围及其界线的地理考察》（*Kreise und Kreisgrenzen Preußens, vornehmlich die Ostpreußens, geographische betrachtet*）（尼斯堡：1912），和弗里德里希·努斯尔（Fredrich Nüssle）的《符腾堡内卡尔河地区低、中地带行政区划：符腾堡政治、经济地理介绍》（*Die administrative Einteilung des unteren und mittleren württembergischen Neckargebiets. Ein Beitrag zur wirtschafts-und politisch-geographischen Landeskunde von Württemberg*）（斯图加特：1930）。赫尔曼·瓦尔纳（Herman Wagner）不太恰当地把这些地区称作"家乡区"（"海马也区"）（如前引所述）。

② 参见赫尔曼·劳斯克（Hemann Losch），"符腾堡新区划"（Über die Neueinteilung Württembergs），载《符腾堡统计局报告》（*Mitteilungen des württembergischen statistischen Landesamts*）（斯图加特：1927），第192页，或鲁斯希尔（Reuscner）"强调大城市郊区乡镇合法地位的郊区问题"（Das Vorortproblem mit besonderer Berüchsichtigung der kommunalrechtlichen Stellung der groβstädtischen Vorortgemeinden），见《行政档案，行政权和行政司法杂志》（*Verwaltungsarchiv, Zeitschrift für Verwaltungsrecht und Wervaltungsgerichtsbarkeit*）第三十五期（柏林：1930），第138页。

另见"普鲁士城市议会领导会议报告"的普鲁士城镇的组织（Bericht über die Vorstandssitzung des preuβischon Städtetages），1929年2月9日，《城市议会》，第二十三年（柏林：1929），第144页。据报告，"如有必要，通过各县之间的联合"，"可以创造出该县可供充分发展的足够空间和效率"。最后，请再参见"帝国、邦国和乡镇管辖权的界线"（Vorschläge zur Abgrenzung der Zuständigkern zwischen Reich, Ländern und Gemeinden）出处同上，第1119页。

③ 参阅迪金森（Dickinson）著：《城市、区域与区域主义》（*City, Region and Regionalism*），伦敦，1947年，第264～265页。这里讨论欧洲不同的行政区划。

④ 即"G级区"。——中译者

当于罗马城管区[①],面积约 3 000～11 000km²。最近,特别是体育机构,接收了州郡组织,同时它的范围也相应增加了很多。法国的州也相当于这一类型。P 级区域明显地相当于普鲁士的行政区。同时,普鲁士的省以及俄国的省大部分都是最典型的 L 级区域。L 级区域大到足够成为一个独立富强的国家,就像现在的荷兰、丹麦、比利时、瑞士和波罗的海诸国。这种类型区域的经济重要性可通过一战的事实来证明,现在法国完全没有这种地域类型,曾有过将国家划分为 20 个地域的规划,称作经济行动协商委员会(comités consultatifs d'action économique)。与此相应,出现了恢复旧土地结构的称为"地域主义"[②]风潮。在英国,打着"权力代理"[③]的幌子,也出现了省级区划的框架。

从标准中心地的区位和数量产生了中心地之间的标准距离。我们已发现,一个 M 级区域的平均半径为 4～5km。这样,依据市场原则,在一个体系结构中,一个 M 级区域到另一个 M 级区域或者更高一级区域的平均距离,应为 7～9km。在一个依据交通原则的体系中,在交通线上被缩短了的距离为 5～6km,但如果是与交通线垂直而增长的距离,平均为 10km。

7km 基本距离数,我们称其为标准的 M 级距离(在人口较稠

① 瓦尔特·韦格尔(Walther Vogel):《政治地理:从自然到精神世界》(*Politische Geographie, Aus Natur und Geisteswelt*)(柏林和莱比锡:1922),第二卷,第 60 页。

② 阿诺尔德·勃斯特拉斯(Arnold Bergsträsser):《法兰克国家的社会与经济》(*Staat und Wirtschaft Frankreichs*)(柏林和莱比锡:1922),第二卷,第 62 页。

③ 威廉·第伯留斯(Wilhelm Dibelius):《英国》(*England*)(柏林和莱比锡:1929),第一卷,第 366 页。

密地域基本距离可能会达 9km)[①]，并由此还可以依照中心地理论体系计算出其他类型的间距。即用低一级区域的间距乘以$\sqrt{3}$来求高级区间距，由此可算出 A 级间距离是 12km(或到 15km)[②]，K 级间距离为 21km(或到 27km)[③]，B 级间距离 36km(或到 45km)[④]，G 级间距离 62km(或到 81km)，P 级间距离 108km(或到 135km)，L 级间距离 185km(或到 240km)。在很密集的居民地域，这种实际标准距离自然会短一些。

为了得到一个确定的标准，以便查出距离偏差(这种偏差一般是居民点分布的零散或密集程度决定的)，图 4 排列了以"$\sqrt{3}$"为因

① M.斯达里希(M. Sidartsch)："斯蒂里亚城市和市场的地理比较"(Die steirischen Städte und Märkte in vergleichend geographischer Darstellug)，载《优胜者纪念文集》(*Sieger-Festschrift*)(维也纳：1924)。斯达里希发现到，奥地利省施泰马克州中部农村地区的市场间有 8 公里距离。

② 在符腾堡，两个城镇之间的平均距离为 11.5 公里(见罗伯特·格拉德曼(Robert Gradmann)："城市居民区……"(Dit Städtischen Siedlungen…)，第 15 页)。

③ 弗里德里希·拉采尔(Friedrich Ratzel)论述到，沿邮路的小城镇和大村庄相互间总是相距二到三里格(1 里格＝7.42 公里，因此，它们彼此相距 14.8 到 22.3 公里)。(《人文地理学或地理学基本特点在历史上的应用》〈*Anthropogeographie oder Grundzüge der Anwendung der Geographie auf die Gesehichte*〉，第二版，〈斯图加特：1912〉，第二卷，第 280 页。)埃里希·施拉德(Erich Schrader)阐述道，21 公里是指阶段性地区的距离(交通路线上的营区——以前士兵行军路上的宿营地。——编者)。这两种论断里显然同我们对标准的 K 级距离的测定是符合一致的。

④ 关于 B 级距离，还应当提到库斯克(Kuske)有关科隆市有趣的论述。当时，这所大城镇把别的城镇的发展限制在 30 到 40 公里之内。在一定程度上，这并非有意而为：而在另一方面，则是通过有目的的政治和军事行动进行的，这一点十分突出明显。否则，相邻的多数较古老的德国城镇还可扩展大约 20 到 25 公里(布鲁诺·库斯克〈Bruno Kuske〉，《作为经济和社会主体的大城市科隆》〈*Die Großstadt Köln als wirtschaftlicher und sozialer Körper*〉〈科隆，1928〉，第 13 页)。

数的序列的相应的间距[①]：

$$4, 4\sqrt{3}, 4\times 3, 12\sqrt{3}, 12\times 3, 36\sqrt{3}, 36\times 3, 108\sqrt{3}\cdots$$

由于图4仅包含G级中心地体系（个别B级中心地是例外），因此，只标出了涉及G级中心地的间距。对以后的分析有重要作用的是各体系中出现的下列间距：[②]

(1)间距12km的A级环围绕G级中心地（自然也包含较高级等级），理论上对所有K级和B级中心地也存在，在实际中到处可见。我们略去了对K级体系，并且在多数情况下也略去对B级体系的分析，这是为了避免无休止地分解下去。

(2)21km的K级环围绕G级中心地（同样环绕B、P和L级中心地）。

(3)24km以上的A级环，（Ⅰ）围绕G、P和L级中心地；32km以上的A级环，（Ⅱ）A级中心地分布于两个相邻B级中心地间的交通线上。

(4)36km的B级环围绕G、P和L级中心地，形成G体系。

中心地的实际地理位置是或多或少地对应于中心地图式的理论位置的，各种相对于理论位置的偏差都有其一定原因，因为它们只能是由于特殊的经济、历史或自然因素造成的。这种对于标准区位的偏差应从以下两个角度予以检查：(1)涉及标准间距，见前述；(2)涉及中心地同相邻体系在方向上的偏差。尤其是从后者的

---

① 即是：4，6.9，12，20.7，36，62.1，108，185.6，参阅本书第一部分第二章第7节的图2后列出的表。——英译者

② 参阅第一部分第二章第7节内的图1。——英译者

偏差中我们可以认识到，作为体系发展的主要原则，究竟是市场原则还是交通原则。同时由于在特定时间或对特定的国家，可能是这种或那一种原则曾起着主导作用，从而可以使聚落历史地理得到一个新的分析手段。

对市场原则和交通原则的论述（在这方面分散原则无关紧要）使我们想起，在一个建立在市场原则的中心地体系中，中心地间的各类交通线在方向上总是互相弥补的。[①] 即：在 G 级体系中 K 级中心地总是位于 BGB 级组成的三角形的边平分线交点上，或者正如我们所表示的，它们位于 B 级方向之间的线上，G 级中心地的正确位置位于 P 级方向之间线上等。以此类推，如果某一个等级的方向线上出现有 K 级中心地，就说明它不会是 B 级方向线（B 级中心地位于 G 级方向线上等）。为了便于简化“位于 B 级方向间”或“位于 G 级方向间”两词，我们称其为“在 B 级方向”或“在 G 级方向”。在这种方向类型的例子说明在此地域交通原则对该体系发展起到了明显的决定作用。[②]

上述线——在图 4 中只画了 L 级线——这里是不能与实际运输线混为一谈，它们基本不起什么作用，仅有几何辅助意义，正如我们前面画出的“圆”、“环”一样，它们只是为了确定某一地方的正确的理论区位，以及据此找出它在中心地网络中的位置。

---

① 参见第一部分第二章第 7 节中的图 3，重要一点是较高级的中心地是由迂回交通线所连接。——英译者

② 这里我们可以参阅勒施（Lösch）“扇形模式”（sector-type）分析。见“资本，网络系统”（Kapital, das System von Netzen）载《经济空间秩序》（*Die räumliche Ordnung der Wirtschaft*），耶拿，1944 年，Ⅱ。——英译者

根据一般标准,在每一中心地总有 6 条方向线展开和 6 条各方向之间线。然而,有时由于邻近中心地的数量,尤其由于大面积的大地貌障碍等缘故,仅只有 5 条(4 条罕见)方向线,有时却会有 7～8 条之多。按常规,6 个较低级的中心地环绕任一中心地,如果这些中心地的位置离体系中心太远,常出现更多的中心地;如果离得太近,只会少一些。它们位于其上的圆环通常被标准距离(标准半径)分成多个部分,以致使较大的圆环内超过标准的 6 个部分还多。而小圆环内则少于 6 个部分。我们的分析为此还将作出解释。

3. 体系

中心地体系是按一定中心规则围绕着一个中心地(即构成体系的中心地)的一定数量中心地组成的群体。这些规则可以取决于经济规律,也可以取决于社会政治状况,或两者兼而有之。如果中心地分布依据市场或交通原则,那么这些规则取决于经济规律。经济原则表明,各个经济因素的不同关系中都体现最小成本和最大效益的原则。从纯经济学的角度说,即达到尽可能有利的结果。当分散原则表现在体系的形式上,社会政治的等级秩序决定作用就会在体系建立时产生,它的主要表现形式是市场图式中的中心点为若干中心地占据,即这些中心地被分割开了。

正如我们所见,中心地体系的要素是:(1)中心地的体系构成形状(体系中心地);(2)围绕中心地的组合;(3)间距;以及(4)位置,中心地是在与中心地的体系构成形状中相关的位置上,还是在与体系中的其他中心地相关的位置。一个体系占据的空间是中心地的体系构成形状区域，准确些说，即与该中心地的标准中心商品有关的区域。

中心地的体系构成形状只构造一个符合标准的B级规模比例的系统时，我们称B级体系。就是说当其本身是B级中心地，并且它的体系排列符合标准的21km环的中心地时，我们称它为B级体系。同样，我们也如此定义G级体系、P级体系和K级体系等。

如果各个地方位于仅属于某个体系的边界环内，且并不同时属于另外的体系时，这个体系则是孤立的。如果各个地方同时属于邻近的几个体系的边界环内或者同时与几个邻近体系有联系（简单地说，如果这些体系不完全孤立）则称这个体系统是正常的。

通常，B级体系有一个21公里的K级环，这就是一个B级中心地的体系构成形状，环内有一个B级中心地作为体系中心地和6个K级地方作为环界中心地。然而，如果B级体系中心地构成形状是一个G级中心地，并且环界中心地都是B级中心地，那么整个体系被认为是一个标准规模的中心地，并且还将提高到较高一级水平的体系。反之，如果体系中所有的地方属于低级规模型，整个系统将降到低一级水平。前者会出现在较富裕的人口稠密区，后者出现在人口稀少的贫困地区。

中心地体系并非一成不变，首都位置的变迁、运输体系的变化以及其他类似的决定性因素的变化等，都可能打乱甚至毁灭原有体系。然后，一个新体系将非常缓慢地在一个新的较完美的中心周围生成。从而，我们可以在认识一个建立在老体系统基础上的近期形成的体系的同时，看到历史上早期形成的体系的痕迹。我们还可以确认那些处于上升期的体系以及处于衰亡期的体系。一个体系可以通过吞并另一体系而扩展，或者一个孤立的体系也能与相邻体系相结合。

依据一个体系与较高一级体系的接触程度，可以把这一体系附加在较高一级体系内。按照理论的标准图式，这种附加是不可能的或不完全合理的，但在实际中，不仅自然地理条件，而且社会政治的分离原则能造成偏离标准体系的结果，从而使这种低级体系到高级体系的附加成为必要。在第一种情况下，附加通常由地理逻辑引起，第二种情况中则由人为的政治活动引起。

所有至此为止描绘的现象，我们还将在分析南德中心地分布的过程中再次遇到。这些分析将在确定体系中心地之后，提出下列问题：

(1)什么是体系的界线？从理论上讲，这个界线应通过较低一级中心地；将会产生什么偏差？我们如何解释？

(2)从连续体系角度来看，所讨论的体系是孤立的、一般的、依附的或者是单一共同的体系？

(3)就体系的基本间距而言，是狭窄的、标准的或开阔的？

(4)存在方向之间线段或者方向线吗？在第一种情况里市场原则为主；在后一情况中交通原则占优势。

(5)在标准体系中由一个一定规模类型中心的中心地占据一定的地点，现在是否可由一个、两个或三个中心地（通常是低一级的）占据着吗？如果是由多于一个中心地占据，这主要是分离原则的作用。

(6)体系水平是标准的、高级的还是低级的?

(7)我们进行分析的体系应归入哪一类更高级系统?

(8)可观察到的哪些地方性偏差偏离标准图式?

至此,万事俱备,我们将要分析位于德国南部中心地的分布、数量、规模等地理现象,并确定是什么决定了这些地理论证。

第三部分

区域篇：德国南部中心地的数量、规模和分布

第一章　慕尼黑L级体系

1. 基本事实

(1)L级中心

我们以慕尼黑L级体系作为南德中心地的分析起点。[①] 据附录中表1,慕尼黑的中心性指数为2 825,居于南德城市之首;与慕尼黑最接近的法兰克福仅为2 060,慕尼黑的优势是非常醒目的。原因是慕尼黑与柏林、布拉格一样,把一个L级区域所有较高级别的中心职能都集中于一身。结果,虽然慕尼黑与邻近城市奥格斯堡的人口几乎相当于维尔茨堡、达姆施塔特、海德堡或者弗赖堡的两倍,但它只具有较低的中心性指数(仅为224)。

要是探讨一下慕尼黑的中心性指数为什么如此之高,那么除了上述中心机构甚为集聚的原因之外,还有其所影响地域的范围大小的问题。在这方面慕尼黑超过了南德其他任一城镇的影响范

---

① 虽然南德包括的L级体系有慕尼黑、纽伦堡、斯图加特、斯特拉斯堡和法兰克福,但本篇仅涉及慕尼黑的L级体系。——英译者

围。广义上说，慕尼黑的影响范围不仅包括了整个巴伐利亚州以及遥远的莱因—普法尔茨，以及符腾堡的一部分，主要的还是蒂罗尔和萨尔茨堡。由此，我们就可以解释为什么纽伦堡和斯图加特即使像慕尼黑一样在它们所在地区高度集中了中心职能，但其中心性指数明显地或者相当地小（纽伦堡为 1 346、斯图加特为 1 606）。此外，我们还应当注意到，在南部德国四个 L 级中心重要性的城市中慕尼黑人口最多，而且，相对而言，从事大型产业工作的人口相对较少。这就是产生慕尼黑中心性指数如此之高的两大因素。最后，还必须指明，慕尼黑和附近的阿尔卑斯山作为旅游胜地和居住区，深受大众喜爱。

考虑到慕尼黑作为一个 L 级中心地的中心性指数非常高，以及它在政治、社会、经济的影响范围大大超过一般的 L 级区域，我们应该把慕尼黑作为狭窄的南德地区的一个 RT 类型的区域（大致由巴伐利亚、维尔茨堡、两个蒂罗尔以及萨尔茨堡组成）。从某种意义上说，慕尼黑作为一个 L 级中心地，其影响范围自然不应包括上述地区。它的具体界线将在对其分析一节中叙述。

(2)L 级连线距离

与慕尼黑 L 级体系接界的 L 级体系应该考虑到斯图加特和纽伦堡。作为一个坐落在慕尼黑北方接近的 L 级中心地，纽伦堡将是我们这个图式中的 L_1[①]，布拉格是 L_2，维也纳是 L_3，威尼斯是

① 编号采用从北开始记为 1，然后按顺时针方向分别将东北（NE）记为 2，东南（SE）记为 3，南（S）记为 4，西南（SW）记为 5，西北（NW）记为 6。

L_4，苏黎世是 L_5，斯图加特是 L_6。按照我们的图式确定的规模数值计算，邻近的 L 级中心地应位于距慕尼黑 186 公里环上。只有斯图加特恰好满足这一条件。纽伦堡位于 150 公里处[①]，铁路线实际距离为 199 公里，公路线实际距离为 178 公里，从公路线距离而言是合乎标准的。其余 4 个 L 级中心地大大超过了规定的标准，它们距慕尼黑的距离分别为：苏黎世 240 公里，布拉格 300 公里，威尼斯 310 公里，维也纳 360 公里。这明显是由于它们的地形及局部人口密度稀疏的缘故。

慕尼黑体系的 L 级连线是由这 6 个 L 级中心地确定的。它们相当符合我们的图式，斯图加特—慕尼黑—纽伦堡、纽伦堡—慕尼黑—布拉格、布拉格—慕尼黑—维也纳，以及威尼斯—慕尼黑—苏黎世的夹角几乎都恰好为 60 度。只有苏黎世—慕尼黑—斯图加特之间的夹角较小，并且从慕尼黑到此方向的地区内人口密度最大——可能正是这一事实造成了其他的各种状况。维也纳—慕尼黑—威尼斯之间大致呈直角，这一较大角度所包绕的地区人口密度较小。以上这两种偏差主要是由于阿尔卑斯山的影响所致。

(3)P 级中心地

按照我们的图式，P 级中心地应位于围绕 L 级中心地标准半

① 航线距离总是某一定的距离，因为我们不能度量航线或其路线，但是可以用实际距离作为依据。这些实际距离可以限制这些几何学的距离并且被认为解释与正常情况不符的距离。

径为 108 公里的圆环上。因此，在慕尼黑—布拉格—纽伦堡的 L 级三角形中心，我们找出雷根斯堡（217）[①]作为 P_1，正好位于 108 公里的环上。P_2 位于慕尼黑—布拉格—维也纳之间，其几何位置应在波希米亚林山的南部，它几乎是恰好位于巴伐利亚、波希米亚和奥地利的交汇点上。在这里不可能有 P 级中心地的道理是显而易见的。P 级重要性想必是依据分离的原则被分割了。所以在这一地区，我们仍可以非常巧妙地发现 P 级中心地的三个替代地：巴伐利亚的帕绍（中心性指数 62），只具有 G 级重要性的波希米亚的布德魏斯以及奥地利的林茨。林茨已具有 P 级职能的主要方面，而且由于在慕尼黑—维也纳—威尼斯的直角区域内还没有一个突出的 P 级中心地，所以林茨的重要性进一步得到加强。由于林茨位居慕尼黑到维也纳的连线上，所以它也以 P 级中心商品来供应两个直角三角形区域。帕绍和林茨距其各自的 L 级中心地慕尼黑和维也纳都是 150 公里，布德魏斯距布拉格 125 公里；它们都稍微超出了 108 公里的标准。

P_3 的几何位置应该在萨尔茨堡、施泰尔马克和克恩腾的交叉点，即慕尼黑—维也纳—威尼斯直角三角形区域的中间。这个 P 级面积被阿尔卑斯山山脊分割，落在了萨尔茨堡（仅只是一个较为发达的 G 级中心地）的位置上。萨尔茨堡属于慕尼黑的 L 级体系，且恰好位于 108 公里的环形边上。在维也纳的 L 级体系中，P 级位置在菲拉赫和克恩腾的首府——克拉根福。在威尼斯的 L 级

① 用圆括弧内的数字表示地点的名字及中心性，此中心性据本书的最后附表中得来。

体系中，P 级中心地的位置给了弗里奥尔的首府乌迪内。P_4 在威尼斯—慕尼黑—苏黎世的中间线上，表现为两个 P 级中心地：阿尔卑斯山脊以北是高度发达的 P 级中心地因斯布鲁克；阿尔卑斯山脊以南是 P 级中心地韦罗纳，它甚至可以和 L 级中心地威尼斯相匹敌，因为在陆路交通方面它与处于阿尔卑斯山以北的慕尼黑具有同样的重要性。因斯布鲁克具有恰好处于围绕慕尼黑的 108 公里环上的优势，而韦罗纳也几乎是刚好位于围绕威尼斯 108 公里的环上。

按照原图式，即相邻的 P 级和 L 级中心地的距离为 108 公里的条件，肯普滕应该是 P_5；但它仅具有 G 级功能。由于自然和交通方面的优势，也许 P_5 应该在博登湖附近。或许可以这样说，按照交通原则（在 L 级方向线上）产生的第五个 P 级中心地的位置在分离原则占优势的情况下，被分散在博登湖的五个地方：巴登的康斯坦茨（中心性指数 67），符腾堡的腓特烈斯港（19），巴伐利亚的林道（29），奥地利的布雷根茨，以及瑞士的罗尔沙赫（二者的中心性指数之和为 165）。然而，如此解释只是部分地合理。实际上，完全不在博登湖边，而是在稍远一些的地方有一个发展完善的 P 级中心地，即圣加伦。该中心地虽然不位于一个正常的通道上，但却完全符合我们的图式中的市场原则。据我们的图式，第六个 P 级中心地应该位于斯图加特和纽伦堡之间的连线上，实际上推移到斯图加特的 L 级方向线上，从而使它处于慕尼黑—因斯布鲁克—圣加伦—斯图加特—纽伦堡组成的五角形正中的有利的地位。但值得注意的是，尽管这一 P 级中心地位置到慕尼黑和斯图加特的距离合乎标准，但仍然被分成了两个地方，即由乌尔姆和奥格斯堡占据。显而易见，作为中世纪 L 级体系的奥格斯堡今天仍在起着作用，这就是为什么 P_6 在某种形式上被双重占有的原因。这种双重占有显然有存在的必要，因为从分离原则看，这一位置分别被分配在巴伐利亚和符腾堡。乌尔姆恰好位于围绕慕尼黑 108 公里环上，而奥格斯堡只位于距慕尼黑 62 公里的环上（根据我们的图式，这条环上该是一些 G 级中心地），也就是说奥格斯堡本来只代表着一个 G 级中心地。这两个地方在 L 级体系中的位置更加符合交通原则。而依据市场原则，正确位置应当是比伯拉赫和讷德林根。

这些 P 级中心地中，哪些包括在慕尼黑的 L 级体系中，而哪些是包括在其他体系中的？在 P 级中心地的划分上是清楚的：帕绍、萨尔茨堡、因斯布鲁克、肯普滕和奥格斯堡属于慕尼黑体系；林茨、菲拉赫—克拉根福属于维也纳体系；乌迪内和维罗纳属于威尼斯体系；圣加伦属于苏黎世体系；乌尔姆属于斯图加特体系。对雷根斯堡的归属仍有疑议。如果只确定了一个 P 级中心地，两个 L 级体系之间在理论上的分界线从两个大体系所共有的那个 P 级中心地当中穿过。但是，由于雷根斯堡距纽伦堡较近（90 公里），距慕尼黑较远（105 公里），以及其腹地主要是向北延伸，说明雷根斯堡应属于纽伦堡 L 级体系。据此，我们确定了两组完全的 P 级中心地，奥格斯堡和因斯布鲁克属于慕尼黑体系；帕绍、萨尔茨堡和肯普滕是仅具有 G 级重要性的 P 级位置的替代地。

(4)G 级中心地

我们现在来确定 G 级中心地。根据图式，应有六个 G 级中心地位于高等级中心地 62 公里的环上，即围绕在各 P 级中心地和 L 级中心地周围。它们应位于两个 P 级连线方向上(或处于 L 级方向线上)。

首先，我们要找出距慕尼黑 62 公里环线上的 G 级中心地：G_1 即是位于奥格斯堡—雷根斯堡两个 P 级中心地连线上的因戈尔施塔特(34)；G_2 是雷根斯堡和帕绍两个 P 方向连线上的兰茨胡特(51)；在帕绍—萨尔茨堡两个 P 方向连线上没有找到 G_3，但其位置被 B 级中心地米尔多夫(17)所占据，米尔多夫靠近 K 级中心地旧厄廷和新厄廷(两者中心性指数之和为 11)，它们三者的中心性指数之和为 28，即三者加起来功能接近于 G 级中心地。此外我们还要关照到慕尼黑以东这块地区的强烈的农业特征；G_4 为罗森海姆(31)，方向连线不明确；由于兰茨贝格(11)和魏尔海姆(14)都未超过 B 级功能，而加米施—帕滕基兴的中心性指数虽为 26，但位置太孤立且处于边界线上，故在因斯布鲁克—肯普滕两个 P 方向连线上未能找到 G_5；G_6 由 P 级中心地奥格斯堡来代替。因此，G 级中心地中，三个是充分发展的 G 级中心地，一个甚至已相当于 P 级中心地；一个已非常接近 G 级重要性；还有一个未找到。所有 5 个 G 级中心地或者准确位于 62 公里环线处(兰茨胡特，奥格斯堡)，或者接近于 62 公里环线(因戈尔施塔特、米尔多夫、罗森海姆)。考虑到慕尼黑作为中心的强大集聚功能，则对于除了奥格斯堡和兰茨胡特之外，其他所有这些中心地或是处于 G 级类型的低限，或是根本就未达到这一界限标准就毫不奇怪了。除了属于 P 级中心地的奥格斯堡，这些中心地所形成的 G 级体系无疑都是属于慕尼黑的 P 级体系的，这同 L 级中心对周围 G 级体系的影响作

用通常处于支配地位的情况一致。因此，因戈尔施塔特的位置虽比较偏远，它仍应算作慕尼黑的P级体系内。

围绕奥格斯堡P级体系的G级中心地表现为：(1)G级，因戈尔施塔特；(2)L级，慕尼黑；(3)G级缺；(4)G级，肯普滕(62)；(5)姊妹城市P级中心地乌尔姆；(6)乌尔姆—纽伦堡两个P方向连线上发展不充分的G级体系，其中心可看做是讷德林根(19)，(从前，讷德林根毫无疑义曾具有G级功能)。所有这些G级体系中，只有肯普滕体系不具有多少正当理由而被算入了奥格斯堡的P级体系中。所有上述中心地，除了肯普滕，都是准确地处于围绕奥格斯堡62公里的环上。

由于自然地貌特征以及蒂罗尔的人口密度小的缘故，围绕因斯布鲁克的G级中心地环不很清晰。在因斯布鲁克和维罗纳这两个P级姊妹城之间，坐落着两个具有G级[①]重要性的中心地：博岑和特林特。博岑属于因斯布鲁克P级体系并位于距其62公里的环上，而特林特接近于维罗纳的62公里的环。博岑因其属于因斯布鲁克P级体系，应算入慕尼黑的L级体系；而特林特只是靠近威尼斯的L级体系。因此我们可以找出慕尼黑L级体系的南界在萨卢恩，即德语—意大利语言界线所在的位置。[②]

是否具有P级重要性仍有疑问的萨尔茨堡，距罗森海姆、米尔

① 英文版上为B级。——中译者

② 约翰·索尔希(Johann Sölch)："布雷纳尔边界是'自然'边界吗?"源自《梯洛尔的故乡》(*Tiroler Heimat*)，4(因斯布鲁克，1924，58)；鲁多尔夫·西格尔(Rudolph Sieger)"阿尔卑斯山区的新边界"，源自《德国—奥地利阿尔卑斯山协会会刊》(*Zeitschrift des deutsch-österreichischen Alpenverins*)1923，89。他们从不同的观点出发得出相同的结论，我们的体系边界与这两位作者所说的"有机"边界相接近。

多夫和格蒙登（G级中心地或者B级中心地）都是62公里。前两个中心地（罗森海姆和米尔多夫）应算入慕尼黑的P级体系，格蒙登则应算入林茨的P级体系。

距P级中心地林茨恰好62公里的帕绍(62)，周围未形成自己的P级体系；它仅有一个孤立的G级体系。

G级中心地体系因戈尔施塔特(34)、兰茨胡特(51)和施特劳宾(46)，孤立的B级体系卡姆(17)，以及G级体系魏登—安贝格（一个组合体系）都属于雷根斯堡的P级体系。其中因戈尔施塔特和兰茨胡特两个体系无疑应该属于慕尼黑的L级体系中。对于施特劳宾中心地的归属仍有疑议。然而，围绕雷根斯堡的其他G级体系的绝大多数无疑都归属于纽伦堡L级体系。就距离而言，因戈尔施塔特刚好位于围绕雷根斯堡62公里环上，而施特劳宾则比较靠近，大致位于36公里的B级环上。在巴伐利亚北部地区，施特劳宾似乎有取代雷根斯堡的地位之势。从几何布局上看，德根多夫处于最佳位置，其中心性指数是18，是一个相当发达的B级中心地。因戈尔施塔特的位置主要是从市场原则的角度确定的，施特劳宾的位置则主要是从交通原则的角度确定的（位于到帕绍的方向上）。

2. 各G级体系的分析

(1)慕尼黑P级体系

中心地的图式尽管从理论上看还有待修正，但用于分析各G级体系时，同样也表现得清晰明显。标准的G级中心商品是那些商品范围为 36 至 62 公里的商品。因此，G 级中心地之间相距均为 62 公里。处于半径为 36 公里范围内的一切地域都属于 G 级中心地的补充区域，若以客运的时间成本来度量，即所有距 G 级中心地铁路旅程为一小时（连同上下车时间共一个半小时）的地方，往返旅行需花费 3 马克现金。G 级体系的下一级是 B 级中心地（共有六个），位于 36 公里的环上，并处在两个 G 级方向的连线上。

慕尼黑 G 级体系的环区（B 级中心地的区位）距慕尼黑的距离恰好等于 36 公里。只是在南边达到了 45 公里，约为到阿尔卑斯山的一半路程。B_1 为处于因戈尔施塔特—兰茨胡特 G 级方向连线上的弗赖辛（17），它的实地位置与图式完全吻合，发展充分。B_2 为居于兰茨胡特—米尔多夫 G 级方向连线上的埃尔丁（12）；它不太发达，因为它地处偏僻，交通不便，与弗赖辛靠得过近。B_3 是位于米尔多夫—罗森海姆 G 级方向连线上的马克特格拉菲—埃伯斯贝格，与临近的基希塞翁的中心性指数之和为 11，约具有 B 级功能。处于因斯布鲁克 G 级方向连线上的 B_4 很明显是巴特特尔茨（16）。B_5 是处于因斯布鲁克—肯普滕 G 级方向连线上的魏尔海姆（14）；它构成了一个隶属于慕尼黑 G 级体系的独立 B 级体系。最后一个是 B_6，在实际中空缺；这是因为慕尼黑和奥格斯堡这两个高级中心地相距只 62 公里，妨碍了在 B_6 区位有一个 B 级中心地的存在。

关于慕尼黑 G 级体系的其他中心地的概略情况（详情可参看附表中所述）。首先要涉及的是半径 21 公里的 K 级环上的中心地：达豪（11），马克特施瓦本（4）和菲斯滕费尔德布鲁克（11）是较发达的 K 级中心地。施塔恩贝格（17）在这里可作为 B 级中心地，由于它是施塔恩贝格湖区的高级居住区中心，故而如此发达。由于慕尼黑南部为森林区，因而距慕尼黑略远约30公里处，是作为K级地的沃尔夫拉茨豪森(7)、霍尔茨基兴(6)。上述这些地方中四个地方是在G级地连线上，两个是在G级地方向线上。除了K级环上这六个K级中心地外，另两个K级中心地黑尔兴(5)和迪森(5)属于慕尼黑G级体系，都位于阿默湖区。在12公里内环的A级中心地由于受慕尼黑的强大吸引力而难以得到发展。在24公里外环(Ⅰ)A级中心地(理论上6个)中包括：马克特因德斯多夫、格隆、图青和K级地黑尔兴。在32公里外环(Ⅱ)上(理论上12个A级中心地)中只有A级中心地伊森和A级中心地彭茨贝格；其余地方一部分发展为M级中心地(例如，阿勒斯豪森、塞斯豪普特、奥德尔茨豪森)或者因大面积森林、沼泽地区而根本不存在A级中心地。值得注意的是中心地多密集于伊萨尔河谷与阿默湖之间的地带，这些景色优美的地区往往作为住宅区，对中心商品需求量较大，这是十分显然的。相反，体系中西北部中心地发展欠缺是由于单纯农业经济、稀疏的人口所致。

下面探讨的是因戈尔施塔特G级体系，此体系空间较小，通常B级中心地或至少发展充分的K级地在离因戈尔施塔特平均29公里的环上，经常发现G级中心地具有的G级体系比相邻P级地和L级中心地具有的G级体系小。因此，这里这个较小的G级体系仅有位于纽伦堡—讷德林根G级中心地连线上的艾希施泰特(12)和位于讷德林根—奥格斯堡G级中心地连线上多瑙河畔的诺伊堡(13)这两个B级中心地。在B级环上多数是由市场定位的K级中心地：拜尔恩格里斯(5)；里登堡(4)；阿本贝格(6)及其附近的 A 级中心地诺伊施塔特和锡根堡合起来中心性达到 12，可表示一个 B 级中心地。第五个 B 级区位是位于因戈尔施塔特、兰茨胡特和慕尼黑三角形中心的弗赖辛，在因戈尔施塔特体系中由阿哈雷顿表示。第六个 B 级区位，被移到了 G 方向线上，而且分切成两半：普法芬霍芬(9)与施罗本豪森(9)，分切的结果是使两地只具有发展充分的 K 级重要性。

由于因戈尔施塔特 G 级体系空间狭小，在 21 公里环上不能发展成一个 K 级中心地组成的圈，仅有 K 级中心地沃尔恩察赫(5)、B 级地诺伊堡和艾希施泰特。中心地，特别是那里集约性 A 级和 K 级中心地的高密度很明显在哈勒陶地区，这是那里集约性种植啤酒花的结果。多瑙河畔的 B 级中心地诺伊堡接近因戈尔施塔特是十分明显的；由因戈尔施塔特、奥格斯堡、讷德林根组成的 G 级中心地三角区给定的 B 级中心地位置由多瑙沃特、诺伊堡两个 B 级中心地共同表示。这两个地方均具有 B 级重要性，不同于一个 B 级位置被分割以后，两地只具有 K 级重要性的情况。这里的情况只能以削弱相邻的 G 级中心地为代价。因戈尔施塔特的重要性因诺伊堡而削弱，多瑙沃特削弱了讷德林根的重要性(甚至降至 B 级重要性上)。

兰茨胡特 G 级体系虽不十分狭小，但也并不充分向外延展。B 级环距 G 级中心地平均 30 公里，而不是标准的 36 公里，东南部地区发展不明显。B_1 为 K 级中心地阿本贝格，位于因戈尔施塔特—雷根斯堡连线上；B_2 由于距离雷根斯堡和斯特劳宾过近而得不到发展，只有 M 级中心地乌勒斯多夫和 A 级中心地诺伊法恩两地具有发展雏形。由于从兰茨胡特至帕绍距离很远，B_3 被划分，

由于戈尔芬(6)和伊萨尔河畔的兰道(8)表示；同理，B_4 为马辛—冈科芬、埃根费尔登和普法尔基兴所分割；B_5(埃尔丁)在K级中心地多尔芬(5)有一个分支点；最后，B_6 为弗赖辛。围绕兰茨胡特的K级环在21公里的直线距离上是十分明显的，两个K级中心地以莫斯堡(8)和菲尔斯比堡(7)为标志，另四个K级中心地以罗滕堡—普法芬豪森的A级组合体、埃戈尔茨巴赫A级中心地、伊萨尔河畔沃尔特—波斯陶—下菲巴赫的M级组合体以及M级中心地陶夫基兴代表。A级内环以盖森豪森为标志，24公里外环以A级中心地诺伊法恩、弗龙滕豪森、费尔登和K级中心地美因堡(7)为标志。

米尔多夫G级体系发展不充分，缺少核心，米尔多夫是一个B级中心地，中心性为17，加上新厄廷，中心性也仅为28。所以，仅是一个孤立的B级体系，K级环在距离中心26公里处发展明显，有K级中心地：菲尔斯比堡(7)、埃根费尔登(10)、布格豪森(6)、特罗斯特贝格(6)、瓦瑟堡(8)、哈格(4)、多尔芬(5)。这七个K级中心地位于K级环远离中心处，多数K级中心地位于相邻G级中心地的方向连线上(对于K级中心地是市场定位)。36公里的B级环距帕绍较远，B级环上主要有B级中心地普法尔基兴和布劳瑙—因河畔辛巴赫。12公里A级内环上A级中心地是诺伊马克特；K级中心地为旧厄廷、新厄廷和克赖堡；M级中心地为加兴和安普芬。

为什么在靠近慕尼黑东部地区至今没有G级中心地发展？G级中心地缺乏原因之一是至今具有广泛的农业特征的人口，对于由G级中心地提供的中心商品需求并不强烈；原因之二是大量重要地方的存在，除米尔多夫之外，有朝觐地旧厄廷、古老的萨尔察赫河镇——布尔汉森、奥地利的布劳瑙等。在因河和萨尔察赫河流域内，丰富充足的水力，提供了廉价的电力，伴随着工业化的增长，对G级中心商品的需求也必将相应增长，从而促进上述这些地方终究成为此地区的G级中心地。

罗森海姆G级体系结构很好，B级环的半径为33公里，在慕尼黑方向上略小，在萨尔茨堡方向上略大，从这两个城市到罗森海姆的距离来看，也是这样。此体系的六个顶角点中四个点明显地由泰根塞(13)、库夫施泰因、特劳恩施泰因(18)三个B级中心地和一个代替B级中心地的马克特格赖菲—埃伯斯贝格占据。另外两个角点是K级中心地瓦瑟堡(8)和特罗斯特贝格(6)。K级环上标志有K级中心地施利尔塞(中心性为4,K级重要性弱)、米斯巴赫(5)和普林(10)，但这个K级环无论如何不是根据市场原则定位的，这是因为中心地在山麓边缘比在狭窄谷地中发展更好。应指出，泰根塞村具有B级职能，是由于它被作为旅游业中心地，否则除了附近的巴特特尔茨之外，再没有其他B级中心地是多余的。K级中心地巴特—艾布灵(8)与G级中心地罗森海姆相距很近，处于一个特殊位置，它既是一个温泉地，又是一个区级首府。体系中A级地：格蒙德、布鲁克米尔、布兰嫩堡、上奥多夫、下阿绍、恩多夫、奥宾和鲁波尔丁，受地形因素影响，位置特征不明显，但是都保持了典型的12公里距离。围绕施利尔湖和泰根湖周围聚集了一些重要中心地(拜里施采尔已具有A级职能)，这是旅游业的发展和大批退休人员增加，对中心商品需求增长的结果。

慕尼黑西南地区处于慕尼黑G级体系、肯普滕G级体系和因

戈尔施塔特G级体系之间，面积广大，足够一个独立的G级体系发展，但是尽管其有利于中心商品消费的结构，那里的居民数量看来还是难以维系一个独立G级体系。如加米施地区人口密度为29.02人/平方公里，托茨地区人口密度为29.29人/平方公里，地区人口包括首府的人口，另外有一部分人口是近期由城市特别是从慕尼黑迁移来的乡村人口，其生活水平已达到较高标准，有能力购买慕尼黑中心商品，即使这些商品由于远距离运输而比从当地购买的商品价格昂贵。于是我们看到的是一个不完整的体系：其中有四个结构严格的角点：兰茨贝格、巴特特尔茨、加米施—帕滕基兴和考夫博伊伦，或许第五个角点是菲森(7)，由于附近奥地利的罗伊特而保留为K级中心地，第六个角点是魏尔海姆或施塔恩贝格，由人所愿。体系中心点可以是雄高(5)，它加上派廷其中心性为8；或者是K级中心地穆尔瑙，其中心性为9；最好是魏尔海姆，中心性大约为14。这一地区最重要的城镇当然还是加米施—帕滕基兴，中心性高达26，因山区地处偏远，人口稀少，东部和西部高山地区受空间限制，交通线路少，而且费用较高，加之旅游业中心的商品价格高昂，这一切使这一地区难以发展成为一个独立的G级中心地。在这一地区其他中心地中，应予提及的，是典型12公里间距的A级地：雄高附近的施泰因加登、穆尔瑙和加米施之间的上阿默高、加米施旁的米滕瓦尔德、彭茨贝格和穆尔瑙之间的科赫尔以及和巴特特尔茨之间的彭茨贝格。在雄高与考夫博伊伦以及魏尔海姆与兰茨贝格之间地区，明显缺少甚至是具有M级功能的中心地，主要是因广大的人烟稀少的林区所致。尽管帕森贝格的人口数量较多，但是其人口绝大部分由沥青煤采矿工组成，再加上接近 B 级地魏尔海姆，所以帕森贝格仅具有 M 级重要性。

(2)奥格斯堡 P 级体系

我们首先分析奥格斯堡 P 级中心地的 G 级系统。因为有一个重要的中心地自然就有一个较广的腹地，所以，这个体系范围较广。在 B 级中心地 36 公里环上，B_1 是位于讷德林根—因戈尔施塔特连线上的两个 B 级中心地：多瑙沃特(13)和多瑙河畔的纽伦堡(13)；B_2 是 K 级中心地施罗本豪森(9)；B_3 是在慕尼黑和肯普滕连线上的莱希河畔的兰茨贝格(11)，中心性比原先减少了，这是由于其位置在一交通支线上，同时相邻的布赫洛厄交通十分有利以及慕尼黑地区的影响一直扩展到阿默湖区，这一切都逐渐削弱了其重要性；B_4 为明德尔海姆(13)，接近于肯普滕方向连线；B_5 是 K 级中心地克伦巴赫(10)，位于肯普滕和乌尔姆连线上，与相邻 K 级中心地坦豪森(4)一起占据这一 B 级位置，中心性合为 14；B_6 是在乌尔姆与讷德林根连线上三个相距较近的 K 级中心地：迪林根(8)、劳因根(6)、贡德尔芬根(5)，其中心性为 19，属于乌尔姆体系。围绕奥格斯堡 21 公里的 K 级环也发展得很好。在理论上准确的 B 级中心地连线上，有 K 级中心地迈林(离奥格斯堡很近，中心性仅为 4)、施瓦布明兴(7)、韦尔廷根(4)以及仅保留为 A 级中心地的楚斯马斯豪森(此处的区级行政区已撤销)。此外，还有被移至 B 级中心地方向上的 K 级中心地艾夏赫(8)。A 级中心地迈廷根和 M 级中心地比伯拉赫，两地共有中心性 3，这里也应被列入其中。12 公里 A 级内环上有菲沙赫、博宾根、弗利德贝格。在 24 公里 A 级外环(Ⅰ)上有上面提到的韦尔廷根以及珀特梅斯和旧

明斯特。32 公里 A 级外环（Ⅱ）上（根据模式，两个 A 级中心地总是位于两个相邻 B 级中心地连线上）有位于多瑙沃特和诺伊堡之间的赖恩和布洛海姆（赖恩中心性为 6，具有 K 级重要性）；在兰茨贝格和明德尔海姆之间的是布赫洛厄（中心性为 6，具有 K 级重要性，是重要铁路枢纽）和蒂克海姆；在明德尔海姆与克伦巴赫—坦豪森之间的是普法芬豪森和基希海姆；A 级中心地布尔高是在克伦巴赫和迪林根之间；最后，A 级中心地赫希施泰特位于迪林根与多瑙沃特之间。

奥格斯堡 G 级体系十分符合规范，唯有从历史角度解释的是第六个 B 级位置被迪林根、劳因根、贡德尔芬根三个 K 级分割而有所偏差。三个 B 级中心地：兰茨贝格、明德尔海姆和考夫博伊伦，集聚在南部，此外还加上两个 K 级中心地：布赫洛厄、沃利斯霍芬（中心性为 5，是一个居特殊位置的温泉地）以及一个 A 级中心地：蒂克海姆。这种集聚的状况，既可以被看做是导致慕尼黑西南部 G 级体系缺乏的原因，又可以看做是一种补偿。

由于布雷根茨山区插入体系结构，所以肯普滕是第一个不属于慕尼黑 P 级体系的 G 级体系，从补偿的角度看，它属于奥格斯堡和乌尔姆 P 级体系，而不属于圣加伦 P 级体系。肯普滕 G 级中心地区尽管山地阻碍，交通不便，但人口密集，经济发展也很有利（阿尔高伊的奶业），正因如此，体系的 B 级环在局部地段间距较小，偏向东方和西方。B 级环上的 B 级中心地如下：B_1 是在奥格斯堡 G 级中心地方向连线上的明德尔海姆（13）；B_2 为考夫博伊伦（14）（除属于奥格斯堡体系、在奥格斯堡—慕尼黑连线上的兰茨贝格外）；B_3 是在因斯布鲁克 G 级地方向连线上的 K 级中心地菲森，与奥地利的罗伊特一起占据这个 B 级位置；B_4 在几何角度上应是位于因斯布鲁克与圣加伦连线上的 K 级中心地奥伯斯多夫(7)，实际上，伊门施塔特(7)和松特霍芬(7)取代了偏远的奥伯斯多夫，两地共有中心性 14，具有明显的 B 级重要性；B_5 在方向不明确的情况下可以看做是 K 级中心地伊斯尼(8)，但实际上该位置被 B 级的洛伊特基希(14)占据；B_6 是在乌尔姆方向上的梅明根，发展十分充分，甚至具有 G 级重要性，中心性为 31，然而要发展成为一个独立的 G 级体系，以取代肯普滕体系是不可能的，因为它与乌尔姆和奥格斯堡相距很近。由 B 级中心地：比伯拉赫、洛伊特基希、肯普滕、考夫博伊伦、明德尔海姆和伊勒蒂森组成的 B 级环却十分明显，只是不能认为这些 B 级中心地是依附于梅明根而发展的。

围绕肯普滕大致 21 公里 K 级环上有 K 级中心地上金茨堡(5)、马克特奥伯多夫(5)、上面提到的松特霍芬、伊门施塔特、伊斯尼(8)以及 A 级中心地格勒嫩巴赫、莱高、奥托博伊伦(6)等，它们都位于 B 级环上各地的连线上。第 6 个 K 级位置是 A 级地内瑟尔旺和普福伦登。与 A 级相比，K 级环是很规则的。

阿尔高伊是一个典型的孤立聚落。这一地区集聚 A 级中心地和 K 级中心地(在巴伐利亚和符腾堡地区)以及少量的 M 级中心地，与奥格斯堡体系中 35 个 H 级中心地相比仅有 15 个 H 级中心地。本书在理论探讨中得出的论点，在这里实际上已得到证实，即农业聚落的分散程度同城镇聚落的数量和规模之间存在着某种联系。

(3)阿尔卑斯体系

奥格斯堡G级体系和肯普滕G级体系决定了慕尼黑L级体系的西界。因斯布鲁克G级体系位于慕尼黑南部,无疑应算作慕尼黑L级体系的一部分,虽然它在政区上应属于奥地利。但是因斯布鲁克体系与其北部的各体系之间的直接联系被北部连绵不断的阿尔卑斯山峰所打断。因斯布鲁克拥有70 000居民,理所当然是一个P级中心地,也是北蒂罗尔唯一构成一个G级体系的中心地。如果整个北蒂罗尔是以G级商品范围(36～62公里)的中心商品供应的,那么这里本该有两个G级中心地,比如是伊姆斯特和因巴赫。但是,由于自然的、历史的因素决定了因斯布鲁克的固定位置,同时这也符合交通和市场原则,况且北蒂罗尔人口稀少,不可能承受三个具有G级重要性的中心地,所以整个较高级的中心职能集于因斯布鲁克一地。

严格地说,由于受高山谷地自然因素制约作用影响,并没有构成一个因斯布鲁克的G级体系。因此我们满意地看到,即使在因斯布鲁克体系中,B级中心地的相互间距,或者是G级中心地、P级中心地的间隔多数均为36公里。例如,因斯布鲁克—施瓦茨(此线距离因人口密集而略短)、施瓦茨—库夫施泰因、库夫施泰因—罗森海姆、库夫施泰因—基茨比厄尔,向西从因斯布鲁克到兰德克的距离两倍于36公里,这是因为理论上在厄茨河谷入口处应有的一个B级中心地空缺。就谷地体系而言,一条围绕因斯布鲁克的21公里的环也是显而易见的,它由泰尔夫斯和马特内标志出。

布伦纳山口以南的环境情况要简略的提一下，虽然这已不属于目前调查的范围。G 级中心地——博岑是因斯布鲁克 P 级体系的一部分，拥有自身 G 级体系，此体系由于这一地区山地特性而发展不明显。在该体系 36 公里 B 级环上，我们可以看到 B 级中心地默兰和 B 级中心地布里克森，以及布里克森与施特尔青之间、布里克森与布鲁纳克之间、布鲁纳克与因尼辛之间、因尼辛和林茨之间的典型 B 级距离。

在分析萨尔茨堡 G 级体系时，应注意的是对于非德国地区只是粗略涉及。在 36 公里 B 级环上，德国领域仅有特劳恩施泰因(18)，南边的 B 级中心地比绍夫斯霍芬在奥地利领域内，北边的 B 级中心地布劳瑙，也可视为位于萨尔茨堡的 B 级环上。向东，B 级中心地巴特伊施尔几乎不能算作萨尔茨堡体系的一部分，在这里与其他相邻的 G 级体系的联系明显被切断了，因为被定为 B 级中心地的格蒙登(或许还有弗克拉布鲁克)，已不再同萨尔茨堡 B 级体系有关联。萨尔茨堡 B 级环以四个 B 级中心地以及 K 级中心地布尔克豪森、洛弗和萨尔费尔登为标志。21 公里的 K 级环结构相当完美，有贝希特斯加登(17)，它作为旅游热点而具有 B 级重要性，还有 K 级中心地巴特莱辛哈尔(10)以及两个姊妹 A 级中心地劳芬(4)和上奥多夫(两者一起具有 K 级职能)，东部则有 K 级中心地诺伊马克特和圣基尔根。第 6 个 K 级区位由 B 级中心地哈莱因和 A 级中心地戈尔林占据，这个位置稍许偏离 21 公里环线，K 级地弗赖拉辛—萨尔茨堡霍芬(6)只能是萨尔茨堡 G 级中心地和 P 级中心地在德国地区的代表。萨尔茨堡体系的发展已超过了德国边界，这是该体系的特色，在高山地形许可范围内，它在边界

两边均等发展。

在萨尔茨堡G级体系南边,由于人口密度低和高山地形阻碍,实际上没有G级体系。但是36公里特征距离却仍存在于下述B级中心地之间:基茨比厄尔—滨湖采尔、滨湖采尔—比绍夫斯霍芬、滨湖采尔—巴特和霍夫加斯泰因、滨湖采尔—贝希特斯加登、比绍夫斯霍芬—施拉德明。总之,在广义上属于萨尔茨堡体系的地区当然也属于慕尼黑L级体系。

(4)东部G级体系

帕绍G级体系和施特劳宾G级体系与慕尼黑交通联系较弱,兰茨胡特和米尔多夫—奥蒂体系将它们同慕尼黑分割开来,所以它们在慕尼黑L级体系中的位置相当孤立。

涉及帕绍G级体系的,是B级环明显向外扩张半径较大,平均47公里,而不是36公里,这个偏差是由于B级环上两个重要地理位置——代根多夫和布劳瑙,以及帕绍本身都居河流入口处。B级环上另外的B级中心地有普法尔基兴(10),具有很有限的B级职能,因与几乎具有同等重要地位的埃根费尔登接近,其重要性从而被削弱;伊萨尔河畔的兰杜—艾兴多夫(兰杜完全位于帕绍体系之外);里德,在奥地利境内,具有B级重要性;哈斯拉赫,应是林茨体系的一部分;帕绍北部B级区位仅有一个K级中心地——格拉芬奥(5)表示,因为这一地区是森林覆盖的山区,发展程度小。市场原则在定位上起主导性作用。

帕绍体系B级环在不规则距离上发展,而K级环在规则21公里的距离上发展,K级连线上有K级中心地菲尔斯霍芬(10)、K

级中心地格里斯巴赫(4);A 级中心地波京(3)与 M 级中心地鲁斯多夫在布劳瑙方向线上(布劳瑙和里德连线上没有其他中心地)担负 K 级职能;奥地利的恩格尔哈特斯尔(仅是一个 A 级中心地,在德国领土上是 A 级中心地韦格沙伊德)也位于连线上;此外,在连线上的还有 K 级中心地——瓦尔德基兴(5);A—蒂灵(与菲尔斯滕斯坦因一起,中心性为 4)在格拉芬奥方向上。12 公里 A 级内环上,有塞尔汀和附近的诺伊豪斯—苏尔茨巴赫,还有菲尔斯滕采尔、蒙恩茨贝格和 M 级中心地胡特胡尔姆。接下去就是 A 级外环的一些地方。

作为慕尼黑 L 级体系一部分的最后一个 G 体系,是斯特劳宾体系,它具有分支体系的特征,与较大的雷根斯堡体系相依傍,仅在南部和东部得到发展。由于地区经济繁荣,B 级环平均仅有 30 公里距离。在兰茨胡特与帕绍连线上,由两个 K 级中心地汀格尔菲和兰杜表示一个 B 级中心地,接近帕绍北部地区的代根多夫(18)发展较好,另一 B 级位置似应在 K 级中心地菲希塔赫(6)那里。这里的 B 级中心地的分布情况一方面受山脉、河流等自然环境的一定影响,另一方面,还受相邻的波希米亚边界对面的 B 级地的另一种分布方式影响。这些地区都位于 G 级体系之外,中心都位于多瑙河两岸,因为这些地区扩展的可能性受到限制,所以其中心只具有 B 级重要性。这种原因可以用来解释 B 级中心地查姆和 K 级中心地茨维瑟尔作为第二个孤立 B 级位置的存在。如果茨维瑟尔以其中心位置的优势而取代雷根成为区的首府,那么它将可能具有 B 级重要性。围绕茨维瑟尔 B 级体系,12 公里 A 级环上有 K 级中心地雷根(6)、A 级中心地博登迈斯、A 级中心地巴伐利亚

艾森施坦和K级中心地波西米亚艾森坦施、M级中心地施皮格尔奥、M级中心地基希贝格。此处还有一个12公里K级环,上有K级中心地格拉芬奥和A级中心地鲁曼斯费尔登。我们再看斯特劳宾G级体系,在这里分述各层环是多余的,21公里的K级环上根本就没有K级中心地,因为斯特劳宾在自己影响范围内集中了中级和较高级的中心职能,所以K级环仅以很少几个A级中心地为标志。12公里A级环上的波根是地区的首府,由于接近斯特劳宾而仅具A级重要性。K级中心地普拉特灵(7)被看做是主要交通线B级中心地代根多夫的一个分支。

3. 结果

对以上内容作一小结。组成慕尼黑L级体系的有四个发展充分的P级体系——慕尼黑、奥格斯堡、因斯布鲁克和雷根斯堡。慕尼黑L级中心地的中心性为2 800,三个P级中心地各有中心性约220(对因斯布鲁克的估计数字)。此外,还有萨尔茨堡、帕绍和肯普滕这三个G级体系,它们的孤立位置使它们形成了三个孤立的具有P级职能的G级体系。帕绍和肯普滕各自中心性约为60,萨尔茨堡中心性90;波茨中心性大约为90,是一个相当孤立的G级体系。上面提到的这几个G级体系发展充分,位置的规则性仅在山区受到干扰。环绕慕尼黑的其他三个G级体系发展不充分。一是由于高山地区(罗森海姆),二是由于与相邻G级体系的重要中心地(因戈尔施塔特、兰茨胡特)接近而被束缚住。对于雷根斯堡P级体系中的斯特劳宾也是同样的。这四个G级中心性平均为 40(精确地说是 31～51)。最后,还有五个较大的地区是不属于任何 G 级体系的:第一是慕尼黑东部地区,中心在米尔多夫和新旧厄廷;第二是慕尼黑西南部地区,重要中心地在加米施—帕滕基兴;第三是萨尔茨堡省南部地区;第四是北蒂罗尔的东部和西部边缘地区;第五是巴伐利亚森林地区,中心在茨维瑟尔。在这几个区域中,只有围绕米尔多夫的地区将发展其自身的 G 级体系。按照各自具有本身的城镇商品的观点,慕尼黑 L 级体系可划分为 16 个区域,这些商品即中心商品,只在 G 级中心地或更高一级类型的地方供应。然而其中只有 11 个中心地可以提供中心商品;另外 5 个却不能。与将在后面讨论的 L 级体系相对比,慕尼黑 L 级体系中所有 G 级中心地都构成自己的 G 级体系,这 11 个 G 级区域根据其规模和重要性依次为(1)慕尼黑,(2)奥格斯堡,(3)帕绍,(4)因斯布鲁克,(5)萨尔茨堡,(6)波森,(7)肯普滕,(8)罗森海姆,(9)兰茨胡特,(10)斯特劳宾,(11)因戈尔施塔特。另外的是没有 G 级中心地的五个区域。中心地重要性顺序与上述区域排列顺序相一致,表明中心地规模与区域规模和发展状况是相辅相成的,从而证明了理论图式的正确性。实际与理论之间的偏差,一方面是由于落后的交通状况和阿尔卑斯山区稀疏的人口引起的,另一方面是由于 L 级中心地慕尼黑的强大吸引力引起的。

在德国境内,20 个 B 级中心地位于各自 G 级体系范围内,另外三个 B 级中心地与相邻 K 级中心地汇合在一起(如伊门施塔特—松特霍芬,迪林根—劳因根—贡德尔芬根,阿本斯贝格—诺伊施塔特—锡根堡)。然而我们必须从 23 个 B 级中心地中减去属于斯图加特 L 级体系和纽伦堡 L 级体系的三个 B 级中心地:洛伊特

基希、迪林根和艾希施泰特。这样，慕尼黑L级体系拥有20个具有B级职能的地方。除去施塔恩贝格、贝希特斯加登、泰根基三地是由于特定环境而具有B级职能，兰茨贝格、普法尔基兴两地的中心性在12以下，使得B职能不明显外，这样只有15个B级中心地符合正常标准，这一数目符合理论图式，将G级体系中的B级中心地蒂罗尔和萨尔茨堡考虑在内，将符合一个L级体系中18个B级中心地数目。

这些B级中心地，除了梅明根(31)、加米施—帕滕基兴(26)个别例外，中心性在12～18之间，典型值在13～17之间，23个B级中心地中有18个位于G级体系的B级环上(只有施塔恩贝格、贝希特斯加登、伊门施塔特、松特霍芬、多瑙河畔的诺伊贝格以及米尔多夫都仅有21公里而属例外)。在5个充分发展的G系统内：慕尼黑、奥格斯堡、肯普滕、帕绍、雷根斯堡36公里的环上可以找到16个B级中心地；7个B级中心地位于未发展成G体系的慕尼黑西南区和米尔多夫两区的中心或边缘地带。8个B级中心地处于因戈尔施塔特、兰茨胡特、斯特劳宾和罗斯海姆四个狭小的G级体系中，因上述体系发展余地很小，所以B级中心地都限制在半径小于36公里的范围以内。其中只有泰根塞不列入上述各组。因此，B级中心地发展可能性最大的是处于离L级中心地、P级中心地和重要的G级中心地36公里距离上，或者位于G级体系以外区域。有15个B级中心地位置明显受市场原则的影响，仅4个B级中心地位置是受交通原则影响，还有四地的定位原因不明显，部分由于上述两个原则共同影响作用，部分由于地形因素影响。

从图4正交线作为边界线的慕尼黑L级体系，位于经细致调研的德国境内有59个K级中心地，中心性4～11。如果研究一下附图1，可以发现，中心性6和10是两个典型数值。59个K级中心地中有23个位于构成体系的G级中心地、B级中心地的标准K级环上，另外27个的一部分位于B级环上，作为不发展或被分割的B级中心地，另一些是发展充分的A级中心地，或者是偏离位置的K级中心地。38个K级中心地根据市场原则而确定，14个K级中心地根据交通原则确定，7个K级中心地位置不明显[①]。

共有81个A级中心地，中心性为3(或是2和4)，108个M级中心地，中心性为1(部分是2)，最后是192个H级中心地，仅计算德国境内区域从L级中心地至H级中心地数列是：

1∶1∶6∶18∶59∶81∶180∶192

L级体系三分之二正常数列是：

1∶1∶4∶12∶36∶108∶324

因此，G级中心地、B级中心地、P级中心地的数目是模式中数目的大约1½倍，从而使A级中心地数量相应地小些，M级中心地、H级中心地数量总和与图式中M级中心地数量接近。

在整个G级体系中G级中心地明显地均匀分布着，B级中心地多位于梅明根至泰根塞一线，即在士瓦本中部地区以及没有G级中心地构成的阿尔卑斯北部边际地区，K级中心地分布也较均匀，但在由雷根斯堡、斯特劳宾和兰茨胡特组成的三角区却一个也没有，A级中心地在士瓦本(或阿尔戈伊)和巴伐利亚南部地区出现较多，而在巴伐利亚北部地区特别是慕尼黑周围地区出现较少，

① 见图5。——英译者

甚至没有。M级中心地总是普遍位于人口密集地区，尤其是旅游业发达的阿尔卑斯北部边缘地区。

慕尼黑L级体系的中心地位置多数是根据市场原则确定的。而在阿尔卑斯山谷，尤其是因河和萨尔察赫河谷，萨尔茨堡阿尔卑斯北部边界；在斯布鲁克—肯普滕—乌尔姆连接处以及从慕尼黑和各大城镇向外辐射的交通线上，交通原则起主导作用。除此之外交通原则仅在个别位置确定中明显。理论上的中心地在实际中被分割，多数是因分离原则所致，主要在边界地区（如萨尔茨堡、米尔多夫—厄廷—辛巴赫、菲森、迪林根、阿本斯贝格、斯特劳宾）以及在分割的P级中心地位置上。

第二章　纽伦堡L级体系

1. 基本事实

(1)L级中心

根据图表,位于慕尼黑北面的L级体系的中心纽伦堡—菲尔特具有中心性1 346,如果比较其居民数并考虑到纽伦堡具有的非常重要的位置,以及其重要性并未由于相邻城市的影响而减少多个等因素,那么这个数字并不很大。即便再加上埃尔兰根和施瓦巴赫的指数(人们有若干理由将其列入巴伐利亚北面的L级体系中心地之中),也不过1 400稍强,与慕尼黑的2 800相比,还是相去甚远。

中心性相对较小,主要由于纽伦堡不是州首府,它不但缺少最高级的甚至中级的行政机关——它甚至不是区政府所在地——而且还必须在巴伐利亚北面为慕尼黑在其他市政方面承担义务,还有社会的、经济管理的、文化的等等事务。因此其进一步的结果是:纽伦堡只在极小的程度上被看做是退休住宅区(比如供给退休官员)或被看做是文化城市。这种不完全的L级重要性不仅对纽伦堡,而且对整个北巴伐利亚都是一个损失,因为那些通常由州首府提供的高等级中心商品,由于纽伦堡的地位,而在那里非常匮乏,于是就由慕尼黑提供却又由于距离遥远而涨价,以至于只能少量购买。从有利的方面看纽伦堡的重要性首先在于,它是一个大工业地,同时还是一个重要的贸易地;旅游业只占微小比重。纽伦堡毋庸置疑构成了一个独特的结构优良的L级体系,其中心性约为1 350,完全是L级中的中心性;因此它远远地优于本区域中心性分别为246或217的城市维尔兹堡和雷根斯堡。

(2)L级连线距离

根据我们图式的顺序,在北方向上同纽伦堡L级体系相接的L_1为莱比锡L级体系,L_2为布拉格L级体系,L_3虽不直接比邻,权且看做是维也纳L级体系,L_4为慕尼黑,L_5为斯图加特,L_6为法兰克福。在西北面有一个较大的空隙,这里的汉诺威L级体系对纽伦堡体系有某些影响。

上述L级中心地大多数和相应于图表的L级中心地间距没有太大的偏差:法兰克福恰好位于168公里距离内,同斯图加特间距155公里,同慕尼黑仅距150公里,而莱比锡却在225公里处,布拉格在245公里的距离上,与标准距离的偏差最高为:向下偏差20%,向上偏差30%。到维也纳的飞行距离不过405公里(在260公里地段契入着重要的P级中心地林茨),距汉诺威330公里;这个事实将说明P级中心地和G级中心地与图上距离的某些偏差。

前面叙述了五个直接毗邻的,距离基本标准的L级体系和两个不直接毗邻而距离较大的L级体系,由纽伦堡伸展出去的L级方向线同这些体系相应。趋向直接毗邻体系的方向线为第一等级的 L 级方向线，趋向不直接毗邻体系的方向线为第二等级 L 级方向线。这样，我们则同时看到了七条由纽伦堡伸出的铁路干线，除此之外还有一条铁路干线在斯图加特 L 级方向线和慕尼黑 L 级方向线之间近乎 90 度的夹角的等分线上（趋向 P 级中心地乌尔姆和奥格斯堡方向）。其余的 L 级方向线之间的角，呈相当均匀的 45°～60°。

(3)P 级中心地

在 P 级中心地（距 L 级中心地 108 公里）圆弧上可见 4 个分布相当精确的 P 级中心地：普劳恩、雷根斯堡、奥格斯堡和维尔茨堡，与标准距离的偏差通常低于 20 公里，即误差约为±17％。在普劳恩偏差为 30 公里，相当误差为 28％。普劳恩位于莱比锡和布拉格之间明显的 L 级连线上，它的中心性由于其 111 000 居民和工业特征而略高于 200。雷根斯堡中心性为 217，位于维也纳 L 级方向线上，也就是说，明显地有悖于企望，然而因为这条 L 级方向线是一条二等方向线（趋向一个非直接毗邻的 L 级体系中心），所以其位置也符合市场原则。在维尔茨堡（246）情况有所不同，它同样是在 L 级方向线上，却是一条一等方向线（趋向直接毗邻的 L 级体系）——法兰克福方向线，这个位置在以后可以得到解释。P 级中心地奥格斯堡（224）则位于慕尼黑和斯图加特之间明显的连线上；与奥格斯堡共同占有这一 P 位置的乌尔姆（163）也在这条方向线上，却距纽伦堡 140 公里。其余 P 级中心地均不在 108 公里范围内。于是在汉诺威—纽伦堡—莱比锡三角区内，我们找到了埃尔富特作为 P 级中心地但它却完全位于纽伦堡 L 级体系之外。

纽伦堡体系内的 P 级位置替代地班贝克(144)，被看做是 P_1，它在汉诺威 L 级方向线上。考虑到这只是一条二等 L 级方向线，这个位置可以看做是标准的；同样，维尔茨堡的位置在法兰克福 L 级方向线上也是可以理解的。6 个标准 P 级中心地中的最后一个是皮尔森，在接近布拉格的 L 级方向线。显然，因为这条方向线恰好等分普劳恩—纽伦堡—雷根斯堡三角，所以，与普劳恩和雷根斯堡等距。此外，还因为布拉格到纽伦堡的距离总旧已有 245 公里之遥。

P 级中心地中唯有维尔茨堡明显位于纽伦堡 L 级体系之中，当然，L 级中心法兰克福的影响也有作用，因为在法兰克福体系中找不出维尔茨堡的 P 级位置替代地。为了纽伦堡的 L 级体系，在不得已的情况下我们已将雷根斯堡纳入此体系中，从而找到了位于本体系中的第二个 P 级中心地。普劳恩因其山地特点，距离较短，居民的同种同族以及经济上的密切联系等缘故明确应列入莱比锡 L 级体系。然而可以把孤立的 G 级中心地霍夫看做是纽伦堡体系中的一个即令是不重要的 P 级位置替代地。同理，皮尔森明显属于布拉格 L 级体系；奇怪的是，纽伦堡体系中一个 P 级位置替代地——魏登正在这里逐渐形成，人们似乎期待着这里产生一个具有更高级重要性的地方，但是从上法尔茨的贫穷特征来看，这明显是不可能的。该地区正在发展的工业化或许能给这里带来转机。但是无论奥格斯堡还是乌尔姆最终都不会列入纽伦堡 L 级体系之中这一点是显而易见的，此外也没有任何迹象表明在纽伦堡体系中有一个奥格斯堡——乌尔姆的 P 级中心地替代者，相反在这里连一个相应的 G 级地都未曾形成。埃尔富特 P 级中心地具备与北尔森惊人般等同的条件；两地与纽伦堡同距 170 公里并

同为一横断其间的绵亘山脉所分隔。当然，与上法尔茨森林地区不同，图林根森林地区是个经济相当发达的区域；因此，一个强大的 P 级替代地在山脉南部能够形成是可以理解的，此外，班贝克甚或还有科堡取代了 P 级职能。这表明，与上法尔茨相比，本区域 P 级特征的中心商品需求量较高。

(4)G 级中心地

现在我们来确定，哪些纽伦堡 L 级体系内的地区可以作为 G 级中心地，以及其位置所在。

像所有 L 级中心地一样，纽伦堡周围有一个 G 级环；从图上看，它是一个围绕 P 级中心地的 62 公里环(此外纽伦堡作为 P 级中心地)，并且在 P 级中间方向线上，对 L 级中心地来说，与图 4 所示的 L 级方向线互相重合。作为纽伦堡 P 级体系 G_1 的班贝克(144)非常精确地与图式吻合。作为 G_2 的拜罗伊特(68)占有一个绝妙的市场位置，恰好在班贝克—科堡—霍夫—魏登—安贝克—纽伦堡六角形的中间点上，这是王公们具有远见卓识的极好例证(1604 年王宫从库姆巴赫迁到拜罗伊特)。第 3 个 G 级中心地在布拉格 L 级方向线上，是被分割的；作为主地的安贝克(27)也正好在围绕纽伦堡约 62 公里环上，旁侧的魏登(也是 27)有明显地进展，因为它除优良的交通位置外，还具有在德意志帝国的疆域上作为皮尔森的 P 级位置替代地的希望。第 4 个 G 级位置为英戈尔施塔特所占有，它也已被列入慕尼黑 L 级体系，有趣的是第 5 和第 6 个 G 级位置的情形。我们观察到，从空间划分角度看，毋庸置疑应是内尔特林根和罗滕堡这两个地方，两地在中世纪就曾具备这

种G级等级。今天这两地只具有B级中心地的重要性。符滕堡——巴伐利亚的边界将它的体系切割了,从而使这条边界东西两方曾显现出发展一个双G级中心地的前景,更确切地说,在斯图加特上升为L等级之后,处于纽伦堡—斯图加特L级之间线上,然而,这种晋级现象由于当地大公的作用只在法兰克的土地上获得成功,而在施瓦本地区则未能实现。其结果是,作为符滕堡东北区的首府,埃尔万根未能达到G级重要性,而安斯巴赫以中心性29至少达到了G级中心地的低限。于是,在内尔特林根失去作为G级中心地的可能之后,纽伦堡L级体系的西南部就处于任一G级体系范围之外了。这里仅有遗迹、废墟可见,当年的中心——内尔特林根明显地偏离中心点。当然,随着时间的推移,完全可能在这里重新建立起一个新的G级体系,但是很难以内尔特林根为G级中心地,而是以特罗伊希特林根为G级中心地。这样,我们在纽伦堡周围有4个可列入其体系的完整的G级体系,第5个应列入别的体系,而第6个目前处于不发达状况;其中4个恰好在62公里环内(班贝克、拜罗伊特、安贝克和特罗伊希特林根),一个在B级环上(安斯巴赫),还有一个远在62公里之外(英戈尔施塔特)。

围绕P级中心地维尔茨堡的G级中心地环发展很不完善,真正能列入维尔茨堡体系的,除了维尔茨堡自身体系之外、只有唯一的一个G级体系,这就是施韦因富特(66)。然而它并不在G级环上,而是在B级环上。班贝克似可作为G_2,安斯巴赫作为G_3,这两个体系却与维尔茨堡G级体系并不相接,它们属于纽伦堡P级体系。罗滕堡算是个合乎逻辑的G_3中心地,G_4暂缺,而阿沙芬堡作为G_5是明显的。维尔茨堡P级体系的这个态势是经国家法律划定归属巴伐利亚的，但是维尔茨堡 G 级体系和阿沙芬堡 G 级体系的关联并不是很紧密的，而且阿沙芬堡城本身在围绕法兰克福的 36 公里环上，它当然属于法兰克福 G 级体系并因此而列入法兰克福 P 级体系和 L 级体系。G_6 在伦山山脉对侧的富尔达，与其体系不相连接。

我们已经认识了围绕雷根斯堡的 G 级中心地环及其体系，它们是属于慕尼黑 L 级体系的英戈尔施塔特，兰茨胡特和施特劳宾，其中前两地在 62 公里环上，相反，施特劳宾可视为雷根斯堡 G 级体系的一个分支。安贝克(27)在非常明显的中间方向线上，作为与纽伦堡 P 级体系共存的 G 级体系，其归属是有问题的，从管理角度上说，它应属于首府为雷根斯堡的上法尔茨，然而它对 L 级中心的经济依赖性却大于对 P 级中心的依赖。最后，在东北部是一个发展不完善的 G 级体系，其中心点是加姆(17)，由于邻近波希米亚边界和山地特点，该地区空间非常狭窄，因此加姆也只可能获得 B 级重要性。在边界彼方，皮尔森 P 级环上有一个同样规模不完整的克拉陶 G 级体系与这个发展不完善的加姆体系遥相呼应。

近似于慕尼黑 L 级体系，我们在纽伦堡 L 级体系中也发现了几个孤立的 G 级体系，它们大都扮演着位于纽伦堡 L 级体系之外的 P 级中心地的一个(尽管这种情况不多)P 级代表的角色。我们刚才已对魏登 G 级中心地的特性作了描述；它具有同安贝克一样的中心性(27)，两地相距 36 公里，并在对方体系中表现为一个 B 级中心地。这两个体系可认为是联合体系，相反，与皮尔森 G 级体系的联系却被上法尔茨森林地所隔断。

同样，G 级中心地霍夫(60)可认为是普劳恩的 P 级中心地的代表;这里,霍夫 G 级体系与普劳恩之间的连接线延伸很远,人们倾向于将其整个 G 级体系列入普劳恩 P 级体系,连同普劳恩本身再列入莱比锡 L 级体系。相同的"弗格特山地"的称谓,相同的民族归属及经济特征(纺织工业),是这一观点的有力证明,山岳形态也同样说明这一点。但是尽管有这些完全具有说服力的反证,我们仍然把这个 G 级体系按照国家区划,划给巴伐利亚,而且还因为霍夫对菲希特尔山脉北部和东部具有 G 级中心地的重要性,而将其列入纽伦堡 L 级体系。在波希米亚地区,艾格是纽伦堡—莱比锡—布拉格三角区的 P 级代表,普劳恩、霍夫和艾格三地分享这一位置。这是一个 P 级区位分割为三个地方的典型例证,这三个地方依据分离的原则又分别旧属不同的国家。

纽伦堡 L 级体系的最后几个孤立的 G 级中心地中要提到的,是两地互相交错的城市科布克(88)和松讷贝格(37)。把它们列入围绕 P 级中心地埃尔富特的 G 级环是毫无道理的,尽管松讷贝格起码在概念上隶属于基本与埃尔富特 P 级体系重合的图林根邦。这样,科布克和松讷贝格的 G 级体系便是孤立的,但并非完全孤立。更确切地说,它们属于辅助的班贝克 P 级体系。这一体系像奥格斯堡 P 级体系紧靠慕尼黑一样毗邻纽伦堡。围绕 P 级中心地班贝克的 G 级体系环也很容易辨认:施魏因富特、科布克和拜罗伊特为其角,但在南部,这个环的规则形状被纽伦堡强劲的吸引力所破坏。基本上,科布克和松讷贝格只可能组成单个的 G 级体系,松讷贝格仅仅由于其工业而获得较高的中心意义,但这样的中心意义同一个真正的 G 级区域并不相称,而仅与一个 B 级区域相吻合。与此相反,科布克以其中心性 88,在纽伦堡 L 级体系为最大区域。由于其区域内密集而优越的工业人口以及前不久还保持的作为都城的意义，后者使科布克今天具有适宜退休养老的城市的特点。

最后值得一提的还有一个位置特殊并出人预料的 G 级中心地：埃尔兰根，其中心性为 40。这个 G 级中心地整个位于一个 G 级体系内，这就是纽伦堡的 G 级体系，而且它正好在 21 公里环上，这只能代表一个 K 级中心地。这里的 G 级重要性只能归因于埃尔兰根从前是都城而现在又是座大学城。这种情况我们将要在蒂宾根再次见到，并因此共同影响相对低微的纽伦堡中心性。纽伦堡的中心性相对较低，也是因为受到上述因素的影响。

2. 各 G 级体系的分析

(1) 纽伦堡 P 级体系

纽伦堡 G 级体系的构成令人惊讶的规则。B 级构成的环，距离 G 级中心几乎都是 36 公里，唯有朝西南方向，那里没有发展完善的 G 级体系，因而间距延伸至 47 公里，此外在东方由于受法兰克的阿尔普山脉的影响，距离缩短为 26 公里。B_1 位于约在班贝克 G 级方向线上的福希海姆(14)，作为 B_2 的赫尔斯布鲁克(12)同样靠近安贝克 G 级方向线，两地都受山岳环境影响。B_3 诺伊马克特在安贝克和英戈尔施塔特的 G 等分方向线上，B_4 魏森堡(12)位于英戈尔施塔特和降低等级的 G 级中心地内尔特林根之间。第 5 个 B 区位由安斯巴赫占据，它本身是一个 G 级中心地，从以前的 G 级中心地内尔特林根和罗腾堡角度看，它正好位于其中间线上；B_6 诺伊施塔特（12）占据着精确的中间方向以及 36 公里环的优良位置，这些情况使得这一贫穷的纯农业地区仍具有相对较大的中心性。这就是所有的 6 个 B 级中心地而且它们大多占有理论上规定的区位。

21 公里环的结构就不那么清晰。埃朗根（40）G 级中心地为 K_1，K_2 由劳夫（8）和施奈塔赫（5）为代表，施奈塔赫具有符合市场原则的有利位置，所以，与劳夫同样获得 K 级重要性。K_3 阿尔特多夫（5）和 K_4 罗特（9）也恰好位于 21 公里环上，而且典型地以市场原则定位，尤其是阿尔特多夫，这一点由通往阿尔特多夫（与施奈塔赫情形一致）的铁路支线这一点即可说明；位于铁路干线附近的福尔希特到目前为止没能对它造成任何损害。K_5 考虑为海尔斯布隆（4），不过是在 B 级方向线上，K_6 朗根策恩又回到了中间方向线上，由自邻近的威尔赫尔斯多夫的竞争只能满足于 A 级重要性。

A 级内环不如期望的那么明显，因为这个环上的许多地点的中心职能被纽伦堡吸收去了。应该说到的，有福尔希特和温德斯泰因（共同占有一个 A 级区位）、正向 B 级重要性发展的施瓦巴赫（16）——一个值得注意的特殊情况——以及仅具 M 级职能的阿梅恩多夫（加多尔茨堡旁边）。此外，富尔特市也可以被看做是一个简单的 A 区位所有者。赫罗尔茨堡和罗滕巴赫尚不具备 A 级重要性。第一个 A 级外环在 24 公里距离内，由巴叶斯多夫，格雷芬堡（或者是施奈塔赫），阿勒斯贝格，温茨巴赫，赫措根奥拉赫非常有规律地组成，这些地方都是 A 级中心地并主要遵循市场原则。第2个32公里环构成得不明确，在东北方和东方根本没有中心地标志（距纽伦堡B级环距离较短），在其他方向上有塔尔迈辛，魏森堡和安斯巴赫之间的K级中心地贡岑家森（以11个接近B级重要性）和特立尔斯多夫，还有马克特尔巴赫，于尔菲尔德以及赫希施塔特。考虑到B级环在魏森堡附近向外伸展，这里还契入了三个A级中心地：旋帕尔特、乔治斯明德和希尔波尔特施泰因。

总的说来，纽伦堡G级体系正好是说明我们理论正确性的典范，而且尤其是市场原则在这里占支配地位。

北邻的班贝克G级体系范围很小，它的界限仅在28公里半径内。因此这就使这个体系的各个角多数情况下达不到B级重要性，只等于一个富裕的人口密集的地区才能获得B级重要性。高度发达的B级中心地利希滕费尔斯（21）作为B_1，因为此地的人口密度较高；B_2是A级中心地荷尔费尔德（4），它正不断接近K级重要性；B_3是地理位置优越的福希海姆（14），尽管发达的埃朗根近在咫尺，因其地理位置优越，它的B级重要性仍然得以保持。循着B环继续找下去，在人口稀疏的地区有K级中心地赫希施塔特（43），其后是较发达的K级中心地哈斯富尔特（9）；第6个B级中心地没有发现。这是因为，只有在人口密集的地方，其角才构成B级中心地，否则只能作为K级或A级中心地。

班贝克体系的21公里K级环因其特别靠近B级环而根本没有形成为K级环，因为实际上只有几个A级中心地位于其上：埃尔特曼、埃伯恩和斯埃费尔施塔因，A级内环尚不成熟，但正好在12公里的距离内由A级中心地施雷斯里茨、希尔赛德和布尔格勃

拉赫所占据。

班贝克体系中中心地严重不足，这一点非常突出。尤其是与相邻的纽伦堡，科堡和维尔茨堡体系相比较，首先缺乏的是K级中心地。这一点对于因此而提高班贝克独立的中心意义大有裨益。几乎可以说，班贝克G级体系是低一级的水平，即B级区位由K级中心地、K级区位由A级中心地来充当，以此类推下去。

像大部分新近形成的G级体系一样，拜罗伊特G级体系呈不规则状。一个以库姆巴赫为中心，具有B级的角利希滕费耳斯，克洛纳赫、明希贝格和拜罗伊特的体系看起来倒比较像样子。就是说这里还可以看到一个年代较久的库姆巴赫体系的痕迹。正是出于这种情况，库姆巴赫才具有中心性32，几乎达到G级重要性。此外，中心点为拜罗伊特的这个体系被菲希特尔山脉所严重阻碍，这样，温西德尔(12)和马克特雷特维茨几乎不能被认为是位于拜罗伊特的B级环上。除库姆巴赫和马克特雷特维茨之外，再没有找出其他B级中心地。同邻近的赫尔姆布雷希茨(10)共有较高B级意义的明希贝格(8)尚可算入此体系，而其他各角上只有A级中心地霍尔费尔德K级中心地佩格尼茨(6)和A级中心地埃森巴赫。

K级环与B级环大部分重合，只是在北部和东部表现为A级中心地。另外库姆巴赫也位于K级环上，A级环基本上无法识别。

另一个属于纽伦堡P级体系的G级体系是安贝克体系。它的36公里B级环(例外地朝向东南方向)在标准距离之内，并有相应的B级中心地位于其上：首先是自成体系的G级中心地魏登

(27),以后将对其分析:然后是在比尔森和雷根斯堡的中间方向线上的B级中心地施万多夫(12),再次是B级中心地纽马克特(18)和B级中心地赫尔斯鲁克(12),最后一个B级区位则被分解,并由三个相邻的A级中心地埃森巴赫、格拉芬乌尔和普来萨特表示,中心性合计达到8,对本地区来讲,这是个相当重要的数字。

安贝克G级体系的K级环仅由A级中心地维尔赛克,K级中心地纳堡(4),A级中心地施密特米朗,还有B级中心地施万多夫来代表,A级内环更其不发达;苏尔茨巴赫的居民数尽管在上法尔茨是比较高的(6 000),尽管还邻近钢铁厂,但由于靠近安贝克而仅具K级重要性。A级外环可以说不存在。总之,安贝克以南诺德高斯地带上的中心地极为有限,是很引人注目的。这里,分布不理想的纯农业人口对中心商品的需求量甚少,是造成这种现象的直接原因,本地区虽然风景秀丽,但对较大规模旅游业来说,由于交通不便也无法考虑。

在纽伦堡B级体系的整个南部缺乏与其他G级体系的直接联系,不存在能构成体系的较大城市。有一点十分醒目,即在阿尔特米尔河谷有着良好的东西向的联系,但是这种联系绝大部分未被充分利用,没有利用横贯其间通向雷根斯堡的铁路线,也没有利用国家公路。这里不存在对这种联系的需求。以前可能存在一个具有中心点讷德林根和由丁克尔斯比尔—贡岑豪森—魏森堡—多瑙沃特—迪林根—海登海姆—阿伦—埃尔旺根组成B级环的G级体系,但由于符滕堡—巴伐利亚边界的切割以及一项与此有关的地方主义的交通法令而遭破坏。也许在一个以特罗伊希林根为中心的新G级体系中可以发现它的复苏。

因为现在缺少一个中心点，我们只能满足于确定典型的B级间距是不是保持在36公里上。事实上大部分地方都在这个间距上找到了：从讷德林根到上述地点都有这一间距，在多瑙沃特和艾希施泰特之间以及丁克尔斯比尔和贡岑豪森之间也有。只有魏森堡至贡岑豪森和魏森堡至艾希施泰特之间的距离比较短。我们列入纽伦堡L级体系的B级中心地有讷德林根(2)、艾希施泰特(12)和魏森堡(12)。就K级而言，它们多是非常杂乱无章地分布着，而且有点特别地一直绕开环绕讷德林根的K级环，我们找到的有昔日的都城，今天亦然可观的伯布芬根(8)，它在环讷德林根的A级环上。其次还有相同规模的奥廷根(6)，位于环特罗伊希特林根K级环上，与贡岑豪森和艾希施泰特的位置一样标准。最后是紧紧毗连并靠近魏森堡的特罗伊希特林根(4)和巴本海姆(5)，两者共同的中心性至少已达到了9(对魏森堡的12)。

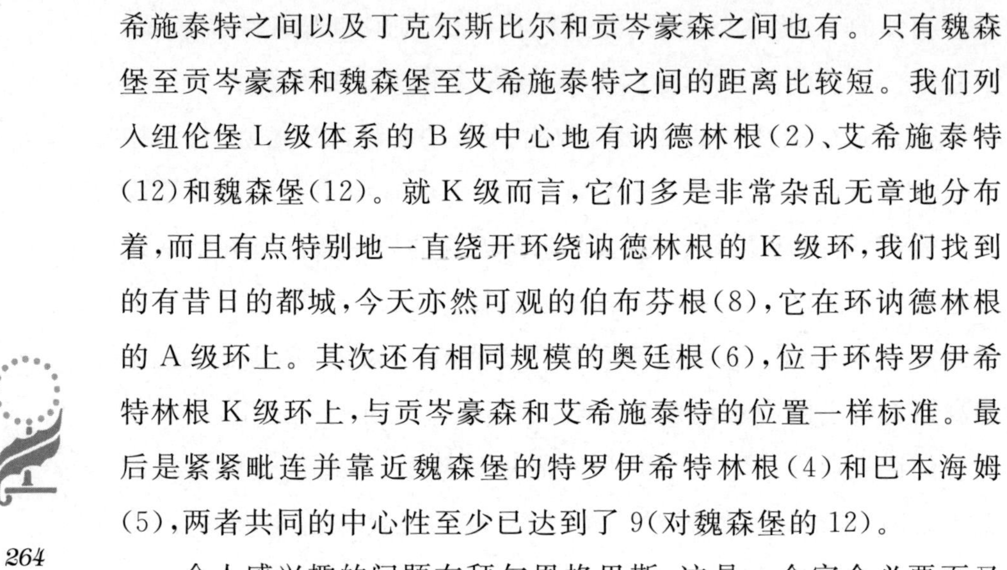

令人感兴趣的问题在拜尔恩格里斯，这是一个完全必要而又分裂的B级区位。只有拜尔恩格里斯(5)具有K级重要性；在围绕拜尔恩格里斯的9公里距离的圈内有4个A级中心地：贝辛、迪特富特、基普芬贝格和格雷丁。它们共有的中心性相当可观，达到17。这个地区的开发情况特殊，铁路支线四通八达，但不在中心地区聚合，这样，对中心职能的凝聚后形成阻碍；近来这里的铁路网部分地集中，这也许将会有积极作用。

G级体系的主地安斯巴赫本身被认为是纽伦堡G级体系的B级中心地，于是这个体系也只是一个“附庸”体系，同时由于它是个以农业为主的并不富足的地区，因而使安斯巴赫的中心性较低(仅为29，低于G级重要性)。铁路网和作为巴伐利亚州中弗兰肯的首府的优势也无济于事。这个体系具有平均距离为30公里的B级环:诺伊施塔特A(12)、罗滕堡(18),仅具有K级重要性,但位置并非不佳的丁克尔斯比尔(9)和因靠近魏森堡而同样具有K级重要性的贡岑豪森(11)构成环的四个角,同时还有两个因受纽伦堡G级体系影响而没有参与体系构成。K级环也非常易于辨认:北面有不靠近铁路而与温德斯海姆相邻的奥本策恩(明显位于诺伊施塔特—罗滕堡的B级中间方向线)具有A级重要性,同样位于B级中间方向线上的K级中心地福伊希特旺根(6)(靠近A级中心地希灵斯菲斯特)和位于B级中间方向线上的A级中心地贝克霍芬(3)。A级内环由两个地方来标志,A级外环因本体系空间狭小而几乎不存在,只在罗滕堡和诺伊施塔特之间的线上,古老的帝国直辖市温德斯海姆(6)发展成为一个K级中心地。

G级体系区域之外,安斯巴赫G级体系的东北面,可看到一段明显缺少中心地的狭长地带,对于那些把中心地的成因归结为交通路线影响的人来说,情况是令人惊异的。恰恰在这里,有纽伦堡至维尔茨堡的这样一条重要的铁路线,但至今未能造就城市。这里,可以作为中心地的仅有非常确定的费尔德(中心性勉强达到4)仅仅只达到了A级重要性,因为这块贫瘠之地不允许它获得更高级的重要性,或者说那样的重要性,也不“值得”。

(2)维尔茨堡P级体系

鉴于维尔茨堡G级体系的中心具有P级职能的事实,这一体系是发展得完备无缺的。36公里B级环在西部明显地向内收缩,然而并无什么意义。只有东南方明显不合规则。由于维尔茨堡周围G级地环在结构方面的缺陷而使规律性遭破坏。

首先，我们看到的是第一个B区位由施韦恩富特(66)所占据，施韦恩富特构成了一个与维尔茨堡体系相联系的独立体系。接着是两个K级中心地盖罗尔茨霍芬(8)和乌芬海姆(9)，它们的B级职能，由它们中间位于环维尔茨堡K级环上的B级中心地基青根来执行，它具有的中心性为28，是很强大的。这显然是因为它把两个B级区位的职能结合了起来，并且位于富足的葡萄种植地区的缘故。其次是符滕堡的梅根特海姆(22)，作为温泉浴场它比较发达。然后是韦尔特海姆，尽管居民数量较少(3 600)，然而200条电话线路使其中心性达到了15，这是其B级职能必要性的一个例证。最后是位于阿沙芬堡和富尔达的G级中间方向线上作为B_6的罗尔(12)。作为尚未完全展开的第七个B级区位，是哈默尔堡(7)(靠近基辛根)。根据图式，位置最佳的是位于阿沙芬堡G级方向线两侧的B级中心地韦尔特海姆和罗尔，阿沙芬堡G级体系也是维尔茨堡周围位置标准的唯一G级体系。

21公里K级环也有几个引人注目的例子。卡尔施塔特(7)的位置正好在B级中间方向线的环上，马克特海登费尔德(6)占据同样精确的位置，还有前面说过的具有B级重要性的基青根。陶伯比绍夫斯海姆(9)可以理解为韦尔特海姆和梅根特海姆的B级中间方向线上K级环的凸出地。一个理论上的K级区位由阿恩施泰因占据，这是一个中心性仅为4的发达的A级中心地；在东部存在着一种方向上的偏差，在B级角的方向上有两个K级中心地：福尔卡赫(7)和奥克森富特(7)；对这个现象的解释是，这两个B级角仅构成K级中心地，或相反，紧密相邻的位置按照交通原则不能使两地取得更大重要性。K 级中心地马克特布雷特(5)占据的位置是不寻常的,它与基青根和奥克森富特的距离都只有 7 公里。这说明,富足的葡萄种植地区可以承受较多的中心地,而且主要还是中等级的中心地。

A 级内环就其与维尔茨堡的距离来看(标准距离为 12 公里),是不规则的方向线(朝向 B 级中心地)基本上比较规范。相反,清晰的是第二个外环,在每条 B 到 B 的连线上有两个 A 级中心地。罗尔和哈默尔堡之间只有一个具有 K 级重要性的地方,这就是格明登,然而尽管它的交通位置有利,其中心性却只有 6,在施韦恩富特和盖罗尔茨霍芬—格希斯海姆之间,盖罗尔茨霍芬和乌芬海姆—威森特海德之间,乌芬海姆和梅根特海姆之间的确都有两个中心地,其中有一地甚至具有 K 级职能,即 K 级中心地克雷格林根(5)和 A 级中心地魏克斯海姆,在梅根特海姆和魏特海姆之间竟至有两个 K 级中心地:劳达(4)和陶伯比绍夫斯海姆(9),两地相距很近。维尔茨堡和魏特海姆之间的中心地网络中明显地有一很大的空隙,它不仅是那些使城市位置偏移的河谷环境影响所致,还由于穿过高地的特殊的政治边界这一事实,这就是分离原则的效应。

在这里,我们有必要将本书中经常提到的观点再概括地说一下:我们认识到,对山地形态环境,尤其是河谷和河口,就其对城市发展的作用来说,一般是估计过高。如果说一个优越的地理位置与我们理论所认定的(以中心商品供应该地区的中心地网络中的)正确位置不相符,那么,所表现的情况就是地理角度有利的位置被不太重要的中心地占据着,经济上重要的位置被重要的中心地占

据着。举几个维尔茨堡 G 级体系的例子:劳达在梅根特海姆附近,福尔卡赫在盖罗尔茨霍芬旁边,格明登紧靠罗尔,这两个位置汇集在魏特海姆周围,因此后者特别优越。

施韦恩富特 G 级体系与维尔茨堡的体系密切相关。这是为什么？为什么位置居中的明讷施塔特或诺伊施塔特没有发达成为 G 级中心地？这个地区在诺伊施塔特、柯尼希斯霍文、哈斯富特,施韦恩富特、哈默尔堡和勒因之间,在维尔茨堡、富尔达迈宁根、科布克和班贝克等 G 级体系之外。如果这个地区经济充分发展的话——对于肥沃坟场是合适的——就必然要在这里构成一个独立的 G 级体系。如果一个位于这个地区边缘的地点,像施韦恩富特(表明其地理位置还是优越的),能够向整个地区供应具有 G 级商品范围的中心商品,那么地理位置好的优点可能大于地区中心位置的优点。较大的优点几乎总是具有决定意义,所以实际情况是,施韦恩富特具有 G 级重要性。当然,位置居中的诺伊施塔特,居民数目虽不及 3 000,中心性为 14,是一个相当发达的 B 级中心地。围绕施韦恩富特的 B 级环的其他地点都是 K 级中心地:哈默尔堡(7)、柯尼斯霍芬(6)和盖罗尔茨霍芬(8)都在较明确的 G 级中间方向线上,只有哈斯富特(9)在班贝克 G 级方向线上。B 级环与 21 公里 K 级环部分重合,在它上面有位于 B 级中间方向线上的巴特基辛根,它作为浴场形成了相当高的中心性:23。这可认为是特殊情形。有趣的是,在距巴特基辛根很近,趋向诺伊施塔特的地方,有一个中心地有可能获得 K 级重要性,这就是明讷施塔特(4)。可以这样理解:在浴场地,K 级中心商品对广阔的农村来说太昂贵了,所以浴场附近为当地居民可以或必须保留一个价格较

便宜的K级中心地，或者还能够使之进一步振兴。

施韦恩富特体系的A级内环发展非常缓慢，结果是从低等级中心商品的角度看，施韦恩富特的中心意义得到了加强，A级外环的情况也同样。

施韦恩富特G级体系的北面还有几个中心地，准确地说它们属于梅宁根G级体系。因为它们不论怎么说还是属于诺伊施塔特B级体系的，所以我们将其列入纽伦堡L级体系。在诺伊施塔特的K级环上有K级中心地柯尼斯霍芬，B级中心地巴特基辛根和A级中心地比绍夫斯海姆(14)和弗拉东根，在A级环上首先是K级中心地梅尔里希施塔特。

(3)雷根斯堡P级体系

纽伦堡L级体系的第二个P级中心地是雷根斯堡，这里又存在一个结构较好的G级体系。B级环在半径约34公里的环内构成明晰。B_1施万多夫(12)位于安贝克和皮尔森的G级中间方向线上，比尔森和帕绍中间方向线上的罗丁(5)为第二个B级中心地，由于它毗连B级中心地沙姆(17)(沙姆以B级商品供应波西米西森林地带)，因而只发展为K级中心地。再一个B级中心地是帕绍G级方向线上的斯特劳宾。兰茨胡特和莫戈尔施塔特的G级中间方向线由K级中心地阿贝恩斯贝尔格(6)，A级的诺伊施塔特(3)和A级的希根堡(3)组成的组合体占据。英戈尔施塔特和纽伦堡的G级中间方向线上是K级中心地里登堡(4)(它是雷根斯堡体系中赫尔恩格里斯B级位置替代地)，第六个B级区位上是个K级中心地帕斯贝尔格，由于距纽伦堡G级中心地甚远，这个方向上只有它，此外就是诺伊马克特。雷根斯堡北部贫穷并在东北和西北方向上来同相近的G级体系相连接，因此使B区位被分割。这些特点说明了为什么在雷根斯堡体系B级环上只有两个B级或G级中心地，而有4个K级中心地。

K级环情况相似，位置相当正确，但只有两个位置真正为K级中心地所占据，即布格伦根费尔德(5)和凯尔海姆(6)。而尼特瑙(4)、福尔特(3)、朗克韦德(3)和贝拉茨豪森(2)等都只是A级中心地，其中像尼特瑙和福尔特，只是部分地接近K级重要性。12公里A级内环由一个A级中心地雷根斯陶夫，此外就是相当规则地由M级中心地(阿巴赫、科费林—曼格尔丁)占据。

雷根斯堡P级体系的东北面由于德国波希米亚边界和山脊的影响，只能作为一个未发展起来的G级体系的空间存在，单是这些不利的事实中的某一项还不足以阻止一个G级体系伸向对面地区(如萨尔茨堡、帕绍、拜伊罗特的情况)，然而凑在一起的分量就足以产生作用。这样，沙姆作为这一狭窄地区最为居中的地方，肩负着尽可能承担G级职能的责任。由此可以说明，为什么它能以较少的居民数量(3 600)而达到B级中心性(17)。沙姆周围由于其多山的特征可望构成一个缩小了的K级环，它的角点是K级中心地维希塔赫(6)、富尔特(9)和瓦尔德明辛(4)。

(4)其他G级体系

关于魏登G级体系的特点已多次提及：魏登是比尔森在巴伐利亚土地上的P级区位的替代地。尽管它靠近安贝克，但由于上述情况促使它构成了一个独自的G级体系，于是原本贫穷的，经济尚不发达的上法尔茨只好维持两个 G 级中心地，两地的中心性只达到 27 也就是不足为怪了。魏登体系的 B 级角点大约是：马克特雷特维茨(12)、蒂申罗伊特(6)、上菲希塔赫(3)、施万多夫(12)，还有安贝克以及三个 A 级中心地埃森巴赫，格拉芬沃尔和普雷萨特(三者共为 8)的组合区域。

21 公里 K 级环构成不好，看看魏登周围的森林资源和稀疏的人口便可理解 A 级内环只占据着 K 级环所未被占据的东半部。诺伊施塔特瓦尔特明辛(4)不规则地靠近魏登，因此尽管是地区首府，却只具有 A 级重要性。

下面我们来观察两个属于布劳恩 P 级体系的 G 级体系，首先是埃格尔。如前所述，这个城市是布劳恩的波希米亚地区替代地，埃格尔的 G 级体系主要因其边界位置的特点(与山地环境相适应是次要的)，连同一个 K 级环一起出现在德国土地上。它由两个引人注目的 B 级中心地和一个 K 级中心地组成，工业，密集的人口和邻近边界是这一体系的成因。B 级中心地泽尔布(中心性 12，居民 13 200)位于霍夫 G 级方向线上，马克特雷特维茨(12)同样是交通原则定位的。紧靠它的是 K 级中心地文西德尔(12)，其中心性与旁边的马克特雷特维茨相比愈来愈落后。从根本上说交通位置(决定了工业位置)非常优越的马克特雷特维茨对交通位置相当不利的文西德尔(靠近铁路支线)影响巨大。埃格尔的 K 级和 B 级环上的第三个区位由 K 级的蒂申罗伊特(6)占据。

同属于普劳恩 P 级体系的霍夫 G 级体系(我们仍然将其列入纽伦堡 L 级体系)表现为一个主要由 K 级中心地，比如文西德尔和马克特雷特维茨组成的 21 公里环，而 B 级环则不易辨认，K 级

环上有一个区位,我们已经熟悉了泽尔布。这个地点具有 B 级重要性,和波希米尔替代地阿什的情况一样。把明希贝格(8)和赫尔布雷希茨(10)综合起来,合理地得出了第二个向 B 级重要性发展的 K 级中心地。在这里根据市场原则处于较佳位置上的赫尔姆布雷希茨是比较重要的,尽管它不邻近交通干线。第三个 K 级中心地纳伊拉(6)由于与 A 级中心地泽尔比茨共有中心性 8 而发展充分。A 级内环上还有两个 K 级中心地:施瓦尔岑巴赫(5)和雷奥(8),两者可视为发展中的 A 级中心地。K 级中心地的众多是工业区的特征,整个体系的水准比较高。同种情形在松讷贝格周围、斯图加特周围的内卡地区以及在萨尔地区均可见。

最后一个 G 级体系是科堡—松讷贝格体系,它属于发展尚不充分的班贝克 P 级体系。一个就其经济而言相当发达的工业化的和人口密集的地区,如同图林根森林地南部地区,对于具有 62～108 公里商品范围的 P 级中心商品没有需求是不可思议的,因此无论如何总归有某一个地方提供这样的商品,在这里只有班贝克是可能的,此外就是科堡。

图林根森林北部可视为有两个中心点:萨尔费尔德和鲁道尔施塔特的 G 级体系;这样一来,科堡—松讷贝格和萨尔费尔德—鲁道尔施塔特这两个体系的共同界线就恰好从山脊夹道上经过,此外,本地区山脊上两个 G 级体系紧密相连的事实为脊部中心地的形成创造了先决条件,这是一个始料不及的现象。我们由此得到了施泰因荷伊德、诺伊豪斯—伊戈尔希卜、斯派希茨布伦等地存在之可能性的解释。科堡体系的 B 级中心地有迈宁根 G 级方向线上的希尔德布尔格豪森(14)、班贝克和拜罗伊特 G 级中间方向线上的利希滕费尔斯(21)以及拜罗伊特和豪夫 G 级中间方向线上的克洛纳赫(22)。当然,所有这些 B 级中心地距科堡的距离比标准的 36 公里要远得多,利希滕费尔斯的位置甚至比 21 公里还要近。实际上我们看到的是一个 K 级环,而松讷贝格同样位于其上,由于其生气勃勃的工业而获中心性 37 和 G 级重要性。事实上,它也被看做是科堡 G 级体系工业化的北部和东部的 G 级中心,因此,其体系被认为是附属的辅助体系。K 级环的其他中心地有 K 级的埃斯费尔德(12)和 K 级的洛达赫(5),两者位于希尔德布尔格豪森旁侧。A 级内环由 A 级中心地沙尔考,科堡的 K 级中心地诺伊施塔特(12)和 A 级宗内费尔德占据。这里诺伊施塔特的高指数是不同寻常的,单讲那里的工业,不足以解释得清楚。

我们再来看看松讷贝格 G 级辅助体系。B 级环自然不存在,而 K 级环的结构相当好,它由 K 级中心地埃斯费尔德、格雷芬谷、普鲁波斯泽拉和 B 级中心地克洛纳赫组成。此外还有 A 级中心地诺德哈尔本以及人口众多,具有 M 级意义的诺伊豪斯一英戈尔希卜。施泰因阿赫(4)和劳萨(5)这两个 K 级中心地的位置十分特殊;我们可以想象,这两地代表了它们整个地区,它们独立存在着,也不因周围的地域而具备其应有的职能,这样看来,它们在体系中位置何处,就无所谓了。同样突出的是体系东北部缺少一个 K 级中心地;区域的首府托伊施尼茨是唯一的一个作为地区首府连 M 级重要性都未达到的例子。对此,理论上尚不能做出解释。

3. 结果

现在我们把纽伦堡L级体系分析结果总括一下。

纽伦堡L级体系的分布规律和中心地的规模较之慕尼黑L级体系要明确些。纽伦堡L级体系的构成为4个发展充分的P级体系：纽伦堡、维尔茨堡、雷根斯堡和普劳恩。L级中心地纽伦堡的中心性约为1 400，其他3个P级中心地各约为230（普劳恩是估计数字）。此外又涉及不完全独立的班贝克P级体系。班贝克具有中心性约150。魏登——在非常狭小的范围内作为P级区位替代地，中心性仅达到30，纽伦堡、维尔茨堡和雷根斯堡具有非常明确和规律的G级体系。班贝克G级体系很有规律，但空间较狭窄。其他6个G级体系尚不完善：部分是由于山地特征（如拜罗伊特），部分是由于人口稀少（如安贝克—魏登），还有部分是因为毗邻其他更为重要的体系（如施韦恩富特、安斯巴赫、霍夫）。它们的中心性，在人口密集的工业地区为约65（拜罗伊特、施韦恩富特、霍夫），在人口稀疏的农业地区约为30（安斯巴赫、安贝克、魏登）。科堡——松讷贝格体系受制于邻近班贝克和山地特征，这一缺陷将通过部分地承担P级职能和通过密集的人口而得到补偿，借此科堡的中心性达到了90。一个近期形成而尚未闭合的体系环围，被拜罗伊特、埃格和安斯巴赫所隔断。最后是纽伦堡L级体系内的两个区域（比慕尼黑L级体系要少），它们根本不属于任何G级体系：L级体系的西南部、讷德林根G级体系的尾部和特洛伊希林根G级体系首都在这里相交；波希米亚森林地区，是孤立的沙姆B

级体系。据此，纽伦堡L级体系分成13个地区，其中11个参与G级中心商品的供应，2个排除在外（纽伦堡西南和沙姆）。其顺序根据地区经济意义的大小大约是：1. 纽伦堡；2. 维尔茨堡；3. 雷根斯堡；4. 科堡——松讷贝格；5. 班贝克；6. 拜罗伊特；7. 霍夫；8. 施韦恩富特；9. 安贝克；10. 安斯巴赫；11. 魏登。这个顺序与以上地点的中心性顺序几乎完全吻合。G级中心地（埃朗根）未形成体系，还有两个中心地（松讷贝格和魏登）同其他G级中心地共同构成联合体系；埃朗根和松讷贝格的共同中心性约为40。

纽伦堡L级体系范围内有23个B级中心地。加上不具有B级意义的集合体明希贝格—黑尔姆布雷希茨，除去情形特殊具有B级重要性的中心地巴特基辛根，施瓦巴赫和塞尔布。这样，就有21个标准的B级中心地，比图式中的18个稍多。如果我们去掉情况特殊的库尔姆巴赫（32）和基青根（28），这些B级地的中心性在12～23之间，中心性为12的较低级的B级中心地很多，而中心性为22的B级中心地则比较少。中心位置有10例出现在B级环上，2例在K级环上，1例在4个发展充分的G级体系的A级内环上；8例在B级环上，4例在5个发展不充分的G级体系的K级环上；4例B级中心地处于或邻近两上没有体系的地区的边缘部分。像慕尼黑L级体系中一样，对发展充分的G级体系B级环上B级地或者G级体系之外地区中的B级中心地来说，存在条件是极其优越的；当然还要看到，同慕尼黑L级体系相比，发展不充分的G级体系的B级和K级环对B级中心地的方位来讲问题较大，尤其在那些有密集的工业人口的地方。符合市场原则的情况18例，只有2例根据交通原则，4例位置是随机性的（或是介乎两种原则之

间，或是受山岳地形制约）。

纽伦堡L级体系中的60个K级中心地的中心性在4～12之间；中心性多在4～5之间，8～9之间。这60个中心地中30个位于环绕构成体系的L级、P级、G级和B级中心地的标准的K级环上，11个在B级环上，12个在其A级环上。在第一种情形中，它们大都是分离的或发展不完善的B级中心地，在后一种情形中它们大都是发展完善的A级中心地（系统的水平较高，例如在霍夫）。剩余的7个中心地位置未定。36个K级中心地受典型的市场原则支配，18个依据交通原则，6个为随机性。B级中心地中的75％的空位是根据市场原则的，而K级中心地中仅有60％。可以断定，这是市场原则对B级中心地的发展比交通原则有更好的机会。

最后，我们可以数到105个中心性为2～4，大多为3的A级中心地，然后是222个中心性为1（部分定2）的M级中心地和240个H级中心地。

从L级到H级中心地的级数如下：

1∶2∶10∶23∶60∶105∶222∶240；

标准情况下应是：1∶2∶6∶18∶54∶162∶486。

各级中心地的实际数字相当明确地符合标准图式（G级和A级中心地是例外，M级和H级中心地的数目合在一起）。

就中心地的地理分布来讲，G级中心地在东北部出现较多，在西南部较少。B级中心地分布十分规则，仅在工业化的东北部较为密集，在东南部则比较稀疏。K级中心地同样在整个东北部，在陶伯河中游，在维尔茨堡东部的美因河沿岸，在格拉布费尔德和波希米亚林地较多，相对较少地分布在阿尔布、施泰格林地和上法尔茨林地的未工业化的穷瘠山峦，以及班贝克周围地带和魏登—拜罗伊特之间。相反，A 级中心地分布非常规则，只是在安贝克和纽伦堡之间有一个大空隙。

中心地的位置在纽伦堡 L 级体系中根据市场原则划分的情况比慕尼黑 L 级体系多。交通原则在很大程度上表现在菲希特尔山脉和其边缘地带，在蒂林格林地的几个谷地，在上法尔茨洼地，在维尔茨堡至利希滕费尔斯的美因河谷。在雷德尼茨河谷和佩格尼茨河谷几乎始终是根据山岳地形，或在一定程度上是根据交通原则来确定的。中心地网络中的区位分布同慕尼黑 L 级体系中一样，主要在体系边缘，在东北部，其次在埃申巴赫和贝恩格里斯，否则就是分离独踞(例如纽伦堡周围)。分离原则在这里的作用程度，尚需个别研究。

第三章　斯图加特 L 级体系

1. 基本事实

(1)L 级中心

斯图加特 L 级中心地的存在就说明有一个斯图加特的 L 级体系；没有一个属于 L 级中心地的 L 级体系是不可思议的。国家的发达证实，一件事情和另一件事情同时相互制约着：体系的必要性使独立的国家成为可能，而国家则需要体系。对斯图加特 L 级体系进行分析，即同理论模式进行比较，存在着较大的困难，它不同于慕尼黑和纽伦堡 L 级体系的那些明显简单的事物。然而我们一旦把基本事实搞清楚，就可看到通向目的的道路。同时还可能出现某些新意。

我们先看 L 级中心，它是体系的心脏，我们由此展开研究。斯图加特确切地说是若干属于中心的中心地集合体，它有 415 600 个居民，中心性为 1 606。这里不包括邻近的中心地，像路德维希堡、魏布林根和埃斯林根，只包括较小且尚未并入该市的市郊地方。但是如果要同法兰克福、纽伦堡和慕尼黑等地进行比较的话，上述那几个地方则必须计算在内。斯图加特 L 级中心的居民数约为 510 000，中心性约为 1 710。在这种情况下，斯图加特的居民数量仅稍大（约 5%）于纽伦堡—菲尔特（486 400），而其中心性高出的程度则相当可观，约 27%（纽伦堡—菲尔特的中心性为 1 346）；但无论是居民数还是中心性，都赶不上法兰克福或慕尼黑。与斯图加特各相应指数比较，法兰克福居民数为 688 000，高出 35%，中心性为 2 060，只高出约 20%。

人们可以明显地看到，一个 L 级中心是否同时又是州首府是多么重要。尽管斯图加特周围聚集着一些 K 级、B 级中心地甚至 G 级中心地，但它们却不能使斯图加特中心性有所下降。国家历代通过有意识的明确政策打开了所有通向州首府的道路，一切较为重要的设施都被安置在这里——大学例外——这项政策的结果不仅形成了一个强大的都市，其影响所及直达曼海姆，遍及整个黑林山并到达博登湖，而且还必定（纯推理）造成一个合理的国家区域结构，即如我们这里所表述的一个合理的 L 级体系。

(2)L 级连线距离

首先值得注意的并在很大程度上决定斯图加特 L 级体系结构的，是这样一个事实，即在这里相互毗邻的不是标准的 6 个，而仅有 5 个 L 级体系。这些体系是：1. 法兰克福，2. 纽伦堡，3. 慕尼黑，4. 苏黎世，5. 斯特拉斯堡。理论上，相邻的 L 级中心地应位于一个环绕 L 级中心的 186 公里的环上。在慕尼黑 L 级体系中，大部分情况下距离基本上较大。其结果：二分甚或三分 P 级中心地；在纽伦堡体系中，距离基本正常。斯图加特体系中距离基本上小于

186 公里，即：斯图加特—法兰克福 155，斯图加特—纽伦堡 155，斯图加特—慕尼黑 185，斯图加特—苏黎世 165，斯图加特—斯特拉斯堡 110。

斯图加特有 5 条 1 等 L 级方向线伸向相邻的 L 级体系的中心。两条 L 级方向线间的夹角有两例是正常的，而法兰克福方向线两侧的夹角则过大，苏黎世—斯图加特—慕尼黑三地的夹角也大。由于阿尔卑斯山在这个方向上，后一种情况可视为恰当的，前一种情况却不能说是正常的，也许这里应保持两条方向线（它们事实上在铁道体系中表现出来）：一条伸向 L 级中心地法兰克福，这条线可能穿过曼海姆，同时按上一条指向科隆的 2 等 L 级方向线；一条 2 等方向线伸向北方，没有明确目标，这条线进一步则分别通向汉堡和柏林。作为较近的目的地，我们可以选埃尔富特。

(3)P 级中心地

相邻的 L 级中心地大多与斯图加特距离较近的这种状况对 P 级中心地的构成影响特别明显。由 L 级中心地构成的三角大都相当小，所以只有在三角区内居民密集，并对中心商品有大量需求的情况下，P 级中心地才有存在的可能性。例如法兰克福—斯图加特—纽伦堡三角区显然不能提供这种可能性。因为这个三角区太小，居民不够密集并且大都从事农业。上述那种 P 级中心地在数学上正确的位置似乎应是劳达，本来其位置不能说不佳，与之相应的 P 级中心地是维尔茨堡（246），不过向北偏移了些，那里有一个较大较小的毋庸置疑的补充区。这样，作为 P_1 我们可以记下维尔茨堡，位于法兰克福和纽伦堡的 L 级中间方向线上，接近 108 公里的 P 级环。在南方可以把一个发展充分的 G 级中心地海尔布隆(100)看做 P 级中心地的替身。斯图加特—纽伦堡—慕尼黑以及斯图加特—苏黎世—慕尼黑的三角区内的第二个和第三个 P 级位置,我们可以联系起来观测。与理论模式相符合的位置大约是讷德林根和比伯拉赫,然而我们找到的却是位于斯图加特和慕尼黑 L 级连接线上的两个 P 级中心地乌尔姆(163)和奥格斯堡(224)。这种偏差很大程度上是由于历史上北南走向的长途交通道路所致;两个城市相当邻近(仅为 65 公里),导致了后来慕尼黑的崛起,它具有比奥格斯堡更为有利的市场供应位置。有趣的是,直到今天,乌尔姆和奥格斯堡的 P 级区域主要还是在北南方向上伸展。博登湖畔尽管地貌条件有利却没有 P 级中心地;苏黎世、乌尔姆和圣加伦城或可为整个地区提供 P 级范围的中心商品,当然,这个富足和人口密集的地区还可在博登湖旁有一个独立的 P 级中心地,然而国界的关系使这一点变得困难。

在斯图加特—斯特拉斯堡—苏黎世小三角内又没有 P 级中心地的位置;而在斯图加特—斯特拉斯堡—法兰克福三角内则不同:这里起码有 5 个 P 级中心地:普福尔茨海姆(209)、卡尔斯鲁厄(357)、曼海姆(699)、海德堡(178)和达姆施塔特(190)。对此将在后面阐述。

整体来说,斯图加特 L 级体系的 P 级中心地分布很不规律:在某些区段完全没有,而在某个区段却大量存在。同时正常的 108 公里级环对 P 级中心地位置影响也很小:只有维尔茨堡和具有 L 级意义的斯特拉斯堡基本位于其上,乌尔姆和奥格斯堡等距分布于环的两侧,圣加伦完全在环外;相反,卡尔斯鲁厄和普福尔茨海姆在位于其内,后者甚至于在 36 公里级环上。

那么,P 级中心地应该算到哪个 L 级体系之内呢?这里要区分一个中心地的从属关系和被列入的关系。通常每个完整的 P 级中心地同时从属于 3 个 L 级体系,而实际上它只被列入一个与其关系最为紧密的 L 级体系。维尔茨堡列入问题是毋庸置疑的:位于纽伦堡—法兰克福线上只有一个体系可考虑。乌尔姆和奥格斯堡的列入也同样清楚;当一个 P 级位置被二分时,其中一个 P 级中心地列入一个 L 级体系,另一个则列入另一个 L 级体系。于是,乌尔姆就列入斯图加特 L 级体系,而奥格斯堡则列入慕尼黑 L 级体系。圣加伦是不可能列入斯图加特 L 级体系的,或许 P 级位置替代地康斯坦茨抑或拉文斯堡有可能。关于双 P 级中心地卡尔斯鲁厄和普福尔茨海姆,我们将普福尔茨海姆列入斯图加特 L 级体系,将卡尔斯鲁厄列入斯特拉斯堡 L 级体系,尽管这样做是与国家的隶属关系相悖的。从水文地理和山岳地理的角度(恩茨河谷)以及区域经济(恩茨河谷和纳戈尔特是普福尔茨海姆的主要辅助地区)乃至经济现实(普福尔茨海姆与符腾堡其他地区一样具有第一流的精加工工业,相反,曼海姆和卡尔斯鲁厄具有重工业和大工业)的角度看,普福尔茨海姆更倾向于斯图加特东部及其体系。

(4)G 级中心地

我们已确定 P 级中心地明显地偏离了标准模式,当然,这些偏离现象大部分是可以解释的。现在不得不看到 G 级中心地的分布也有一个独特的,对斯图加特的环来说几乎是主导性的偏离现象,所以人们倾向于直接将其视为一个特殊规律。这里的偏差是斯图加特环上的所有 G 级中心地都不在正常的 62 公里 G 级环上，而是非常精确地分布在 36 公里 B 级环上，非常近似于我们在论述安斯巴赫，施韦恩富特和施特劳宾时注意到的非常罕见的情形。在 P 级中间方向线的 B_1 位置上有维尔茨堡和曼海姆、海尔布隆，后者具有中心性 100，在某种程度上可看做是维尔茨堡的符腾堡 P 级位置替代地。下一个 B 级位置没有由 G 级中心地占据，而在第三个位置上有 G 级中心地格平根(58)以及邻近的例外地偏出 36 公里距离的格明德(34，低于 G 级重要性的下限)，第四个位置又是根据市场原则定位的位于 36 公里环上的两个毗邻 G 级中心地：罗伊特林根(92)和蒂宾根(62)，罗伊特林根的较高中心性和海尔布隆一样得益于具有某些 P 级职能。第 5 和第 6 个位置表现为一个地方，因此在 L 级中间方向线上并且是 P 级中心地，即普福尔茨海姆，它同样位于 36 公里级环上。

为什么斯图加特 G 级中心地的圈不在 G 级环上，而是在 B 级环上，而且具有那么醒目的规则性？为什么在 62 公里环上发展为 G 级中心地的是海尔布隆而不是莫斯巴赫—内卡尔茨，是格平根而不是占据同样位置的阿伦，是蒂宾根—罗伊特林根而不是巴林根或赫辛根？我们想在解释中尽可能撇开地形的影响或是只有从历史角度来认识的现象所造成的影响，但并不因此完全否定它们的作用，如果它们的作用与中心地划分的经济学规则的逻辑相背，那么，为了使与规律模式上的位置不符的 G 级中心地发展，它们必须具有非常强大的力量和无可争辩的明确理由，同时其结果在自然条件，历史、经济学规则等的同向效应方面也是无懈可击的。一个经济学理论上的正确位置要求满足两个条件：1. 中心地必须位于与其重要性类别相符合的环上（B级中心地在36公里环上，G级中心地在62公里环上等等）；2.在市场方位线上（B级中心地在G级中间方向线上，G级中心地在P级中间方向线上等等）。斯图加特G级中心地圈满足了这一个条件，第一个条件的不满足尚需进一步阐述。这里值得注意的是，G级中心地并非位于任意缩短的，而是恰好在精确的距斯图加特36公里的距离之内，只不过在这个环上的不是B级中心地，而是G级中心地（卡尔夫例外）。后面，分析斯图加特G级体系时我们将发现，斯图加特21公里K级环上没有K级中心地，而只有B级中心地；在12公里A级环上除1个A级中心地外，有1个K级中心地、2个B级中心地和1个G级中心地。这种现象可以这样解释：密集的工业人口和葡萄种植人口对较高级次的中心商品有着相当高的需求；这种大需求的满足可由相邻的G级中心地所分担，而且每个G级中心地都具有足够的存在的可能性。这里存在这种可能性，然而这并不是使G级中心地如此集中地分布于斯图加特周围的必要性。必要性的产生则在于，居民对较高级次（此处指G级）中心商品有较高需求，但又不准备为得到这些商品而支付较高的附加价和运输费，即当他们只愿意支付较低的运输费用时。施瓦本人节俭并厌弃不必要的支出特征看来，把它作为规定的原则是合适的。如前所述我们看到的是，斯图加特G级体系提高了一级水平。

两个双G级中心地的事实尚待阐述。从蒂宾根和罗伊特林根情况看，似乎存在着职能分工，前者是整个国家的大学城，和埃朗根一样是特殊情况，而原来意义上的G级职能更多的是由工业贸易城罗伊特林根所承担。格平根和格明德的情况稍有不同，格平根无疑执行着 G 级职能，而对格明德来说，由于其中心性相当低这就很有问题了，它显然是与发展相当充分的东面的 B 级中心地阿伦(22)和埃尔旺根(18)分担 G 级职能，这个职能是给斯图加特东部地区分配的。最后还有一个斯图加特 P 级体系内的 G 级地值得一提，路德维希堡作为第二都城是个特殊情况，它具有中心性 54。

普福尔茨海姆没有构成 P 级体系，这显然由于邻近斯图加特 L 级中心地和卡尔斯鲁厄 P 级中心地，普福尔茨海姆本身属于这两地的 P 级体系。

乌尔姆 P 级体系的特征很不明显，这是较为少见的，与乌尔姆 G 级体系相邻的 4 个发展充分的 G 级体系没有一个列入乌尔姆 P 级体系。北部有一个未发展的 G 级体系——一个以前的讷德林根 G 级体系，已不复存在。根据行政管理和交通法令，埃尔旺根和阿伦分别被选作该体系的中心点，主要中心地却是位于边缘并具 G 级意义的格明德。由此看来，这里就谈不上有一个真正的体系了。奥格斯堡 P 级中心地的 G 级体系是独立的，肯普滕 G 级体系远远偏离乌尔姆，最多将中心性为 31 的 B 级中心地梅明根看做肯普滕在乌尔姆 P 级体系中的 G 级中心地替代地。这就像“法兰克福草案”对德意志帝国重新区划所做的那样，将梅明根行政区划归帝国州莱因施瓦本[1]。拉文斯堡(40)G 级体系同博登湖，康斯坦茨和圣加伦诸体系有相当大的接触面。罗伊特林根—蒂宾根和格平根 G 级体系算入斯图加特 P 级体系。于是能算入乌尔姆 P

---

① A. 魏策尔(A. Weitzel)：德国的新区划(根据“法兰克福”草案)法兰克福 1931。

级体系的只有乌尔姆 G 级体系。这也是对乌尔姆的中心性达到 163 的说明。

博登湖地区属于圣加伦的 P 级体系，当然那里的环境相当不清楚，难于同我们的标准模式相一致；其自然条件（烟波浩渺的博登湖）并与历史的发展相联系（康斯坦茨古老而较高的意义被削弱）以及其湖岸分别属于 5 个不同的国家这一事实，使纯经济角度论述城镇分布的规则没有得到充分体现。圣加伦本身被列入苏黎世 L 级体系，拉文斯堡相反列入斯图加特 L 级体系——这也导致了国家的发展；康斯坦茨（67）G 级体系的列属相当成问题，它不是列入苏黎世，便是作为圣加伦在德意志帝国的 P 级中心地替代地。

在整个南部德国，任何地方都没有像斯图加特这个狭小的 L 级体系那样，集中了如此众多的未发展的 G 级体系。这看来像是对斯图加特周围 G 级中心地集中的一种平衡，好像整个州只有有限的较大城市供分配，而且都被分布在斯图加特的附近，以致剩余地区不得不空空如也。东北部缺少两个 G 级体系；在对纽伦堡 L 级体系的叙述中曾经指出，很明显，这里的讷德林根和罗滕堡是过去的具有自身 G 级体系的 G 级中心地，近代国家的发展将其破坏了，同时，在符滕堡地区又未形成一个新的 G 级中心地。格明德位置过于靠边，阿伦只占据南部，啥尔只距有北部，埃尔旺根又过于在中心。距数学中心点较近，而且主要是同理论模式的位置相符合的适于发展为东部体系的地点应位于上松特海姆和比勒坦附近，在纽伦堡 L 级方向线上和 L 级中心的 62 公里环上，同时它属于一个 G 级中心地。事实上只有两个独立的 B 级体系：阿伦和啥尔。

又一个难于理解的图像在西南部。在斯图加特—苏黎世—斯特拉斯堡三角区内缺少一个 P 级中心地;这里至少有一个发达的 G 级中心地。但是这里根本找不到一个 G 级中心地,却有三个发展很好的 B 级中心地,它们与巴特迪尔海姆共有中心性 63。这里 P 级位置职能的分散较为明显,共分散成 4 个地方:公国首府多瑙厄申根,贸易和交通城市菲林根,工业城市施文宁根和浴场迪尔海姆,这里分离厚则肯定同时起作用。当然还有两个较小地区无论如何都是在所有 G 级体系之外:弗罗伊登施塔特和齐克马林根。这两个地方都是 B 级中心地,前者中心性为 28,接近 G 级重要性,后者中心性仅为 16,他们不会发展成为 B 级体系。这里还可能存在另一套组合:图特林根(24)作为 G 级代表并赋予它一个包括由 B 级角罗特韦尔—巴林根—厄宾根—齐克马林根—津根—多瑙厄申根—菲林根组成的一个未发展的体系。这种组合同一个支离破碎的,由菲林根—施文宁根—多瑙厄申根组成的 P 级位置替代地的假设相比,其优点在于结成了一个结构完善的,并被完全占据的 B 级环,而且那里正是缺少这样的一个 B 级环。显然,这两种组合都符合实际情况,而且在同一区域内两个不发达 G 级体系的竞争正好可以得出结论:在本区域,G 级中心地到目前为止尚未明确形成。有那么一天,这 4 个地方(罗特韦尔(20)甚至可考虑为第五个地方)中的一个地方将获得高于其他中心地的哪怕是很小的优势,这就是以导致最后结局,它将快步获得 G 级重要性,并使其他地方的重要性削弱。

2. 各 G 级体系的分析

(1)斯图加特 P 级体系

我们先来分析斯图加特 L 级体系的各个 G 级体系。

我们已知，斯图加特 G 级体系 36 公里 B 级环上有 5 个 G 级或 P 级中心地，其中两个(罗伊特林根和蒂宾根)构成伙伴并共同占据一个 B 级区位，所以有 4 个 B 级区位被占据。第 5 个 B 级区位由 K 级中心地姆尔哈特(8)占据，第 6 个 B 级区位被 B 级中心地卡尔夫具有。36 公里环上的其他各地可看做第二条 A 级外环中心地，即两个 B 级角连线上之中心地。

K 级环主要由 B 级中心地占据，这就等于 B 级环提高到较高的水平：K_1 是 B 级巴克南(13)，K_2 是 B 级舍恩多夫(17)，K_3 是 B 级尼尔廷根(18)，K_4 是 B 级伯布林根(16)，K_5 是 K 级中心地韦兴根 a、d、E(8)，K_6 是 K 级中心地比迪希海姆；此环所有的中心地(大概巴克南例外)都不在朝向 36 公里环上各地的方向线上，这完全符合市场原则，而完全不同于那种把城市发展的主要影响归纳于交通道路的理论。

现在谈 12 公里 A 级内环：此环上的 G 级中心地路德维希堡情况特殊，它建造较晚，它所占据的区位同时也由 K 级马尔巴赫(10)代表；此环上还有 B 级魏布林根(19)和 B 级埃斯林根(29)，后者尽管由于重工业的缘故而人口数量很高，但只是个 B 级中心地，而路德维希堡作为首府却具有 G 级重要性；最后是 K 级累翁贝格

(9)。A 级环的所有中心地(即使路德维希堡亦如此,虽然不是那么清楚)与 K 级环的中心地相应都具有中间方向线,完全合乎规律。第 5 个 A 级区位由 M 级中心地埃希特丁根占据,第 6 个由 A 级马克格雷宁根占据,即便它们的位置在理论上也是正确的。下面是第一条 24 公里 A 级外环上的 6 个中心地:以市场原则定位(朝向 B 级环上各个中心地)的有:1. K 级埃伯斯巴赫(5)在格平根方向线上;2. A 级瓦尔登布赫(3)在蒂宾根方向线上;3. A 级魏尔德施塔特(4)在卡尔文方向线上,第 4 个区位由贝斯格海姆占据。这个中心地是高级行政机构城,以其中心性 3 仅具有 A 级重要性,而比迪希海姆却具有中心性 8,这不仅因为它是重要的铁路枢纽,还因为占据着按照理论模式来说比较重要的位置,即位于 K 级环上,而不像贝斯格海姆在 A 级环上。这个环的第 5 和第 6 个中心地的特征也并非无懈可击。在第 2 个 A 级外环上我们看到:在海尔布隆和摩尔哈特 B 级区位之间有两个 A 级中心地洛文施泰因和苏尔茨巴赫;摩尔哈特和格平根 B 级区位之间是两个 K 级中心地韦尔茨海姆(5)和洛尔希(5),但仅有较低的 K 级重要性;格平根和罗伊特林根 B 级区位之间是 A 级中心地魏尔海姆和诺伊芬;蒂宾根和卡尔文 B 级区位之间只有一个中心地,因而具有可观的 K 级重要性:海伦堡(9);卡尔文和普福尔茨海姆 B 级区位之间由于距离较短而只有一个 K 级中心地利本策尔(6),还有两个发展很好的 M 级中心地希尔骚和下莱辛巴赫;普福尔茨海姆和海尔布隆 B 级区位之间又有两个 K 级中心地:米尔阿克(8)和布拉肯海姆(4)。即使在其他 G 级体系内常常发展的不那么充分的两个 A 级外环上的 A 级中心地几乎都可以找到,经常级别较高,而

且几乎全都根据市场原则定位。只有少数具有 A 级以上重要性的中心地位于与模式不相符的位置上,如 B 级基尔希海姆、K 级梅青根、K 级普洛欣根和 K 级温恩登等等。

在与斯图加特有关的诸 G 级体系中,我们首先看看海尔布隆 G 级体系,它是这些 G 级体系中发展最好的一个;海尔布隆(除去普福尔茨海姆)具有最高的中心性 100。在围绕海尔布隆基本保持正常距离 36 公里的 B 级环上,作为 B_1 的是位于海德尔堡和维尔茨堡 G 级中间方向线的莫斯巴赫(16)(我们且把它列入海德尔堡 G 级体系);作为 B_2 的是维尔茨堡和安斯巴赫中间方向线上只获得 K 级重要性的孔策尔骚(9);作为 B_3 的是安斯巴赫和阿伦中间方向线上的施瓦本哈尔(20),第 4 和第 5 个 B 级区位位于斯图加特 G 级体系内,由巴克南和斯图加特本身(或路德维希堡)占据,第 6 个 B 级区位是布鲁赫扎尔和海德尔堡 G 级中间方向线上的 K 级辛斯海姆(10)。21 公里 K 级环有些不完整:占据此环的有 K 级莫克米尔(5)、极为发达的 B 级厄林根(18)、K 级比迪希海姆(8)和 K 级埃平根(5),它们都在大都完好的 B 级中间方向线上。

再看 A 级中心地:A 级内环上有 4 个位于在某些部分相当精确的 K 级中间方向线上的 A 级中心地:亚格斯特费尔德,诺因施塔特,勒文施泰因和布拉肯海姆;只有施韦根按照交通原则定位。A 级外环大部分不明显。

在海尔布隆 G 级体系和格平根 G 级体系之间,与斯图加特 G 级体系相关的体系数列中有一个空缺穆尔哈特未获得 G 级重要性。格平根重新构成一个独特的 G 级体系,但它看起来很差。盖尔多夫、阿伦、海登海姆、乌尔姆、布劳博伊伦、明辛根、罗伊特林根和斯图加特组成了一个 36 公里 B 级环。这些地点的距离均为 36 公里，非常惊人。这条环虽然非常清晰，但上列各中心地中任何一个都不具有格平根卫星城的职能。格平根 G 级体系首先从 21 公里 K 级环开始：环上有舍恩多夫和格明德（不过两地距离稍近），还有 B 级中心地盖斯林根（14），K 级莱兴根（4）（距离稍远）和位于罗伊特林根和斯图加特主要中间方向线上的，B 级基尔希海姆 u. T.（23），其位置和意义因此更为明显了：它与尼尔廷根共占那个在罗伊特林根—斯图加特—格平根三角的中心发挥 B 级职能的区位。环绕格平根的 K 级环因此几乎全部提高到一个更高的层次。在 A 级内环上位于非常准确的中间方向线上的有：K 级洛赫（5），A 级顿茨多夫（值得注意的是它位于一个小山谷的谷底，也就是说这里不像通常那样是位于谷口的中心地（魏森施泰因）具备较大意义，而是位置“正确”的中心地具有较大意义），另外还有只作为 M 级地的德津根，最后是永远位于在理论上已经推测出的方向线上的 A 级魏尔海姆和 K 级埃伯斯巴赫（5）。

在罗伊特林根—蒂宾根 G 级体系中，这两个中心地被视为中心点，而罗伊特林根明显应得到优先地位。作为隶属于斯图加特体系的系统它构成尚不完整。在 36 公里 B 级环上首先是斯图加特本身，然后是——但几乎无影响——格平根。第 3 个 B 级区位由 K 级中心地明辛根完全占据，这个人烟稀少的高山牧场地区不能够产生 B 级意义。另外 B 级环内上还有 B 级中心地埃宾根（16）和巴林根（18），它们相距很近，也许同占一个 B 级区位。下一个 B 级区位由 K 级中心地霍尔布（9，若与邻近的雷克辛根加在一起可达 12，约具有 B 级重要性），第 6 个 B 级区位由 B 级卡尔文

(16)占有。各方向线大都不明显,这在主要缺少相邻G级中心地上也许能够理解。

K级环的情况为:作为K_1的是B级中心地伙伴尼尔廷根和基希海姆u.T.,作为K_2是上面作为B级区位提到过的K级明辛根,作为K_3的是M级特洛赫特尔芬根,相距不远的A级中心地格默尔廷根不允许它具有较高的意义。作为K_4的是B级中心地赫辛根(18),在这个工业地区是可解释的。作为K_5的是K级中心地纳戈尔特(10),作为K_6的是B级中心地伯布林根,即在构成的完好的K级环。在12公里A级内环上可以看到:K级乌拉赫(11,高级行政机构城市和旅游业),A级中心地莫辛根,K级中心地罗滕堡(8,主教所在和高级行政机构城市),K级中心地海伦堡(9)和A级中心地瓦尔登布赫,另外A级外环上位于霍尔布—卡尔文B级连接线上的有K级中心地纳戈尔特和A级中心地韦尔德贝格,还有K级中心地哈伊格罗赫(5)。因与G级中心地距离而显得特殊的位置由K级普福尔林根(7)和K级梅青根(13)占据,二者可能只是作为罗伊特林根的工业分区。

P级中心地普福尔茨海姆由于距重要的州府斯图加特和卡尔斯鲁厄较近而不能形成自己的P级体系,而且连它的G级体系也特别狭小。斯图加特位于B级环上,卡尔斯鲁厄几乎在K级环上——有趣的是,较老的杜尔拉赫正好位于21公里环上;G级中心地布鲁赫扎尔和拉施塔特(如同巴登—巴登或盖恩斯巴赫)在B级环上。但是,只有这个环的普福尔茨海姆南部地段和B级中心地代表纳戈尔特(10)才可考虑归属普福尔茨海姆G级体系,这样便可区辨出4个B级区位,第5个B级区位在埃平根(或布拉肯海姆)，第6个明显地在伯布林根。K级环非常清晰：基本上按照市场原则定位的有B级中心地布列滕(12)，K级中心地韦兴根a.d.E.(8)，A级中心地魏尔德施塔特，B级中心地卡尔文(16)，K级中心地维尔德巴特(9)及海伦阿尔布(7)，还有埃特林根和杜尔拉赫，共计8个中心地，标准情况下应为6个，这只能以情况不同来解释。A级内环由3个K级中心地清晰的标出：米尔阿克(8)、巴特利本策尔(6)和诺因比尔克(7)，同时对斯图加特和卡尔斯鲁厄的占据中断。不能列入此体系的只有K级中心地毛尔布隆(5)，因为本体系中位置优越并作为重要铁路枢纽的米尔阿克尔超过了它。另外还有几个A级中心地，大部分是疗养地。最后是不易解释清楚的K级中心地阿尔滕施泰克，也许它是贝森费尔德森林地区从理论上来说应该存在的某个K级甚或B级中心地的代替者。

(2)乌尔姆P级体系

尽管扩展非常自由，但真正的乌尔姆P级体系依然不存在，而G级体系却非常舒展。B级环距离约36公里，南边较远，格平根方向较近。此环上位于格平根和内尔特林根(又像一个G级中心地)的G级中间方向线上的是B级海登海姆(21)；位于讷德林根和奥格斯堡G级中间方向线上的是分裂的B级中心地迪林根—劳英根—贡德尔芬根(合计19)；位于奥格斯堡和肯普滕G级中间方向线上的是克伦巴赫(10)，然而邻近的相当大的B级中心地梅明根(31)和明德尔海姆(13)(它们共同占据乌尔姆—奥格斯堡—肯普滕三角的中心)仅留给它较小的即K级意义，然后这个环上还有三个B级中心地，大部分在G级方向线上：比伯拉赫(29，拉文斯堡方向线)：明辛根(9，罗伊特林根方向线)和盖斯林根(14，格平根方向线)。

在B级中心地分布得如此有规律的地方，也应有一个占据充分的K级环。北部地段根本没有被占据——这个人烟稀少的高山牧场地区根本没有产生较大的中心地，更重要的原因是盖斯林根和海登海姆距K级环太近。但另外还可看到明显的规律性：在迪林根和克伦巴赫B级中间方向线上有两个K级中心地：金茨堡(9)和理论上位置正确但交通条件不佳的伊兴豪森，它的中心性维持在7，克伦巴赫和比伯拉赫B级中间方向线上是位置相当精确的伊勒蒂森，因此其中心性毫无疑问为9；比伯拉赫和罗伊特林根B级中间方向线上有埃英根(11)；还有K级布劳博伊伦(7)，大约在明辛根方向线上，因为若将它看做位于罗伊特林根K级环上，那这个位置完全符合市场原则；最后还有一个出乎意料的以交通原则定位的位置：具有B级意义的劳卜海姆(14，有很多商人)，位于比伯拉赫方向线。

正如在早期重大城市那里常常看到的那样，A级内环构成微弱(参看奥格斯堡、纽伦堡、维尔茨堡、雷根斯堡)，第二个A级外环在东部和南部地段穿越的中心地有：K级京根(7，在海登海姆—迪林根B级连接线上)，A级布尔高(在迪林根—克伦巴赫B级连接线上)，A级凯尔明茨，A级埃罗尔茨海姆和K级奥克森豪森(6)，三者都在巴本豪森—比伯拉赫的B级连接线上。

(3)博登湖各G级体系

在拉文斯堡G级体系内，各环与中心距离均为标准距离，而且较多的按照交通原则定位。B 级环上首先是乌尔姆 G 级方向线上的 B 级比伯拉赫，然后是靠近肯普滕 G 级方向线两侧的 B 级洛伊特基希(14)和 K 级伊斯尼(8)；还有位于肯普滕和圣加伦 G 级中间方向线上两个发展有力的毗邻 B 级中心地：巴伐利亚的林道(29)和奥地利的布雷根茨(分离原则!)；圣加伦和康斯坦茨 G 级中间方向线上是瑞士的罗曼舍恩；作为第 5 个 B 级区位的 G 级中心地康斯坦茨自成体系，它在博登湖北滨的代表是 B 级于伯林根(16)和 K 级梅尔斯堡(5)，作为第 6 个 B 级区位的是只获得 K 级意义的普富伦多夫(6)，由于靠近 B 级锡格马林根使它不能获得较高的中心性。

由于这些方向线 K 级环同样大都以交通原则定位，其距离相当有规律。这个环上的中心地有：K 级阿尔茨豪森(4，旁边还有中心性为 5 的 K 级奥伦多夫)，K 级瓦尔特湖(11)，K 级基斯莱格(6)，相当大的 B 级中心地旺根(15)和更重要的 B 级腓特烈港(19)。相反 A 级内环却基本没有中心地占据，即使拉文斯堡也是一个过去的重镇，只有 K 级泰特南(7)和它的铁路地 A 级梅肯博伊伦位于此环上。占据第一个 A 级外环的有 K 级绍尔高(9)，K 级武尔察赫(4，根据市场原则占据着很好的位置)，A 级赫米希考芬和 A 级萨莱姆；占据第二个 A 级环的有 K 级林登贝格(7)，A 级奥斯特拉赫和 K 级布赫奥(8)，后两地在普富伦多夫和比伯拉赫的 B 级连接线上。

非常引人注意的是，在拉文斯堡 G 级体系内，有很多较高级别的中心地：除 10 个 B 级或 G 级中心地(一般为 6 个，多出 67%)，还有 14 个 K 级中心地(一般为 6 个，多出 133%)，相反 A

级中心地只有8个(一般为24个,少67%),M级中心地仅约22个(一般为72个,少70%)。从理论上来解释为:在荒僻地区较低级别的中心地发展必定微弱,而较高级别的中心地发展则肯定有力。

康斯坦茨的情况模糊不清。在数学概念上的36公里级环上有两个G级中心地温特图尔和拉文斯堡,距离准确,还有一个P级中心地及一个G级中心地(圣加伦和沙夫豪森),距离相当准确;这接近于这种设想,即康斯坦茨以前曾是一个较高级别的体系(大概是个P级体系),先因瑞士联邦脱离德意志帝国联合体后因巴登—符滕堡—巴伐利亚—奥地利国界形成而遭破坏,这也许能从历史中找到原因。这样,现在我们也许可以将康斯坦茨体系解释为降级的P级体系,其以前的B级中心地从这种破坏中得到裨益,即它们因此获得G级意义,圣加伦甚至获得P级意义。

现在的康斯坦茨G级体系相当狭窄,与康斯坦茨降低的意义和人口密集相适应,B级环距离也缩小到约30公里,其标志为重要的B级中心地辛根(28,在沙夫豪森和图特林根G级中间方向线上),K级普富伦多夫(6)和拉文斯堡。K级环上有K级拉多尔夫采尔(9),B级腓特烈港(19),B级罗曼斯霍恩和B级维尔,但还不完整,如果加上B级于伯林根(16)似乎完整些,然而还是将它算在A级环上较正确。这个K级环提高了一个层次,即有一部分是B级环。A级内环上除于伯林根以外还有K级梅尔斯堡(5)和瑞士的K级魏因费尔登,赖兴瑙岛仍为M级中心地。占据良好的市场位置的是K级中心地施托卡赫,次好的是两个K级中心地恩根(9)和梅斯基尔赫(9)。

(4)L级体系的西南部

斯图加特L级体系核心西南方的一个广大的地区里没有一个据有G级意义的中心地,而更令人感到惊异的是,在符滕堡的内卡河地,莱茵河平原边缘和博登湖畔聚集着大量G级中心地和较高级别的中心地;像这种大面积内没有G级中心地的情况只见于纽伦堡L级体系西南部的边境地区、阿尔卑斯山区和波希米尔林地。将此仅归咎于山地的自然条件是不对的,我们有许多反例(比如肯普滕、拜罗伊特、霍夫、皮尔马森斯和凯撒斯劳滕),反之山地边缘和辽阔的高地简直是注定的G级中心地。我们较早地得到机会来支持一种观点,即我们可以在菲林根—施韦宁根—多瑙辛根和巴特迪尔海姆看到斯图加特L级体系中的一个分裂的P级区位。由于此核心分裂,寻找体系环也没有意义了。因而我们只好像在阿尔卑斯地区一样满足于确定具有特征性的距离了。这个36公里B级距离在B级中心地罗特韦尔(20)和B级中心地弗罗伊登施塔特之间,另外还有B级中心地图特林根(24)和B级中心地齐克马林根(16)之间,B级中心地图特林根及B级中心地多瑙厄申根(22)与沙夫豪森之间,B级中心地多瑙厄申根和B级中心地瓦尔茨胡特之间,B级中心地菲林根(21)和弗莱堡i. B.之间,B级中心地菲林根和B级中心地代表K级中心地沃尔法赫(8)之间,最后是B级中心地施韦宁根(16)和B级中心地巴林根之间,从中可以得到一个以菲林根、罗特韦尔、图特林根和多瑙厄申根为界的体系核,其中心点大约在施韦宁根。

以此核的各个边缘点为起点,位于特征性的21公里K级距

离上的有：以菲林根为起点的是 K 级中心地施兰贝格(6)，特里贝格和富特旺根(6)以及 B 级中心地罗特韦尔；以罗特韦尔为起点的是 K 级中心地施兰贝格，苏尔茨 a. N. (7)和 B 级中心地巴林根以及菲林根；以图特林根为起点的是 K 级中心地梅斯基希、施托卡赫、恩根和辛根(后两者距离不准确，一个太近，另一个太远)以及 B 级中心地施韦宁根和 B 级中心地多瑙厄申根；以多瑙厄申根为起点的是 K 级中心地恩根(9)、波恩多夫(4)、诺伊施塔特 i. Schw. (8)、富特旺根(距离较远)以及 B 级中心地图特林根。一个 K 级环在构成时至少都包含有 K 级中心地，但施派兴根(7)、圣乔治(5)和奥伯恩多夫(9)例外。作为离体系核心地 12 公里 A 级特征距离上的 A 级中心地有：上述不在 K 级环上的 K 级中心地奥伯恩多夫、圣乔治、施派兴根(与罗特韦尔、施韦宁根和图特林根的距离恰好是 12 公里！)就连恩根也可算入此列；然后是 A 级中心地敦宁根、柯尼希斯费尔德、弗伦巴赫和勒芬根。少数 A 级中心地可以不列入本体系。

锡格马林根(16)构成一个孤立的 B 级体系，清晰地标志出其 K 级环的有 B 级中心地埃宾根(16)、A 级中心地加默廷根、K 级中心地利德林根(11)、K 级中心地绍尔高(9)和 K 级中心地普富伦多夫(6)，第 6 个 K 级区位空缺。围绕锡格马林根的 12 公里 A 级内环上有 K 级中心地门根(5)，K 级中心地梅斯基希(9)和 A 级中心地施泰滕 a. K. M. (明显以市场原则定位而交通的影响极小)以及仍为 M 级的费林根施塔特。

最后，B 级中心地弗罗伊登施塔特(具有意义重大的中心性 28)构成一个独立的 B 级体系，其 K 级环上的中心地方向线大都无法确定，它们是 K 级中心地阿尔滕旋泰格(7)、霍尔布(9)、苏尔茨 a. N. (7)、奥伯恩多夫(9)、沃尔法赫(8，与霍恩贝格、哈斯拉赫等实际上占据一个 B 级区位)和黑林山脊背面的奥珀瑙(5)；另外还有 A 级中心地希尔塔赫。

(5)L 级体系的东北部

剩下要叙述的便是斯图加特 L 级体系的东北部，但关于它已经谈了很多，所以这里只做个简短的总结。罗滕堡 o. d. T. 和讷德林根两个 G 级体系不复存在，但 B 级特征距离当然还保留着：自罗滕堡分别至梅根特海姆(22)、金策尔斯奥(9)和克赖尔斯海姆(17)；自讷德林根分别至埃尔旺根(18)、阿伦(22)、海登海姆(21)和迪林根。阿伦其实太多，因为它与格明德，埃尔旺根和海登海姆的距离分别只有 21 公里；但它最有希望形成其中至少是 K 级环发展良好的一个 G 级系统，因为除上述 3 个 B 级或 G 级中心地外，K 级中心地博普芬根(8)和 A 级中心地内勒斯海姆也在 21 公里环上。A 级内环非常微弱。

南部实际上即阿伦 B 级体系，中心地在这里的分布可以如此解释；在北部也可以进行这种尝试。这里有两个 B 级中心地相对而立，两地均有 K 级环的雏形，但却双双伸向井然有序的各个体系控制的地方：克赖尔斯海姆在其 K 级环上有埃尔旺根、丁克尔斯比尔、福伊希特旺根和哈尔，施瓦本哈尔方面有金策尔斯奥、厄林根，穆尔哈特和克赖尔斯海姆；还要谈一个分裂的 K 级区位，它由共有中心性为 8 的 A 级中心地布劳费尔登—施罗茨贝格—盖拉布龙占据，还有在位置上稍有偏差的 K 级中心地盖尔

多夫(8)——两个K级区位共同属哈尔和克赖尔斯海姆B级体系。这样就有了两个相互交错的B级体系，每个体系各有6个K级角。哈尔A级内环只有一部分，而克赖尔斯海姆几乎没有A级内环。

3. 结果

在斯图加特L级体系中，中心地，特别是较高级别中心地的规模和分布的规律性，远不如慕尼黑L级体系，尤其是纽伦堡L级体系那么明确清晰。大约整个地区的一半位于某一G级中心地范围之外，因而只得放弃G级中心货物；另一方面，斯图加特周围的G级中心地聚集，以至于它们之间的距离等于B级中心地之间的距离。尽管斯图加特P级体系是一个相当年轻的体系，但此体系中有一个严密而构成非常规则的L级体系的核心，它由一个斯图加特中心G级体系和4个附属G级体系组成，而且，意义级别大都提高了一个层次。除斯图加特P级体系外还有乌尔姆P级体系和圣加伦P级体系参加此L级体系的构成。大部分相邻的P级体系，如弗赖堡、苏黎世和维尔茨堡，都完全或大部分位于此L级体系之外。L级中心地斯图加特的中心性约1 600，自成P级体系的P级中心地乌尔姆仅160。中心性为100的海尔布隆和中心性为70的康斯坦茨发挥着某种P级中心地代表的职能。只有斯图加特和乌尔姆G级体系发展充分，拉文斯堡G级体系发展较充分，但这个城市中心性仅达40。有4个G级体系(部分发展相当可观)附属于斯图加特G级体系：海尔布隆、格平根、罗伊特林根

和普福尔茨海姆。这些中心地的中心性差距很大，普福尔茨海姆为 210，完全等于 P 级中心地；海尔布隆和罗伊特林根各为 100，格平根为 60，它实际上仅构成一个 B 级体系。未构成体系的有 3 个 G 级中心地：蒂宾根、路德维希堡和格明根。这样就有 8 个 G 级体系；菲林根周围还有一个尚未发展的 G 级体系，目前它由未发展的菲林根—施韦宁根—多瑙埃兴根 G 级体系和弗罗伊登施塔特、齐克林根这两个孤立的 B 级体系代替，同样在东北部也有 2 或者 3 个，孤立的阿伦，哈尔和克赖尔斯海姆 B 级体系。这些 B 级中心地大部分具有可观的中心性 20～30。据此斯图加特 L 级体系可分为 10 个地区，其中部分相当狭窄的 8 个地区参与 G 级货物的供应，而两个非常辽阔的地区却被排除在外。根据其规模和经济意义，这些 G 级中心地的排列顺序大致如后：1. 斯图加特，2. 乌尔姆，3. 海尔布隆，4. 罗伊特林根，5. 拉文斯堡，6. 普福尔茨海姆，7. 康斯坦茨，8. 格平根，另外还有未发展的菲林根—多瑙埃兴根—施韦宁根 G 级体系，最后是那些孤立的 B 级体系。

在斯图加特 L 级体系范围内有 33 个 B 级中心地，如果考虑到仅有 5 个构成体系的 G 级中心地（但全算上却有 8 个 G 级中心地），这是个难以理解的大数目。这一点是斯图加特 L 级体系独有的特征。若再加上迪林根—劳英根—贡得尔芬根和霍尔布—雷克辛根，那就有 35 个 B 级中心地；若可以去掉菲林根—施韦宁根—多瑙埃兴根（它们共据一个 B 级区位）、埃斯林根和斯图加特郊区范围的魏布林根，那依然还剩下 30 个 B 级中心地。它们的中心性在 13 到 29 之间，较低数值的（与纽伦堡 L 级体系完全相反）非常少；典型的数值为 16 和 18，然后又是 29。发展充分的体系（斯图加特和乌尔姆）的 B 级环上有 4 个中心地，K 级环上有 6 个，A 级环上有 2 个；发展有力的体系（海尔布隆、罗伊特林根和拉文斯堡）B 级环上有 6 个中心地，K 级环上 5 个；发展微弱的 G 级体系（普福尔茨海姆、格平根和康斯坦茨）B 级环上有一个中心地，K 级环上 5 个，A 级环上一个；这些地区内或边缘没有 G 级中心地，但有 15 个 B 级中心地。G 级体系中所有类型的 K 级和 B 级环都为诸 B 级中心地发展提供了相当均等的机会；但没有 G 级体系的地区，大量提供的首先是 B 级中心地存在的机遇。23 个 B 级中心地按照市场原则定位，只有 4 个 B 级中心地按照交通原则定位，6 个呈中性或处于均衡状态。

斯图加特 L 级体系中有 73 个 K 级中心地，同样大大高出标准体系（54 个 K 级中心地）要多，此外，斯图加特 L 级体系的面积较小应予考虑。这些 K 级中心地的中心性浮动于 4 到 13 之间，典型数值为 5 和 9，但其他数值的 K 级中心地在数量上几乎与它们相同。G 级和 B 级体系的 K 级环上有 34 个中心地，B 级环上 15 个（多次分割或未发展的 B 级区位），A 级环上 25 个；13 个位置不确定，它们大部分短于 A 级的距离，大约为 M 级距离。47 个中心地按照市场原则定位，13 个中心地按照交通原则定位，13 个中心地呈中性。K 级意义发展最有利的位置是诸体系的 K 级和 A 级环，同时占主导地位的是根据市场原则确定区位，不过与 B 级中心地情况不完全相同（65％）K 级中心地按照市场原财定位，而 B 级也是 70％。

最后还有 72 个 A 级中心地（大多数中心性为 3），213 个 M 级中心地（中心性为 1，也常见 2）和 262 个 H 级中心地。

从 L 级中心地开始，中心地占据量的级数是：

1∶2∶8∶33∶73∶213∶262；

标准情况下应是：1∶2∶6∶18∶54∶162∶486。

L 级、P 级和 G 级中心地的数量几乎是标准的，而按照标准模式 B 级中心地却多出一倍，K 级中心地多出一半，A 级中心地却只有一半；M 级和 H 级中心地的数目与标准模式中的 M 级中心地数量吻合。

再来纵观一下各中心地的地理分布和分布原则。高级别的中心地（G 到 L）非常突出地聚集在斯图加特 L 级体系的中心，总共 11 个这样的中心地中只有 3 个位于中心之外，这与巴伐利亚诸 L 级体系差别很大，在那里边缘位置更加优越。B 级中心地数量较多并主要位于本州的山区和丘陵地带，然而在真正的黑林山地区却最少见，那里较多的是 K 级中心地；上施瓦本地区同样是 K 级中心地占优势而 B 级中心地较少（但不包括博登湖）。此外，K 级中心地在整个内卡河地区及其旁侧的小山谷中较常见，而东北部则较少。在剩下的地区及海尔布隆周围，A 级中心地数量相当突出。M 级中心地在上施瓦本稀少，而在海尔布隆，普福尔茨海姆和弗罗伊登施塔特较多，也就是说，定居地带和新定居地带一样，但在新定居地带中同时又缺少 A 级中心地，而到穆舍尔卡尔克斯和蓬特桑德施泰因斯的老定居地区中才又多起来。

与弗兰肯相似，按照市场原则定位占主导地位，极少例外。值得注意的是，市场原则也在匆乱构成的州中部完全起主导作用。上内卡河地区和下内卡河地区（程度较低）及恩茨河上游较常见的是按照交通原则定位，从坎施戴特盆地辐射出的一些山谷方向线亦如此，肯定只是假交通方位；然而，特殊的情况是在相当平坦的上施瓦本，乌尔姆—博登湖—康斯坦茨一线，与交通定位的乌尔姆—肯普滕—因斯布鲁克情况类似。体系内中心地位置被分割的情况相当频繁（多数是由于分离原则），在东部和中南部则为稀少。

第四章　斯特拉斯堡 L 级体系

1. 基本事实

(1)上莱茵 L 级体系分析的特殊难点

在前面的分析中，我们根据 L 级中心地探讨了 L 级体系的结构，即首先提出这样的问题：哪个地点具有 L 级重要性？然后找出那些相邻 L 级体系构成的中心地并在图中标出 L 级方向线。P 级中心地必定总是位于由 L 级中心地构成的三角（由三个距离最远的 L 级中心地）的中部。事先归纳出哪些城镇事实上具有 P 级重要性之后，即可确定和说明与这种模式是一致的还是不一致。之后出现的问题是，这些 P 级中心地中的哪几个应该列入这个 L 级体系。当然，根据模式，它们列入三个不同的 L 级体系中的任何一个的可能性似乎完全均等。在此情况下这个 P 级中心地应列入哪个 L 级体系就取决于这些具体事实，特别是肯定与模式不一致的事实。在一般情况下，P 级体系（由 L 级中心地构成的体系例外）分布在 3 个与其毗邻的 L 级体系中（经常各有一个自身的 P 级中心地或 P 级替代地）。这样我们从 L 级核心到 P 级核心，再由此到 G 级核心依次类推下去就可找到组织结构，最终也可确定一个 L 级体系的界限。

对斯特拉斯堡 L 级体系的分析不宜采用这种方法，因为 L 级核心的位置不那么明显。尽管斯特拉斯堡在其他章节中曾被确定为 L 级中心（因为它合乎逻辑），但在对这些具体事实的分析中不能以一个逻辑推论为出发点。因此在这种情形下，我们只能从实际存在的 P 级体系出发，最终才能对实质提出问题。

（2）P 级中心地

P 级体系的问题并不像纽伦堡 L 级体系那么容易。自从有城市存在以来，纽伦堡、维尔茨堡和雷根斯堡就是三个最重要的城市，因此它们能够不受较大干扰地构成各自的体系。上莱茵低地则是另一种情况，这里新建的首府曼海姆和卡尔斯鲁厄迅速产生 P 级意义打乱并毁掉了那些原先肯定存在的体系。这些最古老的 P 级体系也许受到罗马人修建的城市巴塞尔、斯特拉斯堡和美因茨的影响，也受到施佩尔和沃尔姆斯的部分影响，此后这些中古城市影响渐大，并多次形成自身的 P 级体系；南部效果微弱，弗莱堡的 P 级作用几乎没有超出其 G 级区域，而北部的法兰克福则效果显著，因为它甚至获得公认的 L 级重要性，将以前的美因茨和沃尔姆斯的 P 级体系纳入自己的范围并改变了其面貌。后来卡尔斯鲁厄和曼海姆发挥了极大的影响，以致这些关系非常模糊，除了新产生的 P 级体系之外，还可看到降为 G 级重要性的中心地的旧体系残余。然而我们对这些特别有趣的问题不能更深地研讨，因为我们这里不是探讨历史聚落地理，而是尽可能地分析现状，当然如有必要我们也同时涉及那些历史过程。

我们采用电话线路的方法找出了 10 个可能属于一个上莱茵地区 L 级体系的 P 级中心地，其重要性的排列顺序大致为：1. 曼海姆—路德维希港（699），2. 斯特拉斯堡（?），3. 卡尔斯鲁厄（357），4. 巴塞尔（?），5. 萨尔布吕肯（340），6. 梅斯（?），7. 弗赖堡（292），8. 米尔豪森（?），9. 普福尔茨海姆（209），10. 海德堡（178）。无疑属于法兰克福 L 级体系的 P 级中心地美因茨和达姆施塔特不予考虑。具有 10 个 P 级重要性的中心地这一数量相反，一般的 L 级体系只有 2 个具有 P 级重要性和 1 个具有 L 级重要性的中心地，即 3 个 P 级体系。仅从这一点即可看到 P 级体系能够在有许多缺陷的情况下形成，而从这众多的 P 级中心地也可解释缺少明确的 L 级中心地的情况。无论怎样，莱茵地区肯定存在着对 P 级范围或 P 级环中心商品的较高的需求，否则这些城市的一部分即使人口数量高——也许是由于工人聚集造成的，但却不能同时具有很高的重要性。

这些 P 级中心地中的哪一个事实上适于上莱茵 L 级体系的构成呢？我们从巴塞尔开始，而另外两个 P 级中心地米尔豪森和弗赖堡就在附近。假定这三个 P 级中心地共同充当理论模式中的 P 级区位，而最古老和今天最重要的代表就是巴塞尔。因为一个 P 级区位通常同时属于 3 个相邻的 L 级体系，所以这个 P 级区位一分为三可以极简单地从分散原则得到理解。根据这一原则，P 级中心地分属于这 3 个 L 级体系中的一个。如果说它们属于不同的国家的话，巴塞尔则属于苏黎世 L 级体系，因而属于瑞士，弗赖堡属于位于北部的一个体系，即属于贝尔福特；也许该考虑以迪戎为中心形成的一个体系作为位于西南的第三个 L 级体系，然而这个体系在贝藏松有它的P级区位代表巴塞尔，同时贝藏松本身又具有一个G级环。米尔豪森和贝尔福特之间曾有一条特别清晰的L级体系界线。第4个P级中心地米尔豪森的存在应该这样来解释，属于北部L级体系的P级代表本身又被一分为二了，也就是说由弗赖堡和米尔豪森同时充当，即弗赖堡是巴登的P级区位代表，米尔豪森是阿尔萨斯的P级区位代表。

P级中心地斯特拉斯堡独处独立，是一整体。根据这个事实，我们可以非常肯定地得出结论，它是一个L级体系的中心地。

斯特拉斯堡北面又有一对P级中心地，即卡尔斯鲁厄和普福尔茨海姆。我们将普福尔茨海姆列入斯图加特L级体系，卡尔斯鲁厄列入上莱茵L级体系。

对曼海姆和海德堡这一对P级中心地我们不能这样处理。它们相距很近，经济和交通把两者紧密地结合起来，所以这两地要么属于这个L级体系，要么同属于另一个L级体系。或许据以将雷根斯堡划归纽伦堡L级体系的那条原则还能帮助我们：假若一个地方的P级体系之大部都属于某一L级体系，那么这个决断也同样适用于P级中心地。曼海姆P级体系主要位于普法尔茨，因此，曼海姆和普法尔茨无论如何属同一个L级体系。前面提及的关于德意志帝国新划分的法兰克福草案也照顾到了这一点，即它将曼海姆和普法尔茨划归莱茵—美因茨帝国州，而且它还有划分出法兰克方言和阿雷曼方言区界线的优点。如果上莱茵地区L级体系存在（然而法兰克福草案莫名其妙地忽视了这一点），曼海姆就应列入其中，而这一体系因此才完善；这样一来，萨尔布吕肯就与上莱茵有机地结合起来，曼海姆作为德国西南部的港埠不会与它的受益地区割裂。另外还能更好地照顾国家目前的境况。

现在还剩下讨论萨尔布吕肯和梅斯 P 级中心地的归属问题。萨尔布吕肯占据的 P 级区位是由于 3 个(几乎可以说是 4 个)L 级体系的相邻造成的:法兰克福的莱茵—美因茨体系,上莱茵体系,洛林体系(大概以南锡为 L 级中心地)和下莱茵体系(科隆)。南锡的这一 P 级区位的代表在梅斯,科隆的在特里尔,法兰克福不需要,因为一直延伸到比肯费尔德的美因茨 P 级体系在这条方向线上。因此萨尔布吕肯属于上莱茵 L 级体系,此体系的两个极为重要的点曼海姆和斯特拉斯堡距离很近,使将其归入此体系的理由更加充分。相反,梅斯完全列入南锡—法国的洛林 L 级体系,语言界限使这一点非常明显。

(3)G 级中心地

巴塞尔 P 级体系不大清晰。瑞士一方的 62 公里环几乎包括了本身就是 P 级和 L 级中心地的伯尔尼和苏黎世,以致意外产生的比尔和奥尔滕 G 级体系受到很大的束缚。在北部,62 公里环包括了弗赖堡和科尔马。弗赖堡自成一个独立的 P 级体系,不过它仅仅由自己的 G 级体系构成;科尔马既属于斯特拉斯堡 P 级体系,又属于米尔豪森 P 级体系,与巴塞尔不再有直接联系。米尔豪森本身其实只构成一个依附于巴塞尔 P 级体系的 G 级体系,勒拉赫(51)被认为是巴塞尔 P 级中心地的德意志帝国部分,并与其一起列属苏黎世 L 级体系,另外整个上莱茵至博登湖也属这种情况。最后谈谈方向线。前面提到的所有地点,米尔豪森、弗赖堡、比尔、和奥尔滕,皆位于 P 级中间方向线上,特别是对米尔豪森和弗赖堡来说，尤为明显。市场方位在这里明显地强于交通方位，所以在巴塞尔和斯特拉斯堡之间莱茵河两岸没有较大城市，甚至两城市之间的直线距离内也没有较大的城市。

斯特拉斯堡作为G级体系占据一个重要的面积，如果我们将位于其21公里K环内的奥芬堡(50)仅仅看做斯特拉斯堡职能的莱茵河右岸代表的话。在斯特拉斯堡G级体系内和边缘，莱茵河左岸地区还可能有2个G级中心地：哈格诺承担着将核心地区的G级职能传至阿尔萨斯北部边界地区的任务，这就是它的重要性所在；而施赖特施塔特的重要性则在于阿尔萨斯葡萄种植地区对较高级别中心货物的大量需求。对拉尔—丁林根(39)的评判与其近似。与斯图加特周围的环相反，斯特拉斯堡周围G级中心地的环相当不统一：在21公里环内有奥芬堡和哈格诺，在36公里环内是拉尔和施赖特施塔特，此外还有拉施塔特和巴登—巴登以及构成孤立的B级体系的弗罗伊登施塔特，最后在62公里真正的G级环上是填补西部空隙的G级中心地萨尔堡，北部是皮尔马森斯、兰道和卡尔斯鲁厄，南部有弗赖堡和科尔马。然而在62公里环内的这些G级中心地中，只有萨尔堡列属斯特拉斯堡P级体系。我们看到：根据居民经营职业和社会特点，这些地方对较高级别中心货物有较大的需求，因此在K级和B级环内已有G级中心地形成，在G级环内产生的多为P级中心地；在居民特性不具有这种较高需求的地方，如西部（纯粹是农业，极少工商业），那里保持着正常状态，G级中心地则位于G级环内。

关于斯特拉斯堡周围环内的G级中心地的方向线还必须说明的是：奥芬堡具有明显的P级中间方向线，而拉尔相反则位于弗

赖堡方向线上，弗赖堡与作为 P 级中心地的巴塞尔相关具有中间方向线，米尔豪森亦如此，格尔马与米尔豪森相关没有明显的交通方向线，而施赖特施塔特与格尔马相关具有明显的交通方向线；卡尔斯鲁厄作为 P 级中心地具有其应有的 L 级中间方向线，皮尔马森斯具有（兰道和哈格诺一定程度上也具有）P 级中间方向线（萨尔布吕肯和曼海姆）。萨尔堡尚不能清楚地确定，然而根据市场原则，它的位置无论如何是正确的，因为它几乎位于斯特拉斯堡—格尔马—埃皮纳尔—南锡—萨尔布吕肯—皮尔马森斯这个六角形的正中心。拉施塔特的交通方位位置也很明显。

卡尔斯鲁厄 P 级体系是个新兴体系，所以只能是个非常狭窄但却非常清晰的体系。在其 K 级环内已有 G 级中心地拉施塔特（36）和布鲁赫萨尔（55）以及 P 级中心地普福尔茨海姆（209）；B 级环上有兰道（60）（然而它目前几乎已不属于卡尔斯鲁厄 P 级体系）和巴登—巴登（85），它作为浴场没有构成 G 级体系。对位于这些 G 级中心地之间的卡尔斯鲁厄来说，这些中心地的几何形状就好像是用圆规画出来的。布鲁赫萨尔和兰道位于非常合适的 P 级中间方向线上，而普福尔茨海姆和拉施塔特则在 P 级（或 L 级）方向线上。我们将普福尔茨海姆列入斯图加特 L 级体系，将兰道列入曼海姆 P 级体系。拉施塔特和布鲁赫扎尔构成一个附属于卡尔斯鲁厄体系的 G 级体系（但半径仅为 21 公里），或者更确切地说，它们是达到较高水平的 B 级体系。

新兴的曼海姆 P 级体系比卡尔斯鲁厄 P 级体系幸运，因为它干脆把海德堡（作为 G 级体系）区域纳入其本身的 G 级体系，把诺伊施塔特—兰道 G 级体系作为附属体系并入自己的体系，甚至连

施派尔和沃尔姆斯也合入自己的体系。由此可见：1.曼海姆显示出高于卡尔斯鲁厄的中心性（699 比 357），2.海德堡的中心性低于较为独立的普福尔茨海姆（178 比 209）。后一个事实确实出人意外，因为海德堡是一个大学城和旅游城。值得注意的还在于，沃尔姆斯（58）、海德堡和施派尔（35）这些相邻的 G 级中心地非常精确地位于 21 公里环上。诺伊施塔特 a. d. H.（67）距离相当近。G 级中心地兰道和诺伊施塔特构成一个极为狭窄的公共 G 级体系，但由于从事葡萄种植业的居民的财富和人口密度，此体系使这两个城市的共同中心性至少达 127。由于这个体系插入其间，普法尔茨森林地区原先的 G 级体系，凯撒斯劳滕（99）和皮尔马森斯（60）受到 P 级中心地曼海姆的严重削弱，超出间距为 50 公里（距凯撒斯劳滕）或 70 公里（距皮尔马森斯）时所应有的程度。我们要把其主要地已具有一定 P 级职能的凯撒斯劳滕体系列属曼海姆 P 级体系，照顾距离较近的关系把皮尔马森斯体系列入萨尔布吕肯。曼海姆 P 级体系 G 级地的方向线相当不一致，只有海德堡和诺伊施塔特具有市场方向线，而施派尔和沃尔姆斯却具有明显的交通方向线。

萨尔布吕肯 G 级体系被一个构成良好并受损较少的 G 级体系圈所环绕：特里尔、梅斯、萨尔堡、皮尔马森斯和凯撒斯劳滕，只有在比肯费尔德缺少一个环节。不过在其共有中心性为 40 的奥伯斯坦—伊达已可看出一个 G 级中心地，只是还未达到形成一个自己的体系的水平。所有这些体系中，其实只有皮尔马森斯应列属萨尔布吕肯 P 级体系，部分列属的有萨尔堡、凯撒斯劳滕和不发达的奥伯斯坦体系。关于方向线，萨尔堡具有极好的 P 级中间方向线,奥伯斯坦和凯撒斯劳滕的情况也相似。

(4)相邻 L 级体系对上莱茵 L 级体系的确定

从上莱茵地区 P 级和 G 级体系的确定可知存在着一个上莱茵 L 级体系。与其相邻的 L 级体系有:东北部为法兰克福体系,东部为斯图加特体系,东南部为苏黎世体系,西南部为迪戎(Dijon)体系,西部为南锡体系,西北部实际有两个:布鲁塞尔体系和科隆体系。这些 L 级中心地与某个位于上莱茵 L 级体系中心的地点(假设为斯特拉斯堡)的距离相当不同:只有法兰克福恰好为 166 公里的标准距离,苏黎世接近这个距离,斯图加特和南锡的距离相当短,各为 110 公里,即 P 级中心地距离迪戎和科隆的距离约为 250 公里,布鲁塞尔甚至达 340 公里。

如果我们在这个六边形或七边形内寻找几何中心点,那就可以从中找出上莱茵地区 L 级体系事实上的中心点。不过这个中心点相当准确地位于斯特拉斯堡,这个城市不仅是一个地区——上莱茵地区——的中心点,而且还是一个根据相邻的 L 级中心地来判定的一个 L 级中心地的地点。即使从上莱茵低地和边缘山地 P 级体系的分布和位置,也可以在同一意义上推断出斯特拉斯堡是一个 L 级中心地。尽管斯特拉斯堡——也许仅仅出于历史原因和政策失误——事实上并不具有 L 级重要性,我们依然把它看做这个体系的 L 级中心地,无论根据地理观点还是从我们的理论的逻辑考虑,这一位置的确是一个 L 级中心地的最佳位置。

因此在我们认清了起点和终点之后,便可列举 L 级方向线了:第一条 L 级方向线为伸向法兰克福的方向线;第二条为伸向斯图

系。关于德国新划分的法兰克福草案将这个体系一分为三,即将巴登划入以斯图加特为首府的莱茵施瓦本州,把莱茵河左右岸的普法尔茨地区及萨尔地区划归以法兰克福为首府的莱茵法兰肯州,阿尔萨斯—罗特林根则根本未予考虑。这种一分为三与上面所阐述的事实完全不符。每个由L级中心地,两个P级中心地和6个G级中心地等组成的L级体系完全是一个有机的经济统一体,任意扩大它会损害其逻辑性,如法兰克福草案中的莱茵施瓦本州和莱茵法兰肯州;任意缩小它也同样会损害其逻辑性,如排除掉阿尔萨斯—罗特林根体系,它和南锡周围的法国—洛林体系以及迪戎周围的布尔贡德体系不可能结合为一个有机的L级体系。"正确的"度应该始终为良好的发展提供最大的机遇,过度会使中心地负担过重,使一些边缘地区得不到L级中心地货物的供给,不足则使中心地萎缩,因为较大的企业不可能因提供L级中心地货物而获利——两者皆为影响州经济的整体发展的弊端。

2. 各G级体系的分析

(1)斯特拉斯堡P级体系

在下面对各个G级体系的分析中,对位于帝国现疆界之外,即应予认真探讨的地区之外的阿尔萨斯—罗特林根地区仅予以粗线条的论述。

先从斯特拉斯堡G级体系开始,我们将它和莱茵河右岸的奥芬堡辅助体系放在一起考察。B级环跨距相当大,然而只有金齐西河谷离斯特拉斯堡的距离超出了标准的36公里,这是由于前移的奥芬堡G级位置。这种大空间性对在探讨具有古老传统的城市时是个应该时时注意的现象。B级中心地应具有G级中间方向线;B_1 由两个相邻的K级中心地赖希斯霍芬和沃尔特表示,这个方向线可看做中间方向线;B_2(在依据交通原则)为G级中心地拉施塔特(36)和G级中心地巴登—巴登(85)占据;约40公里远的B级中心地弗罗伊登施塔特(28)(在市场方位中)可看做 B_3,不过由于与斯特拉斯堡(时间)距离较远,它构成一个本身孤立的B级体系;第4个B级区位被K级中心地沃尔法赫(8)占有,它与邻近的中心地哈斯拉赫(6)、豪萨赫(4)和霍恩贝格(6)具有良好的B级重要性(24);第5个B级区位由G级中心地拉尔—迪林根(39)占据,但它与斯特拉斯堡的距离仅为28公里,B_6 是作为没有本身G级体系的G级中心地而发展起来的施赖特施塔特,方向线同拉尔一样明显地依据交通原则。根据市场原则,具有B级重要性的应是位于莱茵之滨的莱瑙,而不是这两地;B级环的最后一个B级中心地是萨伯恩,距离正确,接近交通方位。

关于方向线,大部分位于平原的K级环得出的是几乎完全相反的结果:这里仅仅是市场原则获得承认(从斯特拉斯堡看)。K级环的中心地应该具有与L级方向线地位相等的B级中间方向线。我们在这种市场方位中可以找到位于G级哈根诺旁侧的K级比施魏勒尔。G级中心地奥芬堡(50)与北面的相应的B级中心地阿谢尔(16)相对应,由于其处于重要的金齐西河谷末端的有利位置而承担莱茵河右岸地区斯特拉斯堡G级代表的角色;然后是K级中心地埃尔施泰因,其显著特征是因为施赖特施塔特和拉尔的关系才产生方向线；最后是 B 级中心地摩尔斯海姆和 K 级中心地赫希费尔登。这个 K 级环上值得注意的现象是，各地与斯特拉斯堡的距离几乎全部严格保持在 21 公里，各地之间的距离像用圆规划分出似的，也是 21 公里（赫希费尔登—比施魏勒尔—阿谢尔—奥芬堡—埃尔施泰因各相距整 21 公里，只有摩尔斯海姆向东南部稍超出一些，但只有 3 公里远）。人们不禁自问：难道修建这些城市之前曾考虑过这一切吗？因为这简直不可能是偶然的。这个答案使我们创立了在这里阐述过的理论，根据这一理论才有了中心地的经济学分布规则，它使选位正确的中心地发展，使选位错误的中心地消失。此项原则如此简单，所以大部分城市建造者在选择城市位置时肯定有意无意地运用过它：哪里“缺少”一个城市，就在哪里建一座。环绕斯特拉斯堡的 A 级内环由 K 级中心地布鲁马特、A 级中心地莱茵比绍夫斯海姆、A 级中心地阿尔特海姆、A 级中心地盖斯波尔斯海姆和 A 级中心地特鲁赫特斯海姆表示，第 6 个 A 级区位由 M 级中心地科尔克占据；所有的中心地又均在完全符合规划的中间方向线上：B 级中心地克尔仅被看做斯特拉斯堡的桥头堡，和斯特拉斯堡共同作为中心地。斯特拉斯堡 A 级外环由于缺乏足够的资料这里从略。

现在来看一下附加的只具有 K 级环并被认为是 B 级体系的施赖特施塔特体系。它的 K 级环由相距已成为特征的 21 公里的 K 级中心地埃尔施泰因、A 级中心地恩丁根、G 级中心地格尔马、B 级中心地马基赫与两个 K 级中心地巴尔和奥伯恩海姆构成，即使 A 级内环也由像拉波尔茨魏勒、马克尔斯海姆、本弗尔德和魏勒这几个可观的 K 级中心地代表——在葡萄种植区具有 A 级环的 K

级重要性。

对奥芬堡G级辅助体系的观察应该更为深入些。它的B级环上有巴登—巴登、弗罗伊登施塔特、沃尔法赫和K级中心地肯青根(7)，但具有B级重要性的是埃门丁根(23)，而不是肯青根。21公里K级环首先由斯特拉斯堡占据，然后由B级中心地阿谢尔占据，距离稍近的有K级中心地奥彭瑙(5)、K级中心地哈斯拉赫(6)旁的塞尔哈梅斯巴赫(5)和G级中心地拉尔—丁林根(39)。A级内环非常容易辨认，有M级中心地科尔克、A级中心地伦辛、K级中心地奥伯基尔赫(8)、K级中心地根根巴赫(5)、A级中心地弗利森海姆和A级中心地阿尔滕海姆——刚好6个。整体上说，奥芬堡G级体系K级中心地较多，但M级中心地非常少，这一方面是因为沃尔法赫B级区位的散裂，另外也是荒地开垦的后果，这一点在讨论阿尔戈伊地区时已经有过阐述。总的说来，在斯特拉斯堡—奥芬堡G级体系的莱茵河右岸部分以交通原则为主，而在莱茵河左岸地区显然市场原则占主导。

萨尔堡G级体系被斯特拉斯堡体系和南锡体系(两城皆被作为L级中心地)严重挤压，因此其B级环有一部分与K级环互相叠合。决定这一体系的只有两个B级中心地笛热和扎伯恩(它们同时属于南锡体系和斯特拉斯堡体系)和三个M级中心地萨尔阿尔本、希尔迈克和布洛蒙；B地笛热所在的方向线，是清晰的梅斯和南锡中间方向线。

(2)巴塞尔P级体系

因其历史悠久和早已具有较高的中心地的重要性，巴塞尔P

级体系不出所料形成得很好，然而国界——现在这个地区甚至分散于三个国家——和地理状况却遏制了它的扩展，占据 36 公里 B 环的有：作为 B_1 的 B 级中心地米尔海姆(13)(甚至连浴场 K 级中心地巴登魏勒(6)也属它)，作为 B_2 的 K 级中心地舍内奥(5)(由于处于维泽谷尾，它不得不将其 B 级重要性转让给位于 K 级环上的绍普夫海姆)；占据 B_3 的是 3 个 A 级中心地摩尔克、小劳芬堡和瑞士的劳芬堡；B 级中心地瓦尔茨胡特事实上发挥着 B 级职能，但它距巴塞尔 47 公里，因此发展为一个自身独立的 B 级体系。B_4 由两个 B 级中心地同时占有：州府阿劳和新兴的重要铁路枢纽 B 级中心地奥尔滕；B_5 是德尔斯贝格；B_6 是阿尔萨斯的巴塞尔 P 级区位代表 P 级中心地米尔豪森。米尔海姆、舍内奥、阿劳—奥尔滕、德勒蒙和米尔豪森具有良好的中间方向线位置。

占据 K 级环的在北部是 K 级中心地埃德尔(8)和 B 级中心地绍普夫海姆(13)(二者位于很好的 B 级中间方向线上)，其他方向是希萨赫、劳芬和普弗尔特，后者也位于明显的中间方向线上。A 级环上有 A 级中心地埃福林根，然后主要是德国领土上巴塞尔的代表 G 级中心地勒拉赫(51)，另外，还有两个 K 级中心地巴登—莱茵弗尔登(4)和瑞士的相应地重要的 K 级(或 B 级)中心地利斯塔尔，最后是阿尔萨斯的 A 级中心地希伦茨。现在轮到 A 级外环的 A 级中心地。奇怪的是模式在赫希莱茵不起作用，不仅 K 级环，而且 B 级环被占据的情况都不符模式，其原因也许部分在于自然条件或边界现状。但至少应该注意到，所有相距已成特征的 12 公里的位均被合适地占据：首先是两个莱茵地区，然后是塞京根和劳芬堡，最后是瓦尔茨胡特。

现在来观察本来位于这些G级体系之外的瓦尔茨胡特地区。瓦尔茨胡特(19)占据了理应位于巴塞尔—苏黎世—沙夫豪森这个三角的中心点上的B级区位,因为它同时还占据巴塞尔—弗赖堡—沙夫豪森三角的B级区位,所以其重要性非常可观。如果加上紧靠在它旁边的K级中心地廷根(11),再连瑞士的科布伦茨也算上,即它的中心性则达30以上,就是说大大接近G级重要性。因此这里就出现了一个构成良好的独立的B级体系,其21公里环上有K级中心地塞京根、A级中心地托特莫斯旁的K级中心地圣布拉希恩(7)、K级中心地邦多夫(4)和苏黎世附近的K级中心地巴登。此外,这个环上还能列举出A级中心地斯图林根和埃格里绍。A级环不太明显;贫瘠的霍岑瓦尔特使一个中心地也达不到A级重要性。也许我们更应该将这个孤立的B级体系列入苏登士P级体系,但瓦尔茨胡特恰好位于苏黎世36公里B环上,另外距离沙夫豪森也同样远。

米尔豪森的地理位置较特殊,因为这个城市的位置和上莱茵低地的大部分较大城市不一样,它不在山脚下。根据我们的理论,这个位置是好理解的:米尔豪森恰好位于贝尔富特—科尔马—巴塞尔三角的中心,与这些城市的距离各为36公里,此外到弗赖堡也接近这个距离。只有这样才能完全理解米尔豪森的高居民数字和重要性,工业作为规模大小的起因仅具次要意义,它之所以恰恰出现在这里,就是因为从一开始这个位置就提供了良好的机会。

米尔豪森G级体系附属于巴塞尔体系。其B级环上除了上面列举的城市贝尔富特、科尔马和巴塞尔之外再也没有其他地点,因为相应的区位(福格森的苏尔策贝尔辛、黑林山的贝尔辛、瑞士汝拉山脉的蒙特特利）恰好全部被这个地区的最高山峰所占据。本应在这些区位上的B级中心地因此下滑到K级环上，而不是下滑到与米尔豪森之间的任意距离上。于是K级环上就有了B级中心地坦恩和格卜魏勒（替代苏尔策贝尔辛），大概阿尔特基尔赫（替代蒙特特利）也可算上。A级内环有一部分为K级中心地占据。

格卜魏勒也同时位于科尔马G级体系的K级环上，因此它的良好发展容易理解。另外这个环上还有K级中心地明斯特、B级中心地马基尔赫、G级中心地施赖特施塔特和K级中心地布赖萨赫，其距离大多数刚好为21公里。A级内环上还是几个K级中心地（葡萄种植地区）：拉波尔茨魏勒、马科尔斯海姆、诺伊布赖萨赫、鲁法赫和施尼尔拉赫。

弗赖堡的位置的独特之处，首先在于它并未处于莱茵和凯撒施图尔之间的有利位置上，在相当大的范围内这是唯一的一个一座山直接临河，而其他建城地理位置均优越。根据我们的理论很易理解，它必须位于巴塞尔和斯特拉斯堡之间的中段，与这两个城市的距离均为62公里，但也不在巴塞尔和斯特拉斯堡之间的直线上，这样弗赖堡便可获得一个较大的辅助地区，并且由此而发展得更为有利。

绕弗赖堡的B级环几乎全都距离中心仅28公里，此环上除B级中心地米尔海姆（13）外全部是K级中心地：特里贝格（12）的埃尔扎赫（5）、诺伊施塔特（8）和舍瑙（5），它们都在G级中间方向线上。21公里K级环由于它很接近B级环而被占据的很少，此环上主要是K级中心地布赖萨赫（9）（在G级中心地科尔马方向线上）

和K级中心地肯青根(7)。以上已为构成B级环和K级环的6个区位定了名,A级内环上的中心地中除K级中心地克罗青根和瓦尔特基尔赫之外还应列上B级中心地埃门丁根(23),它的较高的重要性不能单从体系中的位置理解。因为肯青根占据着有利位置,这是我们的理论失效的少数例外之一。

(3)卡尔斯鲁厄P级体系

我们现在转到卡尔斯鲁厄G级体系和依附于它而且作用不完整的拉施塔特体系和布鲁赫萨尔体系。奇怪的是卡尔斯鲁厄体系的B级环几乎仅在莱茵河左岸地区获得B级中心地魏森堡、G级中心地兰道和G级中心地施派尔(35)的表示,在莱茵河右岸地区有作为浴场不构成体系的巴登—巴登(85)。以上列举的所有中心地距卡尔斯鲁厄均约32公里。K级环形成非常清晰:此环上可找到G级中心地布鲁赫萨尔(55),B级中心地布雷滕(12),P级中心地普福尔茨海姆(209),K级中心地海伦阿尔布(7),G级中心地拉施塔特(36)及莱茵河左岸的K级中心地劳特堡,K级中心地康德尔(4)和K级中心地盖尔斯海姆(7)。其实说劳特堡和康德尔位于A级中心地内环更合适,另外还有莱茵河左岸的A级中心地吕尔茨海姆及莱茵河右岸的A级中心地魏恩加滕和A级中心地杜尔梅尔斯海姆。B级中心地埃特林根(15)和算入卡尔斯鲁厄体系的杜尔拉赫则仅位于围绕卡尔斯鲁厄约7公里的M级环。

拉施塔特G级辅助体系看上去非常奇特:莱茵河左岸简直看不到它的踪影,莱茵河右岸只有B级中心地布尔(22)是其在K级环上的位置,此外还有A级中心地利希特瑙。但被K级环所包围

的核心东南部却聚集着一些中心地，紧挨着巴登—巴登的 B 级中心地盖恩斯巴赫位于 A 级环上，此外还有 K 级中心地加格瑙。其他属于此 A 级环的有 A 级中心地施泰因巴赫和 A 级中心地杜默斯海姆。从阿赫恩到拉施塔特和加恩斯巴赫这如此众多的具有较高功能的中心地聚集在一起表明，一种对较高等级的中心商品的极大需求在这里发挥着作用，其原因一部分在于世界级浴场地巴登—巴登，一部分在于集约果树经营（布尔）和工业（加格瑙）。

其北部附属于卡尔斯鲁厄的体系布鲁赫扎尔辅助的构成极符合模式，但实际上却几乎没有发挥其功能。其 21 公里环上有卡尔斯鲁厄、施派尔、K 级中心地维斯洛赫（9），K 级中心地埃平根（5）和 K 级中心地毛尔布龙，再加上 K 级中心地盖默尔斯海姆，这样，K 级环便规范地由 6 个中心地占据。A 级内环同样清晰，其上有 A 级中心地菲利浦斯堡、A 级中心地明戈尔斯海姆、A 级中心地魏恩加滕和 B 级中心地布雷滕（12），它们大部分以交通定方向线或方向线不清晰。

(4)曼海姆 P 级体系

曼海姆是一个年轻的城市，但却以少见的精确度置身于古老城市沃尔姆斯，施派尔和海德堡三角的中心，因此它有能力将所有三个城市的重要性同时据为已有。内卡河和莱茵河的汇合处这一首先映入眼帘的事实并不良好位置的唯一原因（事实上，内卡河口作为港埠体系和内卡河作为交通线在曼海姆的整个港埠体系和水路交通中仅具有相当次要的地位），至少它与相邻地的合适距离这个事实也有同样的作用。除上述 3 个地点之外，21 公里环上还有其他 5 个重要的地：B 级中心地格林施塔特(15)、B 级中心地巴特迪克海姆(15)、G 级中心地诺伊施塔特(67)、B 级中心地魏恩海姆(26)和 B 级中心地本斯海姆(21)及黑彭海姆(7)。对所有这些地点来说，曼海姆是个较近的“大城市”，这一点非常有利于它的发展。

12 公里 A 环的构成也很好，此环上有 K 级中心地弗兰肯塔尔(12)、A 级中心地兰佩特海姆(2)、K 级中心地拉登堡(7)、K 级中心地施韦青根(8)、A 级中心地希弗施塔特(3)和 M 级中心地穆特施塔特，它们无一例外均位于向 K 级环上各地移伸的方向线上，这就导致了奇特的由曼海姆向外辐射的铁路网：经拉登堡伸向魏恩海姆，经施韦青根伸向卡尔斯鲁厄，经希弗施塔特伸向施派尔和诺伊施塔特，经弗兰肯塔尔伸向格林施塔特，经弗兰肯塔尔或兰佩特海姆伸向沃尔斯，每条铁路线都与另一条构成一个夹角并且直接通向 K 级环地(唯一的例外是通往海德堡的线)。

在精确的 21 公里环上，还令人惊异地保留着过去的施派尔 G 级体系的 4 个角：兰道、诺伊施塔特、海德堡和布鲁赫萨尔，后来曼海姆作为第 5 个角登上舞台，并使旧传统彻底失去了王冠。环绕施派尔的 A 级环也非常明显，其上有盖默斯海姆、哈斯洛赫、希弗施塔特、施韦青根和菲利浦斯堡，第 6 个区位霍肯海姆如今仅具有 M 级重要性。

海德堡的 K 级环同样形成良好。在北部可将魏恩海姆算入，然后是位于非常精确的 21 公里环上的 K 级中心地埃伯巴赫(10)和辛斯海姆(10)。尽管方向线不能十分肯定地标出，但总还值得注意的是，在从海德堡到海尔布隆的古道上找不到一个K级中心地。[①] 其他位于此环上的还有A级中心地明戈尔斯海姆（其角色被位于A级环上的K级中心地维斯洛赫所替换）、施派尔和曼海姆，总共又有6个地点，占据12公里A环的是K级中心地施韦青根、K级中心地拉登堡、M级中心地海利希克罗伊茨施泰因阿赫（对中间方向线来说是魏恩海姆和埃伯巴赫）、A级中心地内卡施泰因阿赫、A级中心地迈克斯海姆和K级中心地维斯洛赫（9）6个地点。K级中心地内卡格明特（10）、A级中心地舍瑙和A级中心地希尔施霍恩实际上只具有M级位置。A级中心地魏布施塔特和内卡比绍夫斯海姆同辛斯海姆共同作为海德堡—布鲁赫萨尔—海尔布隆G级三角中心点的B级位置所有者。这个B级位置的中心性达到14。

曼海姆—海德堡G级体系中的K级环已经包括了重要的中心地，所以环绕该体系的B级环可以不予考虑。如果诺伊施塔特和盖默尔斯海姆不被认为是位于这个环上的话，那此环只能在东部组成，因此这里它清晰地显现出来，其上有B级中心地莫斯巴赫（16）和一双K级中心地埃尔巴赫（8）与米歇尔施塔特（10）（总共18）。在K级中心地贝尔费尔登（7）和A级中心地内卡盖拉赫的位置上还可辨认出一个环绕海德堡的24公里A环。再向东还有几个中心地，但它们不属任何G级体系，而只属莫斯巴赫B级体系。

关于依附于曼海姆G级体系的诺伊施塔特和兰道共同的G

① 参见《南部德国》（格拉特曼著）中的中古道路图（插图8）。

级体系似乎没有多少可讲的。乍看上去，在这个像山区边缘的道路旁侧一样城镇林立的地方试图应用关于市场原则的理论，似乎根本没有意义。关于G级中心地的环应该怎样讲？如果更仔细地看看这条公路，即这些城市之间的距离，我们就可发现：格林施塔特距巴特迪克海姆1.1公里，巴特迪克海姆距诺伊施塔特12公里，诺伊施塔特距埃登科本7公里，埃登科本距兰道12公里，兰道距贝格扎伯恩13公里，贝格扎伯恩距魏森堡7公里。典型的A级距离12公里偏偏以这样明确的方式占主导地位，除此之外仅出现典型的M级距离7公里，难道这是偶然的吗？除曼海姆、施派尔、K级中心地安韦勒(7)和两个A级中心地上施派尔及恩肯巴赫之外，连B级中心地格林施塔特(15)也位于围绕诺伊施塔特的一个21公里环上，K级中心地兰布雷希特(6)、K级中心地豪恩施泰因(5)、B级中心地魏森堡，几乎连K级中心地卡尔斯鲁厄和施派尔都在兰道的21公里环上。诺伊施塔特的12公里A级环上有B级中心地巴特迪克海姆(15)和A级中心地哈斯拉赫，兰道12公里A级环上有K级中心地埃登科布(12)、K级中心地安魏勒(7)、K级中心地贝格扎伯恩(12)、K级中心地坎德尔(4)和A级中心地吕尔茨海姆。这样我们就可将所有重要的中心地都列入这个体系。产生如此众多的中心地的原因应归于葡萄种植业和人口密度以及普法尔茨人的合群天性；所以对较高级别中心货物的需求要高于一般情况。在哈特兰交通定位占优势，这与条件完全相似的阿尔萨斯截然相反。

凯撒斯劳滕G级体系完全不同于那些常常精确保持着典型距离的平原G级体系。在这里，B级环与中心地的距离浮动于21

公里(罗肯豪森)至 36 公里(南部)之间。在这条环上我们可以辨认出的有:B 级中心地洪堡(22)、一直停留在其重要性上的茨韦布吕肯(33)(不过它已接近 G 级重要性)、K 级中心地库瑟尔(11,加上阿尔滕格拉恩则为 14 并具 B 级重要性)、K 级中心地劳特埃肯(6)、K 级中心地罗肯豪森(7)、B 级中心地格林施塔特、B 级中心地巴特迪克海姆、诺伊施塔特和兰道。交通定位的优势没有更大的意义,实际上属于凯撒斯劳滕体系的只有从皮尔马森斯经洪堡到格林施塔特这一区段。由曼海姆决定的诺伊施塔特的位置使凯撒斯劳滕—曼海姆铁路线绕路通过诺伊施塔特。这个体系北部缺乏 B 级中心地的原因是凯撒斯劳滕—克罗伊茨纳赫之间不正常的 45 公里距离,因此它既非 B 级距离(36 公里)又非 G 级距离(62 公里),这里 M 级型中心地比更高型的中心性占据显著优势,因此凯撒斯劳滕的 K 级环和 A 级内环的中心地很少。

(5)萨尔布吕肯 P 级体系

现在要研究的萨尔布吕肯 G 级体系具有大的基本意义,它是南德唯一煤矿开采和重工业占优势的体系。因为它与相邻各 G 级体系较少接壤,因此得以不受阻碍地发展,在其典型的 62 公里 G 级距离上清楚地分布着 5 个 G 级中心地和 P 级中心地:梅茨、特里尔、奥伯施泰因—伊达、凯撒斯劳滕和萨尔堡。我们面前呈现出一幅什么景象?

本体系的 4 个 B 级区位为 B 级中心地占据:圣文德尔(13)、共占一个 B 级区位的两个邻居洪堡(22)和茨韦布吕肯(33)、波尔辛和梅尔齐希(15),除梅尔齐希外,它们都在与交通原则相符的 G

级中心地方向线上。还有两个 B 级区位由 K 级中心地瓦登(7)和 K 级中心地萨拉尔本占据,两地同在 G 级中心地方向线上。交通定位占优势的原因仅能部分地归于各地情况。这个事实情况也许只能这样解释:在这里交通原则取得普通胜利,然而肯定是在前工业时代,因为这个环上的中心地大都位于矿区之外或只在矿区边缘。

如果走进这块真正的煤田,我们就会注意到,K 级环上很少见与 B 级环中心地相关的方向线,B 级中心地诺伊基辛(28)和 K 级中心地圣阿伏尔特也如此,而在 B 级中心地萨尔路易(29),K 级中心地莱巴赫(6)和 K 级中心地布利斯卡斯特尔(6)则不是这样。A 级环展现着同样的景象:B 级中心地弗尔克林根(17)、A 级中心地霍伊斯韦勒(4)、K 级中心地苏尔茨巴赫(7)和 B 级中心地萨尔格明德位于伸向 K 级环上的方向线上,只有 K 级中心地圣英贝特(9)具有中间方向线。如果将 B 级中心地福尔巴赫算入 A 级环中心地,那么它则具有伸向最近的环地圣阿伏尔特的方向线。这样便形成了各条真正的城市通道,每个环上各有一个中心地,但它们几乎全都位于从中心向外延伸的同一条方向线上,比斯图加特周围的情况要清楚得多,那里河流位置通常只由中心地占据,如果这些中心地依据理论模式的市场原则同时具有正确位置的话。无论如何,萨尔布吕肯 G 级体系内的各种距离维持得非常好,A 级、K 级,甚至 B 级中心地大都是 7 公里的 M 级距离:如 B 级中心地福尔巴赫、K 级中心地布斯—瓦特加森(5)、K 级中心地迪林根(9),K 级中心地奥特韦勒(6)。K 级中心地伊尔林根(5)与诺伊基辛和雷巴赫之间为 A 级距离,A 级中心地托莱与圣文德尔和雷巴赫之

间，A 级中心地洛斯海姆与瓦登和迈尔茨克之间，A 级中心地迈特拉赫与梅尔齐希之间也是这一距离。

在萨尔布吕肯 G 级体系中，交通原则比市场原则绝对占优势，在保持适合距离方面总水平的确较高。从事重工业的人口密集，而煤矿开采又使工作点和住宅区分散，因此中心地数量，特别是具 K 级和 B 级重要性的中心地数量大大提高。这里特殊之处在于明显缺少 G 级中心地，这是指与其他人口密集地区相比，如普法尔茨或斯图加特地区，而且后者地区也是工业占优势。但是，从事重工业的工人对较低范围的中心货物需求较高：商店、医生、电影院，而对只有 G 级中心地才能提供的较高级别的中心货物的需求则相对低微：专类商店、专科医生、剧院。因此我们也许可以得出一个对重工业地区来说很典型的结论：尽管人口密集，但 G 级重要性的中心地相当稀少而 K 级和 B 级重要性地点非常稠密，同时 A 级和 M 级中心地严重萎缩。在鲁尔区这个结论只适用部分地段，即大约在单一从事煤矿开采的工业区边缘地段。

再简单看一下皮尔马森斯体系就可以结束对斯特拉斯堡 L 级体系的分析了。皮尔马森斯 G 级体系实际上无非是个孤立的 B 级体系而已，其 B 级环上有 B 级中心地茨韦布吕肯(33)、K 级中心地兰施图尔、K 级中心地豪恩施泰因(5)和 K 级(或 B 级?)中心地比奇；A 级环上有 K 级中心地瓦尔德菲施巴赫(6)和 A 级中心地达恩。它与凯撒斯劳滕 G 级体系的联系很少，向南去几乎完全中断，这一点是莱茵河左岸的德国与阿尔萨斯不幸隔离的原因。为什么没有一位诸侯割据时代的君主将比奇作为地位优越的首府呢？也许是因为这种隔离从未使它达到那种程度。

加特的方向线；第三条为伸向苏黎世的方向线；第四条为伸向迪戎的方向线；（也许应是伸向里昂的那条线更为正确）第五条为伸向南锡（和巴黎）的方向线；第六条为伸向科隆的方向线，伸向布鲁塞尔的方向线应看做是 2 等 L 级方向线。这些方向线的夹角为 35°（法兰克福—斯特拉斯堡—科隆）和 75°（斯图加特—斯特拉斯堡—苏黎世）之间，而一般情况下它们应为 60°；第一种例外（锐角）无关紧要，因为它涉及人口密集的富足地区，第二种例外（钝角）请参阅对斯图加特 L 级体系的论述。

现在来探讨斯特拉斯堡中心体系中这些 P 级中心地的位置，如果这些 P 级中心地的位置与理论模式相一致，那么这就是斯特拉斯堡应作为 L 级中心地和已经或曾经起作用的另一个论据。我们发现，本体系 9 个 P 级中心地中（斯特拉斯堡除外）只有一个（曼海姆）是依据交通原则定位的。关于与斯特拉斯堡的距离又怎样呢？P 级中心地与 L 级中心地的正常距离为 108 公里。正好位于这个环上的有 4 个 P 级中心地：曼海姆、海德堡、巴塞尔和米尔豪森。另外引人注意的是还有两个 L 级中心地：斯图加特和南锡。基本上位于这个环上的有两个 P 级中心地：梅斯和萨尔布吕肯。相反，弗赖堡和卡尔斯鲁厄非常清楚地位于 62 公里环上（这里应该是 G 级中心地的位置），最后一个 P 级中心地普福尔茨海姆至少不太远。这就是说，这些距离与模式的一致性达到惊人的精度。卡尔斯鲁厄和弗赖堡位于 62 公里环上未出现在 108 公里环上应被看做论据的加强，而不是论据的否定。因此，斯特拉斯堡作为上莱茵 L 级体系潜在的 L 级中心地的地位又一次得到有力的证明。

以上论证已充分表明，存在着一个独立统一的上莱茵 L 级体

3. 结果

我们从地理角度总结,隶属苏黎世L级体系的霍赫莱茵(就其涉及德国地区而言)也在此列。

一个标准的L级体系应有一个L级中心地和两个P级中心地。但在斯特拉斯堡体系中我们只能找到7个能够列属于本体系的P级中心地。如果我们删掉那些没有形成自己的P级体系的地方,并把它们作为G级中心地(这肯定是合理的),这样便去掉了3个中心地:巴塞尔P级体系的成员弗赖堡和米尔豪森,曼海姆G级体系中的海德堡。剩下的还有4个:曼海姆、卡尔斯鲁厄、斯特拉斯堡和萨尔布吕肯。考虑到缺少一个明显的L级中心地,因此可将卡尔斯鲁厄和斯特拉斯堡一起作为一个L级中心地,这样就达到了一个L级中心地和两个P级中心地的标准数。本体系内有14个G级中心地,从中去掉:本身不构成体系的疗养地巴登—巴登;拉施塔特和布鲁赫萨尔并入卡尔斯鲁厄G级体系;施派尔、拉尔和施赖特施塔特不构成体系;奥芬堡差不多可并入斯特拉斯堡G级体系;哈根瑙仅是斯特拉斯堡的前哨;兰道和诺伊施塔特构成一个共同的G级体系,因其非常狭窄,同皮尔马森斯一样只能算一半。根准计算最后便得到本身构成体系的6个G级中心地(符合图式),上述两个构成G级体系的P级中心地弗赖堡和米尔豪森也算在内。这6个G级中心地是:弗赖堡、米尔豪森、科尔马、萨尔堡、皮尔马森斯(½)、诺伊施塔特—兰道(½)和凯撒斯劳滕。

斯特拉斯堡 L 级体系内值得注意的是，即在前面的分析中从未涉及的是，这里整个地区几乎完全被各 G 级体系区域覆盖，也就是说在 G 级范围中心货物的供应中没有任何漏掉。这一定能够作为一个特别长的移民时期的标志，谨慎选择城市位置和对较高级别中心货物的高需求的标志。

参与斯特拉斯堡 L 级体系构成的至少有 5 个 P 级体系，其中心地为斯特拉斯堡、曼海姆、卡尔斯鲁厄、萨尔布吕肯和巴塞尔，除巴塞尔外都在 L 级体系内。曼海姆—路德维希港中心性为 700，斯特拉斯堡和科尔以及其他郊区也具有相似的中心性；卡尔斯鲁厄、萨尔布吕肯和巴塞尔的中心性约为 350。这些城市构成了大部分幅员广阔发展充分的 G 级体系群。其他 G 级体系中弗赖堡、米尔豪森和凯撒斯劳滕诸体系发展得最好；前两个城市发挥 P 级功能，因此中心性达到 300 或 200(估计)，而凯撒斯劳滕的中心性则为 100。仅构成一个 G 级体系之一部分的 P 级中心地海德堡达到 180。萨尔堡体系独立，但地域狭窄，其中心性不足 30。在富庶的葡萄种植区有科尔马和兰道—诺伊施塔特体系，前一个城市的中心性可达 80，后两个城市的中心性各为 65，皮尔马森斯和布鲁赫萨尔因其系统发展微弱，中心性达 60，拉施塔特和哈根瑙仅有 40。两个 G 级中心地奥芬堡和洛拉赫是斯特拉斯堡和巴塞尔的德国分支，相应于这种情况它们的中心性达 50。不构成 G 级体系的 G 级中心地施派尔、施赖特施塔特和拉尔的中心性约 35，只有不构成体系的浴场地巴登—巴登达到 85。真正的斯特拉斯堡 L 级体系划分为 11 个地区：在 21 个 G 级中心地和 P 级中心地中只有 11 个构成体系。本体系的 G 级和 P 级中心地中有 8 个以市场

定位（主要是P级中心地），4个以交通定位（大部分是较小的G级中心地），7个不明显（特别是较大的G级中心地）。显然，即使在上莱茵体系中也是以市场定位有望获得高的意义。

在斯特拉斯堡的德国部分中（包括霍赫莱茵）有21个B级中心地，加上3个分裂的B级区位库瑟尔—阿尔滕格兰、辛斯海姆—魏布施塔特和沃尔法赫—豪萨赫—哈斯拉赫，再减掉5个由于特殊情况具有B级功能的中心地（凯尔、洪堡、弗尔克林根、盖恩斯巴赫和埃特林根，它们或是大城市郊区或是纯粹工业地）这样我们就得到19个B级中心地，这是因为要考虑到上列地区仅占整个L级体系的约2/3即约为图式规定数的一倍半。这些B级中心地的中心性在12到33之间，即数值为15和16的占优势，但分到这个数群上也仅占B级中心地的1/3。这21个B级中心地的位置有13个在B级环上，7个在K级环上，2个甚至在发展充分的G级体系（大部分属P级中心地）的A级内环上；5个在K级环上，1个在狭窄体系的A级环上；4个位置不确定（两个郊区位置，一个构成独立的B级体系）。有8个位置是由市场原则决定的，有9个位置是由交通原则决定的，4个不明显。对B级中心地来说最有利的条件似乎在P级中心地发展充分的体系的B级和K级环上，以交通定位和以市场定位在这里平分秋色。

单在上莱茵地区的德国部分就有58个中心性为12的K级中心地，典型数值显然为6和7，然后才是10到12。6个K级中心地在B级环上（多个分裂的B级区位或狭窄体系中的B级替代地），20个标准地位于K级环上，19个在A级环上（大多属达到较高水平的G级体系）；27个K级中心地具有其他位置。23个依照交通原则分布，8 个中心地位置不确定。在此，以市场定位和以交通定位几乎保持着均衡。

还有 64 个 A 级中心地，其中心性为 2 到 4(大多为 3)，139 个 M 级中心地，其中心性为 1 到 2，和 138 个 H 级中心地。

在包括霍赫莱茵在内的斯特拉斯堡 L 级体系中，德国地区中心地各类型的数量的级数为标准 2/3 体系为：

0∶5∶11∶21∶58∶64∶138∶138；

1∶1∶4∶12∶36∶108∶324。

P 级和 G 级中心地数几乎是标准图式中的 3 倍，B 级中心地数几乎是 2 倍，K 级中心地数几乎是 1½倍，但 A 级中心地数仅达到标准数字的 2/3，M 级和 H 级中心地加在一起尚不完全符合标准。

关于中心地的地理分布，中心性较高的中心地主要位于上莱茵低地的边缘地带，19 个中心地中就有 10 个是这种位置，位于莱茵河边的仅有 3 个，同时位于莱茵河边和山区边缘的有 1 个。密集仅发生在边缘地带，在平原和山区分布则非常均匀。B 级中心地在萨尔地区特别众多(在一个 G 级体系里就有 10 个 B 级中心地，而标准数为 6 个)，而在山区边缘地带则相反，罗特林根、黑林山区、奥本瓦尔特和韦斯特里赫的 B 级中心地比较缺乏。然而在这些地区，特别是黑林山地区，K 级中心地却很多，还有萨尔地区也如此。A 级中心地大部分分布在穿行于山区的较大河流，高莱茵河和内卡河下游旁，而在萨尔地却极少。M 级中心地主要集中在普法尔茨东北部，中等中心性地区严重萎缩，这是一个不大富庶的农业地区。

以市场定位和以交通定位几乎保持均衡状态，以交通定位主要见于那些因地理形态使其特别有利的地方，斯特拉斯堡 L 级体系中这种情况就多于其他被观察过的南德 L 级体系：在东西方与平原接壤的山区的边缘地带（福格森朗特例外，因为这里是市场原则占优势），在萨尔河与其支流以及高莱茵河的河谷，以及在莱茵河的低地段，但在内卡河和黑林山—金齐希赫影响的程度较低。另外，在较小的山谷地区却是以市场定位占优势，只有奎希塔尔例外。中心地位置被分割的情况很多，这肯定是中世纪领土割据的后果。在统一的斯特拉斯堡主教管区、莱茵法尔茨、普法尔茨—茨韦布吕肯、巴登北部和布鲁斯高厄斯的边境总督辖区，这种情况则甚为罕见。

第五章　法兰克福L级体系

1. 基本事实

(1)法兰克福L级体系的特殊地位

面对地图，人们就可以对上莱茵低地尾部，美因河汇入莱茵河的河口地带发表下述意见(从本文至此的论述看，几乎想说这里的情况真是个例外)：这里是一个具有高级重要性城市的天造地设的地方。纽伦堡、慕尼黑和斯图加特的位置并不完全决定一个城市的L级重要性，同理，从地理学角度也许有更多的理由说明施韦恩富特、雷根斯堡和康斯坦茨的位置是适于这样一些城市的地点，或许还有乌尔姆、罗森海姆和班贝克。无论如何必须有3个L级城市的数目才能是以为黑林山林、图林根林地、波希米尔山林和阿尔卑斯之间的整个地区提供L级中心商品。其商品范围根据经验确定，最高为186公里，最低108公里。斯特拉斯堡的位置可视为无可争辩的L级位置，因为它是这个边界分明，并且有多重阻碍性自然疆界地区的中心。当然，拉施塔特和卡尔斯鲁厄周围地区更准确地位于上莱茵低地的中心位置上，如果假定该地区是从巴塞尔一直延伸到弗里德贝格—巴特瑙海姆的话。但是，“处于中心位置”已不再是对区位的纯地理评价了，而是经济学的评价，因为这里是从本地区居民的利益观念出发的，即该地区全体居民通往中心点的路途是最短的。

单纯从法兰克福的位置（或者美因茨，实际上同样）就可以说，地理状况导致这里必然发展一个重要的城市。在这个位置上找到了一个中心地网络的基本固定点，这同它出现在中欧，也许是在汉堡和维也纳，或在雷根斯堡的情况相似。这就是从一开始就给定的法兰克福—美因茨 L 级中心地的位置；然而由此而得出一个施韦恩富特 L 级中心地是不可思议的。因为靠近法兰克福，在人口密度和从业状况等的正常条件下，如果不是因作为恩宠的国都而强以为是（即是如此也是成问题的），它不可能达到 L 级重要性，因为距离法兰克福 186 公里处本来有一个地方（例如纽伦堡精确距离 186 公里）具有较为有利的发展机会。由此也决定了，比如雷根斯堡这个地方尽管其优越的地理位置但与纽伦堡相比成为 L 级中心地的希望较小。以法兰克福—美因茨的位置来看最终也确定了——以相应的政治现状为前提——卡尔斯鲁厄从不可能成为上莱茵地区的 L 级中心地，也没有其他城市比斯特拉斯堡更有此可能，这是因为它不仅距离法兰克福正好 186 公里，而且具有 L 级中心标准的 108 公里半径，正好一方面到达巴塞尔，另一方面到达曼海姆，P 级中心地理论上必定在这样的一些区位上构成。

上述议论是作为引论，为了充分展示法兰克福 L 级体系作为一个本质意义上的系统的重要性。在这个地区中部南德、西德和中德三个概念互相混杂，对此不要产生混乱。相反我们知道，在这三个地区概念（或用我们一贯的术语“体系”）互相叠合地方，一个相应级别的中心地理论上的位置已给定。如果将南德、西德和中德视为不同的体系，其各中心则具有高于L级重要性的重要性，也即国家级中心的重要性(RT级重要性)，那么，在这个三个RT级体系相叠合的位置上必然有一个L级中心地。从而又在理论上表明。法兰克福地区内存在一个L级中心地的必要性。还表明了中心地列属的不确切性；应将法兰克福构成的L级体系列入西德、南德还是中德呢？位于兰特吕肯和伏格尔斯贝格北部的部分可以列属中德，而待L级体系的主要部分列入南德或西德都是可以的。这里我们按照德国地理惯例的模式，将其列入南德，其余部分也起码予以粗略地考虑，以阐明整个L级体系的结构特征。

(2)L级中心

与纽伦堡和斯特拉斯堡一样，法兰克福缺少州首府的特征，从而使其中心性引人注目地降低了。它的中心性指数是2 060，低于慕尼黑的2 825，后者比前高出约37.5%。而慕尼黑的居民数是747 200，比法兰克福的全体居民数688 000仅高出8%。

有理由将维斯巴登、美茵茨、达姆施塔特和哈瑙的数字列入法兰克福的数字。实际上法兰克福的L级职能已分散到这些城市中：维斯巴登作为从前的都城是地方和退休人员的城市，美因茨由于其交通系统和贸易职能是分支中心，达姆施塔特作为法兰克福L级体系所占据地区的一大部分地方的州首府，并是高等技术学校的所在地。如果我们把上述城市的数字加入到法兰克福的数字中，可得居民数为1 151 600，中心性为2 748，比慕尼黑在人口数量上远远超出。在中心性上接近。我们再来作一个电话线路绝对数字的比较:法兰克福城市集合体拥有 63 890 条,慕尼黑有 50 290 条;一条线路上有居民:法兰克福 18 个,慕尼黑 15 个。总体说来,在慕尼黑,中心设施相对多于法兰克福城市集合体。此外,法兰克福和美茵茨的强烈的大工业特征部分地在这些数字中表现出来,即居民数高;相反,中心性则较低。

(3)L 级连线距离

法兰克福这里的相邻 L 级体系比其他 L 级中心的体系要多,是基于其明确地位于 RT 级体系之间的 L 级体系这种特殊位置。从纯粹理论的角度看这当然是错误的,因为根据几何模式并不存在这种特殊位置。直接同法兰克福 L 级体系相连的体系有:科隆、汉诺威、莱比锡、纽伦堡和斯特拉斯堡 L 级体系;这里的斯图加特 L 级体系并不完全与之接壤,尽管斯图加特距法兰克福的距离在所有 L 级中心地中是最近的(150 公里)。但至少还有一个西面的 L 级体系对于法兰克福体系中心地的分布有影响,它既不是南锡也不是布鲁塞尔 L 级体系,而是巴黎 L 级体系,虽然它距法兰克福有 475 公里之遥,但其影响很大。这里应该注意到的是,在法国典型的间距同我们这里情况完全不同,尤其是巴黎,其商品范围非常广大,实际上其作用一直延伸到了卢森堡和南锡。法兰克福的上述 L 级中心的距离为:斯图加特和科隆各为 150 公里,纽伦堡和斯特拉斯堡各为 185 公里(标准距离),汉诺威 250 公里,莱比锡 295 公里,巴黎 475 公里。

自法兰克福引出的 L 级方向线分别朝向这些 L 级中心,我们设想这一共是 7 条。我们将法兰克福周围的空间分为均匀的扇

形，在不受较大山脉如阿尔卑斯影响的情况下依然是如此。扇形的夹角约在最小为40度（斯特拉斯堡—法兰克福—斯图加特）、最大65度（科隆—法兰克福—汉诺威）之间。

(4)P级中心地

法兰克福L级体系在南德L级体系中非常独特，在法兰克福G级体系的B环上，根本不是36公里的距离内，而是在32或28公里的距离内就分布着3个具有B级重要性的地方，而且重要的还在于，它们具有明显的P级职能。这三个地方是维斯巴登、美因茨和达姆施塔特。毫无疑问，法兰克福L级体系南部对P级中心地商品的全部需求因此而得到充分满足。这样一来只是在较远的北部地方才又有一个较大城市：卡瑟尔。这个城市位于汉诺威L级方向线，与标准模式的市场原则相悖；然而因为卡瑟尔与下列具有同等级或较高级重要性的城市的距离甚是相当：同汉诺威和埃尔富特各距115公里，同法兰克福、多特蒙德和明斯特各为145公里。所以即使如此它依然有一个无可争议的，向各方均匀延伸的地区作为它的P级商品的销售区。

莱比锡L级方向线上，P级中心地埃尔富特（虽距法兰克福190公里）位于根据规则应是L级中心地所在的环上。奇特的状况是，绕莱比锡的正常P级环上，存在一个P级中心地埃尔富特（较准确的距离为100公里），而绕法兰克福的P级环上却没有P级中心地；对此，在富尔达可以稍稍看出一些苗头，它离法兰克福和埃尔富特各约100公里，距卡塞尔和维尔茨堡稍近。造成上述状况的原因是图林根和富尔达地区的居民密集度与居民结构的差异过大。但无论如何，我们还是将富尔达看做是P级位置代表，于是P级位置则由富尔达和埃尔富特（旁侧还有哥达和魏玛）所分担。

当我们在L级方向线上发现两个P级中心地之后，不要惊奇，还有第三个（维尔茨堡）也在L级方向线上，而且它还是第一个在大约108公里，（精确距离为100公里）的标准距离内的充分发展了的P级中心地。

本体系下一个P级位置在斯特加特和斯特拉斯堡L级方向线之间，由姐妹城市曼海姆（699）和海德堡（178）占据（间隔仅为70公里）。P级中心地达姆施塔特（190）不是这个P级位置的一部分，更确切地说是法兰克福P级位置的分离部分，它也不构成独立的经济意义上的P级体系，而构成特殊的政治意义上的P级体系：黑森人民国家。

斯特拉斯堡—法兰克福—巴黎这个区域的P级位置由萨尔布吕肯（340）占据，与法兰克福的距离为155公里；然而从L级中心伸出的最远部分，即从美茵茨算起则更合适些，那样计算为125公里，这是个与108公里典型距离更相近的数值。在巴黎—法兰克福—科隆区域内的科布伦次是一个P级地方，距法兰克福仅85公里，这和该地与科隆与吉森的距离完全等同，与该地同特里尔的距离接近。

结果：法兰克福L级体系中虽然有7条L级方向线。却只有6个P级位置。卡塞尔兼并了2个P级位置，因而在L级方向线上得到了非常自立和强有力的发展。这6个P级位置中有4个位置完整地由一个地方代表（卡塞尔、维尔茨堡、萨尔布吕肯和科布伦次),两个分为数地(埃尔富特和曼海姆);3 个位于与市场原则相符的 L 级中间方向上,3 个位于 L 级方向线上(卡塞尔、埃尔富特、维尔茨堡);只有一个地方(维尔茨堡)恰好在 108 公里环上,卡塞尔和埃尔富特因与法兰克福的距离遥远而处于范围之外,其他地方的距离略低或略高于标准距离。

P 级中心地对于各 L 级体系的归属问题是根据这些情况来确定的。准确无误地解决卡塞尔的列属问题是不可能的,这是因为 P 级位置卡塞尔未分割地位于卡塞尔,可以说它是占据着两个可以设想到的 P 级位置,此外还因为它同两个可作考虑的 L 级体系汉诺威和法兰克福的距离接近等同。因此还必须借助其他的(地理的或历史的)观点。我们发现,从水文地理学还有区域经济学的观点分析,将卡塞尔列属汉诺威,从历史的和现代的观点列属法兰克福为好。即使如此,这里也难以定论。但是在我们的理论中,却找到了能够解决列属问题的论据:一个 L 级体系的有机构成不仅必需一个 L 级中心地,而且还需要 2 个 P 级中心地,6 个 G 级中心地乃至更多,完全地或部分地因其体系而异。现在,在法兰克福 L 级体系中仅有美茵茨—维斯巴登构成一个相当独立的 P 级体系,对于 L 级体系的内部结构来说。还需要第二个 P 级中心地。无论是在曼海姆、萨尔布吕肯抑或是在科布伦次,这都是可能的,在这些地方,无论如何为斯特拉斯堡和科隆的 L 级体系都提供了充足的 P 级中心地。在我们决定将曼海姆和萨尔布吕肯列属斯特拉斯堡 L 级体系之后,从而也就把卡塞尔(或科布伦次 s. u.)列属于法兰克福 L 级体系了。

其他 P 级中心地的列属几乎不再存在什么问题:很明显,埃尔

富特列属莱比锡,同样,作为 P 级位置代表,富尔达则列属法兰克福;维尔茨堡、曼海姆和萨尔布吕肯的问题已解决,所有以上 P 级中心地在法兰克福体系中都没有特殊的 P 级位置代表。多少有些问题的是科布伦次的列属问题;这里如果再次把美因茨看做为法兰克福 L 级中心的前沿位置,那么,从科布伦次到美因茨的距离就比到科隆的距离明显地要短。根据科隆 L 级体系的历史概念(科布伦次和特里尔作为该体系的一个部分),我们把它列属科隆 L 级体系,至于将卡塞尔或是科布伦次列属法兰克福,这样的抉择只能先搁置一下,最终的决定只有依据对科隆和汉诺威 L 级体系的分析方能作出。

(5)G 级中心地

法兰克福周围 G 级和 P 级中心地密集。哈瑙(63)以 18 公里的距离位于 K 级环上,达姆施塔特(190)以 28 公里,美因茨(206)和维斯巴登(229)各以 32 公里的距离位于 B 级环内,阿莎芬堡(77)正好在法兰克福的 B 级环上。这样就形成了一个附属于法兰克福 G 级体系的诸 G 级体系构成的圈;美因茨和维斯巴登 G 级体系构成一个特殊的有某种独立性的范围,其中心本身构成 P 级体系;达姆施塔特和阿莎芬堡 G 级体系可以列属法兰克福 P 级体系;哈瑙 G 级体系尚未发展,它本来仅被视为法兰克福 G 级体系的前沿位置。如果美因茨和维斯巴登的 G 级体系算作一个共同体系的话,那么由 G 级体系组成的圈,就由 4 个多少有些不够完整的体系构成。法兰克福的整个北部被一个范围广阔,非常独立的吉森(97)G 级体系所占有,它距离法兰克福 55 公里,几乎与正常的 62 公里距离相吻合。在莱茵地区普遍存在着 B 级间距取代 G 级间距的现象。鉴于这种情况，吉森体系不再列属法兰克福 G 级体系圈，作为对此的补偿，弗利特贝格—巴特诺海姆这一对城市(共有中心性 55)，在这里构成了一个附属的 G 级体系。

几乎所有属于这个圈的 G 级、B 级至 P 级中心地都是以交通原则而非市场原则定位。哈瑙朝向富尔达(和 B 级中心地盖尔恩豪森)，阿沙芬堡朝着维尔茨堡方向，达姆施塔特朝着曼海姆方向，美因茨和维斯巴登朝向低级别的 B 级中心地宾根与 G 级中心地克罗伊茨纳赫。由于典型的 G 级商品的范围为 36～62 公里，高于这里大部分为 21 公里的体系范围(在少数边缘地区才达到 36 公里)，因此在这里是中间方向还是正直方向占优势也都无足轻重了。是的，交通原则的竞争性影响对正直方向线有决定性意义。

美因茨和维斯巴登作为紧密相连的 P 级中心地(它们共同中心性达 435)构成一个特别的、依附于法兰克福 P 级体系的 P 级体系，它奇特的不是似扇形展开，而是在特里尔和萨尔布吕肯 G 级体系之间的地域楔形地向前延伸。在这个楔形的方向线上，在科布伦次和萨尔布吕肯的中间方向线上有一个 G 级中心地克罗伊茨纳赫(48)，它和附近的 B 级中心地宾根(31)合起来达到中心性(79)，并同后者构成一个共同的 G 级体系。美因茨—维斯巴登 P 级体系的最外层的前沿位置在奥伯施泰因—伊达尔，这两个地方一起同 A 级地伊达尔—蒂芬施泰因和 M 级中心地基施韦勒共达到中心性为 40，具有 G 级重要性。奥伯施泰因勉强位于克罗伊茨纳赫的 36 公里 B 级环上：尽管它具有 G 级重要性却仅构成一个相当独立的 B 级体系，总之，它还是一个年轻的体系。位于美因茨南部的G级中心地沃尔姆斯(58)本应连同其地区划归曼海姆,因它正好位于曼海姆的K级环上;然而由于它本来毋庸争议的作用范围位于莱茵黑森,所以它应属于美因茨—维斯巴登P级体系。最后似应提到美因茨—维斯巴登P级体系范围中的林堡,它可能只具有B级重要性,同邻近的迪茨一起都接近了G级重要性,纵然这样也超不出一个独立的B级体系的等级。

位于法兰克福和卡塞尔P级体系之间的那些或多或少是独立的G级体系,概括起来,可称之为“中间体系”。先来看吉森,它具有中心性97,同凯撒斯劳滕或者海尔布隆处于同等级别并且同这些城市一样具有接近P级重要性的级别。这样高的中心性对于吉森来说是可以理解的,这是因为在法兰克福和卡塞尔、锡根、科布伦茨和富尔达之间缺少一个重要城市,而下一个P级中心地卡塞尔与北面方向线上的法兰克福距离又很遥远,此外吉森还有作为大学城的特性。这样,G级体系具有充分的延伸可能性;在12公里的A级距离内的韦茨拉尔和大约在21公里的K级距离内的马尔堡仅可能构成辅助或附属体系;所有这3个地方一起可能获得P级重要性,正因为如此,我们有根据在它们中间找到一个卡塞尔的分离的P级位置代表。划分从属关系主要受到政治和历史因素的制约:马尔堡属于黑森—卡塞尔,吉森属于黑森—达姆施塔特,韦次拉尔属于莱茵兰登;这是分离原则效用的一个出色的例证。此外值得注意的是,吉森—锡根的55公里距离恰好同吉森到法兰克福的距离一致,并且大致符合典型的G级地间距;吉森—富尔达的间距也近似。

同样,在富尔达找到了一个埃尔富特的P级位置代表;它正处于法兰克福—埃尔富特方向线中段的十分有意义的位置已被提及。富尔达—吉森和富尔达—梅宁根的距离约为 62 公里，接近 G 级间隔。

法兰克福 L 级体系的北面缺少较高中心性的地方，事实上不只有卡塞尔，也许还有埃施韦格。卡塞尔 G 级体系在凯勒林山不得已而恰好和马尔堡 G 级体系接壤，接点的西北面和东南面是广阔地区，它既不属于卡塞尔 G 级体系，也不属于马尔堡 G 级体系或其他 G 级中心地，在这个地区连具有较高重要性的辅助地也找不到。与理论模式一致的具有较高重要性的地点(为本地区完全地提供 G 级范围中心商品)大致由卡伦阿斯滕贝格和克尼尔山脉来表示，这两者都是狭长地区，几无可能作为重要性较大的城市。

环绕卡塞尔的 G 级体系的圈现在是哪一个呢？在科隆和法兰克福中间方向线是马尔堡，却更多的属于具有替代意义的吉森 P 级体系；法兰克福和埃尔富特中间方向线上有一个构成相当好的黑尔斯费尔特 B 级体系填补着富尔达和卡塞尔 G 级体系之间的空隙，黑尔斯费尔特可能具有较高的 B 级重要性，埃尔富特方向线上只有一个正在发展的一个弱小 G 级体系的埃施韦格，然后还有诺德豪森和汉诺威的中间方向线上的格廷根具有充分的 G 级重要性。帕德博恩在汉诺威和明斯特中间方向线上，最后是阿恩斯贝格在多特蒙德方向线上。于是存在着一个完整的由 6 个 G 级体系构成的圈，它主要是按市场原则定位的。恰恰是后面的状况要予以强调，这是因为在南部黑森如我们所见是交通原则定位占有优势。这里起作用的是不同的人口密度。这个圈内只有马尔堡、卡塞尔、黑尔斯费尔特和埃施韦格体系列属法兰克福 L 级体系,也只有后三个列属卡塞尔 P 级体系。

2. 各 G 级体系的分析

(1)法兰克福 P 级体系

法兰克福 G 级体系明显地延伸至较重要的地方:P 级中心地维斯巴登,P 级中心地美因茨,B 级中心地大格劳(14),P 级中心地达姆施塔特,G 级中心地阿沙芬堡,B 级中心地盖尔恩豪森和 B 级孪生地弗利特贝格(25)以及巴特诺伊海姆(30)。但这却是 6 个 B 级位置。根据理论它们应位于 G 级和 L 级中间方向线,然后它们当中有 5 个在 L 级方向线上,交通原则占明显优势。科隆 L 级方向线未被占据,代之以位于 K 级环上的 B 级中心地科尼希施泰因(14)。应该强调的是弗里德贝格和巴特瑙海姆。弗里德贝格是正在形成一个结构良好的 B 级体系的中心地,紧挨着它的,是昂贵的浴场地巴特诺伊海姆,作为生活昂贵的浴场地它不能构成体系。

因为 B 级环在多处相当靠近 21 公里 K 级环,所以后者鲜为中心地占据。正好位于其上的只有 K 级中心地塞利根施塔特(5)和 K级中心地吕瑟尔斯海姆(5);后一个中心地具有较高的重要性的原因首先考虑到它是欧佩尔汽车厂所在之处。而向美因茨和大格劳方向推移的位置可以解释,为什么它能获得这种中心重要性,以及为什么它能够成为一个重要工业设施的所在地。罕见的是,在距离法兰克福约 17 公里的一个环上有一连串重要的地方:K 级中心地霍夫海姆(4),B 级中心地科尼希施泰因(14,靠近

K级环)、B级中心地洪堡(22),G级中心地哈瑙(63)和K级中心地朗根(9),都是交通原则定位占优势,唯有巴特霍姆堡表面看来似乎例外,然而它却还是朝向县首府K级中心地乌辛根(7),位于B级环上。

如前所说,这种情况是罕见的,即在17公里环上有这么多重要的中心地,而不是在正常的21公里环上,这个实际情况说明,如果考虑到B级中心地也不在36公里,而是均匀地位于距离约29公里的环上的话,在这两种情况下,中心地至K级环和中心至B级环的距离之间数学上呈现一个正确的比例关系$1:\sqrt{3}$。与此相应,标准12公里距离的A级内环必须缩小;表现在事实上,则是那些算入法兰克福集合体的地方:赫希斯特、菲尔伯尔、奥芬巴赫和新伊森堡,它们都在距法兰克福中心的5和9公里之间的距离上。

沿陶努斯山地各A级中心地的位置不确定,如克隆贝格,巴特索登,凯尔克海姆和埃普施泰因,这些中心地都被作为法兰克福住宅或工业性外围地区(如凯尔克海姆的家具工业)。在第一个A级外环上有:A级中心地尼登豪森、A级中心地施米滕、A级中心地阿尔滕施塔特、K级中心地阿尔策瑙(6)和A级中心地巴登豪森,大部分随便提一下,特别突出的是后两个地方,位于B级环中心地的中间方向线上;当K级环的中心地大部分位于B级中心地的正方向线上,在边缘涉及稍重要地方的位置,市场原则重新占有优势。

我们认为,哈瑙的作用是作为法兰克福的前沿,它所承担的任务主要是为肯策西谷地尽可能远地提供G级范围的商品。这使它以36公里供应半径达到了A级中心地萨尔明斯特—苏登,距富尔达中心36公里的半径也正好到这里,正因为如此,哈瑙才可能如此靠近法兰克福,而不是在盖尔恩豪森所在的位置上。实际上,富尔达G级体系不过只伸展到了B级中心地施吕希滕(13)。这样看来,盖尔恩豪森(施吕希滕大致位于其36公里环上)也许应是G级地合乎逻辑的位置,但哈瑙却是新近建立起来的,它破坏了过去比较重要的盖尔恩豪森的较远的体系。当然,哈瑙在体系中的位置并非不利,相当精确地在其21公里K级环上坐落着B级中心地弗里德贝格,K级中心地比丁根(9),B级中心地盖尔恩豪森(17)和G级中心地阿沙芬堡。盖尔恩豪森总还是构成了一个相对独立的B级体系,其K级环由K级中心地奥滕贝格(5)、A级中心地比尔施泰因(4)和A级中心地施泰瑙等中心地标志。在这个B级体系的12公里A级环上有K级中心地比宁根,A级中心地萨尔明斯特—苏登和K级中心地巴特奥尔布(5)。

在达姆施塔特和阿沙芬堡G级体系中,中心呈带状展开,引人注目,这种现象部分地取决于奥登林山的南北向平行延伸的边缘和凹地的地表特征:山脉通道盖斯普伦茨—韦施尼茨山谷,米姆林山谷,美因山谷。但尽管如此,达姆施塔特体系的构成还是相当规则的。K级环上首先是在充足间隔上的法兰克福,然后剩余的是一个非常规则的半圆,上面有K级中心地大乌姆施塔特(6),K级中心地赖谢尔斯海姆(4),B级中心地本斯海姆(21),K级双中心地奥彭海姆和尼尔施泰因(11和10)以及K级中心地吕塞尔海姆;本斯海姆(最重要的中心地)和赖谢尔斯海姆例外,都在精确的中间方向线上,但实际上乘火车从达姆施塔特出发要很费事地绕过位于K级中间方向线上的A级环中心地才能到达,这些中心地当然全部具有K级或更高级的重要性。在绕达姆施塔特36公里环上有P级中心地美因茨—维斯巴登，G级中心地沃尔姆斯，B级中心地魏恩海姆，两个K级中心地米歇尔施塔特和埃尔巴赫(10和8)，它们合起来具有重要的B级职能，最后还有G级中心地阿沙芬堡和G级中心地哈瑙。只有沃尔姆斯，魏恩海姆和米歇尔施塔特与达姆施塔特关系更为密切。

达姆施塔特A级内环上非常明确地分布着B级中心地大格劳(14)、K级中心地朗根(9)、K级中心地迪堡(6)、K级中心地莱茵海姆(4)和A级中心地尤根海姆。尤根海姆是一个光秃秃的村庄，它的中心性(尽管它只位于铁路支线上)竟超过了茨文根贝格市，其原因最主要的是，尤根海姆位于达姆施塔特和本斯海姆的12公里K级环上。空着的M级位置由邻近达姆施塔特的A级中心地普丰施塔特，埃伯施塔特和上拉姆施塔特占据。其余的A级中心地和K级中心地中有6个位于第一个A级外环上，只有3个位置不明确。应值得注意的是本斯海姆同邻近的A级中心地奥尔巴赫和K级中心地黑彭海姆共有中心性31，即接近G级重要性。如果我们进一步分析这一系列中心地其规则的间隔引人注目，它们各自都是相当精确的12公里；从埃尔巴赫到K级中心地贝尔费尔登(7)以及由那里到K级中心地埃伯巴赫的距离也大致如一，而且其距离还是横越山脉的。

阿沙芬堡G级体系的B环由G级中心地哈瑙、B级中心地盖尔恩豪森、B级中心地洛尔、B级中心地韦尔特海姆、B级中心地米尔顿贝格(16)和P级中心地达姆施塔特等地组成。尽管只有不多的几个中心地如米尔滕贝格，还有洛尔列属于本体系，这个B级环

的结构应该说是很好的。K级环只在南部和西部能够看得出,在东部由于有施佩萨特山,在北部由于受肯策西谷地的走向影响而接近B环,因此K级环不在这两个方向上不可能完整的发展;K级环上有K级中心地大乌姆施塔特、K级中心地赫希斯特和K级中心地克林根贝格(5)。A级内环完整地由A级中心地舍尔克里彭,K级中心地阿尔策瑙(6),K级中心地塞里根施塔特(5),A级中心地巴本豪森和A级中心地小瓦尔施塔特所占据。A级中心地阿默尔巴赫位于相对独立的米尔顿贝格B级体系的A级环上,属于其K级环的中心地有韦尔特海姆,哈尔特海姆、布痕、埃尔巴赫、霍希斯特和小瓦尔施塔特;所占位置非常均匀。

(2)美因茨—维斯巴登P级体系

离L级中心那么近的中心地竟存在着两个这么重要的P级中心地美因茨和维斯巴登,我们的理解是该两地应被视为是法兰克福L级体系的L级职能分担者。美因河和莱茵河交汇处的美因茨的特别有利的地理位置本身还不足以说明这个城市的重要性,同样重要的河口位置也有较低重要性的城市占据的情况,例如科布伦茨和伯绍的位置。再如萨勒河汇入易北河的河口地区甚至未被占据。如果特别强调低地河流进入山峡处的意义有利于城市位置,那么,宾根的位置应该算是更为显而易见的。而两种地理条件同时存在,这无论如何都是具有相当重大意义的。维斯巴登的情况与此近似:单纯作为世界性浴场,这一特点尚不足以促其具有P级重要性,具有相同声誉的其他浴场如巴登—巴登、卡尔斯巴特等就没有超过G级重要性。这两种情况中,高等级的重要性只能理解为是对 L 级职能的分担的结果。

与此相应的是，美因茨—维斯巴登 P 级体系多被认为是法兰克福 P 级体系向西的延伸，它具有很大的独立性。这种情况是由共同 B 级环的清楚的构造得出结论：北部有 B 级中心地利姆堡（与迪次共有 G 级重要性），在 G 级中间方向线上是科布伦茨和吉森，然后有 K 级中心地圣格阿（7）和 K 级中心地圣格阿斯豪森（中心性 8，两地共有 15，B 级重要性），再转个方向，有 G 级中心地克洛伊次纳赫，B 级中心地阿尔蔡（15）G 级中间方向线上的凯撒斯劳滕和曼海姆，最后是 G 级中心地沃尔姆斯（58），作为东北部的一是 K 级中心地乌辛根。尽管所有地表形态都很突出，这里依然表现出明显的规律性。

K 级环的构成不太有利，与中心的距离变化相当大；K 级中心地伊德施泰因（8）和 K 级中心地卡姆贝格（5），A 级中心地米歇尔巴赫，B 级中心地吕德斯海姆（15）和 B 级中心地宾根（31），A 级中心地沃尔施塔特都位于 B 级中间方向线上；交通原则定位的只有 K 级中心地奥彭海姆和 K 级中心地尼尔施泰因（中心性分别为 11 和 10，共同具有 21 及 B 级重要性）以及 B 级中心地大格劳。A 级内环的中心地有：A 级中心地尼登豪森、K 级中心地巴特施瓦尔巴赫（10）和 K 级中心地埃尔特维勒（12）；值得注意的是，在莱茵高一线中心地中最重要的中心地埃尔特维勒和吕得斯海姆正好位于 12 公里和 21 公里的环上。围绕美因茨的 A 级环由 K 级中心地英格尔海姆（9）、A 级中心地下奥尔姆和 K 级中心地吕塞尔斯海姆（5）占据。

现在轮到讨论相当狭窄的沃尔姆斯 G 级体系，它事实上没有超出 K 级环，这个 K 级环在人口密集的葡萄种植地，如所期望的那样，主要由 B 级或更高级别的地方占据。在北部 K 级环上有奥彭海姆—尼尔施泰因，在东部有 B 级中心地本斯海姆，在南部是 P 级中心地曼海姆，西南部是 B 级中心地格林施塔特(15)，最后在西北部有 B 级中心地阿尔蔡(15)，大多是交通原则定位的并且间距变幻不定。非常有特点的则是 12 公里的 A 级环，它同样由 5 个地方占据，然而全部是市场原则定位的，这 5 个中心地是 A 级中心地奥斯特霍芬、A 级中心地比布利施、A 级中心地拉姆培尔特海姆、K 级中心地弗兰肯塔尔和 A 级中心地蒙斯海姆。在阿尔蔡—格林施塔特—罗肯豪森的三角形中心是 K 级中心地基希海姆博兰登(11)。36 公里环上的中心地分布很有规律，这在最老的一些体系中是很常见的。

克罗伊茨纳赫和宾根的共同 G 级体系附属于美因茨—维斯巴登体系，然而克罗伊次纳赫位于美因茨的 B 级环上，而宾根邻近地位于美因茨的 K 级环上。本体系的 B 级环是由下述中心地组成的多角形结构确定的，这些中心地是圣戈阿—圣戈阿斯豪森(共有中心性 15，B 级重要性)、与锡门相抗衡的 K 级中心地卡斯特劳恩(7)、奥伯施泰因—伊达(共有中心性 40，G 级重要性)；在南部和西部，这个环的中心地被近在咫尺的凯撒斯劳滕和沃尔姆斯的 G 级体系挤到 K 级环上，如 K 级中心地罗肯豪森(7)和 B 级中心地阿尔蔡。卡斯特劳恩和奥伯施泰因具有明显的 G 级中间方向线，其他地方相反位于 G 级方向线。宾根—克罗伊茨纳赫 K 级环的其他中心地(K 级中心地迈森海姆(8)例外)在位置和范围方面与理论模式并不完全吻合。在克罗伊茨纳赫 A 级内环上首先是宾根本身,然后有K级中心地施特龙贝格(4);A级中心地上莫舍尔正好在12公里环上,明确地位于罗克豪森和迈森海姆的中间方向线上,阿尔森茨旁的一个小山谷内,正确地符合市场原则。相反,车站所在的阿尔森茨却仅具M级重要性。

宾根—克罗伊茨纳赫G级体系的A级外环不大清楚。偏僻的位于洪斯吕克山脉高地的锡门(10)构成一个完美的K级体系,其A级环由K级中心地卡斯特劳恩、M级中心地普法尔茨费尔德、A级中心地莱茵伯伦、A级中心地格明登和K级中心地基希贝格清晰构成;第6个A级中心地由于松林山的缘故失去;中心职能主要由K级中心地和A级中心地兼承,M级中心地几乎完全缺乏。莱茵河滨城市位置表面看来好像纯粹是游戏,非常有意思。宾根—吕德斯海姆和圣戈阿—圣戈阿斯豪森成双地构成桥头城市,除此而外,中心地一般总是一会儿在河此岸,忽而又顺流而下位于彼岸这样交替变动,如A级中心地阿斯曼斯豪森在右岸,M级中心地特雷希廷豪森在左岸,A级中心地洛尔希(4)在右岸,K级中心地巴哈拉赫(6)在左岸,A级中心地考布(4)在右岸,A级中心地上韦瑟尔(4)在左岸,不仅仅是受到两侧小山谷入口的影响,因为还有几个谷口是空缺的;桥头地的交通原则除了在两个终点得以实现外,在沿线其他地方均未得以体现。

奥伯施泰因—伊达具有一个相对独立的B级体系,它依附于克罗伊茨纳赫G级体系。其K级环由K级中心地劳特埃肯和K级中心地库瑟尔精确地标志出来,纳入其中的还有M级中心地蒂基斯米勒,它快速地作为重要的车站地而获得中心地的重要性;K级中心地索伯恩海姆位置稍欠精确,随后A级中心地格明登位置

又正常了。A 级环均匀发展，有 3 个 K 级中心地：比肯费尔德(6)，以及同样偏离交通线的鲍姆霍尔德(8)和基恩(9)，还有两个 M 级中心地肯普费尔德和锡恩，这两地本来应为 A 级地。

林堡(B 级或已成为 G 级中心地)具有一个相对独立的 B 级体系，尽管它本身正好位于维斯巴登、科布伦茨和韦茨拉尔的 B 级环上。其 K 级环上有 K 级中心地伊德施泰因、A 级中心地米歇尔巴赫、拿骚和蒙塔鲍尔，这些都在中间方向线上，此外还有韦斯特堡和魏尔堡在正直方向线上。这个体系最好归维斯巴登 P 级体系及法兰克福 L 级体系，因为同莱茵和藻厄兰体系的接触在韦斯特瓦尔特被隔断。

(3)中间体系

结构强大的吉森 G 级体系和它的韦茨拉尔辅助体系以及依附的马尔堡 G 级体系仅仅部分地属于这里阐述的南德的范围。36 公里环的 B 级位置由 B 级中心地弗里德贝格和 B 级中心地巴特瑙海姆，B 级中心地魏尔堡，B 级中心地迪伦堡及海格占据，所有这些中心地都在后面重要中心地的方向线上；B 级中心地比登科普夫具有中间方向，B 级中心地阿尔斯费尔德同样(距离稍高于 36 公里)；第 6 个 B 级位置由 K 级中心地绍滕(8)，K 级中心地尼达(7)和 K 级中心地奥尔滕贝格(5)共同代表，在纯粹的 K 级中心地中分解了。由此而使吉森和盖尔恩豪森之间 K 级中心地数量不同寻常地高的现象得到部分地解释，这就像沿着一条大路一样，密集的依次排列着 5 个 K 级中心地，所有中心地都在典型的 7 公里 M 级间距内(利希—洪根，尼达—奥尔滕贝格，还有洪根—劳巴赫)或者在典型的 12 公里 A 级间距内(吉森—利希,比丁根—盖尔恩豪森,同样还有尼达—绍滕,奥尔滕贝格—盖登,利希—布茨巴赫,布茨巴赫—弗里德贝格等)。这里所谈的还不是那一条公路上的“里程地”①,而是该地区中心地的供应区域的较独特的划分方法。在这里,具有 K 级职能的中心地被以交通原则串联起来,这就如通常情况下在河谷地区的状况一样。

围绕吉森的 K 级环上,除 K 级中心地洪根(5)外,还有巴特瑙海姆、布劳恩费尔斯、格林贝格,大约还有马尔堡。A 级内环上有韦茨拉尔,工业化的 K 级中心地布茨巴赫(12),K 级中心地利希(5)和洛拉尔。方向线几乎完全是交通原则定位的。

韦茨拉尔辅助体系的 K 级环上有黑博恩、魏尔堡和布茨巴赫。

马尔堡 G 级体系中,B 级环的间距主要是约为 28 公里的大间隔,在拉斯弗、弗兰肯贝格、格明登、诺伊施塔特都是这样;在特赖萨—齐根海恩扩展到 36 公里,而奥姆河畔的比登科普夫和霍姆堡却在 21 公里环上。

相对孤立的富尔达 G 级体系表明,在其 36 公里环内 B 级中心地阿尔斯费尔德和 B 级中心地海尔斯费尔德的位置非常精确;在南面我们可以设置一个由 K 级中心地比绍夫斯海姆、B 级中心地施吕希滕(13)和 K 级中心地布吕克瑙(12)组成的环,间隔仅在 27 公里左右;这两个环之间是 A 级中心地施泰布弗里茨。K 级环上主要是劳特巴赫和盖斯费尔德。

① 出处参阅关于 E. 施提德的注释。

(4) 卡塞尔 P 级体系

我们将放弃对卡塞尔 P 级体系的研究，因为这超出了本书的范围。

3. 结果

以下是对法兰克福 L 级体系的研究的概括。

法兰克福 L 级体系的构成仅分为两个充分发展和一个部分发展的 P 级体系，即法兰克福和卡塞尔以及美因茨—维斯巴登。法兰克福 L 级中心地具有中心性约 2 000，卡塞尔为 350，美因茨—维斯巴登共有 450。吉森（富尔达亦稍有类似之处）表现出初步发展为 P 级体系的形势，因此吉森具有中心性 100。法兰克福、卡塞尔和吉森的 G 级体系都是得到充分发展的，尽管局部地受到某些干扰；美因茨—维斯巴登 G 级体系的结构发展强大，其趋向法兰克福的那一部分是例外。其余的 G 级体系有 4 个：达姆施塔特、阿沙芬堡、克罗伊茨纳赫和富尔达，发展非常好，虽然有些部分很狭窄；这里，还要提出马尔堡。沃尔姆斯、奥伯施泰因和埃施韦格构成的体系非常小，仅为 B 级体系。哈瑙在盖尔恩豪森的一个旧体系之上形成了一个不完全发展的 G 级体系，它今天仅被视为法兰克福的前沿。构成 G 级体系的中心地（其中还要算入 P 级中心地达姆施塔特）的中心性有相当的差异：达姆施塔特为 190、吉森 100、阿沙芬堡 80、哈瑙和沃尔姆斯 60、克罗伊茨纳赫 50（与宾根共有 80）、奥伯施泰因—伊达 40。中心性 60 往往被视为是典型的，

弗里德贝格—巴特瑙海姆合在一起也达到了这一数字。中心性的高低与补充地区的规模、人口以及发展的程度比例协调。引人注目的是，在这里缺少其他体系中频繁出现的 30 左右的临界数值。

法兰克福 L 级体系中有 3 个较大的狭长地区，它们不分担 G 级范围中心商品的供应：(1)韦斯特林山，在这里形成了相对独立的利姆堡—迪茨 B 级体系；(2)富尔达和克尼尔山脉的中部地区，它由同样具有较高重要性的 B 级中心地海尔斯费尔特供应；(3)瓦尔特埃克和卡勒尔阿斯滕贝格(科尔巴赫在这里起着相似的作用)，这里还长期保持着一个独立的小公国的形象，即瓦尔特埃克，它大致与科尔巴赫的一个类似的 B 级体系相似。

在法兰克福 L 级体系属于南德并经本书讨论的这一部分(其面积约为整个体系的一半，人口却占总数的¾)中，有 12 个 B 级中心地；还要加上 5 个具有 B 级意义的 K 级中心地集合体：绍滕—尼达—奥滕贝格，埃尔巴赫—米歇尔施塔特，奥彭海姆—尼尔施泰因，圣戈阿—圣戈阿斯豪森和迈森海姆—劳特埃肯，除去特殊情形(即作为 B 级构成体系的)：巴特瑙海姆，科尼希施泰因和巴特洪堡，吕德斯海姆和宾根充实其 B 级体系，这样一共有 13 个 B 级中心地。B 级中心地的中心性(除去具有 G 级职能的宾根)在 13 到 25 之间。典型值为 14～15 和 21。这 17 个地方有 5 次位于 B 级环，8 次位于 K 级环，1 次在 3 个发展充分的 G 级体系(法兰克福，美因茨—维斯巴登，吉森)的 A 级环上；4 次位于 B 级环，8 次位于 K 级环，1 次位于 5 个发展不充分的 G 级体系的 A 级环上；B 级环存在的最有利的条件因而非常明显，它是发展充分以及尚不充分的 G 级体系的 K 级环上。8 次根据市场原则定位，而且大部分位于偏僻的山区狭长地带，7次根据交通原则定位，主要在交通便利居住密集的部分，4次方位不确定，也就是说，是相互交错的。

法兰克福L级体系经详细研究了的这一部分中有47个K级中心地，其中11个属于分离的B级位置，所以事实上有36个K级中心地。它们的中心性在4和12之间，典型值为5、8和12。这47个地方中有7个位于G级体系的B级环，且大部分比较重要，与相邻K级中心地一起发挥着B级职能；14个位于G级和独立的B级体系的K级环，23个位于上述体系的A级环；3个位置不明确。只有18个K级中心地根据市场原则定位，主要在人口稀少的偏僻山区；22个具有交通方位，而且不仅分布在美因、莱茵和肯策西的山谷，也在整个平原地区（韦特劳、达姆施塔特和哈瑙之间的洛特高，莱茵黑森）；7个无确切方位，其中多是分离的B级位置，如尼尔施泰因—奥彭海姆，圣戈阿—圣戈阿斯豪森。由此得出结论：在人口稀少的山区，那些位于K级环并根据市场原则定位的中心地，以及在人口密集的开阔平坦地区，那些位于A级环并根据交通原则定位的中心地，最有希望获得或保持K级重要性。

最后，我们共计有52个A级中心地（一个相当低的数字），中心性多数为3（或4和2），还有114个中心性为1（极少数为2）的M级中心地和121个H级中心地。

从L级中心地开始，各级中心地的数目序列为：

1∶2∶6∶12∶47∶52∶114∶121；

正常情况（在1/2L级体系中）应为：

1∶1∶3∶9∶27∶81∶243。

G 级、B 级和 K 级中心地的数量又比理论模式的数量更大，这种情况通过 A 级中心地的较少数量恰好得到平衡；M 级和 H 级中心地合起来的数量与理论上所期待的 M 级中心地数量相符。

再来看一下中心地的地理分布。G 级和 P 级中心地在莱茵平原的北部大量聚集；虽然莱茵平原仅是法兰克福 L 级体系南部地区的一半大，但 10 个中心地(具有 G 级或更高级重要性)中就有 8 个位于平原或其边缘地带；B 级中心地的分布也相似。相反，K 级中心地在山区边缘地带的出现比在平原出现得更为频繁，突出的是在吉森到盖尔恩豪森沿线上，在美因谷和奥登林山区，在莱茵的狭谷和纳厄河畔。在莱茵黑森和里特地区主要是 A 级中心地，在韦特劳西南是 M 级中心地占优势。另一方面值得注意的是，在施佩萨特、伦山和洪斯吕克山区缺乏 M 级中心地。

根据交通原则确定的方位不仅在谷地(金齐希、美因、莱茵峡谷)，而且在整个平原，如在莱茵黑森、在罗德高、在韦特劳，尤其是在山脚和边缘地带(福格尔斯山、奥登林山、陶努斯)都占统治地位。分离原则经常作用在分割中心地的网络中，主要体现在分割狭窄地区的 K 级和 B 级位置，甚至 P 级和 L 级位置(美因茨—维斯巴登、法兰克福)的情况下；这种分割状况尤其是出现在莱茵峡谷、纳厄和格兰谷、奥登林山区、美因峡谷和韦特劳河谷低地。

第四部分

结　论　篇

第一章　理论的确证

1. 分布规律

我们调查报告中的区域分论部分清楚表明了市场、交通以及分离原则在很大程度上决定了中心地的分布、范围和数量。我们可以把这些原则称之为中心地的分布规律或者叫聚落分布规律，它们基本上并且经常是以惊人的准确性确定了中心地的位置。

所谓中心地的位置符合市场原则，就是说它们都是处于典型的等距离位置上，其方向趋于一较高等级中心地；而且它们都可以分成组，每一个组都拥有一定数量的较低等级的中心地。符合上述状况，几乎可以无例外地判定这里是市场原则在起作用。这一原则的无可争议的适用范围主要是那些面积广大、人烟稀少且相对贫困的农业省区。无论它们原本就是开放的早已有人居住的地方，还是只在近期才有人居住的原来的林区，这一原则对它们都是有效的。这些地区包括：莱茵河以东将近全部的巴伐利亚地区、洛林地区的一部分，以及夹有中山的高原诸如施瓦本山区和弗兰肯山区，还有洪斯吕克山脉和陶努斯山脉地区。所有这些地区都很少或者没有工业化。即使在山区的谷地，市场原则也是比山岳地形条件更为强大的决定因素，例如在巴伐利亚和上普法尔茨森林区以及位于德国中部的勒恩山区的情况就是如此。

如果说中心地的位置符合交通原则，就是说这些中心地是在一个较高等级中心地到另一个较高等级中心地的沿线排列；而且位于这些线上的中心地间距比未位于线上的中心地间距小，中心地数量比一般地区的多，并且很少有典型的由范围大小形成组合的中心地转变为自然组合。在这种情况下可以断定，它们或者是依照交通原则（特别是在平原区和没有自然障碍的边远地区）或者是依照地形条件（特别是河流、山谷和半山区）来确定的。其效果虽然一样，起因却不同。在那些地形条件是决定因素的地方，我们可以说是一种假的交通原则在起作用。即使交通线被迫沿河谷或半山腰而行，在这种情况下我们还不能说是交通优势决定了中心地的分布体系。应该说是自然条件决定交通路线，从而也相应地决定了中心地的位置。按照交通原则分布的中心地，只可能在那些与中心商品供应的合理原则不发生明显冲突的地方，即的确是由于交通趋向所引起的。那些富裕的、人口稠密的工商业地带，当它们位于典型的过渡性地区时更是如此。例如，在莱茵河平原的南部和北部及其边缘地带，还有萨尔地区的情况也是如此；或者在那些由于P级或L级大城镇的存在而建立有（或曾经建立有）强大的长距离交通线的地区。这样，与上述大城镇相邻的中心地，在大城镇的辐射线上以交通原则定位也就可以理解了。在极少数情况下，长距离交通线也在远离大城市的地方决定中心地位置（交通状况可能是现代的也可能是中世纪的）。如在上施瓦本、巴伐利亚西南的阿尔高地区以及上普法尔茨有这种情况。其他各种情况

下，几乎都是中心地位置看来似乎由交通原则决定，而实际上都是由自然条件或假交通原则决定的。这种情况包括内卡河北部山谷的中心地、美因河下游、黑森州的金齐希河和纳厄河的谷地、奥登林山区、阿尔卑斯山区、图林根山区、菲希特尔山以及巴伐利亚阿尔卑斯的北部边缘。

若要从中心地目前分布的图式来找出分离原则的效果是非常困难的，其效果只能通过历史研究来获得证明。任何一个中心地，当它与市场原则的方案相反，其位置不是被一个如理论图式规定的那样规模的中心地占据，而是由两个或更多的较低级别的中心地联合一起占据，多半是分离原则在起作用。只要中心地的整个体系被当前或过去的界线所分割，使至少有一个中心地属于某一政治上独立的地区，这就表明分离原则在这里起着作用。一般地，我们在本书中放弃了对那些历史性叙述的考证，而满足于考察目前的疆界状况。因此，我们可以证明，特别是 P 级中心地和 G 级中心地的分割是取决于分离原则的。巴塞尔—弗赖堡—米尔豪森、林茨—帕绍—布德魏斯、乌尔姆—奥格斯堡和普劳恩—霍夫—埃戈尔都是很好的实例。理论图式中的一些位置在不受分离原则影响的情况下，也有可能被分裂成一些较低级别的中心地；当然，这是当上述三个较高级别中心地形成的三角形比一般的大的情况下，而且这一规定位置又在这一三角区中心，则实际情况就肯定会是这样。这样，分裂成数个中心地，比原一个中心地更能满足市场原则的需要。

在交通原则或者分离原则起作用的情况下，市场原则往往同时也在起作用，例如对于较低级别的中心地的分布，特别是围绕斯特拉斯堡的中心地更明显。

因为市场原则在确定南德中心地的分布时明显起着主要作用,因此一般而言,我们可以说,市场原则是中心地分布基本的和主要的规律。交通原则和分离原则只不过是造成偏差的次要规律,它们只是在一定条件下才能有效运用。就交通原则而论,这些条件包括:(1)对于低等级或高等级的中心地,当其各自的商品都有广阔的市场;(2)如果一条交通线在从前或现代都具有突出的重要性;(3)如果自然条件利于或允许这种交通状况;(4)在中心地网络巩固时期,如果交通在社会生活及经济中扮演着一个重要角色。对分离原则来说,条件包括:(1)如果非经济的社会政治因素大大强于与经济有关的决定因素;(2)特别是在中心地网络已巩固阶段,存在有前述的情形时;(3)如果自然条件利于或允许这种情况。正是由于考虑到这三个原则的共同作用,我们才会对中心地的数量、大小、分布作出全面的解释。

2. 经济对第三类偏差的解释

然而还有许多其他的同中心地数量、范围、分布的理论图式有别的偏差,即不论依据主要分布规律和偏差规律(laws of deviation)还必然产生的偏差。无论是涉及特殊地区的或一般区域的偏差,所有这些偏差都必须由经济理论来阐明。还包括一些由地形等各种自然因素引起的偏差,也必须纳入经济理论的阐述:一个高度重要的自然因素必有经济上的高度重要性(即形成一种区位优势),因此,其必将胜过具有较小经济重要性的不重要的自然因素(造成一种不是很有利的位置)。

这些第三类的偏差可能是地区性的并涉及下述因素：

(1)涉及中心地的范围大小。即整个体系，或许只是体系的一部分或一个环形区，被提到了一个更高一级的水平(在普通富裕且人口众多地区)，或者被降到一个较低一级的水平(在人口稀少且普遍贫困地区)。前者的典型例子即为斯图加特、卡尔斯鲁厄和曼海姆的G级体系、法兰克福G级体系的大部分以及所有这些城市的B级体系，此外还有萨尔布吕肯的G级体系、埃戈尔、霍夫和科堡体系。后一种的典型例子如巴姆贝格和雷根斯堡G级体系、安斯巴赫、魏登和拜罗伊特等B级体系。

(2)涉及中心地各体系之间的距离，即各中心地尽管范围符合标准，但就整个体系而言，被紧缩得很狭窄或被拓宽得很广阔。空间狭窄的情况可能是由中心地相对较小而引起的(例如，兰茨胡特、英戈尔施塔特、拜罗伊特和萨尔堡)，或者由于相邻体系太强大(例如普福尔茨海姆、弗赖堡和达姆施塔特)。空间宽广的情况可能是由于中心地相对都较大(如在慕尼黑、奥格斯堡、纽伦堡、斯特拉斯堡的G级体系中，以及在施特劳宾的B级体系中亦如此)；或者是由于缺乏相邻体系，这会引起对较高等级中心商品需求量的减少(例如，帕绍、萨尔茨堡和因斯布鲁克)。

(3)涉及中心地数量：在人口特别稠密的富裕地区、工业化地区或者葡萄种植地区，G级中心地和P级中心地的数量较高。这些地区包括，含边缘地区的整个上莱茵河低地、符滕堡中心地区、莱茵河右岸的巴伐利亚东北部以及博登湖的周围。缺少G级中心地的富裕地区则有更多的B级中心地(如巴尔、符滕堡东北部以及阿尔卑斯山麓区)；而在更为富裕或者工业化程度更高的地区

(中德、博登湖地区、斯图加特、法兰克福、曼海姆和卡尔斯鲁厄等地的附近)以及缺少G级中心地的重工业地区(萨尔区)则B级中心地就更多了。K级中心地和A级中心地数量较高的地区,是上述地区以及交通便利的山地,尤其是环绕上莱茵河低地的周围地带(黑林山、奥登林山区、弗格尔斯贝格山区和弗格森),或者在孤立的新拓居地地区(上施瓦本、阿尔高和巴伐利亚山林)情况亦如此。M级中心地的数量较高,一部分在有大量的中级和高级中心地的富裕地区(普法尔茨、莱茵黑森、韦特劳、凯撒施图尔,以及上戈伊到施韦恩富特的整个戈伊山林区);另一部分则在特别贫困地区作为中级中心地的替代者(例如,奎珀尔地区的某些部分),在魏斯特里希或上普法尔茨,以及在富裕地区交通不便的地方也是如此(阿尔卑斯山区、黑林山地区东南部)。然而,在下述情况下,中心地的数量极为有限,就G级中心地而言:(a)是当它们处于一个围绕某一大城市外围的农业区时(例如,纽伦堡南部和慕尼黑东部);(b)当B级中心地相应较多时(例如斯图加特L级体系的东北部和西南部、阿尔卑斯山北麓,以及受自然及政治界线严格限制且只允许孤立B级体系存在的地区,即波希米亚林山和阿尔卑斯山区)。就B级中心地而言:这种情况发生在一些贫困地区(例如在上普法尔茨和波希米亚林山的较贫困地区);或者受B级中心地被分割的影响(如雷根斯堡周围地区、莱茵河谷及纳厄河流域);以及在纯粹农业地区中G级中心地较多的情况下(分布密度大),更是如此,如在下巴伐利亚和上普法尔茨;(c)就K级中心地和A级中心地而言,这种情况出现在,诸如北部林山、上普法尔茨林山和奎珀尔惠恩等特别贫困地区;还有人口稀少的茂密森林区,如施佩

萨特、哈尔特以及班贝格和拜罗伊特的周围，此外就是在诸如慕尼黑、雷根斯堡和维尔茨堡等大城市的附近；(d)对 M 级地而言，这种情况出现在诸如黑森的孤立地区、上施瓦本、阿尔高和某种程度上的波西米亚林山等地区；还在诸如萨尔等重工业区和法兰克福、曼海姆和霍夫等的大工业地区，特别在诸如明辛根山脉北部林山和中部的勒恩山区等十分贫困的地区。

这种第三种类型的偏差也可能具有地区特征。关于中心地的规模：某一个别中心地的中心性指数高于该地在整个中心地体系中所处位置的对应值。这对于那些矿泉疗养胜地来说特别明显，如维斯巴登、巴登—巴登、基辛根、巴特瑙海姆和巴登韦勒，它们都是限定在地表某一绝对点的；同理，对于矿产地，最为明显的实例就是奥伯施坦因—伊达尔（纵然现在这里主要是加工进口宝石）。在那些更适于作为居住地的风景区，向地区一级的中心地过渡是很明显的，尤其是在大城镇郊区（如陶努斯山脉东南坡、海德堡邻郊、慕尼黑的西南湖区），但是它们也有距大城市很远的（如阿尔卑斯山区，尤其是泰根湖、加米施—帕滕基兴、贝希特斯加登等地及其周围；还有博登湖沿岸）。

中心地间距的地方偏差，是由于相邻中心地中心商品价格的持久性差值造成的。价格较高的温泉疗养地相对于相邻的价格较低的中心地就没有竞争力（例如巴登—巴登对拉施塔特、巴特瑙海姆对弗里德贝格）。同样，边境线的阻碍作用也引起价格升高（因为关税）——或者至少使边界线两边中心地的间距在人们主观上变远了，从而形成了比标准间距小的实际距离，然而这种距离主观上是符合正常的经济距离的。例如，弗赖拉辛和萨尔茨堡之间、埃戈尔周围以及勒拉赫和巴塞尔之间的距离状况就是这样的。山脉边界也能引起同样的结果，例如在泰根湖和施利尔湖之间。

引起中心地数量地区差异与中心地范围大小差异的主要因素是一样的：地球表面某一地点由于特殊的经济重要性就可能产生一个附加的中心地。诸如阿尔特厄廷和瓦尔迪恩，此类朝山地也属于此种情况。

3. 经济理论难于解释的偏差

这里只列出那些偏离中心地的理想图式，用经济理论又不能解释的偏差，它们当然也不是本文研究的直接对象。这些偏差可能是完全不同的原因决定的，我们把它们都归结为从历史角度解释的偏差。下述各中心地都是由不同的原因建立的：这里有由群主大公建立的（如各地的皇宫、官邸。其位置同理论图式偏差很大的，有路德维希堡、埃朗根、达姆施塔特；偏差较小的，有茨韦布吕肯、皮尔马森斯、拜罗伊特、科堡和卡尔斯鲁厄）；再者由于移民地或者宗教派别和团体而建立的（如哈瑙、新代特尔绍和柯尼希斯费尔德）；或者一些工业化城市，它们因某人的企业精神或者其他历史缘故而繁荣（如：皮尔马森斯、凯尔克海姆、吕瑟尔斯海姆、加格瑙、莱茵费尔登、施兰贝格、格明德、施瓦巴赫、劳沙、施韦恩富特、普福尔茨海姆和米尔豪森）。

地貌角度的偏差主要表现在小区域内：某一中心地的理论区位只是一种概括的说明。至于某个具体地点的选定，即该区位的地势如何，究竟是谷地还是山，一方面同当时城镇建立的习俗价值

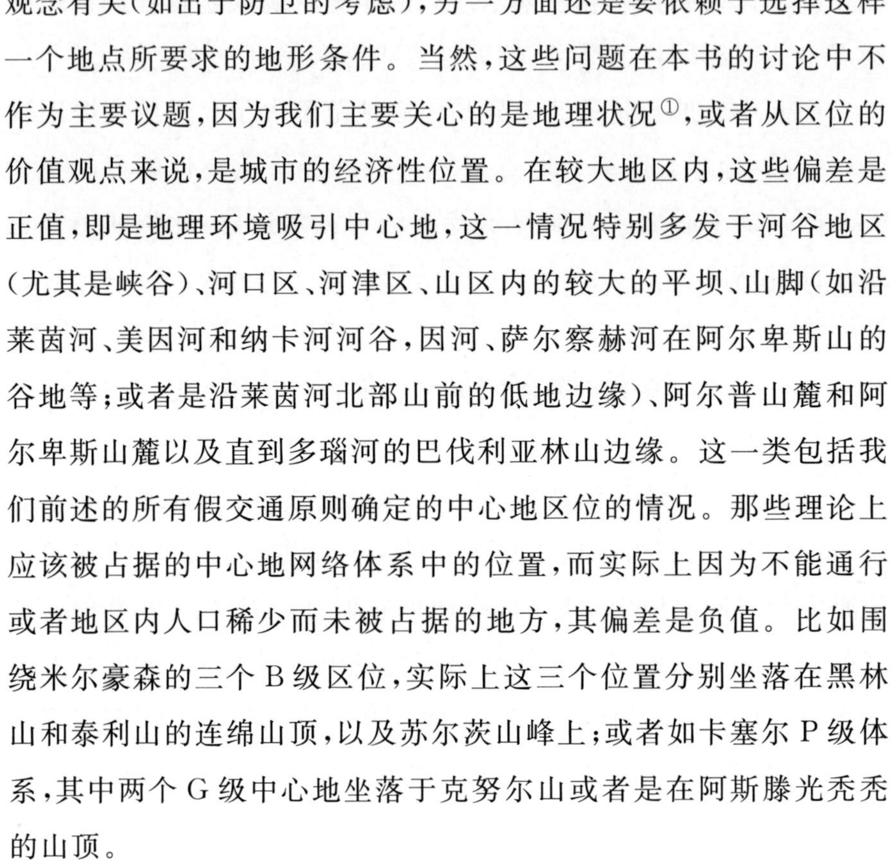

观念有关(如出于防卫的考虑),另一方面还是要依赖于选择这样一个地点所要求的地形条件。当然,这些问题在本书的讨论中不作为主要议题,因为我们主要关心的是地理状况[①],或者从区位的价值观点来说,是城市的经济性位置。在较大地区内,这些偏差是正值,即是地理环境吸引中心地,这一情况特别多发于河谷地区(尤其是峡谷)、河口区、河津区、山区内的较大的平坝、山脚(如沿莱茵河、美因河和纳卡河河谷,因河、萨尔察赫河在阿尔卑斯山的谷地等;或者是沿莱茵河北部山前的低地边缘)、阿尔普山麓和阿尔卑斯山麓以及直到多瑙河的巴伐利亚林山边缘。这一类包括我们前述的所有假交通原则确定的中心地区位的情况。那些理论上应该被占据的中心地网络体系中的位置,而实际上因为不能通行或者地区内人口稀少而未被占据的地方,其偏差是负值。比如围绕米尔豪森的三个 B 级区位,实际上这三个位置分别坐落在黑林山和泰利山的连绵山顶,以及苏尔茨山峰上;或者如卡塞尔 P 级体系,其中两个 G 级中心地坐落于克努尔山或者是在阿斯滕光秃秃的山顶。

当然,在高山区,图式因地形缘故而产生的偏差相当大。在这里,自然环境起的作用是如此之大以至于几乎不可能再去叙述中心地的实际体系。然而值得注意的,即令如此作为一般规律,仍然保持着标准距离;另一方面,尽管受自然环境的制约,经济准则依然对中心地的分布起决定性作用。由于高山区缺少 L 级中心地,

---

① 马塞尔·波特(Marcel Poëte)着重强调了“地理结构”与“地点”的对比,他定义“地点”为“村庄所占据部分”。

则其临近的L级体系就会变形，斯图加特东南，特别是慕尼黑西南部即为实例。此外，一片同某一专用地域轮廓大致相同的完全自然的地区，也可能以类似形式决定其中心地的分布网。[①] 如在波希米亚，布拉格占据了其中心，在这种情况下，不可能再有第二个L级中心地，从而也使其邻近的L级体系变形。

在经济学、历史原因、地貌状况都不能解释的偏差中，要提及的是因民族而异的偏差，比如中央集权的趋向以及联邦制的倾向。这就是为什么在法国L级类型中心地发展很差，而R级类型(巴黎)和明显的G级类型中心(各界的首府)都处于强大的支配地位。另一方面，在德国，L级类型中心地发展突出，而P级类型中心地则相应较弱。在巴伐利亚和符腾堡，没有一个P级中心地的中心性指数超过250，而L级中心地的中心性指数为1 400或者更多，相当于中心性指数最高的P级中心地的6～12倍。

除了这些民族特征可以解释的偏差，我们还要指出由军事因素引起的偏差。如边界要塞的位置绝不是什么纯粹的市场型或供应型区位，可能的倒是与理想的交通位置相符。在一个现代经济通信发达的国家，这种偏差在很大程度上都消除掉了，但在欧洲以外地区还未能如此，如在亚洲的国家，在确定一个城市的区位时安全方面的考虑仍处于支配地位。

① 根据瓦尔特·韦格尔“政治地理”，出自《自然与精神世界》(*Natur und Geisteswelt*)，柏林和莱比锡：1922，第25页以下。

第二章　聚落地理学方法论的总结

1. 聚落地理学中的经济方法

我们用纯粹的经济方法论述了城市地理，而且还只考虑了城市的一个特性，即它作为一个中心地的功能。对于工业化在城镇发展方面的决定性作用，这样的一系列综合因素，在这里并未作考虑。这些因素的论述属于阿尔弗雷德·韦伯、克罗茨堡等其他学者关于工业区位理论的范畴。我们则满足于论述中心地的最初的网络，工业化的各种现象是随后出现的。可以明显看到，工业对中心地的相对重要性——中心性指数的影响是比较小的。直到现在，由于我们已经习惯于片面、死板地以总人口数来表示城市的规模和重要性，所以上述事实往往被遮掩。

我们在此所用的纯理论形式的经济方法迄今还未被应用于聚落地理学，同样也未曾用于经济地理学方面。博白克在其对因斯布鲁克的调查中[①]做了更进一步的工作，然而在涉及特殊情况时，

① 汉斯·博白克(Hans Bobek)："山城因斯布鲁克，其生存空间及现象"，见《德意志方志——民俗学研究》，25(斯图加特)。

他只好仍满足于运用由经济科学提供的并不完美的方法。在创造一种能够深入实质的聚落地理考察手段的问题上，博白克毕竟也是无能为力。哈辛格尔关于维也纳的著作[①]以及他关于巴塞尔[②]的新作都具有十分重要的意义。对于围绕某一城市的中心地，他运用了经济距离（即耗时距离）的概念，以便于确定一个城市的影响范围，由此定为一个因子，它在很大程度上决定了城市的大小，并且能使人们认识一个城市综合起来的重要性。最后，还应提到施吕特尔所从事的工作，他通过估计土地税的方式，考虑到了土地的价值——也只是农村地区——并且把它同当地的发展结合起来[③]。此外，再无其他纯粹经济理论应用于聚落地理研究。偶然强调一下经济对于城市大小、数量及位置的决定性并不意味着运用经济理论；在许多聚落地理调查中应用的，往往是历史法（格拉特曼）[④]，统计法（奥布里希特[⑤]、绍特[⑥]、哈斯[⑦]）甚或通常的描述法。一般，聚落地理总是局限于划分经济类型，它满足于运用系统方式来论述各种现象，而没有明确地探讨经济的地理的问题，更不

① 胡果·哈辛格尔（Hugo Hassinger）："维也纳对住宅—与交通地理学的贡献"，见《地理界通讯》，53（费纳：1910）。

② 胡果·哈辛格尔，"巴塞尔"：见《上莱茵方志学文稿》，出版，弗里特里希·麦茨（布雷斯劳：1927）。

③ 奥托·施吕特尔（Otto Schlüter）：《图林根东北部住宅》（柏林：1903）。

④ 罗伯特·格拉特曼（Robert Gradamann）："符腾堡王国的都市住宅"，见《德意志方志——民俗学研究》，21，第Ⅱ部分（斯图加特：1926）。

⑤ 卡尔·奥布里希特（Karl Olbricht）："德国的大城市"，见《彼特曼通讯》（1913）。

⑥ 西格蒙特·绍特："德意志帝国大都市的附聚作用。1871—1910"，见《德国城市统计者协会文件》，第Ⅰ部分（布雷斯劳：1912）。

⑦ 恩斯特·哈斯："大城市人口集积的强度"，见《普通国家档案》，第2年度（图宾根：1892）。

种方法，就城镇的市场职能对城镇发展的作用来看，或者交通对聚落发展影响的过高估计而言，用历史法在符腾堡所得到的结论与本书用经济法从该地所得结论高度相符，这一事实说明格拉特曼关于符腾堡[①]聚落的著作将仍然是出类拔萃的。显而易见，无论一个学者用了什么方法，真正的科学概念只有一个。

为了确定理论预测的情况是否真的存在，统计方法是必不可少的。此外，在揭示问题时也是这样。诚然在随后解决这些问题时，我们的方法则比其他方法更为有效。在本书的调查中，统计方法已得到了广泛应用；例如关于电话线路的方法就是纯粹统计的方法。

地理方法，即涉及地球表面同一区域或者同一地点的一个观测系列与另一个观测系列间相互关系的方法，它当然是不能被经济方法所取缔的。在设计地表面中心地理理论模型并且随后把实际情况与理想状况（马克斯·韦伯〈Max Weber〉称之为“理想形式”）对比时，我们也广泛应用了地理方法，对比是通过绘图来进行的。顺便应该提到，当中心地分布的具体网络与地球表面实际情况对比时要特别谨慎。例如，把中心地的分布同土地的状况即其肥力相对比，这时两种要比较的事实系列必须首先统一在同一基本概念上，即必须促使其具有可比性，因为中心地的分布是一种经济条件制约下的现象，所以对比只能建立在人们对土地肥力的经济价值观念上——不可到达地区的肥沃土地毫无价值，而靠近大城市的即使是不毛之地也具有很高价值，因为这里所指的不是土地客观存在的自然肥力。从这方面看仍会有不少失误，不是因为

① 罗伯特·格拉特曼，见 373 页注④。

这种聚落地理研究的结论内容贫乏而引起非地理学者的讥笑，就是将不可比的事实系列带入因果关系之中，产生直接错误的结论。正因为如此，所谓聚落地理的地理方法（拉采尔、冯·李希霍夫、哈塞尔特）受到了怀疑。然而，这并不是怀疑地理方法在逻辑正确情况下的运用。

3. 国民经济与经济地理学

本研究中我们都提出了哪些看法？是关于经济地理的还是国民经济的？许多读者将会对这个问题感到困惑。地理学者将会趋向于认为是国民经济的、经济学家则将会认为是关于地理学方面的。本书作者则根本就不关心这个问题，因为这些术语和分类对于我们力图得到的专题结果是不相干的。主要是提出问题，而无疑这些问题是地理学方面的，然而也只有依靠经济理论和经济方法的帮助才能解答这些问题。

普遍认为，形态学家需要了解地理学基本知识，而地植物学家则需要植物学方面的学问。但是一般认为，经济地理学者没有经济理论知识也是可以充当的；精通统计学、实用经济和经济史也就满足了。当经济地理学及其分支科学从“一种基本描述性学科”（只是解释某些独立存在的事实）上升到一种主要是努力探寻规律的学科时，“就同自然地理学并驾齐驱，地位相当。”[①]因为经济地

① 阿尔弗雷德·赫特纳（Alfred Hettner）：“交通地理学的现状”，见《地理学杂志》，第3年度（莱比锡，1895），629。

理规律是关于经济现象的，正如同地植物学规律是关于生理现象的形态学规律是关于理化现象的一样，只有经济理论才能指出找到上述的地理规律的道路。如果经济理论现在对经济现象和经济活动的空间分布与状态不怎么感兴趣的话，那么，经济地理科学自身寻找经济地理规律的目标就不可能达到。经济地理之所以能达到这个目标，是因为它是地理学中生物分布科学的一个分支。因此，在很大程度上，它具有空间因素的概念。这一概念在国民经济中则缺乏，所以国民经济学家的理性图式——例如由阿尔弗雷德·韦伯提出的关于《工业区位论》——常常缺乏必要的空间概念，从而使之过分地非自然化。结果，经济地理学的价值遭到削弱。但是这些规律从何而来则与经济地理无关，重要的是哪些规律能够实用，并且因此能真正解释复杂的经济地理现象及其活动。这些活动从作者的观点来讲，也应纳入经济地理的范畴——并且最终结果能在经济实践和社会政治实践中有用。

附　录

1. 慕尼黑、纽伦堡、斯图加特、斯特拉斯堡、法兰克福和德国南部L级体系的分布频率

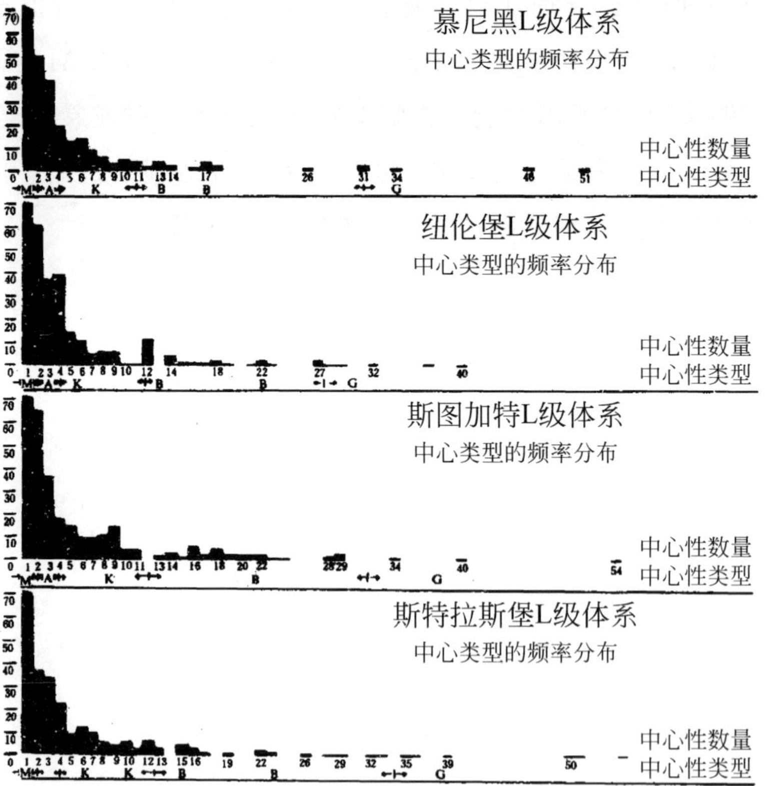

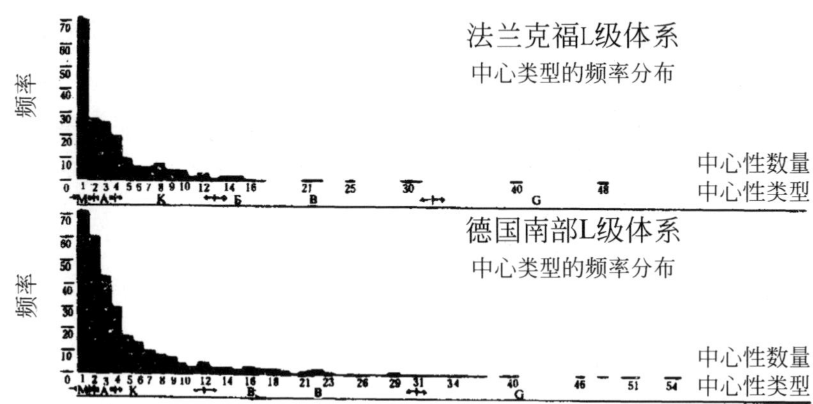

2. 附表

表Ⅰ　慕尼黑L级体系

栏目序号　　说　　明

1. 序列。
2. 地名。
3. 众地区的政治名称。缩略式如下：
   U. St. 中心城
   St. 城市
   Mf. 市场位置
   Df. 村庄
   F. Df. 村舍(小村庄)
4. 居民数量：1＝400居民；因而，这些数目同地图1上小点的数目相一致。1925年6月16日的人口普查结果是德国人数的根据；1927年7月10日的人口普查结果是萨尔地区人数的根据。
5. 电话线路数量：1＝10条电话通信线路；因而，这些数目与地图2上小点的数目相一致。这些数字的根据是1931年5月底至8月期间，为德国人编集的官方电话号码簿；萨尔地区的电话号码簿则是1930年11月编制的。

用说解决这些问题了(首先应提及赫特纳关于聚落经济类型的著作①,他第一次对整个问题进行了讨论,其次,应该提及马里内利②和奥罗西奥③)。如果这种系统方法仍然只是考虑聚落外部可见形态,其科学价值将常常会很小(参见盖斯勒)④。最终,我们在经济地理领域必须超出纯系统学范畴内研究方式。

2. 聚落地理学中的其他方法

如果说在本书调查中运用的几乎完全是经济方法——其中我们把所谓社会学的同客观数学的方法归纳在一起,其形式是属于数学理论的(即范围估算),其内容却是关于心理关系的理解,我们也绝不因此而否认现有的其他聚落地理理论的合理性。相反,为了验证本书的经济理论结果的正确性以及在确定城市大小、分布、数量时解释经济以外的原因,其他的经济理论是很有必要的。

因此,历史的方法从两个方面看都是不容忽视的,不仅在特殊考察中具有专题性特点,在一般调查中,历史法首先使我们理解到某一体系的经济概念以及通常是与该城市同时形成的具体的经济体系。在本书的调查中,也用了历史法,虽然只是次要的。不论哪

---

① 阿尔弗雷特·赫特纳:“移民区的经济类型”,见《地理学杂志》,第8年度(莱比锡:1902),98。

② 奥林托·马里内利(Olinto Marinelli)。

③ M.奥罗西奥(M. Aurousseaau):“乡村人口的安排”,原自《地理评论》,纽约,1924,5。

④ W.盖斯勒(W. Geisler):“德国城市——一项文化区形态学研究成果”,见《德意志方志——民俗学研究》,22(斯图加特:1924),5。

（续表）

栏目序号	说　明
6.	电话密度：1意味着400居民拥有10条电话线路的正常关系。小于1的数字表示更低的密度，大于1的数字表示更高的密度。
7.	中心性的整数。
8.	中心类型：标在地图3和地图4上。
9.	记号。

有关其他方面的资料，请看第二部分的论述。

1	2	3	4	5	6	7	8	9
1	慕尼黑	U. St.	1 868	5 029	1.18	2 825	L	
2	奥格斯堡	U. St.	461	648	0.92	224	P	
3	因斯布鲁克	?	?	?	?	?	P	
4	肯普滕	U. St.	69	131	1.0	62	G	
5	帕绍	U. St.	73	103	0.55	62	G	
6	兰茨胡特	U. St.	76	89	0.5	51	G	
7	斯特劳宾	U. St.	59	78	0.55	46	G	
8	英戈尔施塔特	U. St.	67	66	0.48	34	G	
9	罗森海姆	U. St.	48	65	0.7	31	G	
10	萨尔茨堡	?	?	?	?	?	G	
11	博岑	?	?	?	?	?	G	
12	梅明根	U. St.	37	63	0.86	31	B	
13	加米施—帕滕基兴	Mf.	30	86	2.0	26	B	
14	代根多夫	U. St.	24	30	0.5	18	B	
15	特劳恩施泰因	U. St.	24	37	0.8	18	B	
16	弗赖辛	U. St.	39	33	0.42	17	B	
17	施塔恩贝格	St.	13	43	2.0	17	B	
18	米尔多夫	St.	15	25	0.5	17	B	1
19	贝希特斯加登	Mf.	9	35	2.0	17	B	
20	巴特特尔茨	St.	17	41	1.45	16	B	
21	魏尔海姆	St.	15	24	0.7	14	B	
22	考夫博伊论	U. St.	25	30	0.65	14	B	
23	明德尔海姆	St.	12	21	0.7	13	B	
24	多瑙沃特	U. St.	12	19	0.45	13	B	
25	诺伊堡	U. St.	19	22	0.46	13	B	

1.28的中心性与阿尔特及新厄廷并存。

（续表）

1	2	3	4	5	6	7	8	9
26	泰根塞 …………………………	Df.	8	41	3.5	13	B	1
27	埃尔丁 …………………………	St.	11	16	0.35	12	B	
28	兰茨贝格 …………………	U. St.	19	20	0.46	11	B	
29	普法尔基兴 ……………………	St.	9	14	0.46	10	B	2
30	阿尔特和新厄廷 ………………	St.	22	22	0.5	11	K	
31	菲斯滕费尔德布鲁克 …………	Mf.	13	18	0.56	11	K	
32	达豪 …………………………	Mf.	20	20	0.44	11	K	
33	巴特赖兴哈尔 ………………	St.	22	54	2.0	10	K	3
34	普林—斯托克 ………………	Mf.	5	16	1.2	10	K	4
35	菲尔斯霍芬 …………………	St.	10	15	0.46	10	K	
36	埃根费尔登 …………………	St.	8	13	0.37	10	K	
37	穆尔瑙 ………………………	Mf.	6	16	1.2	9	K	
38	施罗本豪森 …………………	St.	10	13	0.35	9	K	
39	普法芬霍芬 …………………	St.	11	14	0.43	9	K	
40	莫斯堡 ………………………	St.	10	12	0.4	8	K	
41	艾夏赫 ………………………	St.	9	11	0.33	8	K	
42	兰道 …………………………	St.	8	12	0.47	8	K	
43	瓦瑟堡 ………………………	St.	12	13	0.4	8	K	
44	巴特艾布灵 …………………	Mf.	11	18	0.9	8	K	
45	茨维瑟尔 ……………………	St.	12	15	0.57	8	K	5
46	马克特格拉芬 ………………	Mf.	4	9	0.6	7	K	6
47	松特霍芬 ……………………	St.	11	18	1.0	7	K	7
48	伊门施塔特 …………………	St.	14	20	0.9	7	K	
49	奥伯斯多夫 …………………	Mf.	10	26	1.9	7	K	
50	沃尔夫拉茨豪森 ……………	Mf.	6	12	0.8	7	K	
51	施瓦布明兴 …………………	Mf.	9	12	0.54	7	K	
52	美因堡 ………………………	Mf.	7	11	0.55	7	K	

1.特别高的数字。

2.大体上，勉强为 B 级功能。

3.作为沐浴地区，该地区处于一种特殊的地位。

4.不常见的高数字。

5.该地应属 B 级中心地，与雷根的主要中心地区同样重要。

6.包括埃伯斯贝格，中心性 10。

7.包括伊门施塔特，中心性 10，B 级功能。

（续表）

1	2	3	4	5	6	7	8	9
53	普拉特灵	St.	14	13	0.4	7	K	
54	菲尔斯比堡	Mf.	8	11	0.42	7	K	
55	菲森	St.	16	21	0.9	7	K	
56	霍尔茨基兴	Mf.	7	10	0.5	6	K	
57	布赫洛厄	Mf.	6	9	0.5	6	K	
58	奥托博伊伦	Mf.	8	10	0.63	6	K	
59	阿本斯贝格	St.	7	9	0.5	6	K	1
60	赖恩	St.	4	8	0.4	6	K	
61	丁戈尔芬	St.	8	10	0.44	6	K	
62	菲希塔赫	Mf.	5	8	0.4	6	K	
63	雷根	Mf.	8	11	0.57	6	K	
64	布格豪森	St.	13	12	0.5	6	K	
65	特罗斯特贝格	St.	7	10	0.6	6	K	
66	弗赖拉辛	Df.	5	9	0.6	6	K	2
67	黑尔兴	Df.	3	11	1.9	5	K	3
68	多尔芬	Mf.	6	7	0.3	5	K	
69	米斯巴赫	St.	11	14	0.8	5	K	
70	雄高	St.	8	10	0.6	5	K	4
71	马克特奥伯多夫	Mf.	6	9	0.6	5	K	
72	上金茨堡	Mf.	4	7	0.55	5	K	
73	巴特沃里斯霍芬	Df.	7	17	1.7	5	K	5
74	迪森—圣格奥尔根	Mf.	6	12	1.1	5	K	
75	沃尔恩察赫	Mf.	7	8	0.4	5	K	
76	格拉弗瑙	St.	4	7	0.35	5	K	
77	瓦尔德基兴	Mf.	4	7	0.4	5	K	6
78	奥斯特霍芬	St.	8	8	0.4	5	K	
79	辛巴赫	Df.	12	10	0.44	5	K	7
80	马克特施瓦本	Mf.	5	6	0.4	4	K	

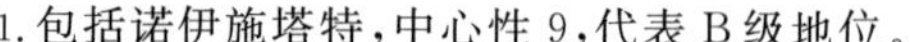

1. 包括诺伊施塔特，中心性 9，代表 B 级地位。
2. 以及萨尔茨堡霍芬。
3. 游览及居住区。
4. 包括佩廷，中心性 8。
5. 作为沐浴地，该地区处于一种特殊地位。
6. 与弗赖翁—沃尔夫施泰因的主要地区同等重要。
7. 布劳瑙 B 级功能的参与者。

（续表）

1	2	3	4	5	6	7	8	9
81	施利尔塞 …………………………	Mf.	4	12	2.0	4	K	
82	上施陶芬 ………………………	Mf.	4	8	0.9	4	K	
83	梅灵 ………………………………	Mf.	7	7	0.4	4	K	1
84	韦尔廷根 ………………………	St.	5	6	0.4	4	K	
85	哈勒陶地区奥镇 ………………	Mf.	3	6	0.45	4	K	
86	格里斯巴赫 ……………………	Mf.	3	6	0.5	4	K	
87	哈格 ……………………………	Mf.	3	5	0.35	4	K	
88	坦豪森 …………………………	Mf.	4	6	0.4	4	K	
	慕尼黑辖区：							
89	霍恩基兴 ………………………	Df.	2	2	0.5	1	M	2
	H级中心地：帕辛城；村庄：普拉尼格，阿拉希，施莱斯海姆，加尔兴，伊斯马宁，费尔德基尔岑，哈尔，温特尔哈兴，代森霍芬，格吕恩瓦尔德，普拉希，均并入慕尼黑；村庄：艾英。							
	施塔恩贝格辖区：							
90	图青 ……………………………	Df.	5	13	2.0	3	A	
91	高廷 ……………………………	Df.	7	16	2.1	1	M	
92	费尔达芬 ………………………	Df.	3	10	3.0	1	M	3
93	韦斯灵 …………………………	Df.	1	3	1.8	1	M	
	H级中心地：村庄：上阿尔廷—塞费尔德，因宁和吉尔兴。							
	沃尔夫拉茨豪森辖区：							
94	谢夫特拉恩—埃本豪森 ………	Df.	5	7	1.2	1	M	
95	绍尔拉赫 ………………………	Df.	2	2	0.7	1	M	
96	博伊尔贝格 ……………………	Df.	1	1	0.5	1	M	
97	迪特拉姆斯采尔 ………………	Df.	2	1	0.3	1	M	4
	H级中心地：村庄：莱奥尼—阿尔曼斯霍厄，阿默兰—明辛，拜尔布伦，阿绍尔丁和大丁哈尔廷。							
	菲尔斯滕费尔德布鲁克辖区：							
98	奥尔兴 …………………………	Df.	7	3	0.35	1	M	
99	迈萨赫 …………………………	Df.	4	2	0.35	1	M	
100	莫伦韦斯 ………………………	Df.	2	1	0.2	1	M	
101	旧黑格嫩贝格 …………………	Df.	1	1	0.3	1	M	
	H级中心地：村庄：蒂肯费尔德，维尔登罗特，盖默灵，马门多夫—楠霍芬。							

1. 与弗里德贝格的主要地区同等重要。
2. 包括西格茨布隆。
3. 包括波森霍芬。
4. 包括舍奈格。

（续表）

1	2	3	4	5	6	7	8	9
	达豪辖区：							
102	马克特因德斯多夫 ……………	Mf.	2	4	0.3	3	A	
103	彼得斯豪森 ……………………	Df.	2	2	0.3	1	M	
104	海姆豪森 ………………………	Df.	2	1	0.3	1	M	
105	奥德尔茨豪森 …………………	Df.	1	2	0.3	1	M	
	H级中心地：村庄：霍恩卡默，勒尔莫斯，施瓦布豪森，苏尔策莫斯。							
	弗赖兴辖区：							
106	楠德尔施塔特 …………………	Mf.	3	3	0.3	2	M	
107	阿勒斯豪森 ……………………	Df.	1	1	0.25	1	M	
108	克兰茨贝格 ……………………	Df.	1	1	0.25	1	M	
109	诺伊法恩 ………………………	Df.	2	1	0.3	1	M	
110	阿滕基兴 ………………………	Df.	1	1	0.2	1	M	
111	毛尔恩 …………………………	Df.	1	1	0.2	1	M	
112	布鲁克贝格 ……………………	Df.	1	1	0.3	1	M	
	H级中心地：村庄：下措灵，朗根巴赫，哈尔贝格莫斯。							
	埃尔丁辖区：							
113	陶夫基兴 ………………………	Df.	2	3	0.25	2	M	
114	瓦尔滕贝格 ……………………	Mf.	3	2	0.2	1	M	
	H级中心地：伦格斯多夫村。							
	埃伯斯贝格辖区：							
115	埃伯斯贝格 ……………………	Mf.	5	6	0.5	3	A	1
116	格隆 ……………………………	Mf.	2	3	0.4	2	A	
117	基希塞翁 ……………………	F. Df.	2	2	0.5	1	M	
118	措尔讷丁 ………………………	Df.	2	2	0.6	1	M	
119	施泰因赫灵 ……………………	Df.	2	1	0.3	1	M	
	H级中心地：村庄：莫萨赫，阿斯灵，霍恩林登村。							
	米斯巴赫辖区：							
120	格蒙德 ………………………	F. Df.	2	6	2.0	2	A	
121	巴特维塞 ………………………	Df.	3	12	3.5	2	M	2
122	拜里斯采尔 ……………………	Df.	1	4	2.0	2	M	
123	沙夫特拉赫 ……………………	Df.	1	2	0.8	1	M	
124	菲施巴豪 ………………………	Df.	1	2	0.8	1	M	

1. 马尔克特格拉芬作为火车站更为重要。

2. 包括阿博温克尔，矿泉疗养地。

（续表）

1	2	3	4	5	6	7	8	9
125	克罗伊特 …………………………	Df.	1	2	1.0	1	M	
	H 级中心地：沃尔恩斯姆勒、塔尔哈姆村。							
	托尔茨辖区：							
126	科赫尔 …………………………	Df.	4	6	1.0	2	A	
127	伦格里斯 …………………………	Df.	4	5	1.0	1	M	
128	贝内迪克特博伊恩 ……………	Df.	2	3	0.8	1	M	
129	比希尔 …………………………	Df.	1	2	0.8	1	M	
130	瓦尔兴塞 …………………	F. Df.	1	2	0.9	1	M	
	H 级中心地：亚赫瑙，巴特海尔布伦村。							
	加米施辖区：							
131	上阿默高 …………………………	Df.	6	15	2.0	3	A	
132	米滕瓦尔德 ……………………	Mf.	7	11	1.3	2	A	
133	巴特科尔格鲁布 ……………	F. Df.	1	3	1.7	1	M	
134	奥伯劳 …………………………	Df.	1	2	1.3	1	M	
135	瓦尔高 …………………………	Df.	1	2	1.0	1	M	
	H 级中心地：下、上格赖瑙，奥尔施塔特村。							
	威尔海姆辖区：							
136	彭茨贝格 ………………………	St.	12	7	0.5	2	A	
137	下派森伯格 ……………………	Mf.	12	7	0.5	1	M	
138	塞斯豪普特 ……………………	Df.	2	5	1.8	1	M	
139	乌芬 …………………………………	Df.	2	2	0.6	1	M	
140	胡格尔芬 …………………………	Df.	2	1	0.5	1	M	
141	佩尔 …………………………………	Df.	1	1	0.5	1	M	
	H 级中心地：上瑟谢灵，韦索布伦村。							
	雄高辖区：							
142	派廷 …………………………………	Df.	6	6	0.45	3	A	1
143	施泰因加登 …………………	F. Df.	1	3	0.5	2	A	
144	勒滕巴赫 …………………………	Df.	1	1	0.4	1	M	
145	金绍 …………………………………	Df.	1	1	0.4	1	M	
	H 级中心地：贝恩博伊伦，霍恩派森贝格，施瓦布索恩，拜尔索因。							
	菲森辖区：							
146	内瑟尔旺 …………………………	Mf.	3	6	1.0	3	A	
147	普夫龙滕 …………………………	Df.	7	9	1.0	2	A	
148	莱希布鲁克 ……………………	Df.	3	2	0.5	1	M	
149	塞格 …………………………………	Df.	2	2	0.5	1	M	
150	特劳赫高 …………………………	Df.	1	1	0.5	1	M	

1. 包括雄高。

（续表）

1	2	3	4	5	6	7	8	9
	H 级中心地：罗斯豪普滕村。							
	松特霍芬辖区：							
151	欣德朗	Mf.	4	9	1.5	3	A	1
152	韦尔塔赫	Mf.	2	4	1.0	2	M	
153	菲申	Df.	2	4	1.5	1	M	
	H 级中心地：福德堡，塔尔基希多夫，雷滕贝格，米森村。							
	肯普滕辖区：							
154	迪特曼斯里德	Mf.	3	4	0.7	2	A	
155	阿尔图斯里德	Mf.	2	4	0.7	2	A	
156	奥伯多夫	F. Df.	1	1	0.6	1	M	
157	魏特瑙	Mf.	2	2	0.6	1	M	
158	奥伊—米特尔贝格	Df.	2	3	1.0	1	M	
159	维尔德波尔茨里德	Df.	1	2	0.6	1	M	
160	维根斯巴赫	Df.	1	2	0.6	1	M	
161	基姆拉茨霍芬	Df.	1	2	0.6	1	M	
	H 级中心地：瓦尔滕霍芬，苏尔茨贝格市场和布亨贝格，克罗伊茨塔尔村庄。							
	马克特奥伯多夫辖区：							
162	下廷高	Mf.	2	3	0.5	2	A	
163	艾特朗	Df.	2	3	0.5	2	M	
164	龙斯贝格	Mf.	1	1	0.4	1	M	
165	格里斯里德	Df.	1	1	0.5	1	M	
166	施特滕	Df.	1	1	0.4	1	M	
	H 级中心地：比丁根，弗赖森里德村庄（比丁根属 M 级中心地）。							
	考夫博伊伦辖区：							
167	瓦尔	Mf.	2	2	0.3	1	M	
168	韦斯滕多夫	Df.	1	1	0.3	1	M	
169	阿施	Df.	1	1	0.35	1	M	
170	登克林根	Df.	2	2	0.35	1	M	
	H 级中心地：村庄：拜斯韦尔（应属 M 级中心地），普福尔岑，奥夫基希；市场：布隆霍芬，莱德，伊尔塞。							
	明德尔海姆辖区：							
171	蒂克海姆	Mf.	6	6	0.45	3	A	
172	普法芬豪森	Mf.	3	4	0.4	3	A	
173	基希海姆	Mf.	3	4	0.4	3	A	

1. 包括矿泉疗养地奥贝尔道尔夫。

（续表）

1	2	3	4	5	6	7	8	9
174	迪勒旺 …………………………	Mf.	2	2	0.35	1	M	
175	马克特瓦尔德 …………………	Mf.	2	1	0.3	1	M	
	H 级中心地：洛彭豪森，埃特林根村庄。							
	梅明根辖区：							
176	格勒嫩巴赫 ……………………	Mf.	2	4	0.7	3	A	
177	莱高 ………………………………	Mf.	2	4	0.7	2	A	
178	马克特雷滕巴赫 ………………	Mf.	2	3	0.4	2	A	
179	埃克海姆 ………………………	Df.	3	3	0.5	1	M	
180	费尔海姆 ………………………	Df.	1	2	0.5	1	M	
	H 级中心地：劳特拉赫，伯恩。							
	东洛伊特基希辖区（东部）：							
181	艾特拉赫 ………………………	Df.	2	2	0.5	1	M	1
182	坦海姆 …………………………	Df.	2	2	0.5	1	M	
	H 级中心地：缺							
	克伦巴赫（东半部），金茨堡（东半部）：							
183	布尔高 …………………………	St.	7	6	0.4	3	A	
184	齐默茨豪森 ……………………	Mf.	3	2	0.35	1	M	2
185	耶廷根 …………………………	Mf.	4	3	0.4	1	M	
186	布尔滕巴赫 ……………………	Mf.	3	2	0.3	1	M	
	H 级中心地：明斯特豪森。							
	楚斯马斯豪森（不含正在开发的 K 级中心地）：							
187	菲施巴赫 ………………………	Df.	2	5	0.4	4	A	
188	楚斯马斯豪森 …………………	Mf.	3	4	0.4	3	A	
189	丁克尔谢本 ……………………	Mf.	3	2	0.4	1	M	
190	韦尔登 …………………………	Mf.	2	2	0.3	1	M	
	H 级中心地：旧明斯特和霍尔高村庄。							
	奥格斯堡辖区：							
191	盖瑟茨豪森 ……………………	Df.	1	2	0.3	1	M	
	H 级中心地：加布林根村庄，兼并：圣格京根。							
	施瓦布明兴辖区：							
192	博宾根 …………………………	Df.	7	5	0.4	3	A	
193	莱希费尔德 ……………………	Df.	2	2	0.3	1	M	3
194	米克豪森 ………………………	Df.	1	1	0.4	1	M	
	H 级中心地：朗根诺伊夫纳赫，大艾廷根，米特尔诺伊夫纳赫村庄。							
	兰河畔兰茨贝格辖区：							
195	乌廷 ……………………………	Df.	3	6	1.3	2	M	

1. 包括马尔斯泰滕。

2. 包括坦嫩豪森联合区。

3. 莱希费尔德包括周围的仓库和寺庙。

（续表）

1	2	3	4	5	6	7	8	9
196	下申多夫 …………………………	Df.	3	5	1.2	1	M	
197	施瓦布豪森 ……………………	Df.	1	1	0.3	1	M	
198	埃格灵 …………………………	Df.	2	1	0.25	1	M	
	H级中心地：考弗灵，伊辛，普里特里兴村庄。							
	弗里德贝格辖区：							
199	弗里德贝格 ……………………	St.	10	8	0.4	4	A	1
	H级中心地：奥伊拉斯堡，达辛村庄。							
	艾夏赫辖区：							
200	珀特梅斯 ………………………	Mf.	3	4	0.2	3	A	
201	阿尔托明斯特 …………………	Mf.	3	3	0.2	2	A	
202	艾恩德灵 ………………………	Mf.	2	2	0.2	1	M	
	H级中心地：村庄：锡伦巴赫，希尔特贝格，阿芬和希尔加茨豪森，市场：屈巴赫，因兴霍芬（已得到很大改变）。							
	韦尔廷根辖区：							
203	迈廷根 …………………………	Df.	2	3	0.35	2	A	
204	乌滕维森 ………………………	Df.	2	2	0.3	1	M	
205	比伯巴赫 ………………………	Mf.	1	1	0.3	1	M	
	H级中心地：村庄：菲伦巴赫，埃默萨克。							
	多瑙沃特（部分），迪林根（部分）辖区：							
206	马克斯海姆 ……………………	Df.	1	1	0.2	1	M	
207	诺尔登多夫 ……………………	Df.	1	2	0.3	1	M	
208	哈尔堡 …………………………	St.	4	2	0.3	1	M	
209	比辛根 …………………………	Mf.	1	1	0.2	1	M	
	H级中心地：村庄：塔普夫海姆，施韦宁根，梅尔廷根，凯斯海姆，阿默丁根。							
	诺伊堡辖区：							
210	布格海姆 ………………………	Mf.	3	3	0.4	2	A	
211	伦讷茨霍芬 ……………………	Mf.	2	2	0.3	1	M	
212	埃厄基兴 ………………………	Df.	1	1	0.2	1	M	
213	卡尔斯胡尔德 …………………	Df.	3	2	0.25	1	M	
214	路德维希斯莫斯 ………………	Df.	1	1	0.2	1	M	
	H级中心地：村庄：蒂尔豪普滕（一个衰退的M级中心地）。							
	施罗本豪森辖区：							
215	霍恩瓦尔特 ……………………	Mf.	3	2	0.2	1	M	
216	下阿恩巴赫 …………………	F. Df.	1	1	0.2	1	M	
	H级中心地：村庄：桑迪采尔，盖罗尔斯巴赫。							
	英戈尔施塔特辖区：							
217	赖谢茨霍芬 ……………………	Mf.	3	2	0.2	1	M	
218	艾滕斯海姆 ……………………	Df.	2	1	0.2	1	M	

1. 已在奥格斯堡城区范围内。

（续表）

1	2	3	4	5	6	7	8	9
219	普弗灵 ……………………………	Mf.	3	2	0.3	1	M	
220	克兴 ………………………………	Mf.	6	3	0.3	1	M	1
	H 级中心地：村庄：曼青，施塔姆哈姆，上多灵，市场：盖默斯海姆。							
	普法芬霍芬辖区：							
221	盖森费尔德 ………………………	Mf.	5	5	0.4	3	A	
222	福堡 ………………………………	Mf.	4	3	0.3	2	M	
223	明希斯明斯特 ……………………	Df.	2	1	0.3	1	M	
224	施韦滕基兴 ………………………	Df.	1	1	0.2	1	M	
	H 级中心地：村庄：珀恩巴赫，赖谢茨豪森，耶岑多夫。							
	美因堡辖区（不含 A 级中心地和 M 级中心地的地区）：							
	H 级中心地：村庄：埃尔森道夫。							
	罗滕堡辖区（该地区不含 K 级中心地，但含三个 A 级中心地）：							
225	罗滕堡 ……………………………	Mf.	3	4	0.45	3	A	
226	普费芬豪森 ………………………	Mf.	3	4	0.4	3	A	
227	朗克韦德 …………………………	Mf.	3	4	0.4	3	A	
228	维尔登贝格 ………………………	Df.	2	1	0.35	1	M	2
	H 级中心地：村庄：霍恩坦。							
	凯尔海姆辖区（南部）：							
229	诺伊施塔特 ………………………	St.	5	5	0.45	3	A	3
230	锡根堡 ……………………………	Mf.	4	5	0.4	3	A	
231	罗尔 ………………………………	Mf.	3	2	0.35	1	M	
	H 级中心地：村庄：黑恩瓦尔坦。							
	马勒斯多夫辖区（不含 K 级中心地）：							
232	盖瑟尔赫灵 ………………………	Mf.	6	6	0.45	3	A	
233	诺伊法恩 …………………………	Df.	2	3	0.45	2	A	
234	埃戈尔茨巴赫 ……………………	Mf.	5	4	0.45	2	A	
235	马尔格斯多夫 ……………………	Df.	3	3	0.5	2	M	4
236	普法芬贝格 ………………………	Mf.	2	2	0.5	1	M	
237	希灵 ………………………………	Df.	4	2	0.4	1	M	5
	H 级中心地：村庄：拜尔巴赫，埃格米尔。							
	兰茨胡特辖区：							
238	埃森巴赫 …………………………	Df.	3	2	0.3	1	M	
239	沃尔特 ……………………………	Df.	1	1	0.3	1	M	
240	波斯陶 ……………………………	Df.	1	1	0.3	1	M	6

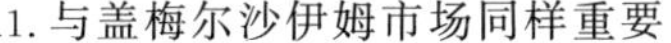

1. 与盖梅尔沙伊姆市场同样重要。
2. 包括皮尔科旺。
3. 连同阿本斯贝格一道具有 B 级地位。
4. 含普法芬贝格，仍不具备 K 级功能。
5. 仍可通过车站区埃格米尔来取代。
6. 同沃尔特构成联合地区。

（续表）

1	2	3	4	5	6	7	8	9
	H 级中心地：村庄：普费特拉赫，富尔特，下诺伊豪森，克龙温克尔，布赫。							
	丁戈尔芬辖区：							
241	赖斯巴赫 …………………………	Mf.	2	3	0.3	2	M	
242	洛伊兴 …………………………	Df.	1	1	0.3	1	M	
243	下菲巴赫 …………………………	Df.	2	2	0.3	1	M	
244	门科芬 …………………………	Df.	2	2	0.3	1	M	
	H 级中心地：村庄：马明。							
	兰道辖区：							
245	艾兴多夫 …………………………	Mf.	3	4	0.35	3	A	
246	瓦勒斯多夫 …………………………	Df.	4	4	0.4	2	A	
247	皮尔斯廷 …………………………	Mf.	3	2	0.4	1	M	1
	H 级中心地：村庄：豪讷斯多夫。							
	施特劳宾辖区（主要集中在施特劳宾）：							
248	莱布尔芬 …………………………	Df.	1	2	0.45	2	M	
249	施特拉斯基兴 …………………………	Df.	3	3	0.5	2	M	
250	上施奈丁 …………………………	Df.	1	1	0.45	1	M	
	H 级中心地：村庄：赖恩，基希罗特（属雷根斯堡辖区）。							
	博根辖区（不含 K 级中心地）：							
251	博根 …………………………	Mf.	4	5	0.3	3	A	2
252	米特费尔斯 …………………………	Df.	2	3	0.3	2	A	
253	施瓦察赫 …………………………	Df.	2	3	0.3	2	A	
254	恩尔马尔 …………………………	Df.	2	1	0.2	1	M	
255	维森费尔登 …………………………	Df.	2	1	0.15	1	M	
256	施塔尔旺 …………………………	Df.	1	1	0.15	1	M	
	H 级中心地：村庄：拉滕贝格，孔采尔，诺伊基兴，贝恩里德。							
	代根多夫辖区：							
257	亨格斯贝格 …………………………	Mf.	4	5	0.35	4	A	
258	梅滕 …………………………	Df.	4	3	0.4	1	M	3
259	舍尔纳赫 …………………………	Df.	2	2	0.35	1	M	
260	斯特凡斯波兴 …………………………	Df.	1	1	0.4	1	M	
	H 级中心地：拉灵村庄，温策尔市场。							
	菲希塔赫辖区：							
261	泰斯纳赫 …………………………	Df.	2	4	0.3	3	A	
262	鲁曼斯费尔登 …………………………	Mf.	3	4	0.35	3	A	4

1. 属于兰道地区。
2. 因为邻近的施特劳宾十分落后。
3. 属于代根多夫地区。
4. 同戈特斯采尔构成联合地区。

（续表）

1	2	3	4	5	6	7	8	9
263	戈特斯采尔 ……………………	Df.	1	1	0.35	1	M	
	H 级中心地:无。							
	雷根辖区:							
264	博登迈斯 ………………………	Df.	5	5	0.4	3	A	
265	拜恩埃森施泰因 ………………	Df.	2	3	0.6	2	A	1
266	基希贝格 ………………………	Df.	1	1	0.3	1	M	
267	弗劳恩瑙 ………………………	Df.	2	2	0.4	1	M	
	H 级中心地:林登纳赫,基希多夫,比绍夫斯迈斯村庄。							
	格拉泰瑙辖区:							
268	施皮格芳 ……………………	F. Df.	2	3	0.35	2	M	
269	申贝格 …………………………	Mf.	2	2	0.25	2	M	
	H 级中心地:岑廷,舍夫韦格村庄。							
	弗赖翁—沃尔夫施泰因辖区:							
270	弗赖翁—沃尔夫施泰因 ………	Mf.	3	5	0.4	4	A	2
271	佩勒斯罗伊特 ………………	Mf.	1	2	0.25	2	M	
272	海德米勒 ……………………	F. Df.	1	1	0.4	1	M	3
273	新赖谢瑙 ……………………	F. Df.	1	1	0.3	1	M	
274	勒恩巴赫 ………………………	Mf.	1	1	0.3	1	M	
275	毛特 ……………………………	Df.	1	1	0.3	1	M	
	H 级中心地:比绍夫斯罗伊特,下格赖讷特,黑措格斯罗伊特,霍厄瑙村庄。							
	韦格沙伊德辖区(无 K 级中心地):							
276	韦格沙伊德 …………………	Mf.	3	4	0.45	3	A	
277	豪岑贝格 ………………………	Mf.	4	5	0.4	3	A	
278	下格里斯巴赫 ………………	Mf.	3	3	0.45	2	M	
279	奥伯恩采尔 …………………	Mf.	3	3	0.4	2	M	
280	布赖滕贝格 …………………	Df.	1	1	0.3	1	M	
	H 级中心地:无。							
	帕绍辖区:							
281	菲尔斯滕采尔 ………………	Df.	2	4	0.55	3	A	
282	蒂特灵 …………………………	Mf.	3	5	0.45	3	A	
283	诺伊豪斯 ………………………	Df.	2	3	0.5	2	M	4
284	苏尔茨巴赫 …………………	Df.	1	2	0.5	1	M	
285	菲尔斯滕施泰因 ……………	Df.	2	2	0.4	1	M	
286	胡特胡尔恩 …………………	Mf.	2	2	0.5	1	M	
	H 级中心地:桑德巴赫,巴特赫恩施塔特,蒂尔瑙,多默尔施塔特村庄。							
	菲尔斯霍芬辖区:							

1. 从伯米施—埃森施泰因分离的边缘地区。
2. 瓦尔德基兴作为主要地区更为重要。
3. 边缘地区。
4. 同苏尔茨巴赫构成联合地区,具有 A 级重要性。

(续表)

1	2	3	4	5	6	7	8	9
287	奥尔滕堡	Mf.	3	5	0.5	3	A	
288	艾登巴赫	Mf.	3	4	0.4	3	A	
289	埃京	Df.	2	2	0.35	1	M	
	H 级中心地：村庄：奥特斯基兴，盖尔戈维斯，莫斯，上珀灵（优于 M 级中心地），市场：霍夫基兴（属 M 级中心地）。							
	格里斯巴赫辖区：							
290	波京	Df.	3	5	0.5	3	A	1
291	罗塔尔明斯特	Mf.	4	5	0.5	3	A	
292	比恩巴赫	Df.	2	2	0.4	1	M	
293	克斯拉恩	Mf.	2	2	0.4	1	M	
294	鲁斯托夫	Df.	2	2	0.5	1	M	
295	泰滕韦斯	Df.	2	2	0.5	1	M	
	H 级中心地：村庄：艾根，哈尔巴赫，市场：哈特基兴。							
	普法尔基兴辖区：							
296	坦恩	Mf.	3	5	0.3	4	A	
297	特里夫滕	Mf.	3	3	0.3	2	M	
298	埃灵	Df.	2	2	0.4	1	M	
	H 级中心地：村庄：安岑基兴，埃格尔哈姆，迪特斯堡，维蒂布罗伊特。							
	埃根费尔登辖区：							
299	阿恩斯托夫	Mf.	4	5	0.35	4	A	
300	冈科芬	Mf.	4	4	0.35	3	A	
301	马辛	Mf.	2	3	0.35	2	A	
302	辛巴赫	Mf.	2	2	0.3	1	M	
	H 级中心地：村庄：科尔巴赫，舍瑙，法尔肯贝格，武尔曼斯奎克。							
	菲尔斯比堡辖区：							
303	费尔登	Mf.	4	5	0.35	4	A	
304	弗龙滕豪森	Mf.	4	5	0.3	4	A	
305	盖森豪森	Mf.	4	4	0.35	3	A	
306	盖尔岑	Df.	2	1	0.3	1	M	
	H 级中心地：旧弗劳恩霍芬。							
	米尔多夫辖区：							
307	诺伊马克特	Mf.	4	5	0.3	4	A	
308	克赖堡	Mf.	3	4	0.3	3	A	
309	安普芬	Df.	2	2	0.4	1	M	
310	布赫巴赫	Mf.	1	2	0.3	1	M	2
	H 级中心地：村庄：施温德格，彼得斯基兴，奥伯诺伊基兴。							
	旧厄廷辖区：							

1. 同鲁斯托尔夫构成联合地区，具有 K 级重要性。
2. 靠近施温德格铁路区。

（续表）

1	2	3	4	5	6	7	8	9
311	加兴—哈特 ……………………	Df.	2	2	0.3	1	M	
312	马克特尔 ……………………	Mf.	2	2	0.4	1	M	
313	赖沙赫 ……………………	Df.	1	1	0.3	1	M	
314	蒂斯灵 ……………………	Mf.	2	1	0.4	1	M	
	H级中心地：村庄：普莱斯基兴，布格基兴，特京，基希韦达赫。							
	瓦瑟堡辖区：							
315	伊森 ……………………	Mf.	3	4	0.4	3	A	
316	加尔斯 ……………………	Mf.	1	3	0.4	2	A	
317	罗特 ……………………	Df.	3	2	0.35	1	M	
	H级中心地：村庄：阿默朗，雄施泰特，阿尔巴兴。							
	艾布灵辖区：							
318	布鲁克米尔 ……………………	Df.	1	4	0.5	3	A	
319	费尔德基兴 ……………………	Df.	1	3	0.5	2	M	
320	艾布灵附近奥镇 ……………………	Df.	1	2	0.6	1	M	
321	法恩巴赫 ……………………	Df.	1	2	0.6	1	M	
322	奥斯特慕尼黑 ……………………	Df.	1	1	0.4	1	M	
	H级中心地：村庄：科尔伯莫尔，舍瑙。							
	罗森海姆辖区：							
323	恩多夫 ……………………	Df.	3	6	0.8	4	A	1
324	布兰嫩堡 ……………………	Df.	4	5	0.8	2	A	
325	上奥多夫 ……………………	Df.	2	4	0.7	2	A	
326	霍恩阿绍 ……………………	Df.	3	6	1.0	2	A	
327	基弗斯费尔登 ……………………	Df.	3	3	0.7	1	M	
328	哈尔芬 ……………………	Df.	2	2	0.5	1	M	
	H级中心地：村庄：福格塔罗伊特，埃格施泰特，布赖特布伦，贝尔瑙，弗拉斯多夫，萨赫朗，托尔旺，努斯多夫；市场：新博伊恩。							
	特劳恩施泰因辖区：							
329	鲁波尔丁 ……………………	Df.	3	6	1.0	3	A	
330	奥宾 ……………………	Df.	2	3	0.3	2	A	
331	锡格斯多夫 ……………………	F. Df.	2	4	0.8	2	M	
332	因采尔 ……………………	Df.	1	2	1.0	1	M	
333	于伯塞 ……………………	Df.	2	3	1.0	1	M	
334	格拉斯绍 ……………………	Df.	2	3	1.0	1	M	
335	马夸特施泰因 ……………………	F. Df.	2	3	1.0	1	M	2
336	施奈特塞 ……………………	Df.	2	2	0.3	1	M	
337	温克尔地区赖特 ……………………	Df.	2	3	0.9	1	M	
338	马岑 ……………………	Df.	1	1	0.4	1	M	

1. 相当重要的A级中心地。
2. 同格拉斯绍构成联合地区，属A级功能。

（续表）

1	2	3	4	5	6	7	8	9
339	阿尔滕马克特 ……………………	Df.	3	2	0.5	1	M	
	H级中心地：村庄：贝尔根，格拉本施泰特，下塞翁，施莱兴，塞布鲁克，金伯格。							
	劳芬辖区：							
340	劳芬 ………………………………	St.	7	7	0.45	4	A	1
341	蒂特莫宁 …………………………	St.	4	3	0.4	2	A	
342	瓦京 ………………………………	Mf.	3	3	0.45	2	A	
343	泰森多夫 …………………………	Mf.	4	4	0.6	2	M	
344	基先舍灵 …………………………	Df.	1	1	0.4	1	M	
345	帕灵 ………………………………	Df.	2	2	0.3	1	M	
	H级中心地：村庄：弗里多芬，滕灵，蒂拉兴。							
	贝希特斯加登辖区：							
346	柯尼希塞 …………………………	Df.	1	3	1.6	1	M	
347	拉姆绍 ……………………………	Df.	1	3	1.6	1	M	
348	谢伦贝格 …………………………	Mf.	1	2	1.4	1	M	
349	皮丁 ………………………………	Df.	1	1	0.7	1	M	
	H级中心地：昂格村。							

表Ⅱ　纽伦堡L级体系

1	2	3	4	5	6	7	8	9
1	纽伦堡—菲尔特 …………	U. St.	1216	2623	1.05	1346	L	
2	维尔茨堡 ………………………	U. St.	259	492	0.95	246	P	
3	雷根斯堡 ………………………	U. St.	220	365	0.67	217	P	
4	班贝格 …………………………	U. St.	138	234	0.65	144	G	
5	科堡 ……………………………	U. St.	75	154	0.88	88	G	
6	拜罗伊特 ………………………	U. St.	88	126	0.66	68	G	
7	霍夫 ……………………………	U. St.	103	153	0.9	60	G	
8	施韦恩富特 ……………………	U. St.	96	126	0.62	66	G	
9	埃朗根 …………………………	U. St.	75	92	0.7	40	G	
10	松讷贝格 ………………………	St.	68	103	0.97	37	G	
11	安斯巴赫 ………………………	U. St.	57	61	0.56	29	G	
12	安贝格 …………………………	U. St.	67	60	0.5	27	G	
13	魏登 ……………………………	U. St.	50	57	0.59	27	G	
14	库尔姆巴赫 ……………………	U. St.	30	52	0.65	32	B	
15	基青根 …………………………	U. St.	26	48	0.75	28	B	

1. 弗雷拉兴作为主要地区更为重要。

（续表）

1	2	3	4	5	6	7	8	9
16	巴特基辛根 …………………	U. St.	29	81	2.0	23	B	
17	克罗纳赫 ……………………	St.	16	32	0.6	22	B	
18	巴特梅根特海姆 ……………	St.	14	33	0.8	22	B	
19	利希滕费尔斯 ………………	St.	15	30	0.6	21	B	
20	讷德林根 ……………………	U. St.	21	34	0.7	19	B	
21	罗滕堡 ………………………	U. St.	22	29	0.5	18	B	
22	新马克特 ……………………	U. St.	19	26	0.4	18	B	
23	卡姆 …………………………	St.	12	22	0.5	16	B	
24	施瓦巴赫 ……………………	U. St.	31	42	0.85	16	B	
25	韦尔特海姆 …………………	St.	9	20	0.6	15	B	
26	希尔德布恩豪森 ……………	St.	16	24	0.65	14	B	
27	福希海姆 ……………………	U. St.	22	23	0.42	14	B	
28	诺伊施塔特(a. d. S.) …………	St.	7	18	0.55	14	B	
29	洛尔 …………………………	St.	15	20	0.55	12	B	
30	魏森堡 ………………………	U. St.	20	25	0.65	12	B	
31	艾希施泰特 …………………	U. St.	21	21	0.45	12	B	
32	施万多夫 ……………………	U. St.	23	21	0.4	12	B	
33	马克特雷德维茨 ……………	U. St.	26	32	0.75	12	B	
34	塞尔布 ………………………	U. St.	33	38	0.8	12	B	
35	黑尔斯布鲁克 ………………	St.	14	20	0.55	12	B	
36	诺伊施塔特(a. d. A.) …………	St.	12	17	0.45	12	B	
37	文西德尔 ……………………	St.	14	23	0.75	12	K	
38	诺伊施塔特(b. K.)…………	U. St.	22	30	0.8	12	K	
39	艾斯费尔德 …………………	St.	11	19	0.65	12	K	
40	贡岑豪森 ……………………	St.	14	17	0.45	11	K	
41	黑尔姆布雷希茨 ……………	St.	13	20	0.75	10	K	1
42	陶伯比绍夫斯海姆 …………	St.	9	13	0.45	9	K	
43	富尔特(i. W.) ………………	St.	13	14	0.4	9	K	
44	罗特(纽伦堡附近) …………	St.	15	20	0.7	9	K	
45	丁克尔斯比尔 ………………	U. St.	13	15	0.45	9	K	
46	乌芬海姆 ……………………	St.	6	12	0.55	9	K	
47	哈斯富特 ……………………	St.	8	12	0.42	9	K	
48	雷奥 …………………………	St.	15	18	0.65	8	K	
49	克茨廷 ………………………	Mf.	5	10	0.5	8	K	
50	劳夫 …………………………	St.	18	22	0.75	8	K	
51	盖罗尔茨霍芬 ………………	St.	7	11	0.5	8	K	
52	明希贝格 ……………………	St.	15	19	0.75	8	K	
53	博普芬根 ……………………	St.	9	12	0.4	8	K	
54	奥克森富特 …………………	St.	9	12	0.6	7	K	

1. 包括明希贝格，具有 B 级意义(18)。

（续表）

1	2	3	4	5	6	7	8	9
55	卡尔施塔特 ························	St.	8	10	0.4	7	K	
56	哈默尔堡 ························	St.	7	10	0.4	7	K	
57	梅尔里希施塔特 ··················	St.	5	10	0.53	7	K	
58	福尔卡赫 ························	St.	5	10	0.5	7	K	
59	福伊希特旺根 ····················	St.	6	9	0.4	6	K	
60	格明登 ··························	St.	6	9	0.6	6	K	
61	柯尼希斯霍芬 ····················	St.	5	8	0.4	6	K	
62	马克特海登费尔德 ··············	Mf.	5	8	0.4	6	K	
63	佩格尼茨 ························	St.	7	9	0.4	6	K	
64	贝尔内克 ························	St.	6	9	0.55	6	K	
65	奈拉 ····························	St.	10	13	0.7	6	K	
66	蒂申罗伊特 ······················	St.	13	13	0.55	6	K	
67	温德斯海姆 ······················	St.	9	11	0.5	6	K	
68	奥廷根 ··························	St.	7	9	0.45	6	K	
69	凯尔海姆 ························	St.	10	11	0.53	6	K	
70	罗姆希尔德 ······················	St.	4	6	0.3	5	K	
71	苏尔茨巴赫 ····················	U. St.	15	11	0.4	5	K	1
72	布格伦根费尔德 ··················	St.	10	9	0.4	5	K	
73	帕尔斯贝格 ······················	Mf.	3	6	0.35	5	K	
74	马克特布赖特 ····················	St.	6	8	0.55	5	K	2
75	洛伊特斯豪森 ····················	St.	3	6	0.35	5	K	
76	帕彭海姆 ························	St.	5	8	0.55	5	K	
77	阿尔特多夫 ······················	St.	7	8	0.4	5	K	
78	施奈塔赫 ························	Mf.	6	8	0.5	5	K	
79	科堡附近罗达赫 ··············	U. St.	7	7	0.4	5	K	
80	施瓦岑巴赫 ······················	St.	11	10	0.5	5	K	
81	贝尔格里斯 ······················	St.	4	7	0.4	5	K	3
82	罗丁 ····························	Mf.	4	7	0.4	5	K	
83	克雷格林根 ······················	St.	3	6	0.4	5	K	
84	劳沙 ····························	Df.	16	18	0.8	5	K	4
85	明讷施塔特 ······················	St.	6	6	0.3	4	K	
86	劳达 ····························	St.	7	7	0.4	4	K	
87	艾施河畔赫希施塔特 ············	St.	5	6	0.35	4	K	
88	施泰纳赫 ························	St.	20	20	0.8	4	K	5
89	瓦尔德萨森 ······················	St.	13	11	0.55	4	K	

1. 由于靠近安贝格，中心性较小。

2. 葡萄区。

3. 包括邻近的 A 级中心地，中心类型为 B 级。

4. 工业。

5. 工业。

（续表）

1	2	3	4	5	6	7	8	9
90	海尔斯布隆 ……………………	St.	4	6	0.45	4	K	
91	里登堡 …………………………	Mf.	4	6	0.35	4	K	
92	纳布堡 …………………………	St.	6	7	0.42	4	K	
93	福恩施特劳斯 …………………	Mf.	5	6	0.35	4	K	
94	瓦尔德明兴 ……………………	St.	7	6	0.35	4	K	
95	诺因堡 …………………………	St.	6	6	0.3	4	K	
96	特罗伊希林根 …………………	St.	11	10	0.55	4	K	
	纽伦堡—菲尔特辖区：							
97	福伊希特 ………………………	Mf.	4	6	0.6	4	A	1
98	朗根岑 …………………………	St.	5	5	0.4	3	A	
99	卡多尔茨堡 ……………………	Mf.	5	3	0.45	1	M	
100	阿默恩多夫 ……………………	Mf.	1	1	0.4	1	M	
101	大哈巴斯多夫 …………………	Df.	2	2	0.3	1	M	
102	罗斯塔尔 ………………………	Mf.	4	3	0.5	1	M	
103	布格坦 …………………………	Df.	1	1	0.35	1	M	2
	H 级中心地：Df. 瓦赫，Df. 法伊茨布龙—锡格尔斯多夫，Df. 莱恩堡；现纽伦堡下辖的：U. St. 菲尔特，St. 齐恩多夫。							
	埃朗根辖区：							
104	拜尔斯多夫 ……………………	St.	3	4	0.5	2	A	
105	埃舍瑙 …………………………	Mf.	2	2	0.4	1	M	
106	福尔特 …………………………	Df.	3	2	0.4	1	M	3
	H 级中心地：Mf. 黑罗尔茨贝格。							
	劳夫辖区：							
107	锡默尔斯多夫—许滕巴赫 ……	Df.	3	3	0.5	1	M	
	H 级中心地：Df. 罗滕巴赫。							
	黑尔斯布鲁克辖区：							
108	埃申巴赫 ………………………	Df.	1	1	0.35	1	M	
109	鲁普莱赫茨特根 ………………	Df.	1	1	0.3	1	M	4
110	哈特曼斯霍夫 …………………	Df.	2	1	0.3	1	M	
111	阿尔费尔德 ……………………	Df.	2	1	0.2	1	M	
	H 级中心地：St. 费尔登。							
	施瓦巴赫辖区：							
112	格奥尔根斯格明德 ……………	Df.	5	6	0.6	3	A	5
113	施帕尔特 ………………………	St.	5	5	0.45	3	A	

1. 未能挤掉偏远的阿尔特多夫。
2. 正在形成 M 级功能。
3. 正与埃舍瑙形成一个联合区。
4. 疗养地，挤掉了费尔登。
5. 包括其邻近地区。

（续表）

1	2	3	4	5	6	7	8	9
114	文德尔施泰因 …………………	Mf.	4	5	0.5	3	A	
115	瓦瑟蒙格瑙 …………………	Df.	1	1	0.2	1	M	
	H级中心地：Mf.科恩堡，Mf.阿本斯贝格，Mf.施旺德，Df.罗尔，Df.埃克斯米伦。							
	诺伊马克特辖区：							
116	弗赖施塔特 …………………	St.	2	1	0.15	1	M	
117	苏尔茨堡 …………………	Mf.	1	1	0.15	1	M	
118	代宁 …………………	Df.	1	1	0.15	1	M	
119	皮尔鲍姆 …………………	Mf.	2	1	0.2	1	M	
120	劳特霍芬 …………………	Mf.	3	1	0.15	1	M	
121	卡斯特尔 …………………	Mf.	2	1	0.15	1	M	1
	H级中心地：Df.波斯特鲍尔。							
	拜尔恩格里斯辖区：							
122	贝兴 …………………	St.	5	4	0.2	3	A	
123	迪特富特 …………………	St.	3	4	0.3	3	A	
124	布格里斯巴赫 …………………	Df.	1	1	0.15	1	M	
	H级中心地：Df.霍尔恩施泰因。							
	里登堡辖区：							
125	阿尔特曼施泰因 …………………	Mf.	2	2	0.3	1	M	
	H级中心地：Df.蓬多夫。							
	希尔波尔特施泰因辖区(该区无K级中心)：							
126	塔尔马辛 …………………	Mf.	3	5	0.35	4	A	2
127	希尔波尔施泰因 …………………	St.	4	5	0.4	3	A	
128	格雷丁 …………………	St.	3	4	0.3	3	A	
129	阿勒斯贝格 …………………	Mf.	4	3	0.25	2	A	
130	海德克 …………………	St.	2	1	0.25	1	M	
131	蒂廷 …………………	Mf.	1	1	0.2	1	M	
	H级中心地：Mf.艾瑟尔登。							
	魏森堡辖区：							
132	索尔恩霍芬 …………………	Df.	3	3	0.5	2	M	3
133	埃林根 …………………	St.	4	3	0.4	1	M	4
134	普莱恩费尔德 …………………	Mf.	3	2	0.4	1	M	
135	嫩斯林根 …………………	Mf.	2	1	0.2	1	M	
	H级中心地：Df.埃滕施塔特。							
	艾希施塔特辖区：							

1. 区法院所在地，至少具有A级意义。
2. 比区首府重要。
3. 工业。
4. 魏森堡分区，分离原则。

（续表）

1	2	3	4	5	6	7	8	9
136	基普芬贝格 …………………………	Mf.	2	3	0.25	3	A	
137	多尔恩施泰因 ………………………	Mf.	2	2	0.3	1	M	
138	金丁 ………………………………	Mf.	1	1	0.2	1	M	
	H 级中心地：Df. 普法尔茨派恩，Df. 登肯多夫，Df. 伯姆费尔德，Df. 阿德尔施拉格，Mf. 纳森费尔斯，Mf. 默恩斯海姆，Mf. 韦尔海姆。							
	贡岑豪森辖区：							
139	马克特贝罗尔茨海姆 …………	Mf.	3	3	0.35	2	M	
140	阿尔滕穆尔 ………………………	Df.	2	1	0.2	1	M	
141	海登海姆 …………………………	Mf.	3	2	0.25	1	M	1
142	沃尔夫拉姆斯埃申巴赫 ………	St.	3	1	0.2	1	M	
	H 级中心地：Mf. 阿布斯贝格，Mf. 格诺茨海姆，St. 梅尔肯多夫，Df. 德京根。							
	讷德林根辖区和多瑙沃尔特辖区（北部）：							
143	蒙海姆 ……………………………	St.	3	4	0.3	3	A	
144	韦姆丁 ……………………………	St.	6	5	0.3	3	A	
145	默廷根 ……………………………	Df.	1	1	0.3	1	M	
146	瓦勒施泰因 ………………………	Mf.	3	2	0.4	1	M	2
	H 级中心地：Df. 弗雷姆丁根，Df. 马克特奥芬根，Df. 阿勒海姆，Df. 门希斯代京根，Df. 芬夫施泰滕，Df. 塔格默斯海姆。							
	丁克尔斯比尔辖区：							
147	瓦瑟特吕丁根 ……………………	St.	4	6	0.4	4	A	
148	绍普夫洛赫 ………………………	Df.	4	3	0.3	2	M	
149	维特尔斯霍芬 ……………………	Df.	1	1	0.3	1	M	3
150	魏尔廷根 …………………………	Mf.	2	2	0.3	1	M	
	H 级中心地：Mf. 迪尔旺根，Mf. 奥夫基兴，Df. 埃英根，Df. 门希斯罗特。							
	福伊希特旺根辖区：							
151	贝希霍芬 …………………………	Mf.	3	4	0.25	3	A	
152	特里斯多夫—魏登贝格 …	Df.-Mf.	2	2	0.25	2	A	
153	施内尔多夫 ………………………	Df.	2	1	0.25	1	M	
154	维瑟特 ……………………………	Df.	1	1	0.2	1	M	
155	黑里登 ……………………………	Mf.	3	2	0.25	1	M	4

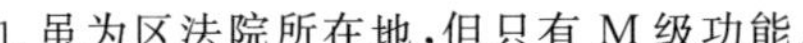

1. 虽为区法院所在地，但只有 M 级功能。
2. 属 M 级地区讷德林根。
3. 同魏尔廷根组成联合区。
4. 区法院所在地，但只有 M 级意义。

（续表）

1	2	3	4	5	6	7	8	9
	H 级中心地：St. 奥恩包，Df. 奥拉赫，Mf. 马克特卢斯特瑙。							
	安斯巴赫辖区：							
156	温茨巴赫 …………………………	St.	4	5	0.3	4	A	
157	利希特瑙 …………………………	Mf.	3	2	0.4	1	M	
158	莱尔贝格 …………………………	Df.	2	1	0.3	1	M	
159	科尔姆贝格 ………………………	Mf.	1	1	0.25	1	M	
160	上达赫施泰滕 ……………………	Df.	2	1	0.3	1	M	
	H 级中心地：Mf. 弗拉赫斯兰登，Df. 吕格兰，Df. 新代特尔绍。							
	罗滕堡辖区：							
161	希灵斯菲斯特 ……………………	Mf.	4	4	0.25	3	A	
162	栋比尔 ……………………………	Mf.	2	1	0.25	1	M	
	H 级中心地：Df. 盖斯劳，Df. 韦特林根，Df. 施泰纳赫。							
	乌芬海姆辖区：							
163	奥伯恩采恩 ………………………	Mf.	2	3	0.25	2	A	1
164	布格贝恩海姆 ……………………	Mf.	4	3	0.3	2	M	
165	黑恩贝希泰恩 ……………………	Df.	1	1	0.35	1	M	
166	伊普斯海姆 ………………………	Mf.	2	1	0.3	1	M	
	H 级中心地：Mf. 马克特贝格尔，Mf. 伊珀斯海姆。							
	艾施河畔诺伊施塔特辖区：							
167	维尔黑姆斯多夫 …………………	Mf.	4	5	0.4	3	A	
168	梅克泰尔巴赫 ……………………	Mf.	3	3	0.35	2	A	
169	于尔费尔德 ………………………	Mf.	2	3	0.3	2	A	2
170	达赫斯巴赫 ………………………	Mf.	1	1	0.3	1	M	
171	埃姆斯基兴 ………………………	Mf.	2	2	0.4	1	M	
172	迪滕霍芬 …………………………	Mf.	2	2	0.25	1	M	
	H 级中心地：Df. 特劳茨基兴，Mf. 诺伊霍夫，Df. 明希施泰因阿赫，Mf. 包登巴赫，Mf. 劳申贝格。							
	沙因费尔德辖区（无 K 级中心地）：							
173	沙因费尔德 ………………………	St.	3	5	0.45	4	A	
174	布格哈斯拉赫 ……………………	Mf.	2	3	0.25	2	A	3
175	马克特艾讷斯海姆 ………………	Mf.	2	1	0.35	1	M	
176	伊普霍芬 …………………………	St.	4	2	0.35	1	M	
	H 级中心地：Mf. 上沙因费尔德，Mf. 盖瑟尔温德，Mf. 诺德海姆，Mf. 塔申多夫，Mf. 苏根海姆，Mf. 马克特比巴特，还有许多集镇。							

1. 尽管偏僻，也没有火车站，但具 A 级意义。

2. 与达赫斯巴赫为一个联合区。

3. 包括附近的施吕瑟尔费尔德，则具有 A 级功能。

（续表）

1	2	3	4	5	6	7	8	9
	基青根辖区：							
177	代特尔巴赫 ……………………	St.	5	5	0.55	2	A	
178	美因贝恩海姆 …………………	St.	3	3	0.4	2	A	
179	美因施托克海姆 ………………	Df.	3	2	0.5	1	M	1
180	普罗瑟尔斯海姆 ………………	Df.	2	1	0.3	1	M	
	H 级中心地：Mf. 小朗海姆，Mf. 大朗海姆，Mf. 施塔特施瓦察赫，St. 马克特施泰夫特，Mf. 奥伯恩布赖特，Mf. 黑恩斯海姆，Mf. 赛恩斯海姆。葡萄区，许多 H 级中心地（集镇）。							
	奥克森富特辖区：							
181	奥布 ……………………………	St.	3	5	0.4	4	A	2
182	吉伯尔施塔特 …………………	Mf.	2	3	0.4	2	A	
183	索默豪森 ………………………	Mf.	3	3	0.5	2	M	
184	比特哈特 ………………………	Mf.	2	2	0.4	1	M	
185	高柯尼希斯霍芬 ………………	Df.	2	2	0.45	1	M	
186	勒廷根 …………………………	St.	3	2	0.4	1	M	
	H 级中心地：St. 艾伯尔施塔特，Mf. 温特豪森，Mf. 富克斯施塔特，Mf. 黑尔赫斯海姆，Mf. 盖尔希斯海姆，Mf. 阿勒斯海姆，Mf. 弗里肯豪森，葡萄区。							
	维尔茨堡辖区：							
187	林帕尔 …………………………	Mf.	7	4	0.3	2	A	
188	兰德萨克 ………………………	Mf.	5	3	0.5	1	M	
189	盖罗尔茨豪森 …………………	Df.	1	1	0.4	1	M	
190	基希海姆 ………………………	Df.	2	2	0.4	1	M	3
191	下泰特海姆 ……………………	Df.	1	1	0.25	1	M	
192	法伊茨赫希海姆 ………………	Df.	6	3	0.4	1	M	
193	下普莱希费尔德 ………………	Df.	2	1	0.3	1	M	
	H 级中心地：Df. 赖兴贝格，Df. 罗滕多夫，Df. 埃斯滕费尔德，Df. 廷格斯海姆，Df. 贝格特海姆，Df. 小林德费尔德，被吞并的：海丁斯费尔德，Mf. 采尔。							
	梅尔根海姆高级辖区及盖拉布龙高级辖区：							
194	下施泰滕 ………………………	St.	3	6	0.55	4	A	
195	魏克斯海姆 ……………………	St.	4	4	0.4	2	A	
196	马克尔斯多夫 …………………	Df.	3	2	0.4	1	M	
197	阿赫斯霍芬 ……………………	Df.	1	1	0.3	1	M	
	H 级中心地：Mf. 瓦赫巴赫，Mf. 劳滕巴赫，Df. 施皮尔巴赫。							
	陶伯比绍夫斯海姆辖区：							
198	博克斯贝格 ……………………	St.	2	3	0.4	2	A	

1. 无自己的区域。
2. 包括克雷格林根在内则属 K 级。
3. 此处无 A 级中心地。

（续表）

1	2	3	4	5	6	7	8	9
199	格林斯费尔德 …………………	St.	4	4	0.4	2	A	
200	下维蒂希豪森 …………………	Df.	2	2	0.4	1	M	
201	下许普夫 ………………………	Mf.	2	2	0.4	1	M	
202	柯尼希海姆 ……………………	Mf.	4	2	0.3	1	M	
203	文克海姆 ………………………	Df.	2	1	0.25	1	M	
	H级中心地：St.柯尼希斯霍芬（虽是铁路枢纽，但只属H级），Mf.盖拉赫斯海姆，Df.韦尔伯赫，Df.大林德费尔德。							
	韦尔特海姆辖区：							
204	屈尔斯海姆 ……………………	St.	4	3	0.3	2	M	
205	弗罗伊登贝格 …………………	St.	4	2	0.4	1	M	
	H级中心地：Mf.赖肖尔茨海姆，Df.布龙巴赫，Df.甘堡。							
	内雷斯海姆及埃尔旺根高级辖区：							
206	沃尔特 …………………………	Df.	1	1	0.2	1	M	1
	H级中心地：Mf.坦豪森，Df.策宾根，Mf.奥伯多夫（属博普芬根）。							
	马克特海登费尔德辖区：							
207	哈芬洛尔 ………………………	Df.	2	1	0.3	1	M	
208	乌尔施普林根 …………………	Df.	2	2	0.3	1	M	
209	于廷根 …………………………	Df.	2	1	0.25	1	M	
210	雷姆林根 ………………………	Mf.	3	1	0.25	1	M	
211	洪堡 ……………………………	Mf.	2	1	0.3	1	M	
212	施塔特普罗尔文滕 ……………	St.	2	2	0.3	1	M	
	H级中心地：Df.埃瑟巴赫，Mf.卡尔巴赫，Mf.黑尔姆施塔特，Mf.新布伦，Mf.克罗伊茨韦特海姆（属韦尔特海姆）。							
	罗尔辖区及罗尔豪普滕：							
213	弗拉默斯巴赫 …………………	Mf.	6	4	0.3	2	A	
214	罗滕费尔斯 ……………………	St.	1	1	0.3	1	M	
215	洛尔豪普滕 ……………………	Df.	2	2	0.35	1	M	
	H级中心地：Df.帕滕施泰因，Df.维森，Df.罗滕布赫。							
	卡尔施塔特辖区：							
216	阿恩施泰因 ……………………	St.	4	6	0.4	4	A	2
217	廷根 ……………………………	Mf.	3	3	0.3	2	A	
218	采林根—雷茨巴赫 ……………	Df.	8	3	0.3	1	M	
219	维森费尔德 ……………………	Df.	3	2	0.3	1	M	
	H级中心地：Mf.雷茨巴赫（属采林根），Df.邦兰，Df.维尔弗斯豪森，Df.奥伊森海姆。							
	格明登辖区：							

1.除施托特伦外，位置最佳。

2.接近K级功能。

（续表）

1	2	3	4	5	6	7	8	9
220	布格辛 …………………………	Mf.	5	4	0.4	2	A	
221	格雷芬多夫 ……………………	Df.	2	1	0.4	1	M	
222	黑斯多夫 ………………………	Df.	1	1	0.3	1	M	
	H 级中心地：Df. 韦恩费尔斯，St. 里内克，Df. 米特尔辛。							
	哈默尔堡辖区：							
223	奥伊尔多夫 ……………………	Mf.	2	3	0.3	2	A	
224	上图尔巴 ………………………	Mf.	2	1	0.2	1	M	
	H 级中心地：Df. 弗尔克斯里尔，Mf. 苏尔茨塔尔。							
	基辛根辖区：							
225	马斯巴赫 ………………………	Mf.	3	3	0.3	2	A	
226	布卡德罗特 ……………………	Mf.	3	2	0.2	1	M	
227	施泰纳赫 ………………………	Mf.	2	1	0.25	1	M	
	H 级中心地：Df. 埃本豪森，Df. 波彭劳尔，Mf. 阿施巴赫。							
	诺伊施塔特 a. d. S. 辖区：							
228	温斯莱本 ………………………	Df.	2	4	0.3	3	A	
229	比绍夫斯海姆 …………………	St.	3	4	0.3	3	A	
230	上埃尔斯巴赫 …………………	Mf.	2	1	0.2	1	M	
	H 级中心地：Df. 霍尔施塔特。							
	梅尔里希施塔特辖区及迈宁根南部地区：							
231	奥斯特海姆(罗恩) ……………	St.	6	6	0.4	4	A	1
232	弗拉东根 ………………………	St.	2	3	0.3	2	A	
233	贝尔卡赫 ………………………	Df.	1	1	0.3	1	M	
234	伦特韦尔茨豪森 ………………	Df.	1	1	0.4	1	M	
	H 级中心地：Df. 弗兰肯海姆(罗恩)，Df. 诺德海姆，Mf. 松德海姆，Mf. 贝伦根。							
	柯尼希斯霍芬辖区：							
235	萨尔 ……………………………	Mf.	3	1	0.3	1	M	
	H 级中心地：Mf. 特拉普施塔特，Df. 伊默尔斯豪森，Df. 苏尔茨多夫。							
	霍夫海姆辖区(无 K 级中心地)：							
236	霍夫海姆 ………………………	St.	3	5	0.4	4	A	2
237	柯尼希斯贝格 …………………	St.	2	3	0.3	2	A	
238	埃默斯豪森 ……………………	Df.	1	1	0.2	1	M	
239	布格普雷帕赫 …………………	Mf.	1	1	0.25	1	M	
240	施塔特劳林根 …………………	Mf.	2	2	0.3	1	M	
	H 级中心地：Mf. 比肯费尔德，Mf. 弗里森豪森，Mf. 奥斯特海姆。							
	施韦恩富特辖区：							
241	韦尔内克 ………………………	Mf.	4	4	0.4	3	A	

1. 接近 K 级功能，享有分离原则。
2. 接近 K 级功能。

（续表）

1	2	3	4	5	6	7	8	9
242	戈克斯海姆 ……………………	Df.	6	5	0.45	2	A	1
243	绍农根 …………………………	Df.	4	3	0.4	2	M	
244	格雷特施塔特 …………………	Df.	2	1	0.3	1	M	
245	施万费尔德 ……………………	Df.	2	2	0.3	1	M	
246	奥巴赫 …………………………	Df.	2	2	0.3	1	M	
	H 级中心地：Df. 施韦布海姆，Df. 格拉芬赖恩费尔德，Df. 贝格莱恩费尔德，Df. 克洛斯海登费尔德，Df. 埃斯莱本。							
	盖罗尔茨霍芬辖区：							
247	维森特海德 ……………………	Mf.	4	4	0.4	2	A	
248	普里克森施塔特 ………………	St.	2	2	0.3	1	M	
249	蔡里茨海姆 ……………………	Df.	2	1	0.3	1	M	
250	法尔 ……………………………	Df.	1	1	0.3	1	M	
	H 级中心地：Mf. 阿布茨温德，Mf. 吕登豪森，Mf. 上施瓦察赫，Df. 唐纳斯多夫，Df. 苏尔茨海姆。							
	哈斯富特辖区：							
251	埃尔特曼—埃伯尔斯多夫 …	St.-Df.	6	6	0.35	4	A	
252	蔡尔 ……………………………	St.	5	3	0.35	2	M	
253	韦斯特海姆 ……………………	Df.	2	1	0.3	1	M	
254	小施泰因纳赫 …………………	Df.	1	1	0.3	1	M	
	H 级中心地：Df. 新施莱夏赫，Mf. 普勒尔斯多夫，Df. 下施泰因巴赫。							
	埃伯恩辖区（无 K 级中心地）：							
255	埃伯恩 …………………………	St.	3	5	0.37	4	A	
256	马罗尔茨韦萨赫 ………………	Mf.	2	2	0.25	2	M	2
257	下梅尔茨巴赫 …………………	Df.	1	1	0.3	1	M	
258	梅默尔斯多夫 …………………	Df.	1	2	0.3	1	M	3
259	包纳赫 …………………………	Mf.	3	2	0.3	1	M	
	H 级中心地：Df. 基希劳特，Df. 普法尔韦萨赫。							
	班贝格Ⅰ、Ⅱ辖区：							
260	谢斯利茨 ………………………	St.	3	5	0.3	4	A	4
261	希尔沙伊德 ……………………	Df.	4	4	0.3	3	A	
262	布格布拉赫 ……………………	Mf.	3	3	0.3	2	A	
263	布格温德海姆 …………………	Mf.	1	1	0.25	1	M	
264	弗伦斯多夫 ……………………	Df.	1	1	0.3	1	M	5

1. 尽管离施韦恩富特很近。
2. 与埃默尔斯豪森组成联合区。
3. 与下梅尔茨巴赫构成联合区。
4. 接近 K 级功能。
5. 铁路枢纽。

（续表）

1	2	3	4	5	6	7	8	9
265	埃布拉赫 …………………………	Mf.	3	2	0.25	1	M	
266	特拉伯尔斯多夫 ………………	Df.	1	1	0.2	1	M	
267	布滕海姆 …………………………	Mf.	2	2	0.3	1	M	1
	H级中心地:Mf.阿施巴赫,被吞并的Mf.哈尔施塔特。							
	赫希施塔特 a.d.A 辖区:							
268	黑措根奥拉赫 …………………	St.	9	7	0.3	4	A	2
269	阿德尔斯多夫 …………………	Df.	2	2	0.3	1	M	
270	米尔豪森 …………………………	Mf.	3	2	0.2	1	M	
271	施吕瑟尔费尔德 ………………	St.	2	1	0.2	1	M	3
	H级中心地:Df.魏森多夫,Mf.隆讷施塔特,Mf.费斯滕贝格斯罗伊特,Mf.瓦享罗特。							
	福希海姆辖区:							
272	格雷芬贝格 ………………………	St.	3	4	0.4	3	A	
273	埃弗尔特里希 …………………	Df.	2	1	0.3	1	M	
274	希尔特波尔特施泰因 …………	St.	1	1	0.3	1	M	
275	诺因基兴 …………………………	Mf.	2	2	0.3	1	M	
	H级中心地:Df.埃格洛夫施泰因,Df.黑罗尔茨巴赫—图恩,Df.昆罗伊特,Mf.埃戈尔斯海姆。							
	埃伯曼施塔特辖区(无K级中心地):							
276	霍尔费尔德 ………………………	St.	3	5	0.3	4	A	4
277	埃伯曼施塔特 …………………	St.	2	3	0.4	3	A	5
278	普雷茨费尔德 …………………	Mf.	2	2	0.4	1	M	
279	施特赖特贝格 …………………	Df.	1	1	0.5	1	M	
280	穆根多夫 …………………………	Mf.	1	2	0.5	1	M	6
281	魏申费尔德 ………………………	St.	2	2	0.3	1	M	
282	普兰肯费尔斯 …………………	Df.	1	1	0.3	1	M	
	H级中心地:Df.奥夫塞斯,Df.翁塞斯。							
	施塔弗尔施泰因辖区(无K级中心地):							
283	施塔弗尔施泰因 ………………	St.	5	5	0.32	3	A	
284	蔡普芬多夫 ………………………	Df.	2	1	0.25	1	M	
285	塞斯拉赫 …………………………	St.	1	1	0.3	1	M	
	H级中心地:Mf.埃本斯费尔德,Mf.拉特尔斯多夫,Df.格明达。							
	利希滕费尔斯辖区:							
286	布格昆施塔特 …………………	St.	5	6	0.4	3	A	7

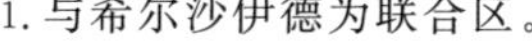

1.与希尔沙伊德为联合区。

2.接近K级功能。

3.附近的布格哈斯拉赫更重要。

4.位于中心地带,因此比首府更重要。

5.包括普雷茨费尔德,属4类。

6.与施特赖特贝格为联合区。

7.含阿尔滕昆施塔特,具5类和K级功能。

（续表）

1	2	3	4	5	6	7	8	9
287	雷德维茨—罗达赫 ……………	Df.	2	3	0.4	2	A	1
288	魏斯迈恩 ………………………	St.	3	2	0.3	2	M	
289	霍赫施塔特 ……………………	Df.	1	2	0.4	1	M	2
290	旧昆施塔特 ……………………	Df.	2	2	0.4	1	M	
	H 级中心地：Mf. 马克特措伊尔恩，Mf. 马克特格赖茨。							
	科堡辖区：							
291	松讷费尔德 …………………	Mf.	3	5	0.5	3	A	
292	厄斯劳 ………………………	Df.	4	3	0.6	1	M	3
293	门希勒登 ……………………	Df.	3	3	0.8	1	M	
294	魏德豪森 ……………………	Df.	3	3	0.5	1	M	
295	下西毛 ………………………	Df.	2	2	0.4	1	M	
296	梅德 …………………………	Mf.	2	1	0.3	1	M	
	H 级中心地：Mf. 罗萨赫，Df. 埃伯斯多夫。							
	希尔德布格豪森辖区：							
297	赫尔德堡 ……………………	St.	3	4	0.33	3	A	
298	斯特罗伊夫多夫 ……………	Df.	2	2	0.3	1	M	
299	黑林根 ………………………	Mf.	2	1	0.2	1	M	
300	乌默施塔特 …………………	St.	2	1	0.2	1	M	
	H 级中心地：Df. 格莱舍尔维森，Df. 法伊斯多夫。							
	松嫩贝格辖区：							
301	沙尔考 ………………………	St.	6	7	0.65	3	A	
302	诺伊豪斯—伊格尔希布 ………	Df.	17	12	0.6	2	M	4
303	劳恩施泰因 …………………	Df.	5	3	0.4	1	M	
304	诺伊豪森 ……………………	Df.	5	2	0.3	1	M	
305	海讷斯多夫 …………………	Mf.	3	2	0.3	1	M	
306	施泰因海德 …………………	Df.	6	5	0.6	1	M	
	H 级中心地：Df. 埃费尔德尔，Df. 门格斯格罗伊特，Mf. 尤登巴赫；被吞并：Mf. 奥伯林德。							
	托伊施尼茨辖区及与其接壤的图林根地区（无 K 级中心地）：							
307	北哈尔本 ……………………	Mf.	5	3	0.25	2	A	
308	施泰因巴赫 a. W. ……………	Df.	1	1	0.3	1	M	
309	泰陶 …………………………	Df.	2	2	0.7	1	M	
310	普雷西希 ……………………	Df.	3	2	0.3	1	M	
311	哈森塔尔 ……………………	Df.	3	4	0.9	1	M	
	H 级中心地：Mf. 罗滕基兴，St. 托伊施尼茨（虽然是区首府，但只有 H 级作用），Df. 弗辰多夫。							

1. 排挤了 Mf. 马克特格赖茨。
2. 排挤了 Mf. 马克特措伊尔恩。
3. 与门希勒登为联合区。
4. 无区域。

（续表）

1	2	3	4	5	6	7	8	9
	克罗纳赫辖区：							
312	米特维茨 ……………………	Mf.	3	3	0.4	2	M	
313	瓦伦费尔斯 …………………	Mf.	4	3	0.4	2	M	1
314	下洛达赫 ……………………	Df.	3	2	0.4	1	M	
315	采耶恩 ………………………	Df.	1	1	0.4	1	M	
316	屈普斯 ………………………	Mf.	4	2	0.35	1	M	
	H 级中心地：Df. 施托克海姆。							
	施塔特施泰纳赫辖区（无 K 级中心地）：							
317	施塔特施泰纳赫 …………………	St.	4	4	0.4	3	A	
318	马克特洛伊加斯特 ……………	Mf.	3	2	0.4	1	M	
319	格拉芬格海格 ………………	Mf.	1	1	0.4	1	M	
320	普雷塞克 ……………………	Mf.	2	2	0.4	1	M	
	H 级中心地：Mf. 瓦尔滕费尔斯，St. 库普弗贝格，Mf. 路德维希绍加斯特，Mf. 恩兴罗伊特，Mf. 塞伯斯多夫，Df. 下施泰纳赫。							
	库尔姆巴赫辖区：							
321	图尔瑙 ………………………	Mf.	3	3	0.3	2	A	
322	卡森多夫 ……………………	Mf.	1	1	0.3	1	M	
323	诺因马克特 …………………	Df.	3	2	0.35	1	M	2
324	维尔斯贝格 …………………	Df.	2	2	0.35	1	M	
325	特雷布加斯特 ………………	Df.	1	1	0.3	1	M	
326	美因洛伊斯 …………………	Df.	3	2	0.3	1	M	
	H 级中心地：Df. 新德罗森费尔德。							
	拜罗伊特辖区：							
327	基兴莱巴赫 …………………	Df.	1	2	0.3	2	M	
328	格拉斯许滕 …………………	Df.	1	1	0.25	1	M	3
329	魏登贝格 ……………………	Mf.	3	2	0.35	1	M	
330	瓦门施泰纳赫 ………………	Df.	3	2	0.4	1	M	
331	菲希特尔贝格—诺伊包 ………	Df.	4	3	0.4	1	M	
	H 级中心地：Df. 奥伯恩塞斯。							
	佩格尼茨辖区：							
332	波滕施泰因 …………………	St.	2	4	0.5	3	A	
333	格斯韦恩施泰因 ……………	Mf.	2	3	0.5	2	A	4
334	贝岑施泰因 …………………	St.	1	1	0.3	1	M	
335	克罗伊森 ……………………	St.	3	2	0.3	1	M	
	H 级中心地：Mf. 普莱希，Mf. 特罗考，Mf. 施纳伯尔韦德，Mf. 林登哈特，Mf. 比兴巴赫。							

1. 这里及蔡耶尔恩附近没有 A 级意义。
2. 与维尔斯贝格为联合区。
3. 虽偏僻，但仍比奥伯恩塞斯重要。
4. 包括贝林格斯米勒有 A 级意义。

（续表）

1	2	3	4	5	6	7	8	9
	贝尔内克辖区：							
336	格夫雷斯 ………………………	St.	4	4	0.4	2	A	
337	比绍夫斯格林 …………………	Df.	4	3	0.4	1	M	
	H 级中心地：St. 戈尔德克罗纳赫，Df. 希默尔斯克龙，Mf. 马克特绍尔加斯特。							
	明希贝格辖区：							
338	施坦巴赫 ………………………	Mf.	2	3	0.3	2	A	
	H 级中心地：Mf. 采尔，Mf. 施帕内克；两个中应有一个是 M 级中心地。							
	奈拉辖区：							
339	施瓦岑巴赫 a. W. …………	Mf.	5	7	0.5	4	A	
340	巴特施泰本 …………………	Df.	3	8	1.7	3	A	1
341	塞尔比茨 ………………………	Mf.	6	6	0.6	2	A	
342	利希滕贝格 …………………	St.	2	2	0.6	1	M	
	H 级中心地：St. 绍恩施泰因，Df. 盖罗尔茨格林，Df. 马克思格林。							
	霍夫辖区：							
343	上科曹 …………………………	Mf.	8	8	0.5	4	A	
344	贝格 ……………………………	Df.	2	2	0.4	1	M	
	H 级中心地：孔拉茨罗伊特。							
	雷奥辖区：							
345	雷格尼茨洛绍 ………………	Df.	2	2	0.4	1	M	
346	霍恩贝格 ………………………	Mf.	3	2	0.5	1	M	2
	H 级中心地：Df. 申瓦尔德。							
	文西德尔辖区：							
347	魏森施塔特 …………………	St.	6	7	0.5	4	A	3
348	基兴拉米茨 …………………	St.	6	7	0.6	3	A	
349	阿茨贝格 ……………………	St.	10	9	0.65	2	A	
350	马克特洛伊滕 ………………	Mf.	5	5	0.6	2	M	
351	勒斯劳 …………………………	Df.	4	2	0.5	1	M	
352	蒂尔斯海姆 …………………	Mf.	3	2	0.5	1	M	
	H 级中心地：Mf. 蒂尔施泰因，Df. 特勒斯陶，Df. 希恩丁。							
	蒂申罗伊特辖区：							
353	维绍 ……………………………	Df.	4	6	0.55	4	A	4
354	米特泰希 ……………………	Mf.	10	8	0.55	3	A	
355	贝尔瑙 …………………………	St.	3	3	0.3	2	A	
356	普勒斯贝格 …………………	Df.	2	2	0.25	2	M	
357	新阿尔本罗伊特 ……………	Df.	2	1	0.2	1	M	
358	梅灵 ……………………………	Mf.	2	1	0.15	1	M	

1. 利希滕贝格地区的浴场。
2. 比铁路区希恩丁更重要。
3. 接近 K 级功能。
4. 重要铁路枢纽。

（续表）

1	2	3	4	5	6	7	8	9
	H 级中心地：Mf. 法尔肯贝格，Mf. 孔纳斯罗伊特，Mf. 瓦尔德斯霍夫。							
	凯姆纳特辖区（无 K 级中心地）：							
359	凯姆纳特 ………………………	St.	3	5	0.42	4	A	1
360	埃本多夫 ………………………	St.	5	5	0.4	3	A	
361	诺伊索尔格 ……………………	Df.	1	2	0.4	1	M	
362	埃布纳特 ………………………	Df.	3	2	0.4	1	M	2
363	弗里登费尔斯 …………………	Df.	1	1	0.3	1	M	
	H 级中心地：Mf. 瓦尔代克，Df. 罗伊特 b. E.。							
	诺伊施塔特 a. d. W. 辖区：							
364	诺伊施塔特 a. d. W. …………	St.	8	7	0.4	4	A	3
365	弗洛斯 …………………………	Mf.	5	5	0.3	4	A	
366	温迪施埃申巴赫 ………………	Mf.	8	5	0.35	2	A	4
367	曼特尔 …………………………	Mf.	2	1	0.25	1	M	
	H 级中心地：Mf. 帕克施泰因，Mf. 卢厄—维尔登瑙，Df. 弗洛森比格，Mf. 卡尔滕布伦，Mf. 科尔贝格。							
	埃申巴赫辖区（无 K 级中心地，但有许多 A 级中心地）：							
368	埃申巴赫 ………………………	St.	3	4	0.45	3	A	
369	奥尔巴赫 ………………………	St.	7	6	0.45	3	A	
370	格拉芬沃尔 ……………………	St.	5	5	0.45	3	A	
371	普雷萨特 ………………………	St.	5	4	0.45	2	A	
372	诺伊豪斯 a. d. P. ……………	Mf.	2	2	0.3	2	M	
373	基兴通巴赫 ……………………	Mf.	2	1	0.25	1	M	
374	诺伊施塔特 a. K. ……………	St.	2	1	0.3	1	M	
	H 级中心地：Df. 哈格，Df. 福尔巴赫。							
	安贝格辖区：							
375	菲尔斯埃克—施利希特 ………	St.	4	5	0.35	3	A	
376	希尔绍 …………………………	St.	6	4	0.3	2	A	
377	弗赖翁 …………………………	Mf.	2	1	0.3	1	M	
378	施奈滕巴赫 ……………………	Mf.	3	1	0.25	1	M	
379	恩斯多夫 ………………………	Df.	2	1	0.2	1	M	5
	H 级中心地：Mf. 哈恩巴赫，Df. 武特施多夫，Df. 弗赖赫尔斯，Mf. 里登。							
	苏尔茨巴赫辖区：							
380	诺伊基兴 b. S. ………………	Df.	2	2	0.25	1	M	
381	柯尼希施泰因 …………………	Mf.	2	2	0.2	1	M	
	H 级中心地：Df. 伊尔施旺。							

1. 接近 K 级意义。
2. 与诺伊索尔格为联合区。
3. 离魏登显然很近。
4. 含 Mf. 诺伊豪斯。
5. 排挤了 Mf. 里顿。

（续表）

1	2	3	4	5	6	7	8	9
	纳布堡辖区：							
382	施瓦岑费尔德 ……………………	Df.	4	5	0.35	3	A	
383	普夫赖姆德 ……………………	St.	3	3	0.3	2	M	
384	韦恩贝格 ………………………	Mf.	2	1	0.3	1	M	
	H级中心地：Df.阿尔滕多夫。							
	福恩斯特劳斯辖区：							
385	普莱施泰因 ……………………	Mf.	3	3	0.3	2	M	
386	埃斯拉恩 ………………………	Mf.	5	2	0.25	1	M	
387	滕讷斯贝格 ……………………	Mf.	2	1	0.2	1	M	
	H级中心地：Mf.瓦尔德图恩，Mf.魏德豪斯，Mf.莫斯巴赫，Mf.洛伊希滕贝格。							
	上菲希塔赫辖区(无K级中心地)：							
388	上菲希塔赫 ……………………	Mf.	3	4	0.3	3	A	
389	温克拉恩 ………………………	Mf.	2	1	0.2	1	M	
390	申塞 ……………………………	St.	3	2	0.2	1	M	
	H级中心地：Df.普伦里德。							
	瓦尔德明兴辖区：							
391	勒茨 ……………………………	St.	3	4	0.35	3	A	
392	蒂芬巴赫 ………………………	Df.	2	1	0.25	1	M	
	H级中心地：缺。							
	诺因堡辖区：							
393	施瓦茨霍芬 ……………………	Mf.	1	1	0.2	1	M	
394	诺伊基兴—巴尔比尼 …………	Mf.	1	1	0.15	1	M	
395	博登沃尔 ………………………	Df.	3	2	0.2	1	M	1
	H级中心地：缺。							
	罗丁辖区：							
396	尼特瑙 …………………………	Mf.	4	5	0.3	4	A	2
397	法尔肯施泰因 …………………	Mf.	2	3	0.2	2	A	
398	罗斯巴赫—瓦尔德 ……………	Df.	2	1	0.2	1	M	
399	布鲁克 …………………………	Mf.	4	2	0.2	1	M	
400	瓦尔德巴赫 ……………………	Df.	1	1	0.15	1	M	
	H级中心地：Df.诺伊博伊，Df.米歇尔斯诺伊基兴，Mf.施塔姆斯里德。							
	卡姆辖区及阿恩布鲁克：							
401	萨特尔派尔施泰因 ……………	Df.	1	1	0.15	1	M	
402	阿恩布鲁克 ……………………	Df.	3	1	0.25	1	M	
	H级中心地：Mf.埃施尔卡姆。							
	克茨廷辖区：							
403	拉姆 ……………………………	Df.	4	6	0.5	4	A	3

1. 同布鲁克是联合区。
2. 接近K级意义。
3. 避暑地，铁路终端。

（续表）

1	2	3	4	5	6	7	8	9
404	诺伊基兴 b. H. Bl. ……………	Mf.	4	4	0.4	2	A	
405	米尔塔赫 ………………………	Df.	1	1	0.25	1	M	
	H 级中心地：Df. 霍恩瓦尔特，Df. 卡默劳。							
	雷根斯堡—施塔特阿姆霍夫辖区：							
406	伦根施陶夫 ………………………	Mf.	6	7	0.4	4	A	
407	沃尔特 a. d. D. ………………	Mf.	4	5	0.4	3	A	
408	辛兴 …………………………	Df.	4	4	0.5	2	A	
409	明特拉兴 ………………………	Df.	2	2	0.5	1	M	1
410	克弗灵 …………………………	Df.	2	2	0.5	1	M	
411	多瑙施陶夫 ………………………	Mf.	3	3	0.5	1	M	
412	埃特茨豪森 ………………………	Df.	1	1	0.4	1	M	
413	阿灵 …………………………	F. Df.	1	1	0.35	1	M	
	H 级中心地：Df. 上特劳布灵，Df. 普法特，Df. 布伦贝格，Df. 文岑巴赫，Df. 皮伦霍芬，Df. 蓬霍尔茨。							
	布格伦根费尔德辖区：							
414	施米德米伦 ………………………	Mf.	3	3	0.2	2	A	
415	卡尔明茨 ………………………	Mf.	3	2	0.25	1	M	
416	马克思许特 ………………………	F. Df.	2	1	0.3	1	M	2
	H 级中心地：克拉多夫。							
	帕尔斯贝格辖区：							
417	黑马乌 …………………………	St.	4	5	0.35	4	A	
418	贝拉茨豪森 ………………………	Mf.	3	3	0.3	2	A	
419	布赖滕布伦 ………………………	Mf.	1	2	0.25	2	M	
420	霍恩费尔斯 ………………………	Mf.	2	2	0.2	2	M	
421	费尔堡 …………………………	St.	3	2	0.25	1	M	
	H 级中心地：Mf. 派恩滕，Mf. 拉伯，Mf. 霍恩堡，Df. 索伊伯斯多夫。							
	凯尔海姆辖区（北部）：							
422	萨尔 …………………………	Df.	2	2	0.5	1	M	
423	阿巴赫 …………………………	Mf.	3	3	0.4	1	M	
	H 级中心地：诺伊辛。							

表Ⅲ　斯图加特 L 级体系

1	2	3	4	5	6	7	8	9
1	斯图加特 ………………………	U. St.	1039	2853	1.2	1606	L	
2	普福尔茨海姆 ……………………	St.	222	531	1.45	209	P	
3	乌尔姆—诺伊乌尔姆 ………	U. St.	177	302	0.9	163	P	

1. 与克弗灵是联合区。
2. 工业区、火车站，与布格伦根费尔德是联合区。

（续表）

1	2	3	4	5	6	7	8	9
4	海尔布隆 ……………………	St.	167	267	1.0	100	G	
5	罗伊特林根 ………………	St.	76	168	1.0	92	G	
6	康斯坦茨 …………………	St.	87	167	1.15	67	G	
7	蒂宾根 ……………………	St.	57	108	0.8	62	G	
8	格平根 ……………………	St.	57	112	0.95	58	G	
9	路德维希堡 ………………	St.	99	153	1.0	54	G	
10	拉芬斯堡 …………………	St.	48	88	1.0	40	G	
11	格蒙德 ……………………	St.	51	80	0.9	34	G	
12	埃斯林根 …………………	St.	113	153	1.1	29	B	
13	林道 i. B. ………………	U. St.	34	70	1.2	29	B	
14	比伯拉赫 …………………	St.	25	47	0.7	29	B	
15	弗罗伊登施塔特 …………	St.	24	57	1.2	28	B	
16	辛根 ………………………	St.	29	63	1.2	28	B	
17	图特林根 …………………	St.	41	57	0.8	24	B	
18	基希海姆 u. T. …………	St.	25	43	0.8	23	B	
19	多瑙埃兴根 ………………	St.	14	35	0.9	22	B	
20	阿伦 ………………………	St.	31	41	0.6	22	B	
21	海登海姆 …………………	St.	48	57	0.8	21	B	
22	菲林根 ……………………	St.	36	62	1.1	21	B	
23	罗特韦尔 …………………	St.	26	39	0.75	20	B	
24	哈尔 ………………………	St.	26	38	0.7	20	B	
25	魏布林根 …………………	St.	20	35	0.8	19	B	
26	腓特烈港 …………………	St.	29	51	1.1	19	B	
27	尼尔廷根 …………………	St.	23	33	0.65	18	B	
28	厄林根 ……………………	St.	11	26	0.75	18	B	
29	埃尔旺根 …………………	St.	14	25	0.5	18	B	
30	巴林根 ……………………	St.	10	26	0.85	18	B	
31	黑兴根 ……………………	St.	13	26	0.65	18	B	
32	绍恩多夫 …………………	St.	18	29	0.65	17	B	
33	克赖尔斯海姆 ……………	St.	16	25	0.5	17	B	
34	伯布林根 …………………	St.	18	32	0.9	16	B	
35	卡尔夫 ……………………	St.	14	27	0.8	16	B	
36	施韦宁根 …………………	St.	47	68	1.1	16	B	
37	埃宾根 ……………………	St.	30	52	1.2	16	B	
38	锡格马林根 ………………	St.	13	24	0.65	16	B	
39	于伯林根 …………………	St.	13	31	1.15	16	B	
40	旺根 ………………………	St.	16	30	0.95	15	B	
41	洛伊特基希 ………………	St.	11	22	0.75	14	B	
42	盖斯林根 …………………	St.	35	42	0.8	14	B	
43	劳普海姆 …………………	St.	14	22	0.55	14	B	
44	巴克南 ……………………	St.	22	29	0.75	13	B	

（续表）

1	2	3	4	5	6	7	8	9
45	梅青根 …………………………	St.	16	24	0.7	13	K	
46	乌拉赫 …………………………	St.	13	20	0.7	11	K	
47	瓦尔德塞 ………………………	St.	9	17	0.65	11	K	
48	黑德林根 ………………………	St.	6	15	0.6	11	K	
49	埃英根 …………………………	St.	12	17	0.5	11	K	
50	纳戈尔德 ………………………	St.	10	19	0.85	10	K	
51	马尔巴赫 ………………………	St.	8	14	0.55	10	K	
52	施托卡赫 ………………………	St.	7	16	0.9	10	K	
53	克伦巴赫 ………………………	Mf.	9	14	0.47	10	K	
54	莱昂贝格 ………………………	St.	15	21	0.8	9	K	
55	维尔德巴特 ……………………	St.	12	23	1.2	9	K	
56	霍尔布 …………………………	St.	7	14	0.65	9	K	1
57	黑伦贝格 ………………………	St.	8	13	0.5	9	K	
58	金策尔斯奥 ……………………	St.	8	13	0.5	9	K	
59	明辛根 …………………………	St.	5	12	0.6	9	K	
60	绍尔高 …………………………	St.	12	17	0.65	9	K	
61	奥伯恩多夫 ……………………	St.	12	18	0.75	9	K	
62	泰尔芬根 ………………………	Mf.	16	28	1.2	9	K	2
63	梅斯基希 ………………………	St.	5	13	0.75	9	K	
64	恩根 ……………………………	St.	5	13	0.75	9	K	
65	伊勒蒂森 ………………………	Mf.	6	13	0.65	9	K	
66	金茨堡 …………………………	U.St.	15	17	0.52	9	K	
67	拉多尔夫采尔 …………………	St.	18	26	0.95	9	K	
68	普洛兴根 ………………………	Mf.	10	15	0.7	8	K	3
69	穆尔哈特 ………………………	St.	7	11	0.5	8	K	
70	恩茨河畔法伊英根 ……………	St.	8	13	0.6	8	K	
71	米尔阿克 ………………………	St.	17	18	0.6	8	K	
72	罗滕堡 …………………………	St.	19	18	0.5	8	K	
73	比蒂希海姆 ……………………	St.	15	20	0.8	8	K	
74	盖尔多夫 ………………………	St.	4	10	0.55	8	K	
75	布赫奥 …………………………	St.	6	11	0.5	8	K	
76	伊斯尼 …………………………	St.	9	15	0.8	8	K	
77	魏森霍恩 ………………………	St.	6	11	0.5	8	K	
78	迪林根 …………………………	U.St.	15	15	0.45	8	K	4
79	诺因比格 ………………………	St.	8	13	0.8	7	K	
80	阿尔滕施泰格 …………………	St.	7	12	0.7	7	K	

1. 包括雷克辛根为 12，几乎具有 B 级意义。
2. 工业区。
3. 重要铁路枢纽。
4. 包括劳英根及贡德尔芬根在内属 B 级中心地。

（续表）

1	2	3	4	5	6	7	8	9
81	普富林根	St.	20	19	0.6	7	K	1
82	布伦茨河畔京根	St.	8	12	0.6	7	K	
83	布劳博伊伦	St.	9	12	0.55	7	K	
84	泰特南	St.	7	14	1.0	7	K	
85	施派兴根	St.	8	11	0.55	7	K	
86	内卡河畔苏尔茨	St.	6	10	0.5	7	K	
87	伊兴豪森	Mf.	6	11	0.52	7	K	2
88	林登贝格(阿尔高地区)	St.	10	19	1.2	7	K	
89	温嫩登	St.	13	14	0.6	6	K	
90	巴特利本采尔	St.	4	10	0.95	6	K	
91	奥克森豪森	Mf.	5	8	0.4	6	K	
92	基斯莱格	Mf.	3	8	0.7	6	K	
93	普富伦多夫	St.	7	12	0.85	6	K	
94	富特旺根	St.	13	15	0.7	6	K	
95	阿德尔斯海姆	St.	4	9	0.65	6	K	
96	巴本豪森	Mf.	5	9	0.6	6	K	
97	施兰贝格	St.	39	33	0.7	6	K	
98	劳英根	St.	12	11	0.45	6	K	
99	辛德尔芬根	St.	13	17	0.9	5	K	3
100	毛尔布龙	St.	3	7	0.5	5	K	
101	洛尔希	St.	8	9	0.55	5	K	
102	韦尔茨海姆	St.	5	8	0.55	5	K	
103	魏恩斯贝格	St.	9	9	0.5	5	K	4
104	默克米尔	St.	4	7	0.5	5	K	
105	门根	St.	8	10	0.6	5	K	
106	奥伦多夫	Mf.	7	9	0.55	5	K	
107	埃伯斯巴赫	Mf.	8	10	0.6	5	K	
108	海格洛赫	St.	3	6	0.5	5	K	
109	梅尔斯堡	St.	5	11	1.25	5	K	
110	圣格奥尔根	St.	10	14	0.9	5	K	
111	贡德尔芬根	St.	8	8	0.4	5	K	
112	埃平根	St.	8	10	0.65	5	K	
113	布拉肯海姆	St.	4	6	0.45	4	K	
114	莱兴根	Mf.	8	8	0.5	4	K	
115	阿尔茨豪森	Mf.	5	7	0.5	4	K	

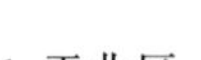

1. 工业区。
2. 虽然偏僻，但有重要意义。
3. 属伯布林根地区。
4. 几乎成了海尔布龙的郊区。

（续表）

1	2	3	4	5	6	7	8	9
116	武尔察赫 ……………………	St.	4	6	0.5	4	K	1
117	内卡苏尔姆 …………………	St.	17	18	0.8	4	K	2
	斯图加特高级辖区：							
118	瓦尔登布赫 …………………	St.	5	5	0.4	3	A	
119	埃希特丁根 …………………	Mf.	6	5	0.6	1	M	3
120	普利宁根 ……………………	Mf.	7	5	0.6	1	M	
121	贝恩豪森 ……………………	Mf.	6	4	0.5	1	M	
	H 级中心地：被吞并的中心地；St. 坎施塔特，St. 楚芬豪森，St. 福伊尔巴赫，Mf. 下蒂克海姆，Mf. 旺根，Mf. 默林根，Df. 法伊英根，Mf. 费尔巴赫。							
	路德维希堡高级辖区：							
122	马克格勒宁根 ………………	St.	8	7	0.6	2	A	
123	阿斯佩格 ……………………	St.	10	8	0.7	1	M	
	H 级中心地：Mf. 科恩韦斯特海姆。							
	莱恩贝格高级辖区：							
124	魏尔德施塔特 ………………	St.	5	6	0.5	4	A	
125	迪青根 ………………………	Mf.	6	6	0.7	2	M	
126	雷明根 ………………………	Df.	6	4	0.5	1	M	
127	弗里奥尔茨海姆 ……………	Mf.	2	1	0.3	1	M	4
	H 级中心地：Df. 明兴根，St. 海姆斯海姆，Mf. 梅尔克林根，Df. 黑明根。							
	伯布林根高级辖区：							
128	霍尔茨格林根 ………………	Mf.	5	6	0.5	3	A	5
129	马格滕塔特 …………………	Df.	6	5	0.5	2	M	
130	埃宁根 ………………………	Mf.	4	2	0.4	1	M	6
	H 级中心地：Mf. 申布赫地区魏尔，Mf. 阿尔特多夫。							
	埃斯林根高级辖区：							
131	诺伊豪森 ……………………	Mf.	7	5	0.5	2	M	
	H 级中心地：Mf. 登肯多夫，Mf. 肯根。							
	魏布林根高级辖区：							
132	恩德斯巴赫 …………………	Df.	3	4	0.6	2	M	7
	H 级中心地：Df. 内卡雷姆斯。							
	绍恩多夫高级辖区：							
133	温特巴赫 ……………………	Mf.	4	3	0.5	1	M	
134	格伦巴赫 ……………………	Df.	3	3	0.5	1	M	

1. 无争议的、完整的地区。
2. 几乎成了海尔布龙的郊区，雅克斯特菲尔特区具有更重要的意义。
3. 与普利宁根及伯恩豪森为联合区。
4. 接近 M 级中心地。
5. 排挤申布赫地区的魏尔。
6. 接近 M 级功能。
7. 排挤博伊特尔斯巴赫。

（续表）

1	2	3	4	5	6	7	8	9
	H 级中心地：Mf. 巴尔特曼斯韦勒，Mf. 上乌尔巴赫，Df. 阿德尔贝格，Mf. 施奈特，Mf. 博伊特尔斯巴赫。							
	巴克南高级辖区：							
135	苏尔茨巴赫	Mf.	4	5	0.5	3	A	
136	大阿斯帕赫	Mf.	2	2	0.5	1	M	
137	施皮格尔贝格	Df.	1	1	0.3	1	M	
	H 级中心地：Mf. 福斯巴赫。							
	马尔巴赫高级辖区：							
138	施泰因海姆	Mf.	3	3	0.45	2	M	
139	大博特瓦尔	St.	5	3	0.4	1	M	
140	拜尔施泰因	St.	4	2	0.3	1	M	
141	蒙德尔斯海姆	Mf.	4	2	0.4	1	M	1
	II 级中心地：Mf. 阿法尔特巴赫，Df. 基希贝格，Mf. 普莱德尔斯海姆，Mf. 上施滕费尔德，Mf. 奥恩施泰因。							
	法伊英根高级辖区：							
142	大萨克森海姆	St.	4	4	0.4	2	A	
143	魏萨赫	Mf.	3	1	0.3	1	M	2
	H 级中心地：St. 上里克辛根，Mf. 恩茨韦英根，Mf. 霍尔海姆，Mf. 霍恩哈斯拉赫。							
	毛尔布龙高级辖区：							
144	伊林根	Mf.	4	2	0.4	1	M	
145	维恩斯海姆	Mf.	2	1	0.3	1	M	3
	H 级中心地；厄蒂斯海姆。							
	普福尔茨海姆辖区：							
146	尼费恩	Df.	8	5	0.4	2	M	
147	蒂芬布龙	Df.	2	2	0.35	1	M	
148	埃尔门丁根	Df.	3	2	0.35	1	M	
149	柯尼希斯巴赫	Df.	6	3	0.35	1	M	
	H 级中心地：Df. 伊特斯巴赫，Df. 包施洛特，Df. 辛根—维尔弗丁根。							
	诺因比格高级辖区：							
150	霍芬	Df.	3	5	0.6	3	A	
151	申贝格	Df.	2	8	2.0	4	A	4
152	卡尔姆巴赫	Df.	8	7	0.6	2	M	5
153	比肯费尔德	Mf.	9	8	0.65	2	M	6

1. 小区。
2. M 级功能弱。
3. M 级功能弱。
4. 疗养地。
5. 并非维尔德巴特附近的浴场。
6. 普福尔茨海姆郊区。

（续表）

1	2	3	4	5	6	7	8	9
154	施旺 …………………………	Df.	2	2	0.5	1	M	
155	恩茨克勒斯特勒 ………………	Df.	1	1	0.6	1	M	
	H级中心地:Mf.费尔德伦纳赫。							
	卡尔夫高级辖区:							
156	巴特泰纳赫 …………………	Df.	1	5	2.0	3	A	1
157	希尔绍 ………………………	Df.	2	4	0.85	2	M	2
158	下莱兴巴赫 …………………	Df.	2	3	0.4	2	M	
	H级中心地:Df.盖辛根,Df.代肯普夫龙,Df.新魏勒,St.新布拉赫,St.察费尔施泰因。							
	纳戈尔德高级辖区:							
159	维尔德贝格 …………………	St.	4	4	0.5	2	A	
160	埃布豪森 ……………………	Mf.	3	3	0.5	2	M	
161	罗尔多夫 ……………………	Df.	2	2	0.5	1	M	3
162	锡默斯费尔德 ………………	Df.	1	1	0.4	1	M	
163	海特巴赫 ……………………	St.	4	2	0.4	1	M	
	H级中心地:St.贝尔内克。							
	霍尔布高级辖区:							
164	雷克辛根 ……………………	Df.	3	5	0.65	3	A	4
165	霍赫多夫 ……………………	Df.	3	2	0.4	1	M	
166	米林根 ………………………	Mf.	2	2	0.3	1	M	
	H级中心地:Df.阿尔特海姆。							
	弗罗伊登施塔特高级辖区:							
167	多恩施泰滕 …………………	St.	4	6	0.8	3	A	
168	普法尔茨格拉芬韦勒 …………	Mf.	4	5	0.5	3	A	
169	克洛斯特赖兴巴赫 …………	Df.	2	4	0.8	2	M	5
170	拜尔斯布龙 …………………	Df.	6	7	0.8	2	M	
171	克尼比斯 ……………………	Df.	1	2	0.8	1	M	6
172	贝森费尔德 …………………	Df.	1	2	0.6	1	M	
173	申明察赫 ……………………	F.Df.	1	2	0.6	1	M	
174	洛斯堡 ………………………	Df.	1	2	0.6	1	M	
	H级中心地:Df.格特尔芬根,Df.奥伯塔尔,Mf.绍普夫洛赫。							
	黑伦贝格高级辖区:							
175	邦多夫 ………………………	Df.	4	2	0.3	1	M	
176	恩特林根 ……………………	Mf.	3	1	0.3	1	M	7

1.浴场,排挤了察韦尔施泰因和新布拉赫。

2.属卡尔夫。

3.属纳戈尔德。

4.属霍尔布。

5.与拜尔斯布龙为联合区,具有A级功能。

6.少数情况下,山上为M级中心地,旅游业。

7.M级功能弱。

（续表）

1	2	3	4	5	6	7	8	9
	H 级中心地：Mf. 下耶辛根，Mf. 上耶廷根。							
	罗滕堡高级辖区：							
177	默辛根	Df.	8	7	0.4	4	A	
178	博德尔斯海姆	Df.	4	2	0.3	1	M	
179	埃根青根	Mf.	3	2	0.4	1	M	
	H 级中心地：Df. 希林根，Mf. 奥夫特丁根，Mf. 厄兴根。							
	蒂宾根高级辖区：							
180	普利茨豪森	Mf.	4	3	0.3	2	M	
181	杜斯林根	Mf.	6	4	0.4	2	M	
182	基兴特林斯富特	Df.	5	3	0.4	1	M	
183	根宁根	Mf.	4	3	0.4	1	M	
184	代滕豪森	Df.	3	2	0.4	1	M	
	H 级中心地：Mf. 瓦尔多夫，Mf. 内伦。							
	罗伊特林根高级辖区：							
185	霍瑙	Df.	2	2	0.4	1	M	1
186	温特豪森	Df.	4	3	0.5	1	M	
187	小恩斯廷根	Df.	2	1	0.3	1	M	
188	梅格京根	Df.	1	1	0.3	1	M	2
	H 级中心地：Mf. 埃宁根，Mf. 戈马林根，Df. 温丁根，Mf. 维尔曼丁根，Mf. 大恩斯廷根，Mf. 埃普芬根。							
	乌拉赫高级辖区：							
189	伯林根	Df.	3	1	0.3	1	M	
190	代廷根	Mf.	10	4	0.3	1	M	3
191	盖兴根	Mf.	1	1	0.3	1	M	
	H 级中心地：Mf. 蔡宁根，Df. 维尔廷根，Mf. 米特尔施塔特。							
	尼尔廷根高级辖区：							
192	诺伊芬	St.	5	5	0.4	3	A	
193	弗里肯豪森	Df.	4	3	0.5	1	M	4
194	下博伊兴根	Df.	3	2	0.5	1	M	5
195	内卡滕茨林根	Mf.	4	2	0.3	1	M	
	H 级中心地：Mf. 内卡泰尔芬根，Mf. 格勒青根，Mf. 沃尔夫施鲁根。							
	基希海姆高级辖区：							
196	魏尔海姆	St.	8	6	0.4	3	A	
197	上伦宁根	Mf.	3	2	0.4	1	M	6

1. 与温特豪森为联合区。
2. 含特罗赫特尔芬根。
3. 在梅青根地域内，工业区。
4. 在尼尔廷根地域内。
5. 铁路枢纽，排挤了肯根。
6. 排挤了欧文。

（续表）

1	2	3	4	5	6	7	8	9
	H 级中心地：Mf. 奈德林根，Mf. 代廷根，St. 欧文，Mf. 比辛根，Mf. 古滕贝格。							
	格平根高级辖区：							
198	萨拉赫	F. Df.	7	7	0.6	3	A	1
199	艾斯林根	Mf.	25	17	0.6	2	M	
200	赖兴巴赫	Df.	6	6	0.6	2	M	
201	巴特博尔	Mf.	3	3	0.4	2	M	
202	乌英根	Mf.	7	6	0.6	2	M	
203	霍恩施陶芬	Mf.	2	1	0.3	1	M	2
	H 级中心地：Mf. 施利尔巴赫，Mf. 迪尔瑙，Mf. 格吕宾根，Mf. 海宁根。							
	盖斯林根高级辖区：							
204	叙森	Mf.	6	7	0.6	3	A	3
205	栋茨多夫	Mf.	6	7	0.6	3	A	
206	维森施泰格	St.	3	3	0.45	2	M	4
207	代京根	Mf.	5	3	0.45	1	M	
208	魏森施泰因	St.	2	2	0.5	1	M	
	H 级中心地：Mf. 伯门基希，Mf. 库亨，Df. 艾巴赫，Df. 阿姆施泰滕。							
	格蒙德高级辖区：							
209	霍伊巴赫	St.	5	5	0.4	3	A	
210	瓦尔德施泰滕	Df.	3	3	0.5	1	M	5
211	施普赖特巴赫	Mf.	1	1	0.3	1	M	
212	莱恩采尔	Df.	2	1	0.3	1	M	
	H 级中心地：Mf. 巴托洛梅，Mf. 伊京根，Mf. 默京根，Mf. 施特拉斯多夫。							
	韦尔茨海姆高级辖区：							
213	凯撒斯巴赫	Mf.	1	1	0.3	1	M	
214	鲁德斯贝格	Mf.	2	2	0.4	1	M	
215	普鲁德豪森	Mf.	5	2	0.4	1	M	6
216	阿尔夫多夫	Mf.	2	2	0.3	1	M	
	H 级中心地：Mf. 韦申博伊伦。							
	贝西希海姆高级辖区：							
217	贝西希海姆	St.	8	10	0.8	3	A	7

1. 与叙森、艾斯林根是联合区。
2. 接近 M 级功能。
3. 与萨拉赫和艾斯林根是联合区。
4. 值得注意的是，这里没有 A 级功能。
5. 与格蒙德是联合区。
6. 接近 M 级功能。
7. 比蒂希海姆的中心性很高，尽管这样，贝西希海姆是其上管市。

（续表）

1	2	3	4	5	6	7	8	9
218	劳芬 …………………………	St.	12	12	0.75	3	A	1
219	本尼希海姆 ……………………	St.	5	6	0.5	3	A	
220	基希海姆 ………………………	Mf.	5	4	0.6	1	M	
221	伊尔斯费尔德 …………………	Mf.	5	3	0.4	1	M	
	H级中心地：Mf. 大英格斯海姆，Mf. 勒希高，Mf. 弗罗伊登塔尔，Mf. 内卡尔韦斯特海姆。							
	布拉肯海姆高级辖区：							
222	施韦格恩 ………………………	St.	6	5	0.45	2	A	
223	居格林根 ………………………	St.	3	3	0.4	2	M	
224	察伯费尔德 ……………………	Mf.	2	1	0.4	1	M	
225	诺德海姆 ………………………	Df.	5	3	0.4	1	M	2
	H级中心地：Mf. 施托克海姆，St. 小加塔赫，Mf. 施泰滕 a. H. 。							
	埃平根辖区(辛斯海姆东部)：							
226	巴特拉珀瑙 ……………………	Df.	4	6	0.7	3	A	
227	基尔夏特 ………………………	Df.	3	2	0.4	1	M	
228	盖明根 …………………………	Df.	3	2	0.5	1	M	
	H级中心地：Mf. 锡格尔斯巴赫，Df. 苏尔茨费尔德。							
	海尔布隆高级辖区：							
229	塔尔海姆 ………………………	Df.	4	3	0.4	1	M	3
230	邦费尔德 ………………………	Mf.	2	2	0.4	1	M	
	H级中心地：Mf. 大加尔塔赫，Mf. 菲尔费尔德，Df. 弗莱恩，被吞并：St. 博京根。							
	魏恩斯贝格高级辖区(现划归邻接的奥伯埃姆特尔)：							
231	美因哈特 ………………………	Mf.	2	3	0.3	2	A	
232	勒文施泰因 ……………………	St.	3	3	0.4	2	A	
233	维尔斯巴赫 ……………………	Mf.	3	2	0.4	1	M	
234	布雷茨费尔德 …………………	Df.	1	1	0.4	1	M	
	H级中心地：Mf. 维斯滕罗特，Df. 诺伊许滕，Mf. 埃舍瑙，Mf. 埃伯施塔特。							
	内卡苏尔姆高级辖区(含温普芬)：							
235	诺因施塔特 ……………………	St.	3	5	0.5	3	A	
236	贡德尔斯海姆 …………………	St.	4	6	0.65	3	A	
237	亚格斯特费尔德 ………………	Df.	4	5	0.75	2	A	4
238	科亨多夫 ………………………	Mf.	6	6	0.75	2	M	
239	温普芬 …………………………	St.	8	7	0.75	1	M	

1. 与基希海姆相连的小地区。

2. 位于海尔布隆。

3. 位于海尔布隆郊区。

4. 包括科亨多夫及温普芬，中心性为5，管区市内卡苏尔姆，中心性仅为4。

（续表）

1	2	3	4	5	6	7	8	9
240	罗格海姆 ………………………	Mf.	2	2	0.5	1	M	
241	维登 …………………………	St.	3	2	0.5	1	M	
	H级中心地：Mf. 埃伦巴赫，Mf. 厄德海姆，Mf. 布雷塔赫，Df. 科赫施泰因斯费尔德，Mf. 锡格林根，Mf. 亚格斯特豪森。							
	阿德尔斯海姆辖区（不包括塞卡赫）：							
242	奥斯特布尔肯 …………………	St.	4	4	0.55	2	M	1
243	奥伊比希海姆 …………………	Df.	2	3	0.5	2	M	2
244	森费尔德 ………………………	Df.	2	2	0.5	1	M	
245	克劳特海姆 ……………………	St.	2	2	0.45	1	M	
246	梅尔兴根 ………………………	Df.	2	2	0.45	1	M	3
247	罗森贝格 ………………………	Df.	2	2	0.5	1	M	
248	诺伊德瑙 ………………………	St.	3	2	0.5	1	M	
	H级中心地：St. 巴伦贝格，Df. 阿萨姆施塔特。							
	厄林根高级辖区：							
249	诺因施泰因 ……………………	St.	4	5	0.5	3	A	4
250	库普弗采尔 ……………………	Mf.	2	3	0.4	2	A	
251	瓦尔登堡 ………………………	St.	2	2	0.4	1	M	
252	普费德尔巴赫 …………………	Mf.	2	2	0.5	1	M	5
253	福希滕贝格 ……………………	St.	2	2	0.4	1	M	
	H级中心地：St. 辛德林根，Mf. 恩斯巴赫，Df. 奥恩贝格，Mf. 阿多尔茨富特，Mf. 朗根多伊廷根，Mf. 下施泰因巴赫，Mf. 米歇尔巴赫 a. W.。							
	金策尔斯奥高级辖区：							
254	德茨巴赫 ………………………	Mf.	3	3	0.4	2	A	
255	英格尔芬根 ……………………	St.	3	3	0.4	2	M	6
256	布劳恩斯巴赫 …………………	Mf.	1	2	0.3	2	M	
257	贝利兴根 ………………………	Mf.	2	2	0.4	1	M	
	H级中心地：Mf. 比林根，St. 尼登哈尔，Mf. 艾林根，Mf. 霍伦巴赫，Mf. 穆尔芬根（应具有M级功能！），Mf. 德京根，Mf. 旧克劳特海姆。							
	盖拉布龙高级辖区（无K级中心地）：							
258	盖拉布龙 ………………………	St.	4	6	0.55	4	A	7
259	施罗茨贝格 ……………………	Mf.	3	4	0.5	2	A	
260	布劳费尔登 ……………………	Mf.	3	4	0.55	2	A	8

1. 与阿德尔斯海姆和森费尔德为联合区，中心性总计为9。
2. 排挤了巴伦贝格。
3. 几乎已具有M级功能。
4. 虽距离厄林根近，中心性仍很高。
5. 在厄林根区域内。
6. 包括金策尔斯奥，中心性为11。
7. 高区市，由于有许多地位与之相当的中心地，所以，无K级意义。
8. 按其所处的位置，是该地区最集中的中心地。

（续表）

1	2	3	4	5	6	7	8	9
261	基希贝格 …………………………	St.	2	3	0.4	2	M	
262	朗根堡 …………………………	St.	2	3	0.5	2	M	
263	湖畔罗特 …………………………	Df.	1	1	0.5	1	M	
264	布雷特海姆 ……………………	Mf.	1	1	0.4	1	M	
265	巴滕施泰因 ……………………	St.	1	1	0.3	1	M	
	H 级中心地：Df. 米歇尔巴赫，a. d. L.，Mf. 亨斯特费尔特，Mf. 拜姆巴赫。							
	克赖尔斯海姆高级辖区：							
266	马岑巴赫 …………………………	Df.	1	1	0.2	1	M	1
	H 级中心地：Mf. 马克特罗斯特瑙，Mf. 下多伊夫斯泰滕，Mf. 格林德尔哈特。							
	哈尔高级辖区：							
267	伊尔斯霍芬 ……………………	St.	2	4	0.4	3	A	
268	黑森塔尔 …………………………	Df.	2	2	0.5	1	M	2
269	苏尔茨多夫 ……………………	Df.	2	2	0.4	1	M	
	H 级中心地：Mf. 下明克海姆，Mf. 米歇尔费尔德，Mf. 韦斯特海姆，St. 费尔贝格，Mf. 塔尔海姆。							
	盖尔多夫高级辖区：							
270	格施文德 …………………………	Mf.	2	3	0.3	2	A	3
271	下格勒宁根 ……………………	Mf.	2	2	0.3	1	M	
272	上松特海姆 ……………………	Mf.	2	2	0.4	1	M	
273	菲希滕贝格 ……………………	Mf.	2	2	0.4	1	M	
	H 级中心地：Mf. 上罗特，Mf. 奥滕多夫，Mf. 埃沙赫，Mf. 盖费茨豪森，Df. 苏尔茨巴赫 a. K.							
	埃尔旺根高级辖区：							
274	亚格斯特采夫 …………………	Df.	1	1	0.3	1	M	
275	劳赫海姆 …………………………	St.	2	2	0.3	1	M	
276	比勒采尔 …………………………	Df.	1	1	0.3	1	M	
	H 级中心地：Mf. 比勒坦，Df. 勒林根。							
	阿伦高级辖区：							
277	阿布茨格明德 …………………	Mf.	2	2	0.3	1	M	
278	埃辛根 …………………………	Mf.	3	2	0.4	1	M	
279	上科亨 …………………………	Mf.	4	2	0.4	1	M	
	H 级中心地：Mf. 阿德尔曼斯费尔登（可以是 M 级），Mf. 瓦瑟阿尔芬根，Mf. 霍恩施塔特，Mf. 谢兴根。							
	内勒斯海姆高级辖区（不含博普芬根）：							

1. Mf. 下多伊夫斯泰滕除外。
2. 在哈尔区内。
3. A 级功能令人难以置信。

（续表）

1	2	3	4	5	6	7	8	9
280	内勒斯海姆 ……………………	St.	3	4	0.3	3	A	1
281	迪兴根 …………………………	Mf.	2	2	0.25	2	M	
	H 级中心地：Mf. 埃布纳特。							
	海登海姆高级辖区：							
282	盖施泰滕 ………………………	Mf.	5	5	0.4	3	A	
283	黑布雷希廷根 …………………	Mf.	6	4	0.5	1	M	
284	布伦茨 …………………………	Mf.	2	1	0.3	1	M	2
285	柯尼希斯布龙 …………………	Mf.	3	2	0.4	1	M	
	H 级中心地：Df. 森施泰滕，Mf. 松特海姆，Mf. 古森施塔特，Mf. 代廷根，Mf. 施泰因海姆，Mf. 施奈特海姆(属海登海姆)。							
	乌尔姆高级辖区：							
286	朗格瑙 …………………………	St.	10	8	0.4	4	A	
287	拜默施泰滕 ……………………	Df.	1	1	0.4	1	M	
288	隆塞 ………………………………	Df.	1	1	0.4	1	M	
289	下施托青根 ……………………	St.	3	1	0.3	1	M	3
	H 级中心地：Mf. 阿尔特海姆。							
	新乌尔姆辖区：							
290	内辛根 …………………………	Df.	1	1	0.3	1	M	
291	普法芬霍芬 ……………………	Mf.	1	2	0.4	1	M	
292	森登 ………………………………	Df.	3	2	0.35	1	M	
	H 级中心地：Df. 罗根堡。							
	金茨堡辖区(西部)：							
293	莱普海姆 ………………………	St.	4	2	0.3	1	M	
294	奥芬根 …………………………	Df.	3	2	0.4	1	M	
	H 级中心地：Df. 大基森多夫，Mf. 瓦尔德斯泰滕。							
	迪林根辖区(不完整)：							
295	赫希施塔特 ……………………	St.	5	5	0.4	3	A	
296	维蒂斯林根 ……………………	Df.	3	1	0.3	1	M	
	H 级中心地：Df. 巴赫哈格尔，Mf. 艾斯林根，Df. 格勒特。							
	克伦巴赫辖区(西部)：							
297	诺伊堡 …………………………	Mf.	1	2	0.3	1	M	
	H 级中心地：缺。							
	伊勒蒂森辖区：							
298	凯尔明茨 ………………………	Mf.	2	3	0.4	2	A	
299	阿尔滕施塔特—埃勒莱兴 ……	Mf.	4	3	0.4	1	M	

1. 特别偏僻，只有 A 级功能，但还是高区所在地。

2. 松特海姆附近。

3. 接近 M 级功能。

（续表）

1	2	3	4	5	6	7	8	9
300	弗林根 …………………………	Df.	6	4	0.4	2	M	
	H 级中心地：Mf. 布赫。							
	布劳博伊伦高级辖区：							
301	谢尔克林根 ……………………	St.	5	5	0.3	3	A	
302	黑尔林根 ………………………	Df.	2	3	0.4	2	A	
303	内林根 …………………………	Mf.	3	2	0.4	1	M	
	H 级中心地：Mf. 托默丁根。							
	明辛根高级辖区：							
304	茨维法尔滕 ……………………	Mf.	3	3	0.4	2	M	
305	布滕豪森 ………………………	Mf.	1	2	0.4	1	M	
	H 级中心地：Df. 恩纳博伊伦，Mf. 梅尔施泰滕，Mf. 尤斯廷根，Df. 许滕，Df. 戈马丁根。Mf. 贝恩洛赫，St. 海英根，Mf. 普夫龙施泰滕；许多引人注目的 H 级中心地；M 级中心地特别少。							
	埃英根高级辖区：							
306	蒙德京根 ………………………	St.	6	6	0.3	4	A	
307	上马希塔尔 ……………………	Mf.	2	2	0.3	1	M	
308	埃尔巴赫 ………………………	Mf.	4	3	0.4	1	M	
	H 级中心地：Df. 阿尔门丁根，Df. 阿尔特施特伊斯林根，Mf。上迪兴根，Df. 里斯蒂林，Df. 上施塔迪翁，Mf. 罗特纳克。							
	里德林根高级辖区：							
309	埃尔廷根 ………………………	Mf.	5	3	0.3	1	M	
310	乌滕韦勒 ………………………	Mf.	3	2	0.3	1	M	
311	茨维法尔滕多夫 ………………	Df.	1	1	0.4	1	M	
	H 级中心地：Mt. 温林根，Df. 迪尔门廷根。							
	劳普海姆高级辖区：							
312	施文迪 …………………………	Mf.	3	4	0.3	3	A	
313	迪滕海姆 ………………………	Mf.	3	4	0.3	3	A	
314	上基希贝格 ……………………	Df.	2	1	0.3	1	M	
	H 级中心地：Df. 苏尔明根，Df. 米廷根，Df. 代尔门辛根。							
	比伯拉赫高级辖区：							
315	埃罗尔茨海姆 …………………	Mf.	3	3	0.3	2	A	
	H 级中心地：Df. 基希贝格，Df. 朗根谢默恩；值得注意的是，该区无 M 级中心地。							
	绍尔高高级辖区：							
316	黑伯廷根 ………………………	Mf.	4	2	0.4	1	M	
	H 级中心地：St. 谢尔，Mf. 霍恩滕根，Df. 霍斯基希，Mf. 柯尼希塞格瓦尔德；该区有 3 个 K 级中心地，只有 1 个 M 级中心地，没有 A 级中心地。							
	瓦尔德塞高级辖区：							
317	舒森里德 ………………………	Mf.	4	6	0.5	4	A	

（续表）

1	2	3	4	5	6	7	8	9
318	上埃森多夫 ……………………	Df.	1	1	0.4	1	M	
319	沃尔夫埃格 ……………………	Df.	2	2	0.5	1	M	
	H 级中心地：Df. 埃伯哈德采尔，Df. 贝加特罗伊特，Df. 阿纳赫。							
	洛伊特基希高级辖区：							
320	艾希施泰滕 ……………………	Mf.	2	3	0.6	2	M	
321	弗里森霍芬 ……………………	Df.	1	2	0.5	1	M	
322	罗特河畔罗特 …………………	Mf.	1	2	0.4	1	M	
	H 级中心地：Df. 豪尔茨，Df. 埃尔旺根，Mf. 盖布拉茨霍芬。							
	旺根高级辖区：							
323	阿姆特采尔 ……………………	Df.	1	2	0.6	1	M	
	H 级中心地：Df. 艾森哈尔茨，Df. 洛伊波尔茨；该区有 1 个 B 级和 2 个 K 级中心地。							
	拉芬斯堡高级辖区：							
324	魏恩加滕 ………………………	St.	18	21	1.0	3	A	1
325	瓦尔德堡 ………………………	Df.	1	1	0.5	1	M	
326	威廉斯多夫 ……………………	Df.	3	2	0.4	1	M	2
327	莫亨旺根 ………………………	Df.	1	1	0.5	1	M	
	H 级中心地：Df. 福格特，Df. 博德内格，Df. 上埃沙赫，Df. 弗龙霍芬，Df. 哈森韦勒。							
	泰特南高级辖区：							
328	黑米希柯芬 ……………………	Mf.	4	7	1.2	2	A	
329	梅肯博伊伦 ……………………	Df.	2	4	0.7	2	A	3
330	朗根阿根 ………………………	Mf.	5	8	1.2	2	M	4
331	菲施巴赫 ………………………	Df.	2	3	1.0	1	M	5
332	诺伊基希 ………………………	Mf.	1	2	0.7	1	M	
	H 级中心地：Df. 上托伊林根。							
	林道辖区：							
333	魏勒 ……………………………	Mf.	4	8	1.2	3	A	
334	罗滕巴赫 ………………………	Df.	1	2	1.0	1	M	
335	黑根斯韦勒 ……………………	Df.	1	2	1.1	1	M	
336	海门基希 ………………………	Df.	2	3	1.0	1	M	
337	沙伊德格 ………………………	Df.	3	5	1.2	1	M	6
	H 级中心地：Df. 迈尔赫芬，Mf. 锡默贝格，Df. 黑尔加茨，Df. 农嫩霍恩，Df. 埃瑟拉茨韦勒。							

1. 属拉芬斯堡。
2. 新成立小企业。
3. 泰特南的火车站所在地。
4. 与黑米希柯芬和克雷斯布龙是联合区，避暑地。
5. 属腓特烈港。
6. 属林登贝格。

（续表）

1	2	3	4	5	6	7	8	9
	于伯林根辖区：							
338	马克多夫 …………………………	St.	5	9	1.0	4	A	1
339	萨莱姆 ………………………………	Df.	1	3	0.8	2	A	2
340	伊门施塔德 ………………………	Mf.	2	4	1.0	2	M	
341	米门豪森 …………………………	Df.	1	2	0.8	1	M	
342	下乌尔丁根 ………………………	Df.	1	2	0.9	1	M	
	H 级中心地：Df. 维滕霍芬，Df. 比拉芬根.							
	普富伦多夫辖区：							
343	海利根贝格 ………………………	Df.	2	3	0.6	2	M	3
344	伊尔门塞 …………………………	Df.	1	1	0.4	1	M	
	H 级中心地：Df. 阿赫—林茨，Df. 黑德旺根。							
	梅斯基希辖区：							
345	卡尔滕—马克特的施泰滕 ……	Mf.	3	5	0.5	3	A	
346	塔尔的豪森 ………………………	Df.	1	1	0.3	1	M	
347	古滕施泰因 ………………………	Df.	1	1	0.4	1	M	
	H 级中心地：Df. 绍尔多夫，Df. 克伦巴赫，Df. 施韦宁根。							
	施托卡赫辖区：							
348	路德维希港 ………………………	Df.	2	4	1.0	2	A	
349	米林根 ………………………………	Df.	1	1	0.5	1	M	
350	艾格尔廷根 ………………………	Df.	2	2	0.6	1	M	4
351	福尔克斯豪森 ……………………	Df.	2	2	0.7	1	M	
352	施泰斯林根 ………………………	Df.	3	3	0.7	1	M	
	H 级中心地：Df. 上施万多夫，Mf. 利普廷根。							
	孔施坦茨辖区：							
353	盖林根 ………………………………	Mf.	4	5	0.7	2	A	
354	赖谢瑙 ………………………………	Df.	5	6	1.0	1	M	
355	厄宁根 ………………………………	Df.	3	3	0.7	1	M	
356	戈特马丁根 ………………………	Df.	4	4	0.7	1	M	
	H 级中心地：Df. 盖恩霍芬，Df. 博林根。							
	恩根辖区：							
357	伊门丁根 …………………………	Df.	3	4	0.6	2	A	5
358	滕根 …………………………………	St.	2	3	0.5	2	M	6
359	默林根 ………………………………	St.	4	3	0.6	1	M	

1. 接近 K 级功能。
2. 与米门豪森是联合区，具 A 级功能。
3. 避暑地。
4. 与阿赫与福尔克斯豪森是联合区，分离原则。
5. 重要铁路枢纽，排挤了莫林根。
6. 此外，St. 布卢门费尔德很不重要。

（续表）

1	2	3	4	5	6	7	8	9
360	阿赫	St.	2	2	0.6	1	M	1
	H 级中心地：St. 布卢门费尔德，Df. 宾宁根，Df. 米尔豪森，Df. 莱普费尔丁根。							
	多瑙埃兴根与诺伊施塔特辖区东部：							
361	许芬根	St.	4	5	0.6	3	A	2
362	弗伦巴赫	St.	5	6	0.7	3	A	
363	勒芬根	St.	4	6	0.65	3	A	
364	德京根	Df.	1	2	0.5	1	M	
365	布伦贝格—措尔豪斯	Mf.	2	2	0.4	1	M	
366	盖辛根	St.	3	2	0.5	1	M	
367	艾森巴赫	Df.	1	2	0.6	1	M	
	H 级中心地：St. 菲尔斯滕贝格，St. 布罗因林根，Df. 哈默赖森巴赫，Df. 沃尔特丁根，Df. 诺伊丁根，Df. 上巴尔丁根。							
	菲林根辖区(不包括特里贝格)：							
368	巴特迪尔海姆	Df.	5	13	1.7	4	A	3
369	柯尼希斯费尔德	Df.	3	7	0.9	4	A	4
370	下埃施巴赫	Df.	2	2	0.5	1	M	
371	泰嫩布龙	Df.	4	3	0.6	1	M	
	H 级中心地：缺。							
	图特林根高级辖区：							
372	特罗辛根	Mf.	14	18	1.0	4	A	5
373	米尔海姆	St.	3	2	0.3	1	M	
	H 级中心地：Df. 埃克附近的诺伊豪森，Df. 塔尔海姆，Df. 图宁根，St. 弗里丁根。							
	施派兴根高级辖区：							
374	阿尔丁根	Df.	4	3	0.5	1	M	
375	戈斯海姆	Df.	2	2	0.4	1	M	6
376	韦英根	Mf.	3	2	0.4	1	M	
	H 级中心地：Df. 伯廷根，Df. 埃格斯海姆，Mf. 努斯普林根，Mf. 奥伯恩海姆。							
	罗特韦尔高级辖区：							
377	敦宁根	Mf.	4	4	0.4	2	A	
378	申贝格	St.	3	3	0.4	2	M	
379	代斯林根	Df.	6	4	0.5	1	M	

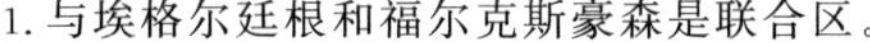

1. 与埃格尔廷根和福尔克斯豪森是联合区。
2. 属多瑙埃兴根。
3. 浴场，特殊地位。
4. 亨胡特兄弟会教派会员居住区，特殊地位。
5. 工业区。
6. 与韦英根是联合区。

（续表）

1	2	3	4	5	6	7	8	9
	H 级中心地：Df. 韦伦丁根。							
	奥伯恩多夫高级辖区及沃尔法赫区(部分)：							
380	阿尔皮斯巴赫 …………………	St.	4	7	0.8	4	A	1
381	希尔塔赫 ………………………	St.	5	7	0.6	4	A	
382	温策尔恩 ………………………	Df.	3	2	0.45	1	M	2
383	苏尔格奥 ………………………	Df.	1	2	0.6	1	M	3
384	里波尔德绍 ……………………	Df.	2	3	0.8	1	M	
	H 级中心地：Df. 埃普芬多夫，Mf. 弗卢奥恩，Df. 罗滕巴赫。							
	内卡河畔苏尔茨高级辖区：							
385	罗森费尔德 ……………………	St.	4	3	0.3	2	M	
386	多恩汉 …………………………	St.	4	3	0.4	2	M	
	H 级中心地：Mf. 莱恩施泰滕，Mf. 莱德林根，St. 宾茨多夫。							
	巴林根高级辖区：							
387	温特林根 ………………………	Mf.	6	5	0.5	2	M	
388	劳芬 ……………………………	Df.	2	2	0.6	1	M	
389	翁斯特梅廷根 …………………	Mf.	8	8	0.9	1	M	4
390	上迪吉斯海姆 …………………	Df.	1	1	0.3	1	M	
	H 级中心地：Mf. 奥斯持多夫，Mf. 蒂林根，Df. 梅斯泰滕，Df. 比茨。							
	黑兴根高级辖区：							
391	布拉丁根 ………………………	Mf.	5	5	0.5	2	A	
392	比辛根 …………………………	Df.	4	4	0.5	2	M	
393	代廷根 …………………………	Df.	2	1	0.4	1	M	
394	永京根 …………………………	Df.	2	2	0.5	1	M	
	H 级中心地：Mf. 恩普芬根，Mf. 格鲁奥尔，Mf. 格罗瑟尔芬根，Mf. 梅尔兴根，Df. 基勒。							
	锡格马林根高级辖区：							
395	奥斯特拉赫 ……………………	Mf.	3	5	0.6	3	A	
396	加默廷根 ………………………	St.	3	4	0.5	2	A	
397	特罗赫特尔芬根 ………………	St.	3	3	0.3	2	M	
398	克劳亨维斯 ……………………	Df.	2	2	0.6	1	M	
399	瓦尔德 …………………………	Mf.	1	2	0.6	1	M	
400	博伊龙 …………………………	Df.	2	2	0.3	1	M	
401	黑廷根 …………………………	St.	1	1	0.5	1	M	
402	费林根施塔特 …………………	St.	1	1	0.5	1	M	
	H 级中心地：Df. 朗格嫩斯林根，Mf. 诺伊弗拉，Mf. 因讷林根，Df. 永瑙，Mf. 宾根，Df. 斯特拉斯贝格，Df. 利格斯多夫。							

1. 接近 K 级功能。

2. 比 Mf. 弗卢奥恩重要。

3. 属施兰贝格。

4. 属于泰尔芬根。

表Ⅳ　斯特拉斯堡L级体系

1	2	3	4	5	6	7	8	9
1	斯特拉斯堡 …………………	U. St.	?	?	?	?	P	
2	曼海姆—路德维希港 ………	U. St.	992	1939	1.25	699	P	
3	卡尔斯鲁厄 …………………	St.	452	922	1.25	357	P	
4	巴塞尔 ………………………	St.	?	?	?	?	P	
5	萨尔布吕肯 …………………	U. St.	368	745	1.1	340	P	
6	弗赖堡 ………………………	St.	238	590	1.25	292	P	
7	海德堡 ………………………	St.	224	502	1.45	178	P	
8	米尔豪森 ……………………	St.	?	?	?	?	P	
9	凯撒斯劳滕 …………………	U. St.	152	211	0.74	99	G	
10	巴登—巴登 …………………	St.	64	213	2.0	85	G	
11	科尔马 ………………………	St.	?	?	?	?	G	
12	诺伊施塔特 a. d. H. ………	U. St.	61	146	1.3	67	G	
13	兰道 …………………………	U. St.	42	112	1.25	60	G	
14	皮尔马森斯 …………………	U. St.	107	167	1.0	60	G	
15	布鲁赫萨尔 …………………	St.	41	84	0.7	55	G	
16	勒拉赫 ………………………	St.	44	104	1.2	51	G	
17	奥芬堡 ………………………	St.	42	92	1.0	50	G	
18	哈格瑙 ………………………	St.	?	?	?	?	G	
19	拉尔—丁林根 ………………	St.	41	72	0.8	39	G	
20	萨尔堡 ………………………	St.	?	?	?	?	G	
21	拉施塔特 ……………………	St.	38	67	0.8	36	G	
22	施派尔 ………………………	U. St.	64	99	1.0	35	G	
23	茨韦布吕肯 …………………	U. St.	63	80	0.75	33	B	1
24	凯尔 …………………………	St.	24	56	1.0	32	B	2
25	萨尔路易 ……………………	St.	71	72	0.6	29	B	
26	诺因基兴 ……………………	St.	102	78	0.5	28	B	
27	魏恩海姆 ……………………	St.	39	65	1.0	26	B	
28	埃门丁根 ……………………	St.	22	39	0.75	23	B	
29	比尔 …………………………	St.	15	35	0.9	22	B	
30	普法尔茨地区洪堡 …………	St.	27	35	0.5	22	B	
31	瓦尔茨胡特 …………………	St.	13	31	0.95	19	B	3

1. 本已具有G级意义。
2. 属于斯特拉斯堡。
3. 包括廷根，中心性为30。

（续表）

1	2	3	4	5	6	7	8	9
32	弗尔克林根 ……………………	Df.	93	64	0.55	17	B	
33	盖恩斯巴赫 ……………………	St.	10	25	0.9	16	B	
34	莫斯巴赫 ……………………	St.	12	24	0.65	16	B	
35	阿赫恩 ……………………	St.	18	32	0.9	16	B	
36	埃特林根 ……………………	St.	24	34	0.8	15	B	
37	格林施塔特 ……………………	St.	13	28	1.0	15	B	
38	巴特迪克海姆 ……………………	St.	23	42	1.2	15	B	
39	梅尔齐希 ……………………	St.	25	29	0.55	15	B	
40	圣文德尔 ……………………	St.	23	23	0.45	13	B	
41	米尔海姆 ……………………	St.	9	23	1.1	13	B	
42	绍普夫海姆 ……………………	St.	10	22	0.9	13	B	
43	布雷滕 ……………………	St.	14	20	0.55	12	B	
44	特里贝格 ……………………	St.	10	24	1.2	12	K	1
45	加格瑙 ……………………	Df.	10	18	0.6	12	K	2
46	弗兰肯塔尔 ……………………	U. St.	88	96	0.95	12	K	3
47	埃登科本 ……………………	St.	13	27	1.1	12	K	
48	贝格察本 ……………………	St.	7	16	0.6	12	K	
49	廷根 ……………………	St.	7	18	0.95	11	K	
50	库瑟尔 ……………………	St.	9	15	0.45	11	K	4
51	萨京根 ……………………	St.	14	26	1.1	10	K	
52	瓦尔德基希 ……………………	St.	19	24	0.75	10	K	
53	辛斯海姆 ……………………	St.	9	16	0.7	10	K	5
54	内卡格明德 ……………………	St.	8	19	1.1	10	K	
55	埃伯尔巴赫 ……………………	St.	17	22	0.7	10	K	
56	兰施图尔 ……………………	St.	13	18	0.6	10	K	
57	布赖萨赫 ……………………	St.	8	15	0.7	9	K	
58	维斯洛赫 ……………………	St.	18	20	0.6	9	K	
59	圣英贝特 ……………………	St.	51	35	0.5	9	K	
60	迪林根 ……………………	Df.	33	26	0.5	9	K	
61	诺伊施塔特 i. Schw. …………	St.	12	21	1.0	8	K	
62	坎登 ……………………	St.	5	12	0.8	8	K	
63	沃尔法赫 ……………………	St.	5	12	0.85	8	K	
64	奥伯基希 ……………………	St.	11	20	1.1	8	K	

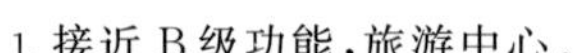

1. 接近 B 级功能，旅游中心。
2. 大工业。
3. 由于距曼海姆近，中心性小。
4. 与阿尔滕兰为联合区，具 B 级功能。
5. 占据 B 级地位，但与魏布施塔特和内卡比绍夫斯海姆竞争。

（续表）

1	2	3	4	5	6	7	8	9
65	施韦青根	St.	45	42	0.75	8	K	1
66	圣布拉辛	St.	5	13	1.3	7	K	
67	克罗津根	Df.	4	10	0.8	7	K	2
68	兰登堡	St.	12	16	0.75	7	K	
69	盖默斯海姆	St.	8	11	0.5	7	K	
70	安韦勒	St.	11	13	0.55	7	K	
71	罗肯豪森	Df.	5	10	0.6	7	K	3
72	萨尔布吕肯地区的苏尔茨巴赫	Df.	59	28	0.35	7	K	
73	瓦登	Df.	3	8	0.4	7	K	
74	黑伦阿尔布	Df.	4	13	1.6	7	K	
75	肯青根	St.	7	12	0.7	7	K	
76	施陶芬	St.	5	10	0.8	6	K	
77	巴登韦勒	Df.	3	18	4.0	6	K	4
78	霍恩贝格	St.	8	13	0.85	6	K	
79	哈斯拉赫	St.	7	12	0.85	6	K	
80	兰布雷希特	St.	9	14	0.85	6	K	
81	瓦尔德菲施巴赫	Df.	6	10	0.65	6	K	
82	劳特埃肯	St.	5	8	0.45	6	K	
83	温韦勒	Df.	4	8	0.6	6	K	5
84	布利斯卡斯特尔	St.	5	8	0.5	6	K	
85	奥特韦勒	St.	18	14	0.45	6	K	
86	莱巴赫	Df.	6	8	0.35	6	K	
87	卡珀尔罗代克	Df.	6	11	0.9	6	K	
88	舍瑙	St.	4	8	0.8	5	K	
89	埃尔察赫	St.	3	7	0.65	5	K	
90	根根巴赫	St.	8	10	0.7	5	K	
91	采尔哈默斯巴赫	St.	4	8	0.7	5	K	
92	奥珀瑙	St.	5	10	1.0	5	K	
93	布亨	St.	6	8	0.55	5	K	
94	弗赖恩海姆	Df.	7	12	1.0	5	K	
95	豪恩施泰因(普法尔茨)	Df.	6	8	0.45	5	K	
96	伊林根	Df.	11	9	0.35	5	K	
97	布斯—瓦德加森	Df.	20	15	0.5	5	K	
98	邦多夫	St.	4	8	0.9	4	K	

1. 包括奥弗特斯海姆和普兰克施塔特。
2. 火车站所在地，包括施陶芬，中心性为13。
3. 尽管是村镇，但是区政府所在地。
4. 浴场，位于米尔海姆。
5. 包括朗迈尔，中心性为7。

（续表）

1	2	3	4	5	6	7	8	9
99	瓦尔迪恩 …………………………	St.	10	8	0.45	4	K	1
100	坎德尔 ………………………………	Df.	9	8	0.5	4	K	
101	莱茵费尔登 ………………………	Df.	13	19	1.15	4	K	
	勒拉赫辖区：							
102	格伦察赫 …………………………	Df.	6	11	1.35	3	A	2
103	埃夫林根—基兴 ………………	Df.	4	5	0.8	2	A	
104	施泰嫩 ……………………………	Df.	8	8	0.75	2	M	
	H级中心地：Df. 魏尔—莱奥波茨赫厄，Df. 克赖克姆斯。							
	绍普夫海姆辖区：							
105	采尔—阿岑巴赫 ………………	St.	12	15	0.85	4	A	
106	韦尔 ………………………………	Df.	10	13	0.85	4	A	
107	托特瑙 ……………………………	Df.	6	9	1.0	3	A	
	H级中心地：Df. 泰格瑙，Df. 贝尔瑙，Df. 盖斯巴赫。							
	塞京根辖区：							
108	托特莫斯 …………………………	Df.	4	8	1.0	4	A	
109	劳芬堡 ……………………………	Df.	2	6	1.0	4	A	
110	穆尔格 ……………………………	Df.	4	7	1.0	3	A	
	H级中心地：Df. 施沃施塔特，Df. 里肯巴赫，Df. 黑里施里德，Df. 厄弗林根—布雷内特。							
	瓦尔茨胡特辖区：							
111	施蒂林根 …………………………	St.	3	6	0.6	4	A	
112	阿尔布鲁克 ………………………	Df.	3	5	0.8	3	A	
113	格里森 ……………………………	Df.	3	4	0.7	2	A	
114	上劳赫林根 ………………………	Df.	1	2	0.8	1	M	3
115	埃尔青根 …………………………	Df.	4	4	0.7	1	M	4
116	下埃京根 …………………………	Df.	1	2	0.6	1	M	
117	耶施泰滕 …………………………	Df.	4	4	0.7	1	M	
118	比肯费尔德 ………………………	Mf.	1	2	0.7	1	M	5
119	于林根 ……………………………	Df.	2	2	0.7	1	M	
120	赫兴施万德 ………………………	Df.	1	2	1.2	1	M	
121	伊默奈希 …………………………	Df.	1	1	0.7	1	M	
122	格维尔 ……………………………	Df.	2	2	0.7	1	M	
	H级中心地：St. 豪恩施泰因，Df. 班霍尔茨，Df. 格里默尔斯霍芬。							
	诺伊施塔特辖区（不包括东部地区）：							
123	伦茨基希 …………………………	Mf.	4	8	1.2	3	A	

1. 圣地。

2. 巴塞尔的德意志疆域内郊区。

3. 与廷根是联合区。

4. 交界地，与格里森是联合区。

5. 与于林根为联合区。

（续表）

1	2	3	4	5	6	7	8	9
124	欣特察尔滕	Df.	2	6	1.5	3	A	1
125	蒂蒂塞	F. Df.	1	4	2.0	2	M	
126	格拉芬豪森	Mf.	2	3	0.7	1	M	
127	施卢赫塞	Df.	2	3	1.2	1	M	
128	旧格拉斯许滕	Df.	1	2	1.2	1	M	
	H 级中心地:F. Df. 费尔德贝格,Df. 门岑施万德。							
	弗赖堡辖区:							
129	基希察尔滕	Df.	3	5	0.7	3	A	
130	上罗特韦尔	Df.	3	4	0.6	2	M	2
131	沙尔施塔特	Df.	5	3	0.5	1	M	3
132	伊林根	Df.	8	6	0.6	1	M	
133	圣彼得	Df.	2	2	0.6	1	M	
134	圣梅尔根	Df.	2	3	0.7	1	M	
	H 级中心地:Df. 戈滕海姆,Df. 胡格施泰滕,St. 布克海姆,Df. 奥普芬根。							
	施陶芬辖区:							
135	苏尔茨堡	St.	3	4	0.6	2	M	4
136	海特斯海姆	St.	4	4	0.7	1	M	
	H 级中心地:Df. 下明斯特塔尔,Df. 博尔施韦尔,Df. 哈特海姆。							
	米尔海姆辖区:							
137	诺因堡	St.	4	4	0.7	1	M	5
138	布京根	Df.	2	3	0.7	1	M	
139	施林根	Mf.	3	3	0.7	1	M	
	H 级中心地:Df. 马尔采尔,Df. 下和上埃格嫩,Mf. 奥根。							
	瓦尔德基希辖区:							
140	布莱巴赫	Df.	2	2	0.55	1	M	
	H 级中心地:Df. 上普雷希塔尔,Df. 下格洛滕塔尔,Df. 旧西蒙斯瓦尔德。							
	埃门丁根辖区:							
141	黑博尔茨海姆	St.	8	9	0.6	4	A	
142	恩丁根	St.	7	7	0.5	4	A	6
143	艾希施泰滕	Df.	5	5	0.6	2	M	
144	黑格尔	Mf.	4	3	0.5	1	M	
145	魏斯韦尔	Df.	3	2	0.4	1	M	
146	柯尼希斯沙夫豪森	Df.	2	2	0.6	1	M	

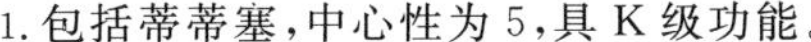

1. 包括蒂蒂塞,中心性为 5,具 K 级功能。
2. 凯撒斯图尔斯的中心,排挤了布洛海姆。
3. 包括埃夫林根和沃尔芬韦勒。
4. 小区。
5. 与米尔海姆联合。
6. 与黑格尔是联合区,具 K 级功能。

（续表）

1	2	3	4	5	6	7	8	9
147	泰宁根 ……………………………	Df.	5	4	0.6	1	M	1
148	登茨林根 …………………………	Df.	5	4	0.6	1	M	
	H 级中心地：缺。							
	拉尔辖区：							
149	弗里森海姆 ………………………	Df.	7	7	0.6	3	A	
150	塞尔巴赫 …………………………	Mf.	4	5	0.6	3	A	
151	埃滕海姆 …………………………	St.	11	10	0.6	3	A	
152	基彭海姆 …………………………	Df.	4	4	0.6	2	M	2
153	施米海姆 …………………………	Df.	2	2	0.6	1	M	
154	奥滕海姆 …………………………	Df.	4	2	0.35	1	M	
	H 级中心地：Df. 施韦格豪森，St. 马尔贝格，Mf. 伊兴海姆。							
	沃尔法赫辖区（部分）：							
155	豪萨赫 ……………………………	St.	4	6	0.6	4	A	
156	沙普巴赫 …………………………	Df.	2	2	0.6	1	M	
	H 级中心地：Df. 古塔赫。							
	奥芬堡辖区：							
157	阿尔滕海姆 ………………………	Df.	6	5	0.35	3	A	
158	阿彭韦尔 …………………………	Df.	5	4	0.5	2	M	
159	诺德拉赫 …………………………	Df.	4	5	0.7	2	M	
160	舒特瓦尔德 ………………………	Df.	5	3	0.4	1	M	3
	H 级中心地：Df. 上哈默斯巴赫，Df. 下绍普夫海姆，Df. 杜尔巴赫。							
	凯尔辖区：							
161	利希特瑙 …………………………	St.	3	4	0.4	3	A	
162	莱茵比绍夫斯海姆 ………………	Df.	3	4	0.4	3	A	
163	科尔克 ……………………………	Mf.	3	3	0.5	1	M	4
	H 级中心地：St. 诺伊弗赖施泰特，Df. 维尔施泰特，Df. 博德斯韦尔。							
	奥伯基希辖区：							
164	巴特彼得斯塔尔 …………………	Df.	4	5	0.85	2	M	
	H 级中心地：巴特格里斯巴赫。							
	比尔辖区：							
165	奥滕霍芬 …………………………	Df.	4	6	0.6	4	A	
166	施泰因巴赫 ………………………	St.	5	6	0.6	3	A	
167	伦兴 ………………………………	St.	6	7	0.6	3	A	
168	比勒塔尔 …………………………	Df.	13	10	0.7	1	M	5
	H 级中心地：Mf. 施瓦察赫，Df. 辛茨海姆。							

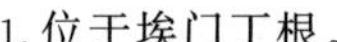

1. 位于埃门丁根。
2. 与施米海姆为联合区。A 级功能，代替了 St. 马尔贝格。
3. 位于奥芬堡。
4. 属于科尔区。
5. 属比尔区。

（续表）

1	2	3	4	5	6	7	8	9
	拉施塔特辖区：							
169	杜默斯海姆 ……………………	Df.	11	8	0.45	3	A	
170	库彭海姆 ………………………	St.	6	5	0.5	2	M	
171	温特斯多夫 ……………………	Df.	3	2	0.4	1	M	1
172	福尔巴赫—高斯巴赫 …………	Df.	9	6	0.6	1	M	
	H 级中心地：Df. 许格尔斯海姆，Df. 洪茨巴赫。							
	埃特林根辖区(包括黑伦纳布)：							
173	马尔施 …………………………	Mf.	12	7	0.4	2	M	
174	多伯尔 …………………………	Df.	2	3	1.0	1	M	
175	马克思采尔 …………………	F. Df.	1	1	0.5	1	M	
	H 级中心地：Df. 朗根施泰因巴赫，Df. 弗尔克斯巴赫。							
	卡尔斯鲁厄辖区：							
176	魏恩加滕 ………………………	Df.	12	8	0.4	3	A	
177	格拉本 …………………………	Mf.	6	4	0.4	2	M	2
178	腓特烈斯塔尔 ………………	Mf.	4	2	0.35	1	M	
179	贝格豪森 ………………………	Df.	7	3	0.3	1	M	
	H 级中心地：St. 杜尔拉赫(被吞并)，Df. 林肯海姆(应为 M 级中心地)，Df. 约林根，Df. 布兰肯洛赫. Df. 沃辛根。							
	布鲁赫萨尔辖区：							
180	菲利普斯堡 ……………………	St.	8	6	0.35	3	A	
181	明戈尔斯海姆 …………………	Df.	6	5	0.5	2	A	3
182	朗根布吕肯 ……………………	Df.	4	3	0.5	1	M	
183	厄斯特林根 ……………………	Df.	9	5	0.4	1	M	
184	下格龙巴赫 ……………………	Df.	7	4	0.4	1	M	4
185	奥登海姆 ………………………	Df.	6	3	0.4	1	M	
	H 级中心地：Df. 海德尔斯海姆，St. 戈克斯海姆，Df. 门青根，St. 下厄维斯海姆，Df. 瓦格霍伊瑟尔。							
	布雷滕辖区(包括毛尔布龙高级辖区的西部)：							
186	克尼特林根 ……………………	St.	5	3	0.4	1	M	5
187	上代丁根 ………………………	Mf.	4	2	0.3	1	M	
188	贡德尔斯海姆 …………………	Mf.	3	2	0.4	1	M	
189	弗莱英根 ………………………	Df.	3	2	0.4	1	M	
	H 级中心地：Df. 苏尔茨费尔德，Mf. 屈恩巴赫。							
	辛斯海姆辖区(不包括东部)：							

1. 属拉施塔特区。
2. 重要铁路枢纽站，应为 A 级意义。
3. 与朗根布吕肯是联合区。
4. 非常小。
5. 布雷滕使该市意义减少。

（续表）

1	2	3	4	5	6	7	8	9
190	魏布施塔特 ……………………	St.	5	5	0.55	2	A	1
191	内卡比绍夫斯海姆 …………	St.	3	4	0.5	2	A	
192	奈登施泰因 ……………………	Df.	2	2	0.5	1	M	
193	埃希特斯海姆 …………………	Df.	2	2	0.4	1	M	
	H级中心地：St. 希尔斯巴赫（特别令人吃惊的是，它只具有H级意义），Mf. 黑尔姆施塔特，Df. 里亨。							
	莫斯巴赫辖区（包括塞卡赫，不含诺伊德瑙）：							
194	阿格拉斯特豪森 ………………	Df.	2	4	0.5	3	A	
195	内卡盖拉赫 ……………………	Df.	1	3	0.5	2	A	
196	内卡埃尔茨 ……………………	Df.	9	5	0.5	1	M	2
197	施特吕姆普费尔布龙 …………	Df.	2	2	0.4	1	M	
198	比利希海姆 ……………………	Df.	2	1	0.4	1	M	
199	上谢夫伦茨 ……………………	Df.	3	2	0.4	1	M	
200	塞卡赫 …………………………	Df.	2	2	0.5	1	M	
	H级中心地：Df. 许芬哈特，Df. 法伦巴赫，Df. 哈斯默斯海姆。							
	布亨辖区：							
201	哈德海姆 ………………………	Mf.	6	5	0.3	3	A	
202	穆道 ……………………………	Mf.	3	4	0.3	3	A	3
	H级中心地：Df. 阿尔特海姆，Df. 盖里希特施泰滕，Df. 瓦尔德豪林，Mf. 伯迪希海姆，Df. 里普贝格，Df. 恩斯塔尔；（无M级中心地，但有两个K级和两个A级中心地）。							
	维斯洛赫辖区：							
203	瓦尔多夫 ………………………	St.	11	6	0.5	1	M	4
204	马尔施 …………………………	Mf.	4	2	0.4	1	M	
	H级中心地：缺。							
	海德堡辖区：							
205	梅克斯海姆 ……………………	Mf.	4	5	0.6	3	A	
206	舍瑙 ……………………………	St.	5	6	0.7	2	A	5
207	巴门塔尔 ………………………	Df.	4	4	0.7	1	M	
208	莱门 ……………………………	Mf.	10	6	0.5	1	M	
209	海利希克罗伊茨施泰因阿赫 ……	Df.	1	1	0.5	1	M	
	H级中心地：Df. 桑德豪森，Mf. 努斯洛赫。							
	魏因海姆辖区（包括黑彭海姆和埃尔巴赫区部分）：							

1. 与内卡比绍夫斯海姆和内登施泰因为联合区，具有K级功能。
2. 包括迪德斯海姆和奥布里希海姆，莫斯巴赫火车站所在地，与莫斯巴赫是联合区。
3. 修建得很美的地区。
4. 与维斯洛赫是联合区。
5. 偏僻，特别小。

（续表）

1	2	3	4	5	6	7	8	9
210	内卡施泰因阿赫	St.	4	7	0.7	4	A	
211	瓦尔德米歇尔巴赫	Mf.	4	5	0.5	3	A	
212	希尔施霍恩	St.	6	6	0.6	2	A	
213	比克瑙	Mf.	6	5	0.6	1	M	
214	菲恩海姆	Mf.	27	16	0.55	1	M	1
215	大萨克森	Df.	3	3	0.6	1	M	
	H 级中心地：Mf. 罗滕堡，Df. 凯尔巴赫，Mf. 默伦巴赫，Df. 黑默斯巴赫。							
	曼海姆辖区（包括兰佩特海姆）：							
216	施里斯海姆	Df.	9	11	0.8	4	A	
217	兰佩特海姆	Mf.	27	18	0.6	2	A	
218	霍肯海姆	St.	22	15	0.6	2	M	
	H 级中心地：腌特烈斯费尔德（曼海姆的郊区）。							
	路德维希港辖区：							
219	林布格霍夫	F. Df.	2	3	0.7	2	M	2
220	穆特施塔特	Df.	14	11	0.7	1	M	
	H 级中心地：Df. 富斯根海姆，Df. 丹施塔特，St. 奥格斯海姆（被吞并），Df. 阿尔特里普。							
	弗兰肯塔尔辖区：							
221	艾森贝格	Df.	9	10	0.7	3	A	3
222	黑滕莱德尔海姆	Df.	5	7	0.7	3	A	
223	迪尔姆施泰因	Df.	4	4	0.7	1	M	
224	基希海姆	Df.	3	3	0.8	1	M	4
225	旧莱宁根	Df.	2	2	0.7	1	M	
226	兰布斯海姆	Df.	8	6	0.65	1	M	
	H 级中心地：Df. 博本海姆，Df. 小博肯海姆，Df. 大霍伊谢尔海姆。							
	巴特迪克海姆辖区：							
227	代德斯海姆	St.	6	9	1.0	3	A	
228	魏森海姆 a. S.	Df.	7	8	0.8	2	M	5
229	瓦亨海姆	St.	6	7	1.0	1	M	6
	H 级中心地：Df. 弗里德尔斯豪森。							
	诺伊施塔特 a. d. H. 辖区：							
230	哈斯洛赫	Df.	23	14	0.5	3	A	

1. 工人居住区。
2. 与穆特施塔特为联合区，火车站。
3. 与黑滕莱德尔海姆是联合区，具有 K 级意义。
4. 位于格林施塔特。
5. 位于弗赖恩斯豪森。
6. 属巴特迪克海姆。

（续表）

1	2	3	4	5	6	7	8	9
231	穆斯巴赫 ……………………	Df.	7	8	1.0	1	M	1
232	杜特韦勒 ……………………	Df.	2	2	0.4	1	M	
233	魏登塔尔 ……………………	Df.	4	3	0.5	1	M	
	H 级中心地：Df. 埃尔姆施泰因。							
	施派尔辖区：							
234	希弗施塔特 ……………………	Df.	26	17	0.55	3	A	
	H 级中心地：Df. 瓦尔德塞。							
	盖默斯海姆辖区：							
235	吕尔茨海姆 ……………………	Df.	9	8	0.4	4	A	2
236	贝尔海姆 ……………………	Df.	9	6	0.4	2	M	
237	莱茵察本 ……………………	Df.	5	3	0.4	1	M	
238	沙伊特 ……………………	Df.	3	2	0.4	1	M	
239	哈根巴赫 ……………………	Df.	5	3	0.4	1	M	3
	H 级中心地：Df. 下卢施塔特，Df. 施韦根海姆，Df. 马克西米利安绍，Df. 莱茵河畔诺伊堡。							
	兰道辖区：							
240	迈卡默 ……………………	Df.	8	12	1.0	4	A	4
241	黑克斯海姆 ……………………	Df.	13	9	0.45	3	A	
242	下霍赫施塔特 ……………………	Df.	3	3	0.5	2	M	
243	罗特 ……………………	Df.	3	4	1.0	1	M	5
244	伯兴根 ……………………	Df.	2	2	0.75	1	M	
245	锡伯尔丁根 ……………………	Df.	2	2	0.7	1	M	6
	H 级中心地：Df. 奥芬巴赫，Df. 埃辛根，Df. 格克林根。							
	贝格察本恩辖区：							
246	阿尔伯斯韦勒 ……………………	Df.	6	5	0.5	2	A	
247	英根海姆 ……………………	Df.	3	3	0.4	2	M	7
248	比利希海姆 ……………………	Df.	3	3	0.4	2	M	
249	克林根明斯特 ……………………	Df.	5	2	0.4	1	M	8
250	拉姆贝格 ……………………	Df.	3	2	0.4	1	M	
	H 级中心地：Df. 施韦根，Df. 前魏登塔尔。							
	皮尔马森斯辖区：							

1. 属诺伊施塔特。
2. 与贝尔海姆为联合区，具 K 级功能。
3. 对沃尔特—马克西米利安绍，诺伊堡及贝格意义重大。
4. 包括阿尔斯特韦勒，与埃登科本联合。
5. 位于埃登科本。
6. 与阿尔伯魏勒是联合区。
7. 与比利希海姆是联合区，具有 A 级功能。
8. 由于有许多机构，所以人口多。

（续表）

1	2	3	4	5	6	7	8	9
251	达恩 …………………………………	Df.	5	7	0.55	4	A	1
252	塔莱施韦勒 ………………………	Df.	5	5	0.6	2	M	
253	菲施巴赫 …………………………	Df.	2	1	0.3	1	M	
254	后魏登塔尔 ………………………	Df.	3	2	0.45	1	M	
255	绍普 …………………………………	Df.	2	2	0.55	1	M	
256	瓦尔哈尔本 ………………………	Df.	1	1	0.5	1	M	2
257	黑尔施贝格 ………………………	Df.	2	2	0.5	1	M	
	H 级中心地：Df. 罗达尔本，Df. 明希韦勒，Df. 特鲁尔本，Df. 韦瑟尔贝格，Df. 莱门，Df. 本登塔尔，Df. 博本塔尔。							
	茨韦布吕肯辖区：							
258	霍恩巴赫 …………………………	St.	4	4	0.4	2	A	
259	大施泰因豪森 ……………………	Df.	1	1	0.4	1	M	
260	里施韦勒 …………………………	Df.	2	1	0.3	1	M	
	H 级中心地：Df. 上奥尔巴赫，Df. 代尔费尔德。							
	凯撒斯劳特恩辖区：							
261	恩肯巴赫 …………………………	Df.	4	4	0.5	2	A	
262	上施派尔 …………………………	Df.	7	5	0.5	2	A	
263	布鲁赫米尔巴赫 …………………	Df.	2	3	0.5	2	M	
264	奥特贝格 …………………………	St.	7	4	0.4	1	M	3
265	奥特巴赫 …………………………	Df.	5	3	0.4	1	M	
266	奥尔斯布吕肯 ……………………	Df.	2	2	0.4	1	M	
267	尼德基兴 …………………………	Df.	2	2	0.35	1	M	
268	韦勒巴赫 …………………………	Df.	5	3	0.4	1	M	
269	拉姆施泰因 ………………………	Df.	7	4	0.4	1	M	
270	赖兴巴赫 …………………………	Df.	1	1	0.3	1	M	
	H 级中心地：Df. 特里普施塔特，Df. 梅林根—诺伊基兴。							
	罗肯豪森辖区（南部）：							
271	朗迈尔 ……………………………	F. Df.	1	1	0.5	1	M	
	H 级中心地：Df. 比斯特希德。							
	库瑟尔辖区和鲍姆霍尔德辖区（部分）：							
272	沃尔夫施泰因 ……………………	St.	3	5	0.4	4	A	
273	阿尔滕格兰 ………………………	Df.	3	4	0.4	3	A	
274	瓦尔德莫尔 ………………………	Df.	5	5	0.4	3	A	
275	格兰米希韦勒 ……………………	Df.	2	3	0.4	2	A	
276	奥芬巴赫 …………………………	Df.	2	3	0.4	2	M	4
277	奥登巴赫 …………………………	Df.	2	2	0.4	1	M	

1. 区法院所在地，但被豪恩施泰因和欣特韦登塔尔排挤。

2. 与黑施贝格为联合区。

3. 与奥托巴赫为联合区，具 A 级功能。

4. 几乎为 A 级功能，靠近劳特埃肯。

（续表）

1	2	3	4	5	6	7	8	9
278	乌尔默特 …………………………	Df.	2	2	0.4	1	M	
279	舍嫩贝格 …………………………	Df.	3	2	0.35	1	M	1
280	尼德基兴 …………………………	Df.	2	1	0.3	1	M	
281	奥伯基兴 …………………………	Df.	4	2	0.3	1	M	
	H级中心地：Mf. 格伦巴赫，Df. 赖波尔茨基兴，Df. 黑尔施韦勒，Df. 孔肯，Df. 布赖滕巴赫，Df. 阿尔滕基兴，Df. 耶滕巴赫。							
	圣英贝特辖区：							
282	罗尔巴赫 …………………………	Df.	9	5	0.4	1	M	2
283	恩斯海姆 …………………………	Df.	8	4	0.35	1	M	
284	盖斯海姆 …………………………	Df.	2	2	0.4	1	M	
285	艾恩厄德 ……………………	F. Df.	3	2	0.4	1	M	3
286	米特尔贝克斯巴赫 ……………	Df.	16	7	0.35	1	M	
	H级中心地：Df. 阿尔特海姆，Df. 林巴赫，Df. 基克尔，Df. 赖恩海姆。							
	萨尔布吕肯区：							
287	霍伊斯韦勒 ……………………	Df.	12	8	0.35	4	A	4
288	腓特烈施塔尔 …………………	Df.	35	13	0.35	1	M	5
289	亨韦勒 ……………………………	Df.	2	2	0.5	1	M	6
	H级中心地：Df. 克莱恩布利特斯多夫，Df. 杜德韦勒，Df. 奎尔希德，Df. 克尔恩，Df. 皮特林根，Df. 纳斯韦勒，Df. 大罗瑟尔恩，Df. 劳特巴赫。							
	奥特韦勒区：							
290	托莱 ………………………………	Mf.	4	5	0.4	4	A	7
291	维伯尔斯基兴 …………………	Df.	24	11	0.4	1	M	8
292	埃珀尔博恩 ……………………	Df.	8	3	0.35	1	M	
	H级中心地：Df. 菲尔特，Df. 施皮森—埃尔沃斯贝格，Df. 希夫韦勒。							
	圣文德尔区（包括比尔肯费尔德南部）：							
293	蒂基斯米勒 …………………	F. Df.	1	2	0.5	2	M	9
294	诺费尔登 …………………………	Df.	3	3	0.5	1	M	
295	瑟特恩 ……………………………	Df.	3	3	0.5	1	M	
	H级中心地：Df. 奥伯塔尔，Df. 马尔平根，Df. 瑙博恩。							

1. 与瓦尔德莫尔是联合区。
2. 属英格伯特区。
3. 采煤业。
4. 接近K级功能。
5. 典型的采矿点。
6. 萨尔格蒙德的交界地。
7. 接近K级功能，但偏僻。
8. 属诺因基兴。
9. 与诺费尔登和索滕为联合区，作为火车站所在地，代替了前两地的作用。

（续表）

1	2	3	4	5	6	7	8	9
	萨尔路易区：							
296	瓦勒方根 …………………………	Df.	9	5	0.4	1	M	
297	于伯黑恩—比斯滕 ……………	Df.	6	3	0.4	1	M	1
298	贝廷根 ………………………………	Df.	5	2	0.3	1	M	
	H 级中心地：Df. 下阿尔特多夫，Df. 凯普里赫默斯多夫，Df. 纳尔巴赫，Df. 萨尔韦林根。							
	梅尔齐希区：							
299	梅特拉赫 …………………………	Df.	5	5	0.4	3	A	
300	希布林根 …………………………	Df.	3	2	0.35	1	M	2
301	贝京根 ………………………………	Df.	7	4	0.35	1	M	
	H 级中心地：Df. 赖姆斯巴赫，Df. 廷斯多夫。							
	瓦登区：							
302	洛斯海姆 …………………………	Df.	7	7	0.4	4	A	3
303	农基兴 ………………………………	Df.	4	3	0.4	1	M	
304	奥岑豪森 …………………………	Df.	3	2	0.35	1	M	
	H 级中心地：Df. 普里姆斯塔尔，Df. 魏斯基兴。							

表 V　法兰克福(美因河畔)L 级体系

1	2	3	4	5	6	7	8	9
1	法兰克福 ………………………	U. St.	1720	4210	1.25	2060	L	
2	卡塞尔 …………………………	U. St.	?	?	?	?	P	
3	维斯巴登 ………………………	U. St.	380	894	1.75	229	P	
4	美因茨 ………………………………	St.	371	614	1.1	206	P	
5	达姆施塔特 ………………………	St.	253	468	1.1	190	P	
6	吉森 …………………………………	St.	105	202	1.0	97	G	
7	阿沙芬堡 ………………………	U. St.	102	159	0.8	77	G	
8	哈瑙 ………………………………	U. St.	155	203	0.9	63	G	
9	沃尔姆斯 …………………………	St.	137	216	1.15	58	G	
10	克罗伊茨纳赫 …………………	St.	63	130	1.3	48	G	
11	奥伯施泰因—伊达 ……………	St.	53	112	1.35	40	G	
12	富尔达 …………………………	U. St.	?	?	?	?	G	
13	马尔堡 …………………………	U. St.	?	?	?	?	G	
14	宾根 …………………………………	St.	48	86	1.15	31	B	
15	巴特瑙海姆 ………………………	St.	23	85	2.4	30	B	
16	弗里德贝格 ………………………	St.	28	50	0.9	25	B	
17	巴特洪堡 …………………………	St.	45	98	1.7	22	B	

1. 由于不完整地区界限的关系。
2. 属于梅尔齐希。
3. 接近 K 级功能。

（续表）

1	2	3	4	5	6	7	8	9
18	本斯海姆	St.	25	45	0.95	21	B	
19	盖尔恩豪森	St.	12	25	0.7	17	B	
20	米尔滕贝格	St.	11	25	0.8	16	B	
21	阿尔蔡	St.	23	39	1.05	15	B	
22	吕德斯海姆	St.	11	28	1.2	15	B	
23	大格劳	St.	15	25	0.75	14	B	
24	柯尼希施泰因	St.	10	34	2.0	14	B	
25	施吕希滕	St.	8	18	0.6	13	B	
26	埃尔特维勒	St.	10	24	1.2	12	K	
27	布茨巴赫	St.	13	22	0.8	12	K	
28	布吕克瑙	St.	6	17	0.9	12	K	1
29	奥彭海姆	St.	10	21	1.0	11	K	2
30	基希海姆博兰登	St.	9	19	0.9	11	K	
31	米歇尔施塔特	St.	13	22	0.9	10	K	3
32	尼尔施泰因	Df.	11	21	1.0	10	K	
33	锡门	St.	8	15	0.6	10	K	
34	巴特旌瓦尔巴赫	St.	7	16	0.8	10	K	
35	朗根	St.	20	21	0.6	9	K	
36	英格尔海姆	Mf.	20	28	0.95	9	K	
37	基恩	St.	19	25	0.8	9	K	
38	比丁根	St.	9	16	0.8	9	K	
39	埃尔巴赫 i. O.	St.	11	18	0.9	8	K	
40	索伯恩海姆	St.	10	16	0.8	8	K	
41	迈森海姆	Mf.	5	11	0.55	8	K	
42	鲍姆霍尔德	St.	5	10	0.4	8	K	
43	圣戈阿斯豪森	St.	5	12	0.9	8	K	4
44	伊德施泰因	St.	9	15	0.75	8	K	
45	绍滕	St.	6	12	0.7	8	K	5
46	贝尔费尔登	St.	5	11	0.8	7	K	
47	黑彭海姆	St.	19	22	0.8	7	K	6
48	卡斯特劳恩	Mf.	4	9	0.55	7	K	
49	圣戈阿	St.	6	12	0.85	7	K	
50	乌辛根	St.	5	11	0.75	7	K	
51	尼达	St.	6	12	0.75	7	K	7

1. 含巴特布吕克瑙。
2. 包括尼尔施泰因为 21，具 B 级功能。
3. 包括埃尔巴赫为 18，具 B 级功能。
4. 包括圣戈阿，中心性为 15，具 B 级功能。
5. 包括尼达为 15，具 B 级功能。
6. 靠近本斯海姆，意义特别小。
7. 包括巴特萨尔茨豪森，尽管交通位置比偏僻的区首府绍滕优越得多，但中心性小。

（续表）

1	2	3	4	5	6	7	8	9
52	迪堡 ……………………………	St.	15	16	0.65	6	K	1
53	大乌姆施塔特 …………………	St.	10	13	0.65	6	K	
54	比尔肯费尔德 …………………	St.	6	10	0.55	6	K	
55	巴哈拉赫 ………………………	St.	5	10	0.8	6	K	
56	奥伯恩堡 ………………………	St.	4	8	0.5	6	K	2
57	阿尔策瑙 ………………………	Mf.	6	8	0.4	6	K	
58	塞利根施塔特 …………………	St.	13	13	0.6	5	K	
59	吕瑟尔斯海姆 …………………	Mf.	21	21	0.75	5	K	3
60	巴特奥尔布 ……………………	St.	11	14	0.8	5	K	
61	克林根贝格 ……………………	St.	4	7	0.4	5	K	
62	利希 ……………………………	St.	7	9	0.6	5	K	
63	洪根 ……………………………	St.	4	7	0.5	5	K	
64	纳施泰滕 ………………………	St.	4	8	0.7	5	K	4
65	坎贝格 …………………………	St.	6	9	0.75	5	K	
66	奥尔滕贝格 ……………………	St.	2	6	0.7	5	K	
67	韦希特斯巴赫 …………………	St.	4	7	0.55	5	K	
68	赖恩海姆 ………………………	St.	9	10	0.65	4	K	5
69	赖谢尔斯海姆 …………………	Mf.	5	8	0.7	4	K	6
70	赫希斯特 i. O. …………………	Mf.	5	8	0.8	4	K	7
71	施特龙贝格 ……………………	St.	3	6	0.7	4	K	
72	霍夫海姆 ………………………	St.	12	14	0.8	4	K	
	法兰克福（包括周围，也包括黑森郊区）:							
	H 级中心地：被吞并：St. 奥芬巴赫，St. 新伊森堡，Df. 穆尔海姆，Mf. 霍赫施塔特，St. 贝尔根，St. 菲尔贝尔，Df. 埃舍尔斯海姆，St. 赫希斯特（美因河畔），Mf. 凯尔斯特巴赫，Df. 施普伦德林根。							
	奥芬巴赫区：							
73	奥伯茨豪森 ……………………	Df.	5	6	0.7	2	A	8
74	于格斯海姆 ……………………	Df.	6	3	0.4	1	M	
75	霍伊森施塔姆 …………………	Df.	8	6	0.7	1	M	
	H 级中心地：Df. 海恩施塔特，St. 德赖艾兴海恩，Df. 迪岑巴赫。							
	迪堡区：							

1. 包括大齐门为 9。
2. 包括埃尔森费尔德及小瓦尔施塔特，中心性为 9。
3. 工业。
4. 与采伦及霍尔茨豪森是联合区。
5. 包括大比伯劳，中心性为 7。
6. 除林登费尔斯和菲尔特外重要的地区，三者合计 12。
7. 接近 K 级功能，但包括诺伊施塔特时为 5。
8. 被特别夹挤的地区，但具有 A 级意义。

（续表）

1	2	3	4	5	6	7	8	9
76	巴本豪森 …………………………	St.	8	8	0.5	4	A	
77	大比伯劳 …………………………	Mf.	5	6	0.6	3	A	
78	大齐门 ……………………………	Mf.	11	9	0.55	3	A	
79	弗兰克克伦巴赫 ………………	Mf.	4	4	0.6	2	M	
80	布伦斯巴赫 ……………………	Mf.	3	3	0.6	1	M	
81	伦费尔德 …………………………	Mf.	4	4	0.6	1	M	1
82	乌尔伯拉赫 ……………………	Df.	6	3	0.4	1	M	2
	H 级中心地：Mf. 沙夫海姆，Mf. 霍伊巴赫，Df. 维伯尔斯巴赫，St. 黑林，Mf. 哈比茨海姆，Df. 恩斯特霍芬，Df. 利希滕贝格。							
	埃尔巴赫区：							
83	柯尼希 ……………………………	Mf.	6	8	0.7	3	A	
84	采尔 ………………………………	Df.	1	2	0.6	1	M	3
85	基希布龙巴赫 …………………	Mf.	2	2	0.6	1	M	
86	诺伊施塔特 ……………………	St.	2	2	0.6	1	M	
	H 级中心地：Df. 菲尔布伦，Mf. 施泰因巴赫（被米歇尔施塔特吞并），Mf. 普法芬贝尔富特；该区有 5 个 K 级中心地！							
	达姆施塔特区：							
87	埃伯施塔特 ……………………	Mf.	19	17	0.7	4	A	4
88	上拉姆施塔特 …………………	Mf.	12	11	0.7	3	A	
89	普丰施塔特 ……………………	St.	18	14	0.65	2	A	
90	格里斯海姆 ……………………	Mf.	16	10	0.6	1	M	
	H 级中心地：Df. 罗斯多夫，Df. 维克斯豪森，Df. 格拉芬豪森，Df. 魏特施塔特，Df. 梅瑟尔；被吞并：Df. 下拉姆施塔特。							
	本斯海姆区：							
91	林登费尔斯 ……………………	St.	4	8	0.7	4	A	5
92	比布利斯 ………………………	Df.	8	7	0.5	3	A	
93	奥尔巴赫 ………………………	Df.	8	16	1.55	3	A	6
94	尤根海姆 ………………………	Df.	4	8	1.2	3	A	7
95	茨温根贝格 ……………………	St.	5	6	1.0	1	M	8
96	洛尔施 ……………………………	Mf.	14	8	0.5	1	M	
	H 级中心地：Mf. 加登海姆，Mf. 大罗尔海姆。							
	黑彭海姆区（不包括南部）：							

1. 特别小，但又富裕的地区。
2. 中心性远比铁路枢纽站上罗登大。
3. 与基希布龙巴赫为联合区，火车站。
4. 位于达姆施塔特郊区。
5. 空气疗养地，奥登瓦尔德的中心。
6. 位于本斯海姆地区，受欢迎的居住地。
7. 排挤了茨温根贝格。
8. 没有自己独立的区域。

（续表）

1	2	3	4	5	6	7	8	9
97	菲尔特 …………………………	Mf.	4	6	0.5	4	A	
98	林巴赫 …………………………	Mf.	5	4	0.5	2	M	
	H 级中心地：Mf. 哈默尔巴赫。							
	大格劳区：							
99	盖恩斯海姆 …………………	St.	12	10	0.6	3	A	
100	默费尔登 ……………………	Df.	11	7	0.5	2	M	
101	特雷布尔 ……………………	Df.	6	4	0.5	1	M	1
102	克鲁姆施塔特 ………………	Df.	3	3	0.6	1	M	2
	H 级中心地：Df. 戈德劳。							
	美因茨区：							
103	下奥尔姆 ……………………	Df.	5	6	0.7	2	A	
104	布登海姆 ……………………	Df.	7	6	0.7	1	M	3
	H 级中心地：被吞并：Df. 比绍夫斯海姆。							
	奥彭海姆区：							
105	贡特斯布鲁姆 ………………	Df.	7	10	0.9	4	A	
106	沃尔施塔特 …………………	Mf.	6	8	0.8	3	A	
107	瓦勒特海姆 …………………	Df.	3	4	0.7	2	M	
108	乌登海姆 ……………………	Df.	4	6	0.8	2	M	
109	博登海姆 ……………………	Df.	8	7	0.7	1	M	
	H 级中心地：Df. 莫门海姆，Df，上希尔贝尔斯海姆，Df. 下绍尔海姆，Df. 阿姆斯海姆。							
	沃尔姆斯区：							
110	奥斯特霍芬 …………………	St.	11	12	0.85	3	A	4
111	蒙斯海姆 ……………………	Df.	3	4	0.7	2	A	5
112	贝希特海姆 …………………	Mf.	4	4	0.8	1	M	
113	韦斯特霍芬 …………………	Mf.	5	6	0.9	1	M	
114	蒙采恩海姆 …………………	Df.	1	2	0.9	1	M	
115	贡德斯海姆 …………………	Df.	2	3	0.9	1	M	
116	阿尔斯海姆 …………………	Df.	5	6	0.9	1	M	
117	艾希 ……………………………	Df.	5	4	0.6	1	M	
118	多恩迪克海姆 ………………	Df.	2	3	0.8	1	M	
	H 级中心地：普费德斯海姆，Df. 黑彭海姆 a. d. W.，Df. 阿本海姆，Df. 埃珀尔斯海姆；被吞并：Mf. 黑恩斯海姆。							
	阿尔察区：							
119	施普伦德林根 ………………	Mf.	6	8	0.8	3	A	6
120	弗隆海姆 ……………………	Mf.	4	7	0.9	3	A	

1. 没有铁路连接，但具 M 级功能。
2. 还未被附近的铁路枢纽点戈德劳排挤掉。
3. 属美因茨区。
4. 包括贝希特海姆的奥斯特霍芬，值为 4，差不多具有 K 级功能。
5. 铁路枢纽，排挤了普芬德斯海姆。
6. 由于交通位置优越而排挤偏僻的沃尔施泰因。

（续表）

1	2	3	4	5	6	7	8	9
121	沃尔施泰因 …………………	Mf.	4	6	0.9	2	A	
122	高奥登海姆 …………………	Mf.	5	6	0.9	1	M	1
123	弗拉默斯海姆 ………………	Df.	3	4	0.9	1	M	
124	菲尔费尔德 …………………	Df.	3	3	0.7	1	M	
	H级中心地：Df. 下维森，Df. 弗赖劳伯斯海姆。							
	基希海姆博兰登辖区及罗肯豪森区（部分）：							
125	阿尔比斯海姆 ………………	Df.	3	5	0.9	2	A	2
126	德赖森 ………………………	Df.	2	2	0.6	1	M	3
127	格尔海姆 ……………………	Df.	4	4	0.7	1	M	
128	施泰因巴赫 …………………	Df.	1	1	0.5	1	M	
	H级中心地：Df. 马恩海姆（铁路枢纽），Df. 克里格斯费尔德。							
	宾根区：							
129	埃尔斯海姆 …………………	Df.	2	2	0.7	1	M	4
130	高阿尔格斯海姆 ……………	St.	8	7	0.8	1	M	
131	根辛根 ………………………	Df.	3	3	0.7	1	M	
	H级中心地：Mf. 莱茵黑森地区尤根海姆，Mf. 施瓦本海姆，Df，海德斯海姆。							
	克罗伊茨纳赫区：							
132	施泰因—埃伯恩堡地区 巴特明斯特 …………………	Df.	4	9	1.5	3	A	5
133	朗根隆斯海姆 ………………	Df.	5	6	0.8	2	M	
134	施韦彭豪森 …………………	Df.	1	2	0.7	1	M	6
135	温德斯海姆 …………………	Df.	3	4	0.8	1	M	
136	瓦尔豪森 ……………………	Df.	3	4	0.8	1	M	
137	瓦尔德伯克尔海姆 …………	Df.	4	3	0.6	1	M	7
138	博克瑙 ………………………	Df.	2	2	0.6	1	M	
	H级中心地：Df. 宾格布吕克（属宾根），Df. 锡门 u. D.，Df. 埃克韦勒。							
	迈森海姆区与罗肯豪森辖区：							
139	上莫舍尔 ……………………	St.	3	4	0.5	3	A	8
140	阿尔森茨 ……………………	Df.	4	4	0.5	2	M	
141	奥登海姆 ……………………	Df.	4	3	0.5	1	M	
	H级中心地：Df. 梅克斯海姆，Df. 贝谢巴赫。							
	鲍姆霍尔德（部分）：							
142	锡恩 …………………………	Df.	1	1	0.3	1	M	

1. 与弗拉默斯海姆为联合区，具A级功能。
2. 铁路点马恩海姆的作用减小得特别少。
3. 与古老又偏僻的戈尔海姆是联合区，具A级功能。
4. 位置很特别，在中心，所以排挤尤登海姆及施瓦本海姆。
5. 与克罗伊茨纳赫为联合区。
6. 与温德斯海姆是联合区，具A级功能。
7. 与博克瑙是联合区。
8. 与阿尔森茨为联合区，具K级功能；上莫舍尔是供给区，阿尔森茨为交通区。

（续表）

1	2	3	4	5	6	7	8	9
	H 级中心地：Df. 贝施韦勒。							
	比尔肯费尔德的兰德施泰尔部分（不包括南部地区）：							
143	黑尔施泰因 ……………………	Mf.	1	3	0.8	2	A	
144	菲施巴赫 ………………………	Df.	3	4	0.85	1	M	
145	霍普施泰滕 ……………………	Df.	2	2	0.5	1	M	
	H 级中心地：Df. 布吕肯，Df. 下布龙巴赫；被奥伯施泰因吞并的：Df. 伊达尔—蒂芬施泰因和 Df. 基施韦勒。							
	贝恩卡斯特尔区（部分）：							
146	劳嫩 ………………………………	Mf.	3	4	0.6	2	A	
147	索伦 ………………………………	Df.	2	2	0.5	1	M	1
148	比兴博伊伦 ……………………	Df.	1	2	0.5	1	M	
149	肯普费尔德 ……………………	Df.	1	2	0.6	1	M	
	H 级中心地：Df. 霍滕巴赫，Df. 阿伦巴赫。							
	锡门区：							
150	基希贝格 ………………………	St.	3	5	0.5	4	A	
151	格明登 …………………………	Mf.	2	4	0.5	3	A	
152	莱茵伯伦 ………………………	Df.	3	5	0.5	3	A	2
153	埃勒恩 …………………………	Df.	1	1	0.5	1	M	
154	劳弗斯韦勒 ……………………	Df.	2	2	0.5	1	M	
	H 级中心地：Df. 卡珀尔，Df. 霍恩，Df. 阿根塔尔。							
	圣戈阿区：							
155	上韦瑟尔 ………………………	St.	9	11	0.8	4	A	
156	普法尔茨费尔德 ………………	Df.	1	1	0.5	1	M	
157	特雷希廷斯豪森 ………………	Df.	2	2	0.6	1	M	3
	H 级中心地：Df. 希尔岑纳赫，Df. 下海姆巴赫。							
	圣戈阿斯豪森区：							
158	考布 ………………………………	St.	5	8	0.8	4	A	4
159	凯斯特尔特 ……………………	Mf.	2	2	0.6	1	M	
160	韦尔特罗德 ……………………	Df.	1	1	0.4	1	M	
161	米伦 ………………………………	Df.	3	3	0.5	1	M	
162	霍尔茨豪森 ……………………	Df.	2	2	0.5	1	M	
	H 级中心地：Mf. 雷泰特。							
	下陶努斯辖区：							
163	施朗根巴德 ……………………	Df.	1	5	1.7	3	A	5

1. 与比兴博伊伦和劳弗斯韦勒为联合区。
2. 与埃勒恩为联合区。
3. 狭窄地区。
4. 接近 K 级功能。
5. 浴场。

（续表）

1	2	3	4	5	6	7	8	9
164	米歇尔巴赫 ……………………	Df.	2	3	0.4	2	A	1
165	哈恩 ……………………………	Df.	2	3	0.7	2	M	2
166	凯滕巴赫 ………………………	Mf.	2	2	0.4	1	M	
167	劳芬塞尔登 ……………………	Df.	2	2	0.4	1	M	
	H级中心地：Df. 韦恩，Mf. 瓦尔拉本施泰因，Mf. 瓦尔施多夫，Mf. 黑夫特里希，Df. 潘罗德。							
	莱茵高辖区：							
168	洛尔希 …………………………	St.	6	9	0.9	4	A	
169	阿斯曼斯豪森 …………………	Df.	3	7	1.2	3	A	
170	盖森海姆 ………………………	St.	11	13	1.0	2	M	3
171	厄斯特里赫 ……………………	Mf.	7	7	0.9	1	M	4
172	温克尔 …………………………	Mf.	7	7	0.9	1	M	
173	下瓦卢夫 ………………………	Df.	4	6	1.2	1	M	
	H级中心地：Df. 诺伊多夫，Mf. 哈滕海姆。							
	维斯巴赫辖区：							
	H级中心地：被吞并：St. 比布里赫，Df. 希斯泰因。							
	林堡辖区（部分）：							
174	下塞尔特斯 ……………………	Df.	4	3	0.5	1	M	
	H级中心地：Mf. 维尔格斯。							
	美因一陶努斯辖区：							
175	凯尔克海姆 ……………………	Df.	5	11	1.3	4	A	5
176	尼登豪森 ………………………	Df.	3	6	0.9	3	A	
177	巴特索登 ………………………	Df.	8	19	1.85	4	A	6
178	埃普施泰因 ……………………	Mf.	4	7	1.0	3	A	
179	霍赫海姆 ………………………	St.	10	11	0.9	2	M	7
180	瓦劳 ……………………………	Df.	3	3	0.75	1	M	8
181	弗勒斯海姆 ……………………	Df.	14	11	0.75	1	M	
182	赖芬贝格 ………………………	Df.	4	5	0.9	1	M	
	H级中心地：Mf. 哈特斯海姆。							
	奥伯一陶努斯辖区：							
183	克龙贝格 ………………………	St.	10	20	2.0	3	A	9

1. 与凯滕巴赫为联合区。
2. 包括区法院所在地魏恩，为A级功能。
3. 位于吕德斯海姆，所以中心性小。
4. 与温克尔为联合区。
5. 家具业。
6. 法兰克福的居住郊区。
7. 美因茨郊区。
8. 没有火车站，但重要。
9. 受欢迎的居住区。

（续表）

1	2	3	4	5	6	7	8	9
184	上乌瑟尔 ………………………	St.	25	40	1.5	2	M	
185	腓特烈斯多夫 …………………	St.	4	6	1.2	1	M	1
	H 级中心地：缺。							
	乌辛根辖区及韦茨拉尔辖区（部分）：							
186	施米滕 …………………………	Df.	2	4	0.7	3	A	2
187	魏尔河畔罗德 …………………	Df.	1	2	0.5	1	M	
188	格雷文维斯巴赫 ………………	Df.	2	2	0.5	1	M	
189	布兰多本多夫 …………………	Df.	2	2	0.5	1	M	
	H 级中心地：Mf. 韦尔海姆，Df. 克兰斯贝格，Df. 上克林，Mf. 克莱贝格。							
	吉森辖区（不完整）							
190	格罗森林登 ……………………	St.	6	5	0.6	1	M	3
191	朗根斯 …………………………	Df.	5	3	0.5	1	M	
	H 级中心地：Df. 罗德海姆 St. 格吕方根。							
	弗里德贝格辖区：							
192	罗德海姆 v. d. H. ……………	Mf.	5	5	0.6	2	M	
193	赖谢尔斯霍芬 …………………	St.	2	3	0.7	2	M	4
194	阿森海姆 ………………………	St.	3	3	0.7	1	M	
195	下沃尔施塔特 …………………	Df.	4	4	0.7	1	M	
196	大卡本 …………………………	Df.	4	4	0.7	1	M	
197	比德斯海姆 ……………………	Df.	3	3	0.5	1	M	5
198	施塔登 …………………………	St.	1	1	0.6	1	M	
199	沃尔弗斯海姆 …………………	Mf.	3	3	0.6	1	M	
200	明岑贝格 ………………………	St.	2	2	0.5	1	M	
	H 级中心地：Df. 黑尔登贝根，St. 上罗斯巴赫（被 Mf. 罗德海姆排挤），Df. 上默伦。							
	绍滕辖区（不完整）及劳特巴赫辖区（部分）：							
201	盖登 ……………………………	Mf.	5	7	0.6	4	A	6
202	劳巴赫 …………………………	St.	5	7	0.6	4	A	
203	上塞门 …………………………	Df.	2	2	0.6	1	M	
204	弗赖恩施泰瑙 …………………	Mf.	2	1	0.3	1	M	
	H 级中心地：Mf. 乌尔法，Mf. 弗赖恩森。							
	比丁根辖区：							
205	阿尔滕施塔特 …………………	Mf.	3	5	0.6	3	A	
206	埃希采尔 ………………………	Df.	4	4	0.6	2	M	

1. 与巴特霍姆堡是联合区。
2. 偏僻，但完整的地区。
3. 位于吉森郊区。
4. 原韦特劳最重要的地方。
5. 同温德肯和海尔登贝根为联合区，比铁路枢纽海尔登贝根重要。
6. 包括上塞门，中心性为 5，具 K 级功能。

（续表）

1	2	3	4	5	6	7	8	9
207	施托克海姆 ……………………	Df.	2	3	0.6	2	M	1
208	埃卡茨豪森 ……………………	Df.	2	2	0.4	1	M	2
209	韦宁斯 …………………………	St.	2	2	0.4	1	M	
210	贝施塔特 ………………………	Df.	2	2	0.6	1	M	
	H级中心地：St. 利斯贝格，Mf. 布莱兴巴赫，Df. 希尔岑海姆，Df. 米特尔格林道，Mf. 兰施塔特，Df. 上施米滕。							
	哈瑙辖区：							
211	朗根塞尔博尔德 ………………	Df.	14	7	0.4	2	M	3
212	朗根迪巴赫 ……………………	Df.	6	3	0.4	1	M	
213	温德肯 …………………………	St.	5	3	0.5	1	M	4
214	马克伯尔 ………………………	Mf.	4	2	0.4	1	M	
	H级中心地：Df. 布鲁赫克伯尔；被吞并的：St. 大施泰因海姆，Df. 大克罗岑堡，Mf. 大奥海姆。							
	盖尔恩豪森辖区：							
215	比尔施泰因 ……………………	Mf.	3	6	0.5	4	A	5
216	梅尔霍尔茨 ……………………	Mf.	3	2	0.4	1	M	
217	松博恩 …………………………	Df.	7	3	0.35	1	M	
218	比伯 ……………………………	Mf.	2	2	0.4	1	M	
219	利兴罗特 ………………………	Df.	1	1	0.4	1	M	
	H级中心地：Df. 卡塞尔，Df. 布格约斯。							
	施吕希滕辖区（不完整）：							
220	萨尔明斯特—索登 ……………	St.	8	7	0.5	3	A	
221	施泰瑙 …………………………	St.	6	5	0.5	2	A	
222	施泰布弗里茨 …………………	Df.	3	4	0.5	3	A	6
	H级中心地：Df. 上采尔，Df. 约萨，Df. 乌尔姆巴赫，Df. 马约斯。							
	布吕克瑙辖区：							
223	蔡特洛夫斯 ……………………	Mf.	1	1	0.4	1	M	7
224	巴特布吕克瑙 …………………	F. Df.	1	3	1.7	1	M	8
225	盖罗达 …………………………	Df.	2	1	0.3	1	M	
226	上巴赫 …………………………	Mf.	2	1	0.35	1	M	
	H级中心地：Df. 克特恩，St. 雄德拉，Mf. 代特。							

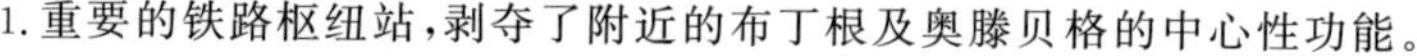

1. 重要的铁路枢纽站，剥夺了附近的布丁根及奥滕贝格的中心性功能。
2. 与马克伯尔为联合区。分离原则。
3. 与朗根迪巴赫为联合区。
4. 参阅比德斯海姆处的注释。
5. 几乎为K级功能。
6. 远不及H级中心地的区法院所在地施瓦岑费尔斯重要。
7. 直至现在未能被铁路区尤萨排挤掉。
8. 属布吕克瑙。

（续表）

1	2	3	4	5	6	7	8	9
	阿尔策瑙辖区：							
227	舍尔克里彭 ……………………	Df.	3	4	0.3	3	A	
228	卡尔 …………………………	Df.	7	3	0.35	1	M	
	H 级中心地：Mf. 赫施泰因，Df. 门布里斯。							
	阿沙芬堡辖区（含罗尔辖区〈部分〉）：							
229	大奥斯特海姆 …………………	Mf.	9	5	0.4	1	M	
230	劳法赫 …………………………	Df.	3	2	0.4	1	M	
231	海根布吕肯 ……………………	Df.	3	2	0.4	1	M	
232	赫斯巴赫 ………………………	Df.	8	4	0.4	1	M	1
	H 级中心地：施托克施塔特，Df. 海姆布亨塔尔，Df. 魏伯斯布伦，Df. 斯特拉斯贝森巴赫，Df. 罗滕巴赫。							
	奥伯恩堡辖区：							
233	小瓦尔施塔特 …………………	Mf.	4	4	0.4	2	A	
234	埃尔森费尔德 …………………	Df.	3	2	0.4	1	M	2
235	美因河畔沃尔特 ………………	St.	5	3	0.4	1	M	
236	埃绍 ……………………………	Mf.	2	2	0.3	1	M	
	H 级中心地：Df. 默姆林根，Df. 苏尔茨巴赫，Mf. 特伦富特，Mf. 门希贝格。							
	米尔滕贝格辖区（含弗罗伊登贝格）：							
237	小霍伊巴赫 ……………………	Mf.	4	5	0.5	3	A	3
238	阿莫巴赫 ………………………	St.	6	7	0.5	4	A	
239	弗罗伊登贝格 …………………	St.	4	2	0.4	1	M	
	H 级中心地：Mf. 大霍伊巴赫，Mf. 魏尔巴赫，Mf. 基希采尔，Mf. 施内贝格，Mf. 比格施塔特，Df. 诺因基兴。							

1. 阿沙芬堡的郊区。
2. 奥伯恩堡的火车站所在地。
3. 与米尔滕贝格为联合区，总计中心性为 18。

文献目录

书 籍

1. 卡莱尔·W.巴斯金:“沃尔特·克里斯塔勒《南德中心地》译评”,博士论文,弗吉尼亚大学,1957 年。

2. B. T. L. 贝里和阿伦·普莱德:《中心地研究:理论与应用文献》(文献总期第一期),费城:1961 年。本书开始回顾了中心地理论和克里斯塔勒的《南德中心地》一书。

3. 沃尔特·克里斯塔勒:《德意志帝国乡村定居方式以及与其相关的地方组织》,斯图加特、柏林:W.科尔哈梅尔,1937 年。德国不同类型的定居方式及其人口规模的描述列举,对起决定作用的诸因素的探讨,最后,对“市场地点理想图式”的讨论。

4. 斯图尔特·达格特:《内陆交通准则》。纽约及伦敦:哈珀和罗出版公司,1941 年。参见第二十一章,“区位理论”,第 452～479 页。

5. F. G. 迪金森。《医疗服务区医生的分布》。芝加哥:全美医疗协会医疗经济研究所,1954。

6. R. E. 迪金森。《城市、地区及区域主义》。伦敦:劳特利奇和基根·保罗有限公司,1947 年。

7. 奥蒂斯·D.邓肯,等:《都市与地区》,巴尔的摩:约翰斯·霍普金斯出版社,1960 年。

8. 维克托·R.富克斯:《一九二九年以来美国产业区位的变化》,纽黑文:耶鲁大学出版社,1962 年。内含地图、图表。

9. E. M. 胡佛:《区位理论及制鞋、皮革工业》,剑桥:哈佛大学出版社,

1937 年。

10.《区际公路》,第七十八届国会第二次会议议院报告 379 号,1944 年。华盛顿特区:国家出版署,1944 年。

11. 沃尔特·伊萨德:《区位和空间经济》,剑桥:马萨诸塞技术学院,1956 年。

12. 奥古斯特·勒施:《区位经济学》(第二次修订版),沃尔夫冈·F. 斯托夫珀译,纽黑文:耶鲁大学出版社,1954 年。内含地图。

13. 国家资源议会委员会:《我们的城市及其在国民经济中的作用》,第七十五届国会第一次会议,华盛顿特区:国家出版署,1937 年。其中包括许多地图,描绘了城市的发展,城市里进行的人口普查,以及其他人口特征。第 71 页上列出了其他方面的研究。

14. 卡尔·H. 马登:《美国城市的发展:经济体制发展之一观》。弗吉尼亚大学博士论文,1954 年。

15. 国家资源议会委员会:《美国的经济结构,第一部分:基本特点》。第七十六届国会第一次会议,1939 年。华盛顿特区:国家出版署,1939 年。

16. 约翰·海因里希·冯·杜能:《孤立城市与农业及国民经济的关系》(第二次修订版),耶拿,1910 年。

17. R. S. 韦尔:《小城市和城镇》,明尼阿波利斯:明尼苏达大学出版社,1930 年。

18. 阿尔弗雷德·韦伯:《工业区位的理论》,C. J. 弗里德里希译。芝加哥:芝加哥大学出版社,1957 年。

文　　章

1. B. J. L. 贝里和威廉·L. 加里森,"中心地等级制的实用基础,"《经济地理》第 34 期(1958),145～154 页。以克里斯塔勒的著作为基础的有名的地理学研究项目。

2. B. J. L. 贝里,H. G. 巴纳姆和罗伯特·J. 坦南特,"中心地体系的比较研究,"(结果报告:NONR 2121—18,NR 389—126)。芝加哥;美国海军研究署,地理研究所,芝加哥大学地理系,1962 年。

3. 约翰·E. 布拉什,"南威斯康辛中心地的等级",《地理论坛》第 43 期(1953 年 6 月),380～402 页。

4. 沃尔特·克里斯塔勒,“德国行政区划的基本地理条件”,《地方科学年鉴》(斯图加特和柏林:1934 年),第 2 页。

5. 沃尔特·克里斯塔勒,“城市聚居区和农村之间关系的报告”《国际地理大会报告汇编》(阿姆斯特丹:1938 年),123～137 页。对城镇及其郊区之间的作用和关系的分析,居集类型及其分布规模和位置的分析。这大概是对《南德中心地》的最初探讨。

6. 沃尔特·克里斯塔勒,“空间理论与土地规划”,《经济计划档案》卷一(1941),122～126 页,131～133 页。本文就计划和交通路线问题,对中心地区位的聚集做了论述。

7. 沃尔特·克里斯塔勒,“欧洲土地规划的基本框架:欧洲中心地的体系”,《法兰克福地理杂志》第二十四期,第一号(1950)。第 5 页到第 14 页对克里斯塔勒的中心地体系的一般原理提出了一个新的论述。文章的其余部分在论述这些原理时,描述了欧洲某些地区和区域。

8. 沃尔特·克里斯塔勒,“旅游地理指南”,《地理学》第九期,(1955),1～19 页。

9. 沃尔特·克里斯塔勒,“关于欧洲旅游区位的几点思考”。欧洲地区科学协会第三次全欧会议文件,瑞典,隆德:1963 年。

10. 沃尔特·克里斯塔勒,“奥登瓦尔登和内卡尔河谷旅游和山区交通的变革”,《地理论坛》第十五期,(1963),216～222 页。

11. 科兰·克拉克,“与城市规模有关的城市经济功能”,《经济学》第十三期,第 2 号(1945 年 4 月),97 页。

12. 查尔斯·H. 库利,“交通理论”,《美国经济协会出版物汇集》(1894 年 5 月)。

13. W. H. 迪安,“经济活动中的地理区位理论”,(哈佛大学博士论文选——略加改动),密执安,安阿博:爱德华兹兄弟有限出版公司,1938 年。

14. G. F. 迪塞,“密执安州卢思县的销售与服务工业”,《经济杂志》第二十六期(1950 年)。该文对纽贝里及其周围地区的发展作了社会学和历史的叙述,还对该地区的早期建立和周围居民对纽贝里的关系作了论述。该文包括纽贝里挑选出的零售商店销售地区和服务性企业分布图,包括在与其他分距相等的类似或更大城市的关系中,纽贝里的位置图,包括主要分布在南半圈的更小一些的城镇图,包括美国全部生活用品的购买区域图,还包括纽贝里生产的产品在美国的销售区域图,这些产品已从地方销售走向了全国销售。

15. J. B. 弗莱明和 F. H. 格林,“苏格兰农村和城镇之间的某些关系问题”,《苏格兰地理杂志》第六十八期(爱丁堡:1952 年 4 月),2～12 页。

16. S. E. 格里格斯比和 H. 霍夫索默,“马里兰州弗雷德里克县的乡村社会组织”,《马里兰大学农村经济学会简报》A—51 号,(马里兰,大学公园城:1949 年 3 月)。本文论述了通过服务种类的数量和服务的分类数量,将弗雷德里克县的城市、城镇、村庄和其他重要地区进行分类的系统。本文还使用了符号,还有许多详尽的图表和清晰的描述。

17. C. 哈里斯,“美国城市的功能分类”,《地理周报》第三十三期(1943 年),86～99 页。论题包括:

方法论:表 1—城市分类标准

功能分类:

生产城市

零售中心

多种经营城市

批发中心

交通运输中心

矿业城镇

大学城

疗养和退休城

其他类型的城市

城市的区位

18. J. H. 科尔布和 L. J. 戴,“威斯康星州沃尔沃斯县的趋向研究,1911～1913 年——1947～1948 年”,《农村社会里城县关系的相互依存性》。农业实验站研究简报 172 期,麦迪逊:威斯康星大学,1950 年 12 月。本文论述了根据各种服务惯例对各服务中心进行分类的问题。本文还有许多图表、地图、表格、和标绘图,来说明各种统计资料。

19. 维托尔德·克日托诺夫斯基,“论工业的区位”,《政治经济杂志》第三十五

期(1927 年),278 页。

20. 格雷斯·尼德勒,“城市的经济分类”,《市政年鉴》,芝加哥:国际城市管理者协会,1945 年。

21. H. H. 麦卡蒂,“人口分布的函数分析”,《地理论坛》第三十二期(1942),282～293 页。

22. 阿兰·普雷德,“工业化,初步成效及美国大城市的发展”,《地理论坛》第五十五期(1965 年 4 月),158～185 页。

23. 安德烈亚斯·普雷道尔,“与普通经济学相关的区位理论”,《政治地理杂志》第三十六期(1928)。普雷道尔在阿尔弗雷德·马歇尔的基础上,提出了自己的论点:“在劳动力因素和其他当地因素之间不存在逻辑上的差别”。

24. 埃德温·N. 托马斯,“走向扩大的中心地模型”,《地理论坛》第五十一期(1961),400～411 页。

25. 沃尔多·R. 托布勒,“地理区域与地图设计”,《地理论坛》第五十二期(1963),59～78 页,尤其是 74～75 页。

26. E. 厄尔曼,“城市区位理论”,《美国社会学杂志》第四十六期(1940～1941 年),853～864 页。本文就克里斯塔勒对中心地体系发展的解释,提出简短的批评。

27. R. 维宁,“论经济体系的某些空间方面问题”,《经济发展与文化更变》第三期,第 2 号(1955 年 1 月),147～195 页。

28. R. 维宁,“经济区域的分界:经济体系空间结构研究的统计学概念”,《美国统计协会杂志》第四十八期(1953 年 3 月),44～64 页。维宁在文章里回顾了唐·J. 博格的著作:《国家经济区域:美国各县分类过程的论述》,华盛顿:1951 年。

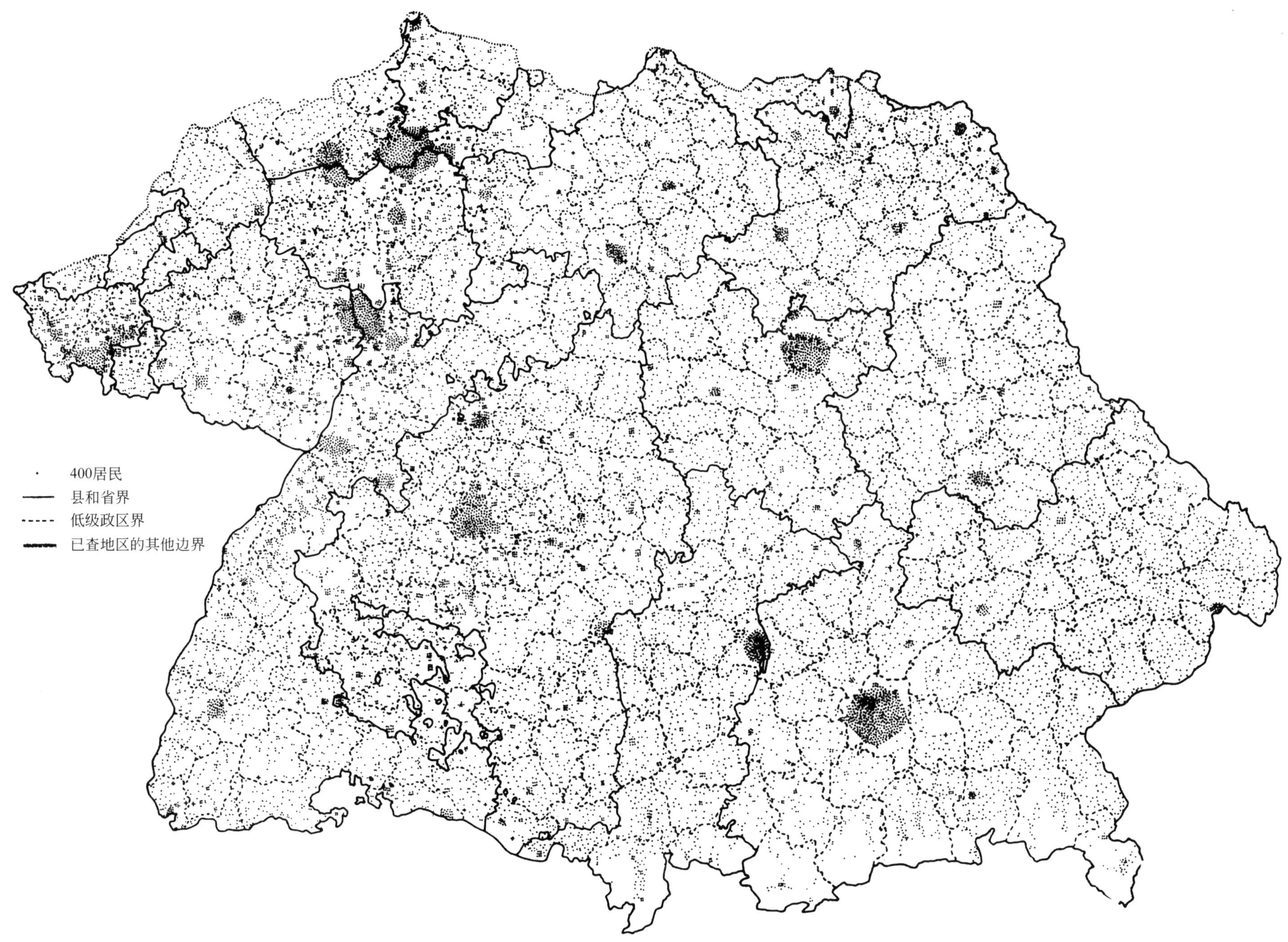

图 1　德国南部人口的分布

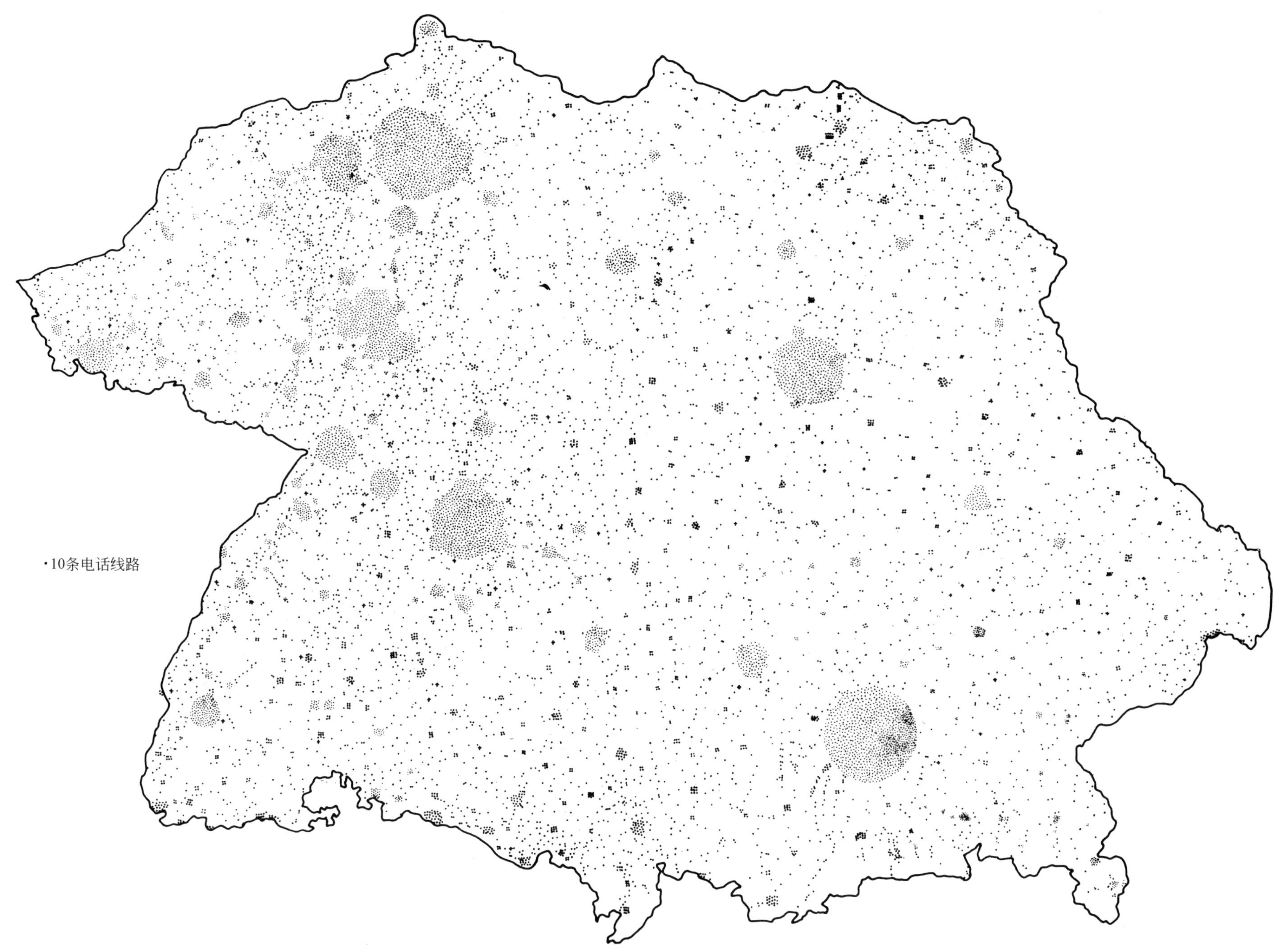

图 2　德国南部中心设施的分布

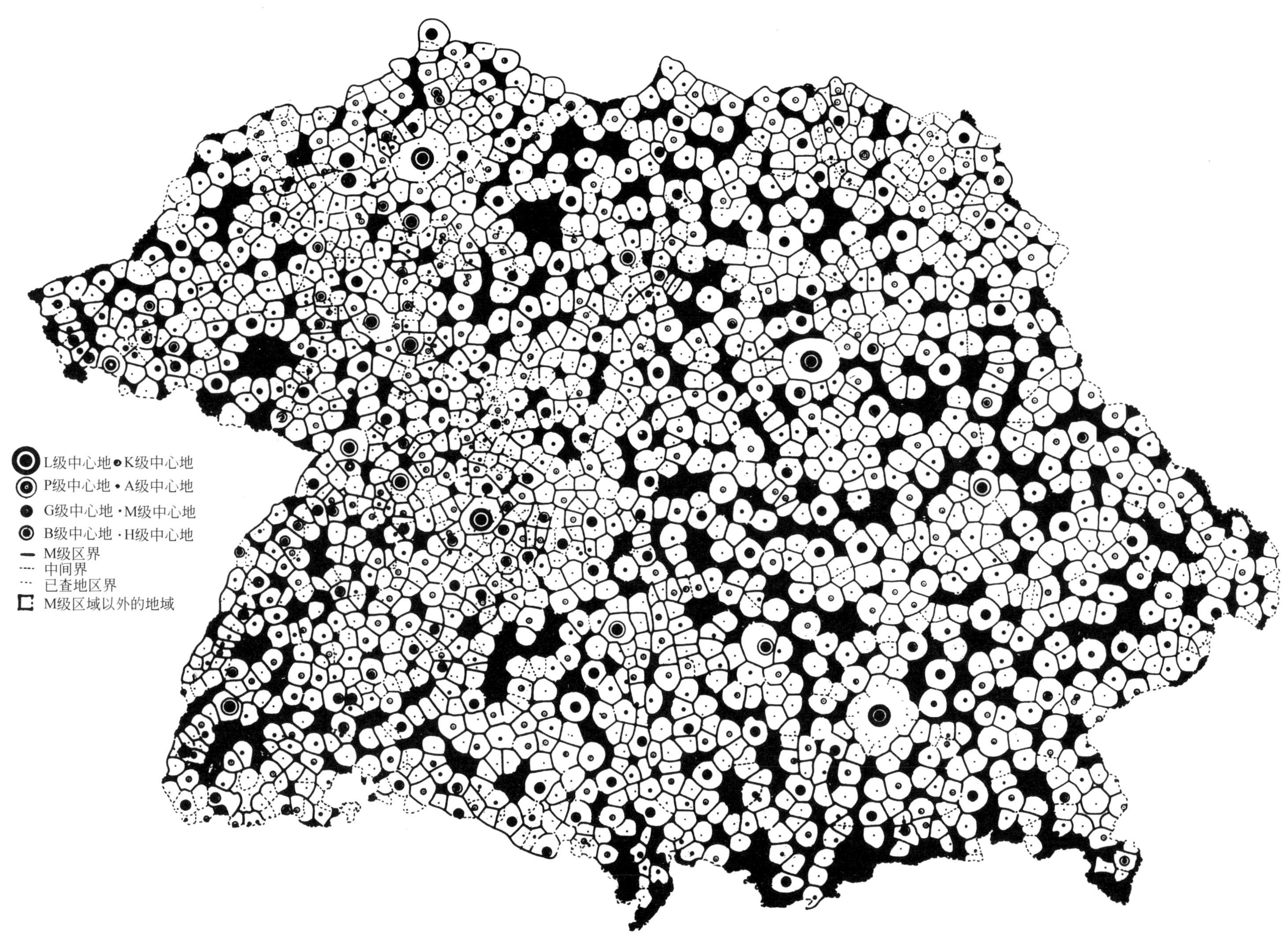

图 3 德国南部中心地及其 M 级区域

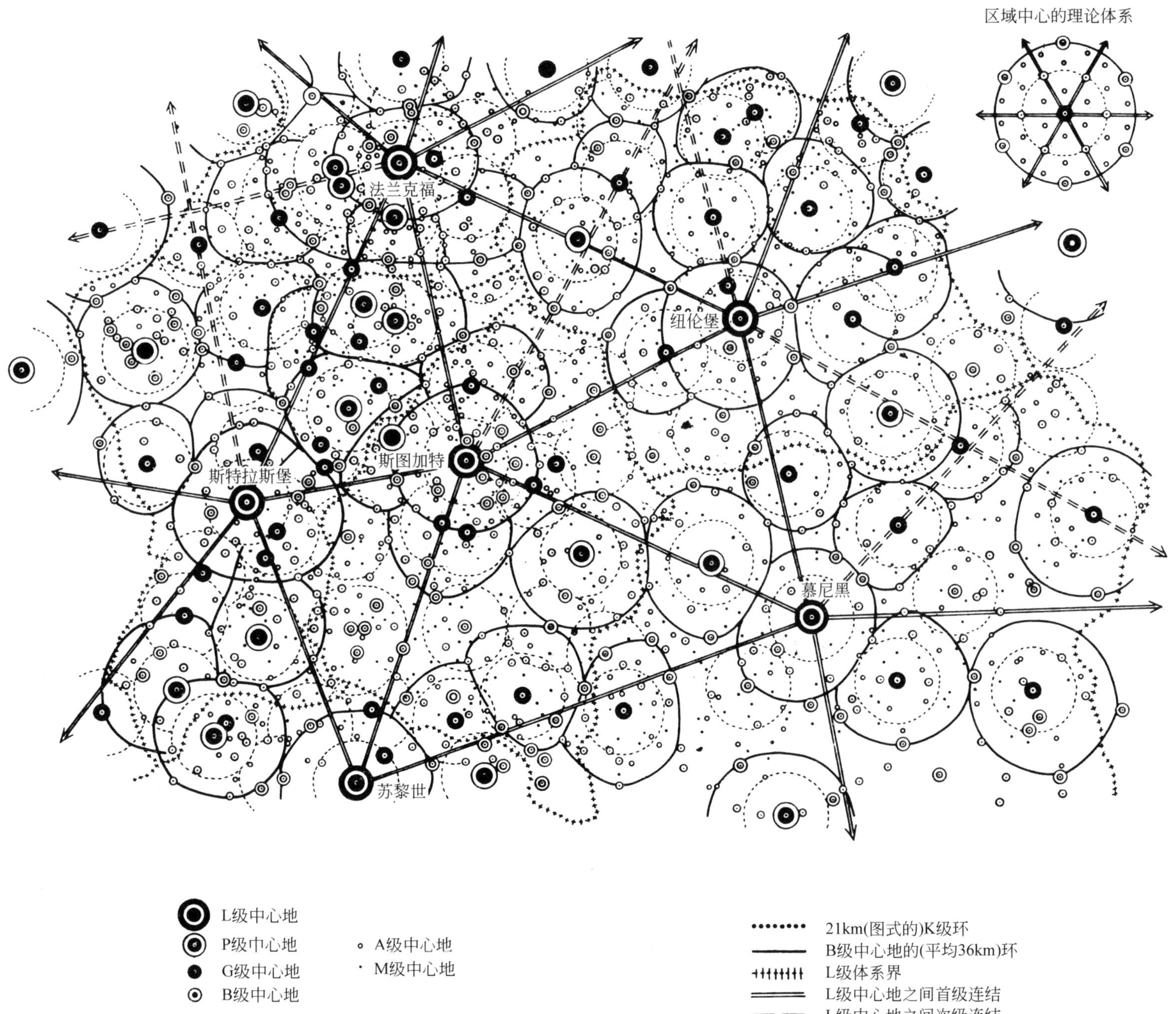

图 4　作为中心地域镇在德国南部的分布

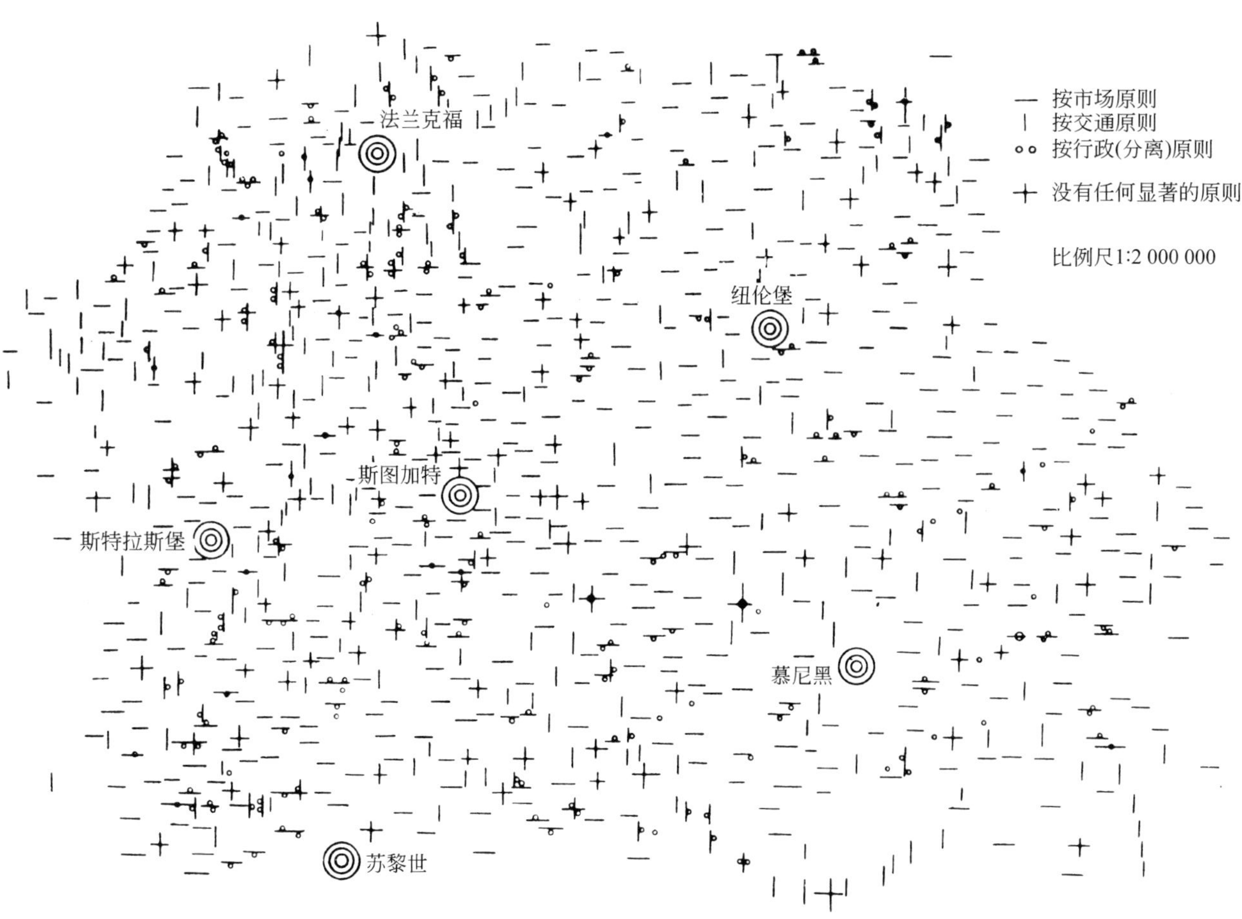

图 5　中心地区位的三原则

图书在版编目(CIP)数据

德国南部中心地原理/(德)沃尔特·克里斯塔勒著;常正文等译.—北京:商务印书馆,2017
(汉译世界学术名著丛书:120年纪念版:珍藏本)
ISBN 978-7-100-14352-3

Ⅰ.①德… Ⅱ.①沃… ②常… Ⅲ.①聚落地理—研究—德国 ②城市地理—研究—德国 Ⅳ.①K951.65

中国版本图书馆CIP数据核字(2017)第153080号

汉译世界学术名著丛书
(120年纪念版·珍藏本)
德国南部中心地原理
〔德〕沃尔特·克里斯塔勒 著
常正文 王兴中 等译

商 务 印 书 馆 出 版
(北京王府井大街36号 邮政编码100710)
商 务 印 书 馆 发 行
北京通州皇家印刷厂印刷
ISBN 978-7-100-14352-3

2017年12月第1版 开本 710×1000 1/16
2017年12月北京第1次印刷 印张 30 插页 5
定价:150.00元